大学计算机系列教材 |  i教育·融合创新一体化教材

数据分析与可视化实践（第二版）

The Practice of Data Analysis and Visualization

组　编◎上海市教育委员会

总主编◎高建华

主　编◎朱　敏

副主编◎白　玥

内附 微课视频

华东师范大学出版社

·上海·

图书在版编目（CIP）数据

数据分析与可视化实践/朱敏主编. —2版. —上海：华东师范大学出版社，2020
ISBN 978-7-5760-0696-4

Ⅰ.①数… Ⅱ.①朱… Ⅲ.①数据处理软件—高等学校—教材②可视化软件—高等学校—教材 Ⅳ.①TP274 ②TP31

中国版本图书馆CIP数据核字(2020)第133937号

大学计算机系列教材

数据分析与可视化实践(第二版)

组　　编　上海市教育委员会
总 主 编　高建华
主　　编　朱　敏
副 主 编　白　玥
项目编辑　赵建军　范耀华
审读编辑　赵建军
责任校对　徐素苗
装帧设计　庄玉侠

出版发行　华东师范大学出版社
社　　址　上海市中山北路3663号　邮编 200062
网　　址　www.ecnupress.com.cn
电　　话　021-60821666　行政传真 021-62572105
客服电话　021-62865537　门市(邮购)电话　021-62869887
地　　址　上海市中山北路3663号华东师范大学校内先锋路口
网　　店　http://hdsdcbs.tmall.com

印 刷 者　上海龙腾印务有限公司
开　　本　787×1092　16开
印　　张　19.5
字　　数　484千字
版　　次　2020年8月第2版
印　　次　2021年1月第2次
书　　号　ISBN 978-7-5760-0696-4
定　　价　52.00元

出 版 人　王　焰

序

xu

教材是育人育才的重要依托，是解决培养什么人、怎样培养人、为谁培养人这一根本问题的重要载体，是国家意志在教育领域的直接体现。大学计算机课程面向全体在校大学生，是大学公共基础课程教学体系的重要组成部分，在高校人才培养中发挥着越来越重要的作用。

为了显著提升大学生信息素养、强化大学生计算思维以及培养大学生运用信息技术解决学科问题的能力，《上海市教育委员会关于进一步推动大学计算机课程教学改革的通知》在近期发布。教学改革离不开教材改革，教材改革是教育新思想、教育新观念的重要实现载体。“大学计算机系列教材”（含《大学信息技术》、《数字媒体基础与实践》、《数据分析与可视化实践》和《人工智能基础与实践》）聚焦新时代和信息社会对人才培养的新需求，强化以能力为先的人才培养理念，引入互联网＋、云计算、移动应用、大数据、人工智能等新一代信息技术，体现了上海高校计算机基础教学的新理念和新思想。

本套教材的编写者来自上海市众多高校，他们长期从事计算机基础教学和研究，坚守在教学第一线，经常举行全市性的教学研讨会，研讨计算机基础教学改革与发展，研讨计算机基础教育应如何为新时代高校创新人才培养发挥重要作用。在本套教材的编写过程中，编写者结合信息技术的快速发展及学科特点，遵循学生的认知规律，注重教材编写的设计理念、内容选材、编排体系和呈现形式。学生通过对本套教材的学习，可以掌握信息技术的基本知识，增强信息意识，提高信息价值判断力，养成良好的信息道德修养；能够促进自身的计算思维、数据思维、智能思维的养成，并能通过恰当的数字媒体形式合理表达思维内容；可以深化信息技术与各专业学科融合，提升创新能力，获得运用信息技术解决学科问题及生活问题的能力。

从 1992 年版的《计算机应用初步》到现在的“大学计算机系列教材”，本套教材对上海市高校计算机基础教学改革起到了非常重要的推进作用，之后还将不断改进、完善和提高。我们诚恳希望广大师生在使用教材的过程中多提宝贵的意见和建议，为教材建设、为上海高校计算机基础教学水平的不断提升而共同努力。

上海市教育委员会副主任

毛丽娟

2019 年 6 月

编者的话

BIAN ZHE DE HUA

移动互联网、物联网、云计算、大数据、人工智能、区块链等新一代信息技术的不断涌现，给整个社会进步与人类生活带来了颠覆性变化。 各领域与信息技术的融合发展，产生了极大的融合效应与发展空间，这对高校的计算机基础教育提出了新的需求。 如何更好地适应这些变化和需求，构建大学计算机基础教学框架，深化大学计算机基础课程改革，以达到全面提升大学生信息素养的目的，是新时代大学计算机基础教育面临的挑战和使命。

为了显著提升大学生信息素养、强化大学生计算思维以及培养大学生运用信息技术解决学科问题的能力，适应新时代和信息社会对人才培养的新需求，在上海市教育委员会高等教育处和上海市高等学校信息技术水平考试委员会的指导下，我们组织编写了“大学计算机系列教材”（含《大学信息技术》、《数字媒体基础与实践》、《数据分析与可视化实践》和《人工智能基础与实践》），从 2019 年秋季起开始使用。

在本套教材的编写过程中，我们结合信息技术的快速发展及学科特点，遵循学生的认知规律，注重教材编写的设计理念、内容选材、编排体系和呈现形式。 学生通过对本套教材的学习，可以掌握信息技术的知识与技能，增强信息意识，提高信息价值判断力，养成良好的信息道德修养，同时能够促进自身的计算思维、数据思维、智能思维与各专业思维的融合，提升创新能力，获得运用信息技术解决学科问题及生活问题的能力。

本套教材的总主编为高建华；《大学信息技术》的主编为徐方勤和朱敏；《数字媒体基础与实践》的主编为陈志云，副主编为顾振宇；《数据分析与可视化实践》的主编为朱敏，副主编为白玥；《人工智能基础与实践》的主编为夏耘，副主编为徐志平。 本套教材可作为普通高等院校和高职高专院校的计算机应用基础教学用书。

在编写过程中，编委会组织了集体统稿、定稿，得到了上海市教育委员会及上海市教育考试院的各级领导、专家的大力支持，同时得到了华东师范大学、上海理工大学、上海建桥学院、复旦大学、上海师范大学、华东政法大学、上海对外经贸大学、上海商学院、上海体育学院、上海第二工业大学、上海杉达学院、上海海关学院、上海思博职业技术学院、上海农林职业技术学院、上海东海职业技术学院、上海出版高等专科学校、上海中侨职业技术学院等校有关老师的帮助，在此一并致谢。 由于信息技术发展迅猛，加之编者水平有限，本套教材难免还存在疏漏与不妥之处，竭诚欢迎广大读者批评指正。

高建华 朱 敏 白 玥

2019 年 6 月

前言

QIAN YAN

数据分析可以帮助人们获得有价值的信息，数据可视化可以帮助人们更好地理解数据分析结果，为人类的社会经济活动提供依据。本教材围绕培养学生的数据分析能力与数据可视化技术应用能力而展开。通过学习，学生应认识数据思维的本质，掌握数据分析方法与数据可视化技术，能运用数据分析方法与数据可视化技术对获得的数据进行分析、综合和展示，并能应用于解决学科问题，将信息的应用能力转变成为一种基本能力。

本教材共 5 章。第 1 章通过对数据的认识、探讨数据思维的本质，进而引入大数据，探讨大数据思维及大数据的发展；第 2 章介绍有关数据分析的基础知识及分析工具库的使用方法，并应用分析工具解决相关的实际问题；第 3 章在介绍数据库管理技术基本概念的基础上，通过对一款小型关系数据库管理系统软件的学习，了解数据库管理技术如何与电子表格软件取长补短，因地制宜地满足用户对数据分析和管理的需求；第 4 章介绍数据可视化的基本概念、常用工具，借助 Tableau 可视化工具学习数据可视化的基本方法，并进行实战练习；第 5 章从实例分析出发，介绍数据分析的基本流程与常用可视化图表，以及使用主流的数据可视化软件进行基础数据分析与展示的基本方法。

本教材的主编为朱敏，副主编为白玥。 第 1 章由朱敏、王玲编写，第 2 章由李智敏编写，第 3 章由白玥编写，第 4 章由胡文心、俞琨编写，第 5 章由蔡建华、曾秋梅、王玲编写。本教材可作为普通高等院校和高职高专院校的计算机基础课程教学用书。

本教材在编写过程中还得到了华东师范大学计算中心蒲鹏等老师、Tableau 公司及 Tableau 大中华区高级产品顾问潘奕璇的帮助，在此表示诚挚感谢。由于时间仓促和水平有限，书中难免存在不妥之处，竭诚欢迎广大读者批评指正。

编　者

2019 年 6 月

目录

MU LU

PART 01

第1章

数据思维 /1

PART 02

第2章

数据分析基础 /35

PART 03 第3章 数据库应用基础 / 55

PART 04 第4章 数据可视化 / 163

PART 05 第5章 数据分析实战 / 249

PART 01

第1章　数据思维

<本章概要>

在数字化时代，数据对经济发展、社会进步、国家治理、人民生活都有着重大影响。认识数据在信息社会的价值和重要性，认识数据思维的本质，认识大数据，对适应信息社会、学会数字化生存有着十分重要的意义。本章通过对数据和数据思维的介绍，进而引入大数据，探讨大数据思维，及其在大数据时代的作用及应用。

<学习目标>

通过本章学习，要求达到以下目标：

1. 理解数据、信息、知识、智慧之间的区别及联系。
2. 理解数据思维的本质。
3. 理解大数据思维的本质。
4. 了解大数据技术。

1.1 数据思维概述

1.1.1 认识数据

1. 数据

数据是对现实世界客观事物的特征抽象化、符号化的表示，是用于表示客观事物的未经加工的原始素材。

数据随着文明的发展而不断扩大和变化。在互联网时代，数据的表现形式是多种多样的，有数字、文字、图形、图像、声音和视频等形式，如医院里的医学影像图片，公司和工厂的设计图案、解决方案，人的行为、社会关系、每天的活动等。数据也经历了从结构化到非结构化的转变，而且非结构化数据中蕴含着更大的价值。

数据可以是连续的量，如模拟的声音、图像，也可以是离散的量，如符号、文字，数字化的声音、图像等。

有些数据是固定不变的，如圆周率 π；有些数据是不断变化的，如每天的水电消耗数；有些数据是随机的，如抛硬币的结果等。

数据是人类文明的基石，人类对数据的认识和利用反映了文明的程度。

2. 信息

信息是人们对现实世界客观事物等认识的描述，它比数据更加抽象。信息是隐藏在数据背后的规律，需要人类的挖掘和探索才能够发现，比如地球的面积和质量，物理学中的参数，圆周率等。

数据是信息的载体，从数据到信息不仅是一门技术，也是一门艺术。以胡夫金字塔为例，该金字塔的周长和高度的比值大约为 6.29，金字塔的长为 20 埃及古尺长，宽为 10 埃及古尺长，但高度为 11.18 埃及古尺长。为什么不是一个整数？考古专家通过分析，发现这是为了保证对角线都是整数，分别是 15 和 25。通过对这些数据的处理，可以得知在古埃及人们就懂得了勾股定理。

信息是一种已经被加工为特定形式的数据，这种数据形式对接收者来说是有意义的，而且可以对当前或将来的决策产生影响。数据是信息的表示，信息是数据的内涵。

例 1-1："3"是数据，"最高气温是 3℃，天气寒冷，注意保暖"就是信息。

3. 知识

知识不是数据和信息的简单积累，知识是信息经过加工提炼后形成的相应的抽象产物，它表述的是事物运动的状态和状态变化的规律。可以说，知识是一类高级的、抽象的而且具有普

遍适应性的信息。知识具有系统性、规律性和可预测性。知识是认识世界的结果，同时也是改造世界的依据。例如："空气质量指数"的计算方法就是知识，是经过研究、归纳总结出来的科学方法。

例1-2：上海、冬季、雨三个常规数据，通过对这三个数据关联性分析以及与往年上海这个季节的雨量进行对比，发现2018年冬季上海雨水偏多。

4. 智慧

智慧是知识层次中的最高一级，也是人类区别于其他生物的重要特征。智慧是人类基于已有的知识，针对现实世界客观事物运动过程中产生的问题，根据获得的信息进行分析、对比、演绎找出解决方案的能力。这种能力运用的结果是将信息中有价值的部分挖掘出来并使之成为知识架构的一部分。知识和智慧还在于知行合一，除了理解和知道知识以外还需要运用知识。

例1-3：身高1.75米。1.75米是数据；身高1.75米是信息；经过统计分析得到知识：东北男性平均身高是1.75米；根据规律估算出来自东北的男性身高大约是1.75米，这就是智慧。

5. 数据、信息、知识和智慧的相互关系

数据、信息、知识和智慧可以看作是对客观事物感知的四个不同的阶段。数据是对事物属性的客观记录，是信息的载体和具体的表现形式；信息是经过处理的、有结构的数据；知识是经过研究整理的信息；而智慧是在知识的基础上，产生的辨析、判断和创造，从而找出解决方案的能力。如图1-1-1所示。

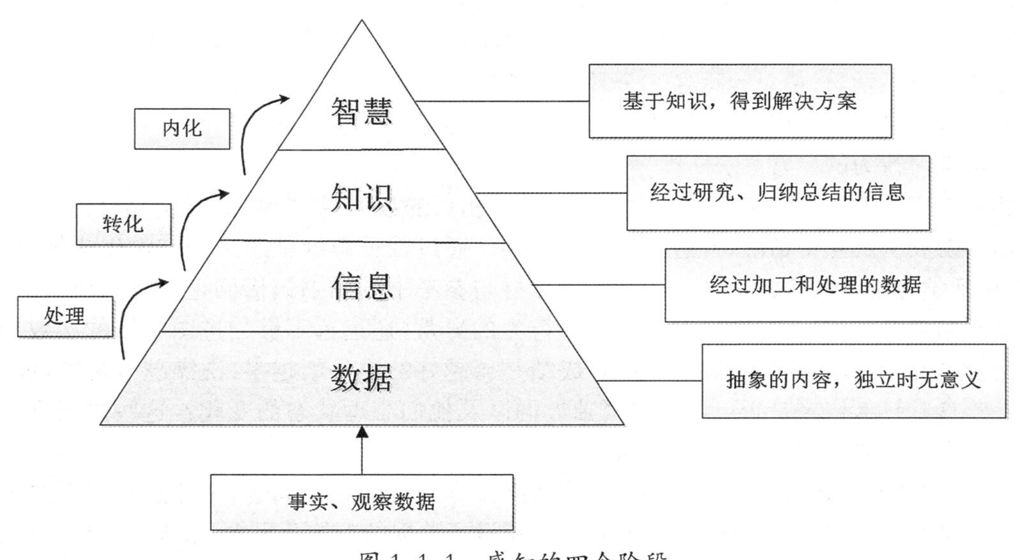

图1-1-1 感知的四个阶段

1.1.2 数据思维的本质

数据作为一种新的资源，给社会生产和人类生活带来了深远的影响。数据很重要，然而运

用数据思维更重要。

1. 什么是数据思维

数据思维是关于数据认知的一套思维模型。

我们经常会看到很多报告里汇报了一系列数据，但并未形成结论，这就不叫数据思维，而是单纯地引用数据。

例 1-4：在空调领域，A 公司市场份额超过 27%，2017 年实现营业收入达 1 482.86 亿元；B 公司在冰箱领域，占据了超过 35%的市场份额，2017 年实现营业收入 1 593 亿元。

在这个例子中列举了两家公司的市场份额及 2017 年营业收入数据，但对于数据并没有给出最终的行业销量排名结论，包括和竞争对手相比。只有数据没有结论，这不是数据思维。

例 1-5：在空调领域，A 公司市场份额超过 27%，2017 年实现营业收入达 1 482.86 亿元；B 公司在冰箱领域，占据了超过 35%的市场份额，2017 年实现营业收入 1 593 亿元。而 C 公司是家电大王，其 2017 年家电业务营业收入超过 2 400 亿元。在空调领域，它和最大对手 A 公司的差距正在缩小，市场份额超过 23%；在冰箱领域，市场占比在 10%左右；在洗衣机领域，则是以 26%的份额略低于 B 公司，它旗下有超过 12 种家电位居行业第一名。

这就是数据思维的成果，它告诉 A 公司和 B 公司优化销售策略不能仅限于几种家电，需要对多种家电销售予以重视。

2. 数据思维的价值

通过下面的例子让我们能进一步认识数据思维所产生的价值。

在大学里，考试基本上一个学期只有一到二次。如果一位同学在暑假迷上了网络游戏，开学后即使完全不学习，最早也得在三个月或半年后等到期中或期末考试成绩出来，才能看出一些端倪。也就是说，考试作为对学生学业发展的一种评估手段，是静态和滞后的，并不能实时发现学生学习行为的异常。

那有没有可能通过收集学生在学校日常被动积累的数据，对这些数据进行分析，早期发现学生学业发展中的异常情况，并进行预警和干预。通过数据思维就能想到与学生成绩有关的数据，包括学生历年的考试成绩、选课记录、教材与参考书的图书馆借阅记录等。仅有这些数据要做到精确的成绩预测，并同时发现学习行为的异常，还远远不够。进图书馆的次数越多，成绩是否越好？去水房打水的次数越多，成绩是否越好？吃早饭越多、洗澡越有规律，成绩是否越好？食堂打卡记录是否可以定位孤独人群以及他们心理状态的变化？这些数据维度，对于预测学生考试成绩，都会有很大的帮助。

但是，遗憾的是，绝大部分大学，没有用数据思维去考虑这个问题，不注意收集这些数据，无法支持这么详细的研究。所以说，如果大学建设了数据的一体化平台，最大价值地发挥教育数据的外部性，挖掘学生行为数据蕴含的大量有价值的信息，由于这些数据是实时的，就能够及时发现当前学生的异常问题，避免“亡羊补牢，为时已晚”的悲剧。

数据思维最重要的是要考虑到一个事物在发展过程中所产生的数据流，而这个数据流其实就是记录这个过程的最好证据。在信息时代，数据无处不在，无所不及，无人不用，数据就像阳光、空气、水分一样常见。运用数据思维，能为在日常生活和工作中碰到的问题给出合适的解决方案。数据思维是一种必备的素养。如何提高数据思维：首先，要扎实掌握数据领域涉及的基本知识，它是思维能力的基础；其次，日常生活和工作中要时常关注所看到的数据，对数据保持足够的敏感性；最后，多思考数据背后隐藏的东西，把数据转化成知识，让数据产生真正的价值。

3. 数据分析思维模式

数据分析是从数据中提取有价值信息的过程，从而达到分析现状、分析原因和预测未来的目的。数据分析过程中需要对数据进行各种处理和归类，所以需要掌握正确的数据分类方法和数据处理模式，主要的数据分析方法和数据处理模式包括分类、回归、聚类、相似匹配、频繁项集、统计描述、链接预测、数据压缩和因果分析等。

(1) 分类

分类是一种基本的数据分析方式，数据分类就是根据数据某种共同的属性或特征，按照约定的分类原则和方法，将数据对象划分到一个正确的类别中。假设有一批人的血型数据，已经知道其中有一堆人是O型血，有一堆人是A型血，有一堆人是B型血，有一堆人是AB型血，分类就是已经知道了O、A、B和AB四种血型的特征，对于新来的人，可以根据分类原则得出他的类(血型)标号，也就是得出他是属于O、A、B和AB的哪个类(血型)。通常，分类器是需要训练的，通过训练可以得到每个类的特征，即总结出分类的规律性，从而能够识别新的数据。

分类后的数据可进行进一步分析，从而达到进一步挖掘事物本质的目的。常用的分类方法主要有：决策树方法、贝叶斯方法、人工神经网络方法、支持向量机方法、逻辑回归方法、随机森林等。

(2) 回归

回归是一种研究因变量和自变量之间关系的统计分析方法。通过规定因变量和自变量来确定变量之间的因果关系，建立回归模型，并根据实测数据来求解模型的各参数，然后评价回归模型是否能够很好地拟合实测数据，如果能够很好地拟合，则可以根据自变量作进一步预测，最后探索出原因对结果的影响程度。假设有一组每年科研经费投入和经济效益的数据，首先建立回归模型，如果根据已知的数据确定了建立的回归模型能够很好地拟合给定的数据，则可以根据以后每年的科研经费投入预测相应的经济效益。

回归分析主要是用来对各类数据进行预估，以达到提高数据精度、去除数据误差的效果。回归分析的具体应用还需要结合数据特性进行分析。常用的回归分析方法主要有：线性回归方法、逻辑回归方法、多项式回归方法、逐步回归方法、岭回归方法、套索回归方法、ElasticNet回归方法等。

(3) 聚类

聚类分析在统计学上是根据“物以类聚”的道理，聚类指将物理或抽象对象的集合分组成为由类似的对象组成的多个类的过程。它是一种重要的人类行为。聚类是将数据分类到不同的类或者簇这样的一个过程，所以同一个簇中的对象有很大的相似性，而不同簇间的对象有很大的相异性。聚类与分类的不同在于，聚类所要求划分的类是未知的，因此，聚类分析也称为无指导或无监督的学习方法。假设同样有一批人的血型数据，但事先并不知道这一批人的血型数据有哪些血型，而是通过聚类分析后，自动发现这一批人的血型数据中有几种血型，并把相等（相似）的血型数据聚合到同一堆中。

数据聚类是对静态数据进行分析的一门技术，在许多领域受到广泛应用，包括机器学习、数据挖掘、模式识别、图像分析以及生物信息学等。主要的聚类算法可以分为五类：划分方法、层次方法、基于密度方法、基于网格方法和基于模型方法。

（4）相似匹配

相似匹配是通过一定的方法来计算两个数据的相似程度，通常会用一个百分比来衡量数据之间的相似程度。相似匹配算法在数据清洗、用户输入纠错、推荐统计、剽窃检测系统、自动评分系统、网页搜索和 DNA 序列匹配等领域都有着十分广泛的应用。如在推荐系统中可以通过对用户的行为进行分析得到用户的偏好后，根据用户的偏好计算相似用户和物品，从而可以基于相似用户或物品进行推荐。

常用的相似度计算方法主要有：欧几里得距离、曼哈顿距离、明可夫斯基距离、余弦相似度、皮尔森相关系数、Jaccard 相似系数等。

（5）频繁项集

频繁项集挖掘是数据挖掘研究领域中一个很重要的研究基础，它挖掘出数据集中经常一起出现的变量，从而为决策提供支持。频繁项集挖掘是关联规则、相关分析、因果分析、序列项集、局部周期性、情节片段等许多重要数据挖掘任务的基础。频繁项集在购物车数据分析、网页日志分析、网络入侵检测、DNA 序列分析等领域都有着很广泛的应用。如著名的“啤酒与尿布”营销案例就是典型的购物车问题，频繁项集挖掘就是要挖掘出频繁地共同出现在同一个购物车中的商品（比如啤酒和尿布），来一同促销，相互拉动，提高销售额。

频繁项集算法主要有：基于广度优先搜索策略的关联规则算法，如 Apriori 算法、DHP 算法；基于深度优先搜索策略的算法，如 FP－Growth 算法、ECLAT 算法、COFI 算法；基于精简集的方法，如 A－close 算法；基于最大频繁项目集的方法，如 MAFIA 算法、GenMax 算法、DepthProject 算法等。

（6）统计描述

统计描述是根据数据的特点，用统计所特有的统计指标和指标体系，通过图表或数学方法，表明数据所反馈的信息。如搜集、整理、分析经济和社会发展的数据，研究社会经济现象的规模、水平、速度、比例和效益，以反映社会经济现象发展规律在一定时间、地点、条件下的作用，描述社会经济现象数量之间的关系和变动规律。

统计描述数据分析的基础处理工作主要方法包括：平均指标和变异指标的计算、资料分布形态的图形表现等。

（7）链接预测

链接预测旨在通过已知的网络结构信息预测网络中未连接的两个端点是否可能产生链接，包括预测未被发现的链接与未来可能会形成的链接两个方面。主要用于还原缺失信息和预测未知信息，在社交网络推荐、生物信息分析、交通网络设计等领域具有巨大的实际应用价值。如在社交网络中可以使用链接预测技术向用户推荐熟人和相似的用户。

链接预测可分为基于节点属性的预测和基于网络结构的预测,基于节点之间属性的链接预测包括分析节点自身的属性和节点之间属性的关系等信息,利用节点信息知识集和节点相似度等方法得到节点之间隐藏的关系。与基于节点属性的链接预测相比,网络结构数据更容易获得。复杂网络领域一个主要的观点表明,网络中的个体的特质没有个体间的关系重要。因此,基于网络结构的链接预测受到越来越多的关注。

(8) 数据压缩

数字化后各种媒体数据量十分庞大,在数据预处理及数据分析中,直接存储和传输这些原始数据是不现实的,在这些庞大的数据中,实际也存在着大量的数据冗余,通过数据压缩与编码技术,可以在不丢失有用信息的前提下,缩减数据量以减少存储空间,提高其传输、存储和处理效率,或按照一定的算法对数据进行重新组织,减少数据冗余和存储空间。在使用时,需要将压缩的数据解压还原,即将压缩数据通过一定的解码算法还原到原始数据。

数据压缩分为有损压缩和无损压缩。还原后的数字媒体与压缩前一样的压缩方式称为无损压缩;数据在压缩过程中有丢失,无法还原到与压缩前完全一样的状态的压缩方法称为有损压缩。

(9) 因果分析

因果分析法是利用事物发展变化的因果关系来进行预测的方法。它是以事物发展变化的因果关系为依据,沿着"为什么"这条思路,探求其根源、发现其本质,使分析逐步深化。运用因果分析法进行市场预测,主要是采用回归分析方法,除此之外,计算经济模型和投入产出分析等方法也较为常用。

4. 数据分析的一般步骤

数据分析通常可分为:明确分析目的、数据收集、数据处理、数据分析、数据展示和报告撰写这几个步骤。

(1) 明确分析目的

首先是明确数据分析的目的,即梳理分析思路、搭建数据分析框架。明确了数据分析的目的,才能确保数据分析有效进行,为数据的采集、处理、分析提供清晰的方向。

(2) 数据收集

数据收集是按照确定的数据分析框架,收集相关数据,它为数据处理和数据分析提供素材和依据。收集的数据包括一手数据与二手数据,一手数据主要指可直接获取的数据,如公司内部的数据、市场调查取得的数据等;二手数据是相对于一手数据而言的,主要指经过加工整理后得到的数据,如统计局在互联网上发布的数据、公开出版物中的数据等。

(3) 数据处理

数据处理是指对收集到的数据进行加工整理,形成适合数据分析的样式,保证数据的一致性和有效性。它是数据分析前必不可少的阶段。数据处理的基本目的是从大量的、可能杂乱无章、难以理解的数据中抽取并推导出对解决问题有价值、有意义的数据。

数据处理主要包括数据清洗、数据转化、数据抽取、数据合并、数据计算等处理方法。一般的数据都需要进行一定的处理才能用于后续的数据分析工作，即使再“干净”的原始数据也需要先进行一定的处理才能使用。

(4) 数据分析

数据分析是指用适当的分析方法及工具，对收集、处理后的数据进行分析，提取有价值的信息，形成有效结论的过程。在确定数据分析思路阶段，就应当为需要分析的内容确定适合的数据分析方法。到了这个阶段，就能够驾驭数据，从容地进行分析和研究了。

(5) 数据展示

通过数据分析，隐藏在数据内部的关系和规律就会逐渐浮现出来，运用数据可视化技术可以展现出这些关系和规律，让人一目了然。一般情况下，可以通过表格和图形的方式来展示。多数情况下，人们更愿意接受图形这种数据展示方式，因为图形能更加有效、直观地传递出分析所要表达的观点。一般情况下，能用图说明问题的，就不用表格，能用表格说明问题的，就不用文字。

(6) 报告撰写

数据分析报告其实是对整个数据分析过程的一个总结与呈现。通过报告，把数据分析的起因、过程、结果及建议完整地呈现出来，以供决策者参考。所以数据分析报告是通过对数据全方位的科学分析来为决策者提供科学、严谨的决策依据。

一份好的分析报告，首先，需要有一个好的分析框架，并且层次明晰，图文并茂，能够让读者一目了然。结构清晰、主次分明可以使阅读对象正确理解报告内容；图文并茂，可以令数据更加生动活泼，提高视觉冲击力，有助于读者更形象、直观地看清楚问题和结论，从而产生思考。其次，需要有明确的结论，没有明确结论的分析称不上分析，同时也失去了报告的意义，再次，一定要有建议或解决方案，作为决策者，需要的不仅仅是找出问题，更重要的是建议或解决方案，以便他们在决策时参考。所以，数据分析不光需要掌握数据分析方法，而且还要了解相关领域知识，这样才能根据发现的问题，提出具有可行性的建议或解决方案。

1.1.3 习题与实践

1. 简答题

(1) 统计自己本季度的收入与支出情况，从而分析出本季度资金流向，是否能做出进一步优化的方案。

(2) 试分析数据、信息、知识与智慧的关系。

(3) 24 点游戏是 4 个数字使用四则运算的方法得到 24，如 6，7，8，9 可以是 $8\times6/(9-7)=24$。请问数字 3，5，6，8 可以有至少几种四则运算方法得到结果是 24？

(4) A 公司目前有 11 个业务人员，5 月前三名业务人员对 A 公司生意贡献度分别为：15%，13%，10%，后三名业务人员对 A 公司的生意贡献度分别为：6%，3%，2%。这个数据是否正确。

（5）2016 年年末，全国村镇人均住宅建筑面积为 33.75 平方米，全国村镇实有房屋建筑面积为 383 亿平方米。这个数据是否正确。

2. 实践题

请选择一个与本专业相关的数据分析需求，梳理分析思路、搭建数据分析框架，收集数据，完成核心数据的提炼。

1.2 大数据思维与技术

信息科技经过数十年的发展，数据的影响已经渗入到产业、科研、教育、家庭和社会等各个层面。大数据是收集与分析世界所产生的大规模数据的能力。对大数据的驾驭能力就是理解世界及其内在一切的能力。对大数据的利用已成为提高核心竞争力的关键因素。大数据是继云计算、物联网之后 IT 产业又一次重大的技术变革。

1.2.1 认识大数据

1. 什么是大数据

“大数据”是“数据化”趋势下的必然产物！数据化最核心的理念是：“一切都被记录，一切都被数字化”，它带来了两个重大的变化：一是数据量的爆炸性剧增，根据互联网数据中心的监测统计，2011 年全球数据总量已经达到 1.8 ZB(1.8 ZB 相当于 18 亿个 1 TB 的移动硬盘)，而这个数值还在以每两年翻一番的速度增长，预计到 2020 年全球将突破 35 ZB 的数据量，是 2011 年的 20 倍。二是数据来源的不断丰富，形成了多源异构的数据形态，其中非结构化数据(包括全文文本、图像、声音、影视、超媒体等信息)所占比例逐年增大。

由于数据规模的急剧膨胀，各行各业累积的数据量越来越巨大，达到了 PB、EB 或 ZB 的级别，数据类型也越来越多、越来越复杂，用传统数据处理方法面临很多问题，如获取、存储、检索、共享、分析和可视化，已经超越了传统数据处理方法的能力范围，于是“大数据”这样一个在含义上趋近于“无穷大”的概念应运而生。

大数据是指无法在一定时间内用常规软件工具对其内容进行提取、管理和加工处理的数据集合。大数据技术，是指从各种类型的数据中快速获得有价值信息的能力。适用于大数据的技术，包括大规模并行处理数据库、数据挖掘、分布式文件系统、分布式数据库、云计算平台、互联网和可扩展的存储系统等。

2. 大数据的特点

互联网数据中心定义了大数据具有 4 个基本特征：

(1) 海量的数据规模(Volume)

首先让我们来了解几组关于数据衡量单位的公式：

1 B = 8 bit

1 KB = 1 024 B≈1 000 byte

1 MB = 1 024 KB≈1 000 000 byte

1 GB = 1 024 MB≈1 000 000 000 byte

1 TB = 1 024 GB≈1 000 000 000 000 byte

1 PB = 1 024 TB≈1 000 000 000 000 000 byte

1 EB = 1 024 PB≈1 000 000 000 000 000 000 byte

1 ZB = 1 024 EB≈1 000 000 000 000 000 000 000 byte

1 YB = 1 024 ZB≈1 000 000 000 000 000 000 000 000 byte

百度资料表明，其新首页导航每天需要提供的数据超过 1.5 PB，这些数据如果打印出来将超过 5 千亿张 A4 纸。有资料估算，截至目前，人类生产的所有印刷材料的数据量是200 PB。当前，通常个人计算机硬盘的容量为 TB 量级，而一些大企业的数据量已经接近 EB 量级。

根据互联网数据中心的《数据宇宙》报告显示：2008 年全球数据量为 0.5 ZB，2010 年为 1.2 ZB，人类正式进入 ZB 时代。更为惊人的是，2020 年以前全球数据量仍将保持每年大约 40%的高速增长，也就是说每两年数据量就要翻一倍，预计 2020 年将突破 35 ZB，是 2008 年的 70 倍、2011 年的 20 倍，如图 1-2-1 所示。

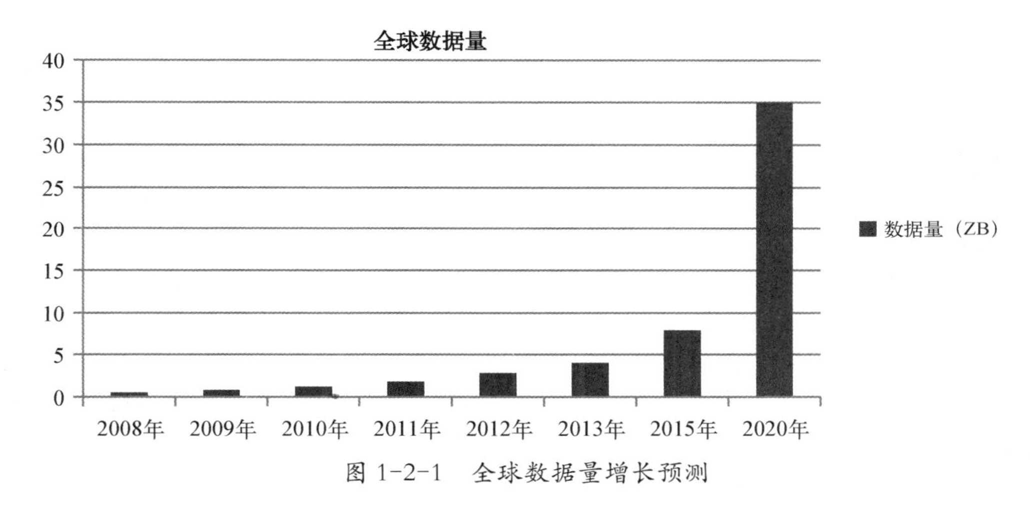

图 1-2-1 全球数据量增长预测

(2) 多样的数据类型(Variety)

人们日常生活、工作中接触的不仅是文本，还有图片、视频、音频、地理位置等都包含大量的数据，蕴含大量的信息。这类数据的大小、内容、格式、用途可能都完全不一样。如最常见的 Word 文档，最简单的 Word 文档可能只有寥寥几行文字，但为了增强文章的感染力，也可以混合编辑图片、视频、音频等内容，成为一份多媒体文件。这类数据通常称为非结构化数据。

与非结构化数据相对应的另一类数据就是结构化数据。这类数据可以简单地理解成表格里的数据，每一条数据的结构都相同。如为了统计学生的各科成绩，可以将每个学生的各科成绩排列到一起，就形成了成绩表，其中每个学生的各科成绩结构都是一样的，只是各科成绩不同。计算机处理结构化数据的技术比较成熟，如可以利用 Excel 工具很容易进行成绩的汇总和统计，另外一些商业数据库软件也专门用于存储和处理结构化数据。

然而，人们日常接触的数据绝大部分都是非结构化的，非结构化数据对数据的处理能力提出了更高要求。

(3) 快速的数据流转和动态的数据体系(Velocity)

Velocity 可以理解为更快地满足实时性需求。数据的实时性需求正越来越清晰。大数据处理遵循“1 秒定律”，这是大数据区分于传统数据挖掘的最显著特征。

如现在人们开车去吃饭，会先用手机中的百度地图查询餐厅的位置、其他用户对餐厅的评论，预计行车路线的拥堵情况，了解停车场信息，甚至吃饭时会用手机拍摄食物的照片，作简短评论发布到微博或者微信上，还可以用基于位置的服务找找朋友等。这些都是希望能即时得到的信息。

再如你用信用卡消费，当刷卡消费的同时，收到银行的提示短信，会感到很安全，也不会认为被打扰，因为当时正在处理跟消费支付相关的事情。如果过后才收到相同内容的短信，情况就完全不同了，也许你正在跟朋友聊天，也许正在休息，这条提示短信就成了打扰你的垃圾信息。客户体验的差别就在这短短的分秒之间。再以高频交易为主的股票市场为例，如果你的一个买卖操作比别人快 0.02 秒，就可能获得惊人的超额收益。这就是毫秒级时差造成的商业机会。

所以如何从各种类型的海量数据中快速获得高价值的信息就是企业的生命。

(4) 巨大的数据价值(Value)

牛津大学互联网研究所维克托·迈尔-舍恩伯格教授指出，“大数据”所代表的是当今社会所独有的一种新型的能力——以一种前所未有的方式，通过对海量数据进行分析，获得有巨大价值的产品和服务。

如在银行、地铁等一些敏感的部门或者地点都会安装视频监控，摄像头都是 24 小时运转，会产生大量视频数据。一般正常的情况下，这些视频数据会显得非常枯燥、乏味，并不会引人注目。但考虑到万一有异常情况发生，而恰巧发生时的场面图像对需要的人来说就是非常有价值的。然而，人们无法在事前知道哪一帧图像会有用，所以只能把所有的视频数据都保存下来，甚至保存一年的数据，但可能只有很少一部分数据有用。不过在研究人类行为的社会学家眼中，这些视频可能就是难得的第一手资料，也许可以借此窥探人类的某些行为模式。

我们可能已经注意到，现在有不少人手腕上佩戴一块类似电子表的仪器，实际上这个仪器能随时随地把脉搏、体温、血压等数据源源不断地传输到数据中心。这些数据除了可以监测人们的健康以外，更能为医疗保险公司开发新的保险产品或者优化现有的产品组合提供宝贵的研发依据。

这种“前所未有的”巨大价值，并不仅仅来自于单一数据集量上的变化，而且对于不同领域数据集之间深度的交叉关联，或称之为“跨域关联”，也体现了数据融合的价值。譬如微博上的内容和社交关系、手机通讯关系、淘宝上的购物记录等数据通过同一个用户关联起来，又如移动手机定位的移动轨迹、车载 GPS 的移动数据、顺丰物流的递送数据、智慧城市中的文本描述等数据通过同一个地点关联起来。跨域关联是数据量增大后从量变到质变的飞跃，是大数据巨大价值的基础。

大数据给整个社会带来从生活到思维上革命性的变化：企业和政府的管理人员在进行决策的时候，会出现从“经验即决策”到“数据辅助决策”再到“数据即决策”的变化；人们所接受的服务，将以数字化和个性化的方式呈现；以小规模实验、定性或半定量分析为主要手段的科学研究，将会向大规模定量化数据分析转型；将会出现数据运营商和数据市场，以数据和数据产品为对象，通过加工和交易数据获取商业价值；人类将在哲学层面上重新思考诸如“物质和信息谁更基础”“生命的本质是什么”“生命存在的最终形态是什么”等本体论问题等。

3. 大数据时代的商业变革

(1) 商业模式

商业模式是指一个完整的产品、服务和信息流体系,包括每一个参与者和其在其中起到的作用,以及每一个参与者的潜在利益和相应的收益来源及方式。在分析商业模式过程中,主要关注一类企业在市场中与用户、供应商、其他合作方的关系,尤其是彼此间的物流、信息流和资金流。

传统的商业智能已经应用了数据仓库、线上分析处理、数据挖掘和数据展现技术,对企业自身的数据进行存储、清理、索引和分析,并能够提供包括客户价值评价、客户满意度评价、服务质量评价、营销效果评价、市场需求评估等各种基于简单统计和关联挖掘的报表,以实现商业价值。

大数据发展的核心动力来源于人类对测量、记录和分析世界的渴望。在商业智能时代积累起来的数据分析经验既是大数据新商业模式技术和新商业理念的基础,又有可能束缚大数据商业变革,因为有经验的商业智能人士会不自觉地把大数据分析平庸化,认为大数据只是传统商业智能针对更大规模数据集的一种简单推广。其实不然,大数据时代和以前的工业化时代不同的是,它的特征是个性化,并且带来了巨大的理念上的改变,同时也带来商业模式的变化,如图1-2-2所示。

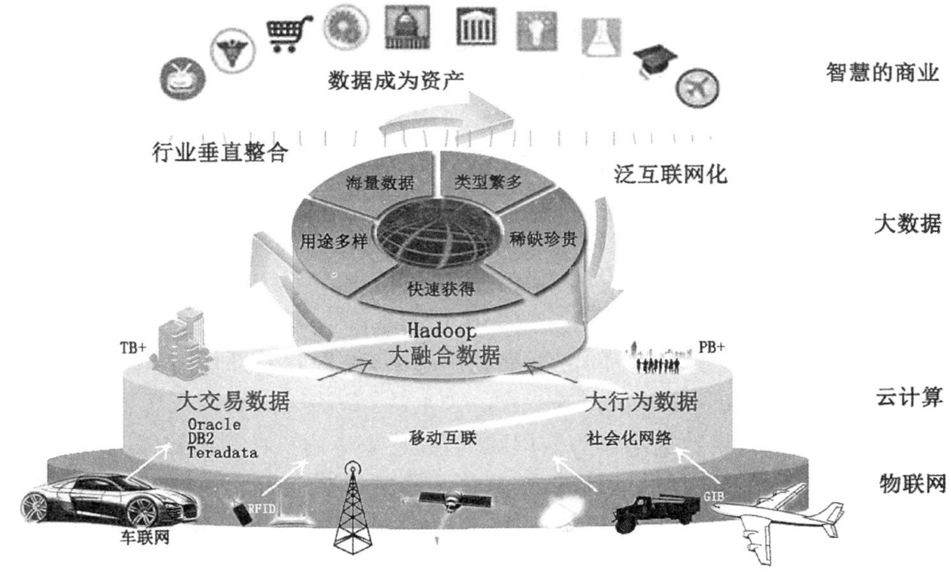

图1-2-2 大数据的商业智能应用体系

(2) 大数据的三个时代

目前,国内有学者将大数据在商业中的应用概括为1.0时代、2.0时代和3.0时代。

大数据1.0时代追求从数据到分析,从分析到更多更好的数据,再到更深入分析这样的正向循环。数据来自于企业内部,是企业自身的产品和服务产生了大量的数据,通过对这些数据进行深入的挖掘分析,给企业自身提供价值和应用,并改进自身业务,改进后的业务吸引更多用户或客户,产生更大量的数据,形成正向的循环。

亚马逊就是一个典型的例子。他们利用以“基于商品的协同过滤”为主要代表的一系列推荐算法，对每位顾客提供在线商店个性化，帮助用户找到他们可能喜欢的商品。在顾客兴趣的基础上，商店有了彻底的改观，如向一个软件工程师展示编程类产品，向一位新妈妈展示婴儿玩具。

再如，卖运动装的网站A、卖休闲装的网站B和卖包包的网站C，都了解用户在自己网站的偏好，但却无法了解用户在自己网站外的行为和偏好。如果网站A能够了解它的用户在网站B和C上的兴趣（比如非常喜欢紫色休闲衣服和包），就可以更加精准地为该用户提供他可能也会喜欢的运动装。这不仅能增强网站的转化率，也可大幅改善用户体验。所以一旦打通消费者在多个领域内（比如购物、资讯、交友、娱乐等）的数据，就可以通过大数据挖掘建立消费者全面的兴趣图谱。有企业从事类似的数据分析，但它们不是分析自己的销售数据，而是整合了五百多家电子商务网站和一百多家资讯网站的数据，从用户的浏览、收藏、点击行为中分析全网消费行为数据，猜测用户意图，推荐用户感兴趣的商品和资讯，提高电子商务网站的流量转化率、客单价，提升客户回头率，延长客户生命周期，从而提高电子商务企业的核心竞争力。

当今时代，数据已不再昂贵，但要从海量数据中获取价值就变得昂贵了，而要及时获取价值则更加昂贵，这正是大数据实时计算越来越流行的原因。上述这些精准的个性化服务的背后，是非常复杂的算法和实时大数据处理能力。基于个性化的推荐算法大大提高了用户粘度、忠诚度和企业的销售额，从而产生了更多有价值的数据，这些数据又帮助企业把分析做得更深入，进一步提高自身或客户的访问和销售量，产生更多高质量的数据。

大数据2.0时代强调的是数据的外部性。它是指企业用自身业务产生的数据，这些数据不只是对企业内部有价值，还可以去解决主营业务以外的其他问题，获得重大的价值；或者引入非企业自身业务的外部数据，来解决企业自己遇到的问题。阿里巴巴之所以能够成功，其中一个重要原因就是合理运用了“数据外部性”。由于拥有淘宝、天猫、支付宝、B2B等电商平台，阿里巴巴积聚了大量的商家交易和支付数据。阿里巴巴一开始收集这些数据，仅仅是为了完成网上交易的流水记录。然而从2010年开始，阿里巴巴逐渐意识到了这些数据潜在的价值，于是就开始研究如何利用这些数据，判断商家的资信，从而为其发放贷款。这就是“阿里小贷”的发源，也是蚂蚁金服的重要基础。在这个成功的基础上，阿里巴巴进而提出“一切数据都要业务化”，就是要把所有已经拥有的数据都利用起来，挖掘其外部性，让他们产生新的商业价值。

有信用评估企业将一切数据都作为信用数据，大量采集用户在社会媒体上留下的数据，分析这些数据，从中对用户的信用进行判断，预测用户拖延还贷的概率。通过这种分析，能够在低于行业平均拖延还贷率的条件下，进行更快、更低成本的贷款发放。这些用户在社交媒体上产生的数据并不是企业自身产生的，却服务于企业自己的业务。

同时，企业业务自身产生的数据也可以用来服务于其他行业，创造重大价值。如电子商务网站的销售记录可以通过分析用来预测消费价格指数，手机移动轨迹数据可以通过分析用于交通预测、预报和规划等。

大数据3.0时代的商业形态尚在探索中。大数据2.0时代的数据既然能够对外部产生价值，那么数据应该能够在保护隐私、保护数据安全的情况下在不同行业下自由地流动，形成整个社会的数据基础设施。因此，大数据3.0时代首先要求政府和行业对数据质量、价值、权益、隐私、安全等有充分认识，出台引导与保障措施。在此基础上，数据运营商出现，提供集成数据、存储和计算的平台，即数据基础设施形成了一个平台，能够聚集大量的开发者，加工粗数据

和已有的数据产品，产生新的数据产品。只有拥有足够大的平台，才能聚集足够的共性需求，形成专业化的、精深的数据分析，并且最大化地发挥价值。

大数据3.0时代将带领人们进入真正的大数据时代。个人、团队和企业可以通过数据API接口或付费使用数据产品，共同分享数据产品的价值。数据市场也可能应运而生，数据和数据产品有可能像今天电子商务网站上的商品一样被交易。于是，一种以数据/数据产品为输入、输出的新商业模式将诞生，这种商业模式不同于2B和2C的模式，如一款能预测精确位置空气质量的API接口，既可能被企业和政府使用，也可能被个人使用。为了区分，可以称这种模式为2D的商业模式。这种新商业模式的直接应用结果就是促进个人、团体、企业和政府通过大量异质数据和数据产品创造科学、社会、经济等方面的新价值。

4. 大数据时代的科学变革

（1）大数据的价值

大数据带来颠覆性影响的根源就是越来越多的事物被数据化了。比如图像、声音、人类的情绪和基因组等，看起来风马牛不相干，但是信息科技的发展把它们都神奇地变成了“0”、“1”的不同组合，也就是“数据”。当网页变成数据后，搜索引擎具备了令人艳羡的全文搜索能力，在几毫秒之内，就能让人们检索世界上几乎所有的网页。当方位变成数据后，每个人都能借助导航系统快速到达目的地。当人的生物特征变成数据后，就能利用生物识别技术进行身份识别认证。当情绪变成数据后，数据科学家们甚至可以根据大家快乐与否判断股市的涨跌。这些不同的数据可以归结为几类相似的数学模型，从而使得“数据科学”成为一门具备普遍适用性的学科。

实际上，科学界比产业界更早意识到了大数据的巨大影响。2008年9月，英国《自然》杂志就推出了名为“大数据”的封面专栏，阐述了数据在数学、物理、生物、工程及社会经济等多学科扮演的愈来愈重要的角色。越来越多、越来越复杂的数据本身，在以数据为准则的研究理念指导下以及愈发强大的计算能力支撑下，正在驱动一次科学研究方法论上的革命。通过数据分析，我们可以在数千万甚至上亿样本的规模下研究宗教问题、民族问题、亚文化问题、信息传播轨迹、经济发展趋势、社会流动性问题等，而这在以前的社会科学中是绝对不可想象的。

数据给我们提供了一个解释现象的新颖视角。如有一项研究另辟蹊径，科学家分析了320万手机用户的4.89亿条短信和19.5亿条通话记录，根据通信频繁程度，找出了每个人的第一好友、第二好友等。统计显示，男性和女性从青春期直到40多岁，第一好友往往都是一个同龄异性，女性对异性的高关注度保持的时间比男性长，这个第一好友就是所爱之人。而到了50岁左右的时间，男性的第一好友往往还是一个同龄的女性（他的太太），第二好友是一个或男或女的20岁左右的年轻人（他的子女）；而女性的第一好友往往都是她的子女。

数据也给我们提供了一个绕开理论直接走向应用的新途径。在医院，儿科部会记录早产儿和患病婴儿的每一次心跳，然后将这些数据与历史数据相结合来识别模式。基于这些分析，系统可以在婴儿表现出任何明显的症状之前就检测到感染，这使得医生可以早期干预和治疗；当我们每天在公路上开车时，我们的智能手机会发送我们的位置信息以及速度，然后结合实时交通信息为我们提供最佳路线，从而避免堵车。结合位置应用程序，还可以为你提供附近的餐馆、银行、加油站等信息。

中国互联网络信息中心通过对网购者购物时的行为数据分析发现，逾八成被调查者会查看商品的全部评价。比较有趣的是，9.55%的被调查者只查看差评，远高于仅查看好评的被调查者群体占比，如图 1-2-3 所示。差评与好评，对购买决策会产生不同的影响吗？

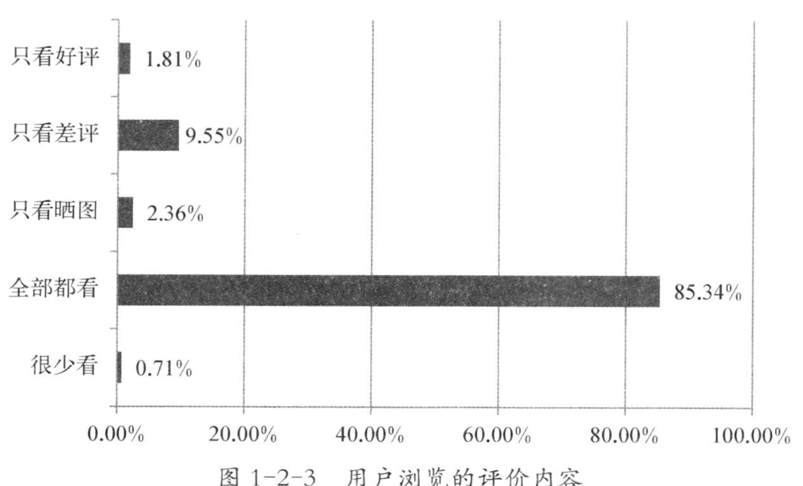

图 1-2-3　用户浏览的评价内容

调查数据显示，不受已有评价影响坚持自己购买初衷的网购者占比仅为 3.29%，逾九成网购者都会受到不同购物评价的影响。与预想不同的是，好评并没能进一步激发网购者购买商品的欲望，仅有 18.35%的网购者会因为有很多好评而更想买这件商品。面对多样化的电商平台及网上商品，网购者依旧保持着理性的购物态度。另一方面，质量差评会减少网购者对商品的喜好度，快递差评的影响力很小。可以看出，最直接影响网购者购买决策的是质量这一主观因素。网购者的理性态度还体现在个人写商品评价方面。仅有 4.06%的网购者会对不满意的商品做出比事实情况严重的差评。除此之外，逾七成网购者采用晒单、评论交叉的方式，对所购买商品做出评价。可以看出，即使是网上购物，消费者追求的依旧是货真价实这一目标。中国互联网络信息中心分析师认为，电商之间竞争的关键点依旧是质量、服务，商品评价运维是售后服务的一个重要方面。

可以看到，电商网站并没有给出从搜索词到商家的资信之间的某种严谨的理论，中国互联网络信息中心也没有对人们评价的心理行为给出任何理论解释，但是通过海量数据分析得到的这些研究结果已经可以应用于实际了。

（2）数据科学

大数据带来了很多新的重要的科学问题，如预测任务、描述任务，其中最重要的是预测。预测问题主要可以分为两类：一是趋势预测，二是缺失信息预测。

趋势预测是指通过事物的一些基本属性信息和早期的态势分析，预测事物发展的潜在趋势和最终影响力。如支付宝正利用大数据预测账户风险。据了解，支付宝大数据安全研究中心旨在利用账户设备环境属性及账户行为等数据构建多维立体虚拟网络，从账户安全与账户行为之间寻找风险的蛛丝马迹，从传统的风险机构“事后堵截”的手段转变为“预先识别”。企业根据客户的属性包括自然属性和行为属性，从不同角度深层次分析客户、了解客户，以此增加新的客户，提高客户的忠诚度，降低客户流失率，促进客户消费等。网站通过一条信息数小时在社交网络上的传播情况，来预测这条信息最终的影响力等。

假设观察到的信息只是全部真实信息的一部分，缺失信息预测就是探讨如何利用当前信

息去预测未观察到的信息。如通过实验所知道的蛋白质之间的相关作用关系只是全部关系中很小的一部分,但是实验验证费用昂贵,通过预测,预先判断哪些蛋白质之间可能有相互作用并以此指导实验,能够大大节省实验成本。又如,新浪微博上的关注对象推荐是一种典型的缺失信息预测,它推荐的基本假设是"某甲应该关注某乙,只不过现在还没有关注"。

在可预期的未来,绝大部分深入的大数据应用都可以转化为某种预测问题。

数据科学是利用计算机的运算能力对数据进行处理,从数据中提取信息,进而形成"知识"。它已经影响了计算机视觉、信号处理、自然语言识别等计算机分支。数据科学已经在IT、金融、医学、自动驾驶等领域得到广泛应用。

5. 大数据的战略地位

(1) 大数据的作用

大数据被认为是继信息化和互联网后整个信息革命的又一次高峰。云计算和大数据共同引领以数据为材料、计算为能源的又一次生产力的大解放,甚至可以与以蒸汽机作为动力机的第一次工业革命和以电力的广泛应用为主要标志的第二次工业革命相媲美。

从社会发展的历程来看,科技进步不断推动着生产方式的深刻变革。大数据兴起于信息产业,在不断发展成熟的过程中,逐渐融入社会生产和生活的各个领域,所表现的潜力已经超越信息产业,正在成为信息化社会重要的生产要素。与国家竞争力及国民幸福密切相关的重大战略都与大数据的分析和利用息息相关,包括与国家安全、社会稳定相关的尖端武器制造与性能模拟实验,群体事件和谣言的预警与干预;与国家科技能力相关的等离子即高能粒子实验分析,纳米材料及生物基因工程;与国民经济繁荣相关的经济金融态势感知与失稳预测,精准营销与智能物流仓储;与环境问题相关的全球气候及生态系统的分析,局部天气及空气质量预测;与医疗卫生相关的个性化健康监护及医疗方案,大规模流行病趋势预测和防控策略;与人民幸福生活相关的个性化保险理财方案,智能交通系统等等。数据储备和数据分析能力正在成为国家最重要的核心战略能力,对数据的占有、运用和控制正在成为综合国力的重要组成部分。大数据领域的竞争,事关国家、企业的安全和未来,正在成为国家间和企业间新的争夺焦点。

(2) 大数据的国家战略

2012年3月29日,美国政府宣布了"大数据研究和发展计划",来推进从大量的、复杂的数据集合中获取知识和洞见的能力。这是继1993年美国宣布"信息高速公路"计划后的又一次重大科技发展部署。该计划涉及联邦政府的6个部门(国家科学基金委、国家卫生研究院、能源部、国防部、国防部高级研究计划局和地质勘探局)。这些部门将投资总共超过两亿美元,来大力推动和改善与大数据相关的收集、组织和分析工具及技术。该计划标志着大数据已经成为国家战略,对未来的科技与经济发展必将带来深远影响。

2012年5月,我国召开第424次香山科学会议,这是我国第一个以大数据为主题的重大科学工作会议。中国计算机学会、中国通信学会等于2012年分别成立了"大数据专家委员会"。2012年9月13日,北京航空航天大学联合英国爱丁堡大学、英国利兹大学、香港科技大学、美国宾夕法尼亚大学、美国亚利桑那州立大学、加拿大渥太华大学等共同组建大数据科学与工程国际研究中心。

2012年12月13日,在"中关村大数据日"活动会上,由宽带资本、百度、用友、中国联通、联想集团、北京大学、北京航空航天大学、阿里巴巴、腾讯等企业、高校共同发起成立了大数据产业联盟，并在中关村云基地揭牌成立大数据实验室。该实验室以大数据产业孵化基金形态成立，致力于推动学术界大数据创新科技成果产业化以及为相关产业引导注入大数据科技元素。

自然科学基金委于2013年3月5日～7日，在上海同济大学举办了第89届“双清”论坛，论坛的主题是“大数据技术与应用中的挑战性科学问题”，与会的有近十名院士。2013年6月30日，中国信息化百人会以“大数据：挑战与机遇”为主题，在上海召开第四次专题研讨会。

2013年5月16日，国家发改委高技术服务业研发与产业化专项“基础研究大数据服务平台应用示范”项目启动会在中科院计算机网络信息中心举行。国家发改委高技术产业司有关人士表示：“我们将依靠新的方式、新的理念、新的技术对大数据进行挖掘应用，帮助科技、经济、社会发展；希望结合有关国家研究机构的优势与特色，能够探索大数据的潜在发展前景与效益，支持相关领域内的融合创新与思想碰撞。”

2013年是大数据应用之年，相关产业规划、行业政策纷纷出台，金融、电信、政府、电商、医疗、平安城市等都加速推进大数据相关应用。

2014年3月，大数据首次写入国务院政府工作报告；2015年10月，党的十八届五中全会正式提出“实施国家大数据战略，推进数据资源开放共享”。这表明中国已将大数据视作战略资源并上升为国家战略，期望运用大数据推动经济发展、完善社会治理、提升政府服务和监管能力。2018年5月，在中国国际大数据产业博览会上，我国提出将秉持创新、协调、绿色、开放、共享的发展理念，围绕建设网络强国、数字中国、智慧社会，全面实施国家大数据战略，助力中国经济从高速增长转向高质量发展。

在信息时代，大数据已经成为世界各国争夺信息社会控制权的重要战略手段。

1.2.2 大数据思维的特点

1. 由样本思维到全量思维

以前，通常用样本数据研究来进行数据分析，样本是指从总体数据中按随机抽取的原则采集的部分数据。这是因为传统的技术手段很难进行大规模的全量分析。比如，以前进行全国人口普查，需要大量基层人员挨家挨户地入户登记。这种统计方式工作周期长、效率低下，但由于受到技术条件的制约，只能这样做。户口登记完成后，一个阶段内分析人员都是基于样本思维在做分析和推测。而到了大数据时代，很多信息已经实时数据化、联网化，同时新的大数据技术可以快速高效地处理海量数据。这使得可以花费更低的成本、更低的代价就能很容易做到全量分析。样本分析是以点带面、以偏概全的思维，而全量分析真正反映了全部数据的客观事实。所以，大数据时代的来临，需要从样本思维转化到全量思维。

2. 由精准思维到模糊思维

由于数据量小，在进行传统数据分析时，可以实现精准化，甚至细化到单条记录，并且在出现异常的时候，还能对单条数据做异常原因等深究工作。但是，随着信息技术的发展，数据空前爆发，短时间内就会产生巨量的数据，这种情况下关注细节已经很难了。另外，即使基于精准分析得出的结论，在海量数据面前很有可能不再适用。在大数据时代，数据分析更强调大概率事件，也即所谓的模糊性。这不等于抛弃严谨的精准思维，而是应该增加大数据下的模糊思维。比如通过信用卡消费记录，可以成功预测个人未来几年的消费情况。

3. 由因果思维到关联思维

因果思维在人们的头脑中根深蒂固，因为从小就接受了这种训练和培养。所以，当看到问题和现象的时候，总是不断问自己因为什么。但学习数据挖掘的人都知道一个"啤酒与尿布"的故事。这个故事和全球最大的零售商沃尔玛有关。沃尔玛的工作人员在按周期统计产品销售信息时，发现了一个非常奇怪的现象：每到周末的时候，超市里啤酒和尿布的销量就会突然增大。为了搞清楚其中的原因，就派出工作人员进行调查。通过观察和走访之后，了解到，在美国有孩子的家庭中，太太经常嘱咐丈夫下班后要为孩子买尿布，而丈夫们在买完尿布以后又顺手带回了自己爱喝的啤酒（休息时喝酒是很多男人的习惯），因此周末时啤酒和尿布的销量一起增长。弄明白原因后，沃尔玛打破常规，尝试将啤酒和尿布摆在一起，结果使得啤酒和尿布的销量双双激增，为公司带来了巨大的利润。通过这个故事可以看出，本来尿布与啤酒是两个风马牛不相及的东西，但如果关联在一起，销量就增加了。在数据挖掘中，有一个算法叫关联规则分析，就是来挖掘数据关联的特征。

对于因果关系和关联关系，还可以通过一个调查来认识。基于大数据调查后发现，医院是排在心脏病、脑血栓之后的人类第三大死亡原因，全球每年有大量的人死于医院。当然，这个结论很可笑，因为我们都清醒地知道，死于医院的原因是这些人本来就有病，碰巧在医院死了而已，并非医院导致其死亡。于是，医院和死亡建立了一种相关关系，但这两者之间并不存在因果关系。

所以在大数据时代，不能局限于因果思维，而要多用关联思维看待问题。

4. 由自然思维到智能思维

自然思维是一种线性、简单、本能、物理的思维方式。虽然计算机的出现极大地推动了自动控制、人工智能和机器学习等新技术的发展，"机器人"研发也取得了突飞猛进的成果并开始应用，人类社会的自动化、智能化水平已得到明显提升，但机器的思维方式始终面临瓶颈而无法取得突破性进展。然而，大数据时代的到来，为提升机器智能带来契机，因为大数据将有效推进机器思维方式由自然思维转向智能思维，这才是大数据思维转变的关键所在、核心内容。

大家都知道，人脑之所以具有智能、智慧，是因为它能够对周遭的数据信息进行全面收集、逻辑判断和归纳总结，获得有关事物或现象的认识与见解。同样，在大数据时代，随着物联网、云计算、社会计算、可视化技术等的突破发展，大数据系统也能够自动地搜索所有相关的数据信息，并进而类似"人脑"一样主动、立体、逻辑地分析数据、做出判断、提供洞见，那么，无疑也就具有了类似人类的智能思维能力和预测未来的能力。

"智能、智慧"是大数据时代的显著特征，所以，思维方式也要从自然思维转向智能思维，以适应时代的发展。

1.2.3　大数据技术

1. 数据收集

大数据时代，数据的来源极其广泛，数据有不同的类型和格式，同时呈现爆发性增长的态势，这些特性对数据收集技术也提出更高的要求。数据收集需要从不同的数据源实时地或及时地收集不同类型的数据并发送给存储系统或数据中间件系统进行后续处理。数据收集一般可分为设备数据收集和 Web 数据爬取两类，常用的数据收集软件有 Splunk、Sqoop、Flume、Logstash、Kettle 以及各种网络爬虫，如 Heritrix、Nutch 等。

2. 数据预处理

数据的质量对数据的价值大小有直接影响，低质量数据将导致低质量的分析和挖掘结果。

大数据系统中的数据通常具有一个或多个数据源，这些数据源可以包括同构或异构的（大）数据库、文件系统、服务接口等。这些数据源中的数据来源于现实世界，容易受到噪声数据、数据值缺失与数据冲突等的影响。此外数据处理、分析、可视化过程中的算法与实现技术复杂多样，往往需要通过数据预处理对数据的组织、数据的表达形式、数据的位置等进行一些前置处理，以提升数据质量，并使得后继数据处理、分析、可视化过程更加容易、有效。

数据预处理形式上包括数据清理、数据集成、数据归约与数据转换等阶段。

3. 数据存储

分布式存储与访问是大数据存储的关键技术，它具有经济、高效、容错好等特点。分布式存储技术与数据存储介质的类型和数据的组织管理形式直接相关。目前主要的数据存储介质类型包括内存、磁盘、磁带等；主要数据组织管理形式包括按行组织、按列组织、按键值组织和按关系组织；主要数据组织管理层次包括按块级组织、文件级组织以及数据库级组织等。不同的存储介质和组织管理形式对应于不同的大数据特征和应用特点。

（1）分布式文件系统

分布式文件系统是由多个网络节点组成的，向上层应用提供统一的文件服务的文件系统。分布式文件系统中的文件在物理上可能被分散存储在不同的节点上，在逻辑上仍然是一个完整的文件。

分布式文件系统在大数据领域是最基础、最核心的功能组件之一。目前常用的分布式磁盘文件系统有 HDFS（Hadoop 分布式文件系统）、GFS（Goolge 分布式文件系统）、KFS（Kosmos 分布式文件系统）等；常用的分布式内存文件系统有 Tachyon 等。

（2）文档存储

文档存储支持对结构化数据的访问，不同于关系模型的是文档存储没有强制的架构。事实上，文档存储以封包键值对的方式进行存储。

与关系模型不同的是文档存储模型支持嵌套结构。文档存储模型也支持数组和列值键。与键值存储不同的是文档存储关心文档的内部结构。主流的文档数据库有 MongoDB、CouchDB、Terrastore、RavenDB 等。

（3）列式存储

列式存储将数据按行排序，按列存储，将相同字段的数据作为一个列族来聚合存储。按列存储可以承载更大的数据量，获得高效的垂直数据压缩能力，降低数据存储成本。使用列式存储的数据库产品有传统的数据仓库产品，如 Sybase IQ、InfiniDB、Vertica 等，也有开源的数据库产品，如 Hadoop Hbase、Infobright 等。

(4) 键值存储

键值存储，即 Key-Value 存储，简称 KV 存储，它是 NoSQL 存储的一种方式。它的数据按照键值对的形式进行组织、索引和存储。KV 存储比 SQL 数据库存储拥有更好的读写性能。键值存储一般不提供事务处理机制。主流的键值数据库产品有 Redis、Apache Cassandra、Google Bigtable 等。

(5) 图形数据库

图形数据库主要用于存储事物及事物之间的相关关系，这些事物整体上呈现复杂的网络关系，可以简单地称之为图形数据。传统的关系数据库技术已经无法满足超大量图形数据的存储、查询等需求，而图形数据库采用不同的技术能很好地解决这些问题。主流的图形数据库有 Google Pregel、Neo4j、Infinite Graph、DEX、InfoGrid、AllegroGraph、GraphDB、HyperGraphDB 等。

(6) 关系数据库

关系模型是最传统的数据存储模型，它使用记录(由元组组成)按行进行存储，记录存储在表中，表由架构界定。SQL 是专门的查询语言，提供相应的语法查找符合条件的记录。表联接可以基于表之间的关系在多表之间查询记录。关系模型数据库通常提供事务处理机制。对不同的编程语言而言，表可以被看成数组、记录列表或者结构。表可以使用 B 树和哈希表进行索引，以应对高性能访问。

传统的关系型数据库厂商结合其他技术改进关系型数据库，比如分布式集群、列式存储，支持 XML、Json 等数据的存储。

(7) 内存存储

内存存储是指内存数据库(MMDB)将数据库的工作版本放在内存中，由于数据库的操作都在内存中进行，从而磁盘 I/O 不再是性能瓶颈。内存数据库系统的设计目标是提高数据库的效率和存储空间的利用率。基于内存存储的内存数据库产品有 Oracle TimesTen、Altibase、eXtremeDB、Redis、RaptorDB、MemCached 等。

4. 数据处理

分布式数据处理技术一方面与分布式存储形式直接相关，另一方面也与业务数据的温度类型(冷数据、热数据)相关。目前主要的数据处理计算模型主要有以下几种。

(1) MapReduce 分布式计算框架

MapReduce 是一个高性能的批处理分布式计算框架，用于对海量数据进行并行分析和处理。MapReduce 适合处理各种类型的数据，包括结构化、半结构化和非结构化数据，并且可以处理数据量为 TB 和 PB 级别的超大规模数据。

MapReduce 分布式计算框架将计算任务分为大量的并行 Map 和 Reduce 两类任务，并将 Map 任务部署到分布式集群中的不同计算机节点上并发运行，然后由 Reduce 任务对所有 Map 任务的执行结果进行汇总，得到最后的分析结果。MapReduce 分布式计算框架可动态增减计算节点，具有很高的计算弹性，并且具备很好的任务调度和资源分配能力，以及很好的扩展性和容错性。MapReduce 分布式计算框架是大数据时代最为典型、应用最广泛的分布式运行框架之一。

(2) 分布式内存计算系统

使用分布式共享内存进行计算可以有效地减少数据读写和移动的成本，极大地提高数据处理的性能。支持基于内存的数据计算，兼容多种分布式计算框架的通用计算平台是大数据领域所必需的重要关键技术。除了支持内存计算的商业工具（如 SAP HANA、Oracle BigData Appliance 等），Spark 则是此种技术的开源实现代表，它是当今大数据领域最热门的基于内存计算的分布式计算系统。

(3) 分布式流计算系统

在大数据时代，数据的增长速度超过了存储容量的增长。在不远的将来，人们将无法存储所有的数据，而数据的价值也会随着时间的流逝不断减少。还有很多数据涉及用户的隐私无法进行存储。对数据流进行实时处理的技术获得了人们越来越多的关注。

数据流本身具有持续达到、速度快且规模巨大等特点，所以需要分布式的流计算技术对数据流进行实时处理。当前得到广泛应用的很多系统多数为支持分布式、并行处理的流计算系统，比较有代表性的商用软件包括 IBM StreamBase 和 InfoSphere Streams，开源系统则包括 Twitter Storm、Yahoo S4、Spark Streaming 等。

5. 数据分析

大数据分析技术包括对已有数据信息的分布式统计分析技术，以及对未知数据信息的分布式挖掘和深度学习技术。分布式统计分析技术基本都可由数据处理技术直接完成，分布式挖掘和深度学习技术则可以进一步细分为聚类、分类、关联分析、深度学习。有关聚类和分类请参见 1.1.2 相关内容。

(1) 关联分析

关联分析是一种简单、实用的分析技术，通过发现存在于大量数据集中的关联性或相关性，从而描述了一个事物中某些属性同时出现的规律和模式。关联分析在数据挖掘领域也称为关联规则挖掘。目前关联分析已广泛应用于金融行业、电子商务、新闻行业、交通行业、气象行业、时尚行业、精准营销等领域。如在金融行业中通过挖掘客户交易数据与相关属性，获取内在关联关系，预测客户未来会发生的交易行为，建立专项服务向客户有目的地提供理财产品、金融服务，从而提升银行客户的价值感，达到保持老客户、发展新客户的目的。

关联分析的算法主要分为广度优先算法和深度优先算法两大类。应用最广泛的广度优先算法有 Apriori、AprioriTid、AprioriHybrid、Partition、Sampling、DIC（Dynamic Itemset Counting）等算法。主要的深度优先算法有 FP - growth、Eclat（Equivalence CLAss Transformation）、H - Mine 等算法。

(2) 深度学习

深度学习是机器学习研究中的一个新的领域，是一种实现机器学习的技术，而机器学习又是一种实现人工智能的方法，三者的关系如图 1-2-4 所示。

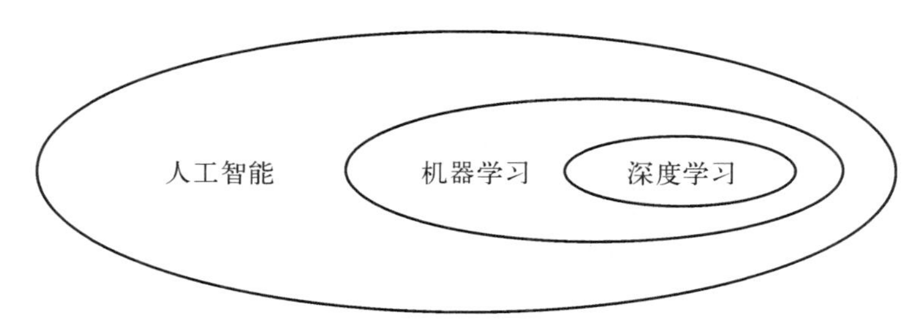

图 1-2-4 人工智能、机器学习和深度学习三者的关系

深度学习是利用深度神经网络来解决特征表达的一种学习过程。深度神经网络是包含了多个隐含层的神经网络结构。神经网络就是由很多个神经元组成的系统。深度学习的研究目的是建立、模拟人脑进行分析学习的神经网络，模仿人脑的机制来解释数据，如图像、声音和文本等。

深度学习可以分为有监督学习与无监督学习。不同的学习框架下建立的学习模型是不同的。例如，卷积神经网络(Convolutional Neural Networks，简称 CNNs)就是一种深度的监督学习下的机器学习模型，而深度置信网(Deep Belief Nets，简称 DBNs)就是一种无监督学习下的机器学习模型。

当前深度学习用于计算机视觉、语音识别、自然语言处理等领域，并取得了大量突破性的成果。运用深度学习技术，能够从大数据中发掘出更多有价值的信息和知识。

6. 数据可视化

数据可视化(Data Visualization)是运用计算机图形学和图像处理技术，将数据转换为图形或图像在屏幕上显示出来，并进行交互处理的理论、方法和技术。它涉及计算机图形学、图像处理、计算机辅助设计、计算机视觉及人机交互等多个技术领域。

随着计算机技术的发展，数据可视化概念已大大扩展，它包括科学计算数据的可视化，还包括工程数据和测量数据的可视化。通过数据可视化技术，可发现大量金融、通信和商业数据中隐含的规律信息，从而为决策提供依据。

数据可视化的关键技术包括：

(1) 数据信息的符号表达技术

除了常规的文字符号和几何图形符号，各类坐标、图像阵列、图像动画等符号技术都可以用来表达数据信息。特别是多样符号的综合使用，往往能让用户获得不一样的沟通体验。各数据类型具体的符号表达技术形式包括各类报表、仪表盘、坐标曲线、地图、谱图、图像帧等。

(2) 数据渲染技术

数据渲染技术是指各类符号到屏幕图形阵列的 2D 平面渲染技术、3D 立体渲染技术等。渲染关键技术还和具体媒介相关，如手机等移动终端上的渲染技术等。

（3）数据交互技术

除了各类PC设备和移动终端上的鼠标、键盘与屏幕的交互技术形式，可能还包括语音、指纹等交互技术。

（4）数据表达模型技术

数据可视化表达模型描述了数据展示给用户所需要的语言文字和图形图像等符号信息，以及符号表达的逻辑信息和数据交互方式信息等。其中，数据矢量从多维信息空间到视觉符号空间的映射与转换关系，是表达模型最重要的内容。此外，除了数据值的表达技术，数据趋势、数据对比、数据关系等表达技术都是表达模型中的重要内容。

大数据可视化与传统数据可视化不同，传统数据可视化技术和软件工具（如BI）通常对数据库或数据仓库中的数据进行抽取、归纳和组合，通过不同的展现方式提供给用户，用于发现数据之间的关联信息。而大数据时代的数据可视化技术则需要结合大数据多类型、大体量、高速率、易变化等特征，能够快速地收集、筛选、分析、归纳、展现决策者所需要的信息，支持交互式可视化分析，并根据新增的数据进行实时更新。

数据可视化技术在当前是一个正在迅速发展的新兴领域，已经出现了众多的数据可视化软件和工具，如Tableau、Datawatch、Platfora、R语言、D3.js、Processing.js、Gephi、ECharts、大数据魔镜等。许多商业的大数据挖掘和分析软件也包括了数据可视化功能，如IBM SPSS、SAS Enterprise Miner等。

1.2.4 习题与实践

1. 简答题

（1）大数据现象是怎么形成的？
（2）大数据给人类带来哪些变革？
（3）列举大数据的作用。
（4）简述大数据的战略意义。

2. 实践题

请选择一个与本专业相关的大数据资源，运用全量思维、模糊思维、关联思维和智能思维挖掘该大数据资源的价值。

1.3 大数据的发展

1.3.1 大数据应用

1. 零售行业

零售行业的业务特征是：需要及时响应客户需求，实现精准营销；需要增强产品流转率，实现快速营销。精准营销要求零售企业对消费者消费行为、节假日、天气等进行大数据分析，快速营销要求零售企业对运营管理的各个环节进行大数据分析。

李宁体育从POS系统到ERP系统，从MAIL系统到OA系统，整个集团信息化程度不断提高。但是由于李宁体育拥有3 000多个销售网点，随着信息系统的复杂度增大，出现了信息孤岛、大量历史数据闲置等问题。李宁体育采用了某电子商务平台产品，将多个信息系统的数据进行整合，并从大数据中获取价值，满足了中国消费者的特殊购物偏好。在新开张的李宁官方网上商城上，消费者可以通过自定义的主页查看畅销商品和产品的详细信息。通过实施多阶段电子商务战略，公司的网上购物收入呈显著增长，在不足一年的时间里实现了超过1 200%的增长。

亚马逊的关键数据服务储存了大量的数据，并且每秒钟处理100万次需求。通过对这些大数据的分析，可以发现用户对各项反馈，如价格、服务感知等关注指标的轻重排序。根据分析结果，可以改善优先顺序，也能更加准确地提供相关服务。

零售企业要提高零售业务收入，就必须进行快速的反应和决策。而精准的快速反应和决策应该以数据分析为基础，大数据对于零售企业至关重要。但是目前不少零售企业拥有数据较多，却不知道什么重要。大数据可以帮助零售企业运用现有的数据资源，进行营销分析，进而实现有效的精准营销策略。大数据已逐步成为零售企业的重要资产，零售企业除了进行快速反应与决策外，还需要加强结构化与非结构化的大数据分析，能根据客户的个性化需求提供有针对性的服务，增强客户忠诚度，保证利润持续增长。

2. 互联网行业

互联网行业的业务特征是：数据爆炸增长，结构类型复杂；用户行为丰富，Web社群关系复杂。

面对当今快速增长的海量互联网数据和复杂的网络社群关系，互联网行业需要利用大数据分析来提取有价值的信息，建立用户模型，针对不同用户提供针对性产品，以此来提升用户体验，增加用户粘性。

比如，电商网站可以通过大数据来设计产品链路应该怎样转化，用户到了首页通过下一页应该看什么。然后通过大数据来判断设计是否合理，转化率是不是合理，哪里有可能存在问题可以优化，通过这样来帮助产品经理，搭出链路，做分析。

百度通过掌握的大量互联网用户的行为数据，依托用户人群对搜索引擎的诉求依赖，搜集整理网络玩家的搜索需求，搜索热点；细分用户人群，将用户对网络游戏的搜索行为数据提炼组织，建立用户行为数据库；向网络游戏运营商输出数据支持。百度游戏创造了以数据支持为主、广告服务为辅的双轨模式。

大数据时代，卖数据已经成为一种实实在在的直接盈利手段，不论是搜索引擎还是电子商务，这些掌握大规模用户行为数据的公司将在大数据时代抢占先机，经过处理分析直接带来了商业利益，这也凸显了数据的资产性。

3. 金融行业

金融行业的业务特征是：设备先进，功能齐全；自动化程度高，安全保密性强。

金融行业高度依赖信息数据，应用大数据方法与技术收集、处理、分析金融数据，对数据进行挖掘提取，寻找其中有价值的信息，并将这些信息转化为知识，帮助公司做出及时准确的决策。

某银行信用卡中心通过提取分析信用卡数据，实现了近似实时的商业智能和秒级营销，运营效率得到全面提升；大数据解决方案使该银行信用卡中心在初始成本支出方面节省了约上千万元。

某基金公司利用对大数据的搜集与分析，将投资思想或理念通过具体指标、参数的设计体现在模型中，通过电脑在全市场360度寻找投资机会，并据此对市场进行不带任何主观情绪的跟踪分析，借助于计算机强大的数据处理能力来选择投资，以保证在控制风险的前提下实现收益最大化。基于大数据的量化交易模型，提高了信息的准确度，避免了人为交易中人性的弱点。

随着全球金融行业竞争的进一步加剧，金融创新已成为影响金融企业核心竞争力的主要因素。有数据显示95%的金融创新都极度依赖信息技术，大数据可以帮助金融公司分析历史数据，寻找其中的金融创新机会。

4. 医疗行业

在医学领域中，利用大数据可预测流行病、治疗疾病、降低医疗成本和让患者享受到更加便利的服务，利用大数据也可提高医疗机构利润和减少开销。

有报告显示，预计到2020年，医疗保健领域的数据将达到2.5万PB。可以看到医疗保健行业正在产生大量的数据，这些数据是由临床记录、医疗保健及法规遵循和监管需求驱动的，从而产生大量的影像图片、电子病历、病例报告、治疗方案、药物报告等，通过对这些数据进行整理和分析，能够极大地辅助临床决策、医院管理、疾病检测、实时统计分析和药物研究等。

某省医院利用大数据来调配医院床位。该医院各专业科室病床使用率差异很大。长期以来，优势专业病源充足，病人候床情况严重，住院难，而有些科室空床情况明显，病床使用率仅65%左右。为此医院利用患者数据（挂号数据、电子病历、患者基本数据等）和医院数据（各科室床位使用情况、诊疗活动、平均住院费用、平均住院周期等），构建数据分析处理系统，模糊临床二级分科，跨科收治病人，对跨科收治病人之后的科与科之间的工作量、收入、支出、分摊成本等指标进行合理的划分，强化入院处的集中床位调配权，解决病人住院难情况，使医院更好地履行社会责任，同时提高医院的效益。系统取得了明显的效果，病床总使用率由87%提高到92%，优势专业候床排队现象明显减少。

5. 教育行业

2018 年 4 月，教育部发布了《教育信息化 2.0 行动计划》，其中明确提出要“深化教育大数据应用，全面提升教育管理信息化支撑教育业务管理、政务服务、教学管理等工作的能力。充分利用云计算、大数据、人工智能等新技术，构建全方位、全过程、全天候的支撑体系，助力教育教学、管理和服务的改革发展”。大数据在教育信息化领域的支撑作用已经得到充分的肯定。中国作为世界上教育规模最大的国家，随着信息和网络的发展，海量的教育大数据将不断产生，如何科学利用这些数据资源成了关键。

当前，高校的大数据应用案例主要集中于以下三方面：一是面向学生管理的教育大数据应用。它主要聚焦于学生管理，对学生培养全生命周期中的生活、学业、思想等行为轨迹和发展过程进行伴随式辅导，形成协同可持续的智慧管理与导引发展新模式。目前，一些高校已经建立起了学生画像、学生行为预警、学生家庭经济状况分析、学生综合数据检索、学生群体分析等功能应用，能够更好地分辨学生在专业学习或就业方向上的潜能，为学生提供个性化的管理与培养方案。二是面向校园服务的教育大数据应用。此类应用主要通过实时爬取、分析校园各类数据，监测校园舆情，优化校园资源配置，为校方提供建设管理决策，展示学校人文关怀。一些高校已经开展了相关功能试点，其中，综合校情展示功能通过集成基础数据分析及行为数据分析，能够使管理者对学校在校生情况、课程情况、科研成果、奖助情况、教工情况等方面进行直观了解和对比，也可以帮助学生从严谨的数据分析中更加了解自己以及与他人的差异，感受信息化带来的人文关怀与改变。三是面向教学科研的教育大数据应用。部分高校开始尝试根据每年各专业招生计划、今年开课计划、往年教学安排等多种条件，基于教学资源开展数据分析，对教学活动中各项资源给出预测及预警。也有高校正在探讨通过导入和聚合各类科研原始数据，建立多维度的高校科研指标数据分析服务，并精准地找到与学校需求更加契合的外部人才。

通过大数据的分析来优化教育机制，作出更科学的决策，这将带来潜在的教育革命。

6. 电信行业

电信行业的业务特征是：数据量激增，保存时间长；受众群体大，市场饱和度高。

电信行业同质化竞争严重，具体表现在服务对象同质化、服务种类同质化、竞争手段同质化、企业性质同质化等方面。面对这种同质化竞争，企业需要重新思考和精准定位，以差异化经营在电信行业竞争中谋求发展，寻找经营的蓝海。在移动数据流量快速增长的同时，电信运营商并没有从传送大量的上层应用内容中获得更多收益，正面临收入增速放缓的困境。要真正扭转这一局面，运营商必须转变过去简单粗放的网络经营方式，构建“智能管道”已刻不容缓。电信业需要面对暴增的数据流量，从中发现潜在的信息应用需求，获取更大的商业价值，从而增加管道的价值和收入，进一步抓住未来广阔的信息化市场，摆脱被边缘化和底层化的危机。

大数据给英国电信带来新品开发机会，他们利用数据挖掘技术来发现用户的行为特征，了解哪些人会购买哪些服务和产品，由此创造出更多新兴服务，对用户的理解越来越深入，产品设计也就越精准，从而保留现有客户，获取新客户，并且尽量从每个客户身上获得最大价值。

移动公司将收集到的大量用户信息，包括客户资料数据、客户服务数据以及计费账务数据，应用大数据技术，发现用户客户群体特征，根据客户群体特征制定差异化营销策略。

7. 交通行业

交通行业的业务特征是：系统性，数据量大；复杂性，涉及多方面数据；动态性，信息实时处理要求高。

交通系统需要通过大数据分析协调各要素，构建系统优化方案；针对交通系统的复杂性，需要对气象信息、社会状况、经济情况等进行大数据分析，制定最佳出行方案；针对交通系统的动态性，需要大数据进行实时分析，及时快速处理突发事件。

德国 ECC 紧急救援呼叫中心的 ECC 系统包括移动电话网络和带有紧急呼叫中心的路线引导系统。一个无线电收发器通过移动电话把信号传输到 ECC 呼叫中心，这些信号数据包括精确的车辆位置、车辆类型等。然后通过大数据分析，将事故现场在数字化地图上显示，并结合有关交通、天气及道路状况信息作出最佳救援决策。同时，相关大数据会传输给相关公共紧急救助服务中心或警局。ECC 系统极大地提高了德国交通事故处理的效率，由最初的交通电视监控和报警等人工管理方式最终实现完全的智能管理。

各国交通部门都非常重视行车安全，而影响行车安全的因素涉及多个方面，产生庞大的数据，需要对这些大数据进行分析和挖掘。特别是在事故处理上，需要对事故进行快速探测、分析、通知和反应，这都需要大数据技术的支持。

1.3.2 大数据前景

1. 数据资源化

如今，大数据的价值被更多的企业发现并利用，大数据在国家、企业和社会层面渐渐成为重要的战略资源。数据成为了新的战略制高点，是大家抢夺的新焦点。大数据正在成为机构的资产，成为提升机构和公司竞争力的有力武器。大数据也已成为推动中国创新发展的强劲引擎。

2. 大数据与云计算等深度融合

大数据处理离不开云计算技术，云计算为大数据提供弹性可扩展的基础设施支撑环境以及数据服务的高效模式，大数据则为云计算提供了新的商业价值，大数据技术与云计算技术必有更完美的结合。同样的，云计算、物联网、移动互联网等新兴计算形态，既是产生大数据的地方，也是需要大数据分析方法的领域。

3. 基于海量数据(知识)的智能

对大数据深入应用，会有更多基于海量知识的智能成果出现。如智能医疗、智能交通、智能城市等，通过建立从数据到知识、从知识到智能行为的能力，打穿数据孤岛，形成连接多领域的知识中心，支撑新技术、新服务和新业态的跨界融合与创新服务。

4. 大数据分析技术的突破

大数据对第四次工业革命至关重要，随着大数据的快速发展，随之兴起的数据挖掘、机器学习和人工智能等相关技术，可能会改变数据世界的很多算法和基础理论，实现科学和技术上的突破。

5. 数据科学兴起

数据科学作为一个与大数据相关的新兴学科出现。已有专门针对数据科学的专业形成，有博士、硕士甚至本科生出现。有大量数据科学的专著出现。

6. 数据共享联盟

数据共享联盟将逐渐壮大成为产业的核心一环。数据是基础，之前在科技部的支持下，全国已建立了多个领域的数据共享平台，包括气象、地震、林业、农业、海洋、人口与健康、地球系统科学等数据共享平台。未来，数据共享将扩展到企业层面。

7. 大数据新职业

大数据促使新的就业岗位产生，如数据分析师、数据科学家、数据工程师等。具有丰富经验的数据分析人才成为稀缺资源，数据驱动型工作机会将爆炸性增长。

8. 更大的数据

大数据将获得更多的关注、研究、开发和应用。随之而来的是，大数据的体量大、快速、多样性、价值密度低等特性将被体现得更加极致。大数据的价值密度会越来越低，如何去除大数据中的噪点，从中挖掘和提取出有价值信息的难度也随之增大。

1.3.3 大数据面临的挑战

1. 对数据资源及其价值的认识不足

当前全社会尚未形成对大数据客观、科学的认识，对数据资源及其在人类生产、生活和社会管理方面的价值认识不足，存在盲目追求硬件设施投资、轻视数据资源积累和价值挖掘利用等现象。这是我国大数据发展面临的比较大的挑战，但也是比较容易解决的问题。

2. 技术创新与支撑能力不够

大数据需要从底层芯片到基础软件再到应用分析软件等信息产业全产业链的支撑，无论是新型计算平台、分布式计算架构，还是大数据处理、分析和呈现方面与国外均存在较大差距，对开源技术和相关生态系统的影响力仍然较弱，总体上难以满足各行各业大数据应用需求。

3. 数据资源建设和应用水平不高

数据资源的建设还没有得到普遍重视，即使有数据意识的机构也大多只重视数据的简单存储，很少针对后续应用需求进行加工整理。而且数据资源普遍存在质量差、标准规范缺乏、管理能力弱等现象。很多跨部门、跨行业的数据共享仍不顺畅，有价值的公共信息资源和商业数据开放程度低，数据价值难以被有效挖掘利用。大数据应用整体上处于起步阶段，潜力远未释放。

4. 信息安全和数据管理体系尚未建立

数据所有权、隐私权等相关法律法规和信息安全、开放共享等标准规范缺乏，技术安全防范和管理能力不够，尚未建立起兼顾安全与发展的数据开放、管理和信息安全保障体系。

5. 人才队伍建设还需加强

就目前而言，我国掌握数学、统计学、计算机等相关学科及应用领域知识的综合性数据科学人才缺乏，远不能满足发展需要，尤其是缺乏既熟悉行业业务需求，又掌握大数据技术与管理的综合性人才。

1.3.4 习题与实践

1. 简答题

（1）列举两个大数据的应用场景。
（2）举例说明大数据与云计算深度融合产生的商业价值。
（3）大数据发展面临哪些挑战？

2. 实践题

收集面向学生管理的教育大数据，包括学生的生活、学业、思想等数据，请应用大数据思维分析学生学业质量与学生日常行为的关系。

1.4 综合练习

1.4.1 选择题

1. 数据是信息的________。
   A. 存储形式　　B. 表现形式　　C. 加工形式　　D. 预测形式
2. 数据、信息与知识三者之间的变化趋势是________。
   A. 价值先增后减　　B. 价值递减　　C. 价值递增　　D. 价值不变
3. 数据分析思维模式包括相似匹配、频繁项集、________和数据压缩等。
   A. 链接预测　　B. 定量分析　　C. 财务分析　　D. 趋势分析
4. 关于大数据思维,描述不正确的是________。
   A. 大数据思维,是指对大数据的认识,对企业资产、关键竞争要素的理解
   B. 缺少数据资源,无以谈产业;缺少数据思维,无以言未来
   C. 大数据的关键在于数据挖掘,有效的数据挖掘才可能产生高质量的分析预测
   D. 大数据在不同领域有相同的状况
5. 大数据具有4个基本特征:Volume、Variety、Velocity和________。
   A. Value　　B. Variable　　C. Variously　　D. Videos
6. 大数据的价值在于________。
   A. 评价　　B. 处理　　C. 挖掘　　D. 管理
7. 关于大数据的特征,描述不正确的是________。
   A. 重视事物的因果性　　B. 大数据将颠覆诸多传统
   C. 大数据的价值重在挖掘　　D. 重视事物的关联性
8. 大数据目前发展的问题,不再是数据的数量不足,而是如何挖掘数据的________。
   A. 因果价值　　B. 精确价值　　C. 个体价值　　D. 关联价值
9. 大数据所带来的思维变革不包括________。
   A. 不是随机样本而是全体数据
   B. 不是精确性而是模糊性
   C. 不是因果关系而是相关关系
   D. 不是智能而是自然
10. 有关大数据,描述不正确的是________。
   A. 大数据将实现科学决策
   B. 大数据使政府决策更加精准化
   C. 大数据使数据价值密度越来越高
   D. 大数据将实现预测式决策

1.4.2 填空题

1. 信息是数据的________。
2. 与大数据密切相关的技术是________。
3. 数据________是大数据时代面临的挑战。
4. ________年被称为“大数据元年”。
5. 第一个将大数据上升为国家战略的国家是________。

本 章 小 结

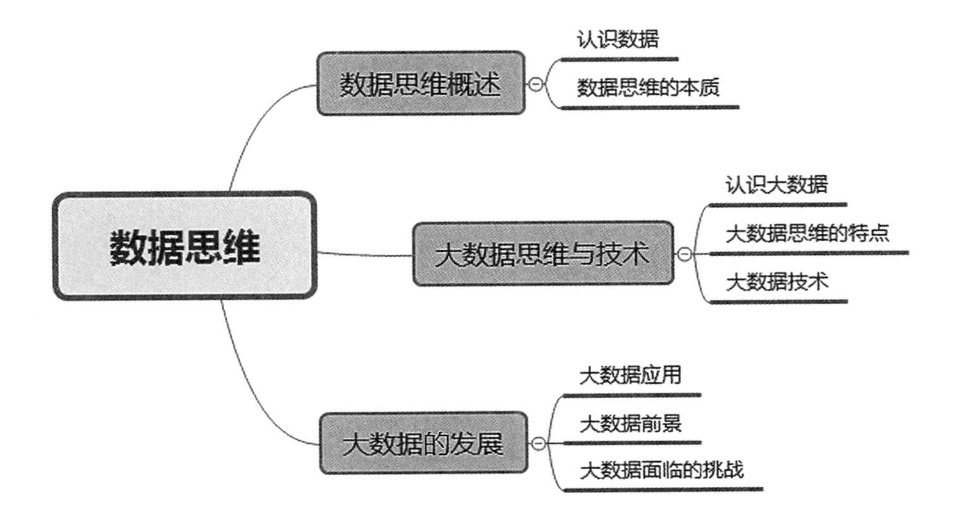

数据思维
数据思维概述
认识数据
数据思维的本质
大数据思维与技术
认识大数据
大数据思维的特点
大数据技术
大数据的发展
大数据应用
大数据前景
大数据面临的挑战

PART 02

第2章 数据分析基础

<本章概要>

Excel提供了一组强大的数据分析工具，称为“分析工具库”，相对使用函数输入公式方式来求解复杂问题，使用分析工具库更加简易方便。在涉及一些经济管理、工程规划和统计预测分析计算时，可以使用分析工具库节省步骤和时间。本章主要学习有关数据分析的基础知识及分析工具库的使用方法，并应用分析工具解决相关的实际问题。

<学习目标>

通过本章学习，要求达到以下目标：

1. 掌握数据分析工具加载方法。

2. 掌握单变量数据表和双变量数据表两种模拟运算表。

3. 掌握通过结果来确定相应的输入值的单变量求解运算。

4. 学会运用方案管理器对于含有多组不同的参数值给出多种不同解决方案，从中提供最佳解决方案。

5. 理解利用规划求解解决产品比例、人员调度、路线优化、材料调配等方面问题。

6. 掌握利用分析工具库中数据分析工具针对工程分析、数理统计、经济计量等数据进行分析和预测。

2.1 模拟分析

模拟分析是通过更改指定单元格中的预设值，查看在不同的参数值条件下预期结果的变化情况，帮助分析与决策。

模拟分析工具有三种：模拟数据表、单变量求解和方案。模拟运算表和方案都可以通过获取的一组输入值来确定可能的结果。其中模拟数据表仅适用于一个或两个变量情况，而方案可以同时加入多个变量，但最多不能超出32个。单变量求解方式与模拟数据表和方案不同，它是由预先设定的结果来倒推生成该结果的输入值，属于一种"逆"运算。

2.1.1 模拟运算表

模拟运算表是对一个单元格区域内的数据进行模拟运算，是数据分析中常用的一种方法。主要用于研究当其中一个或两个参数变化时，由此连带的中间变量和最终结果变化情况。

Excel中有两种模拟数据表：单变量数据表和双变量数据表。单变量数据表和双变量数据表没有本质不同，都是假定其余各变量均不变化，只模拟某一个或者两个参数对最终结果的影响。在模拟运算表中，输入的参数变量被安排在其中的一行和一列中，Excel先指定"输入单元格"，计算时用输入变量所在的行列为"输入单元格"赋值，然后再运用公式计算结果。

例2-1：某人计划在今后5年中每月存入1 000元，存款年利率为1.55%，请使用单变量模拟运算表方法计算1—5年各年末的存款额，其计算结果如图2-1-1所示。

A4 =FV(D2/12,E2*12,B2)

	A	B	C	D	E	F
1	零存整取存款到期金额（元）					
2	月存款金额（元）	-1000	存款利率	1.55%		
3	存款年限（年）	1	2	3	4	5
4	¥0.00	¥12,085.62	¥24,359.90	¥36,825.79	¥49,486.28	¥62,344.41

图2-1-1 零存整取1—5年年末的存款额

① 打开"配套资源\第2章\L2-1-1.xlsx"文件，建立如图2-1-1所示表格，在A4单元格中输入"=FV(D2/12,E2*12,B2)"，其中FV是Excel自带的投资函数，可以基于固定利率及等额分期付款方式，计算某项投资的未来收益。第1个参数"D2/12"表示每月的存款利率，第2个参数"E2*12"是存款的总期数，其中E2单元格内容为空，其值暂时未定，相当于变量，后面将使用模拟运算法方法将B3:F3区域的年份数据替换，第3个参数"B2"为每月的存款金额，以负值表示。

> **提示**：每月存入 1 000 元，1 年后的存款额为：
> $1\,000+1\,000*(1+1.55/100/12)+1\,000*(1+1.55/100/12)^2+\cdots\cdots+1\,000*(1+1.55/100/12)^{(12-1)}=12\,085.62$

② 选择包括公式和用于替换输入单元格的区域 A3:F4，即模拟运算表。

③ 单击“数据”选项卡“预测”组“模拟分析”下拉列表中的“模拟运算表”命令，弹出如图 2-1-2 所示的“模拟运算表”对话框，将光标放至“输入引用行的单元格”文本框中，选择 E2 单元格，此时在此文本框中显示“$E$2”。单击“确定”按钮，计算出 1—5 年年末的存款额。

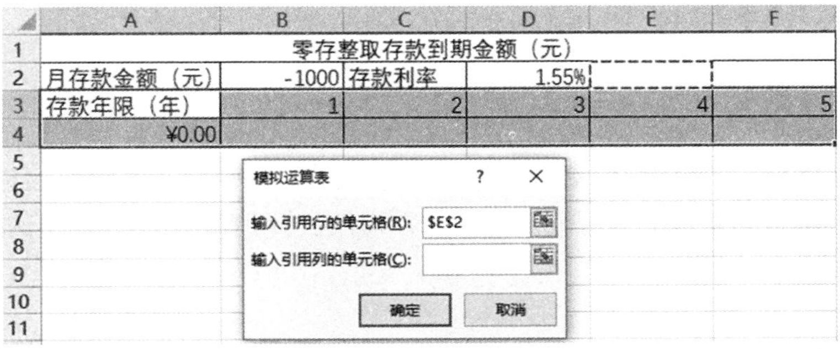

	A	B	C	D	E	F
1	零存整取存款到期金额（元）					
2	月存款金额（元）	-1000	存款利率	1.55%		
3	存款年限（年）	1	2	3	4	5
4	¥0.00					

模拟运算表　?　×
输入引用行的单元格(R): $E$2
输入引用列的单元格(C):
确定　取消

图 2-1-2　单变量模拟运算表

输入单元格指的就是步骤①中提到的需要用其他单元格的值来替代、其值未定的变量单元格 E2。替换数据如果为行，则输入至前一文本框“输入引用行的单元格”；替换数据为列，则输入至后一文本框“输入引用列的单元格”。

例 2-2：某人现需要商业贷款 200 万买房，已知贷款的基础利率为 4.9%，请用模拟运算表计算贷款利率分别为基础利率 0.85、0.9、0.95、1、1.1、1.2 折，贷款年限分别为 10、15、20、25、30 年时每月的还款额，其结果如图 2-1-3 所示。

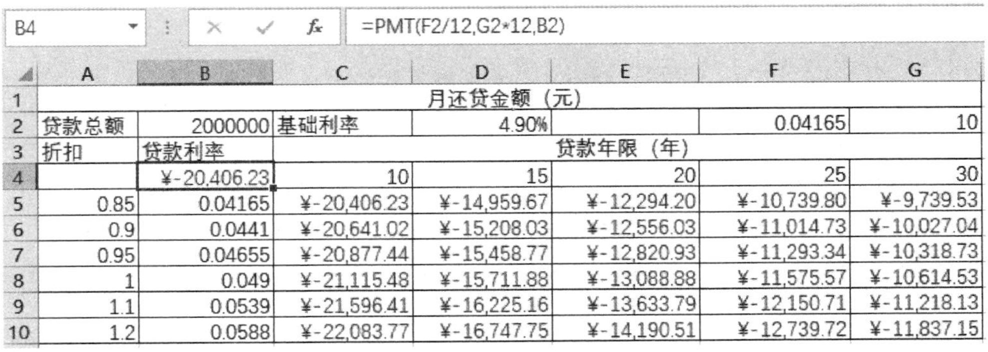

B4　=PMT(F2/12,G2*12,B2)

	A	B	C	D	E	F	G
1	月还贷金额（元）						
2	贷款总额	2000000	基础利率	4.90%		0.04165	10
3	折扣	贷款利率	贷款年限（年）				
4		¥-20,406.23	10	15	20	25	30
5	0.85	0.04165	¥-20,406.23	¥-14,959.67	¥-12,294.20	¥-10,739.80	¥-9,739.53
6	0.9	0.0441	¥-20,641.02	¥-15,208.03	¥-12,556.03	¥-11,014.73	¥-10,027.04
7	0.95	0.04655	¥-20,877.44	¥-15,458.77	¥-12,820.93	¥-11,293.34	¥-10,318.73
8	1	0.049	¥-21,115.48	¥-15,711.88	¥-13,088.88	¥-11,575.57	¥-10,614.53
9	1.1	0.0539	¥-21,596.41	¥-16,225.16	¥-13,633.79	¥-12,150.71	¥-11,218.13
10	1.2	0.0588	¥-22,083.77	¥-16,747.75	¥-14,190.51	¥-12,739.72	¥-11,837.15

图 2-1-3　月还贷金额模拟运算表

① 打开“配套资源\第 2 章\L2-2-1.xlsx”文件，建立如图 2-1-3 所示表格，按折扣计算贷款利率，在 B4 单元格中输入“=PMT(F2/12,G2*12,B2)”，其中 PMT 是 Excel 自带的投资函数，可以基于固定利率和等额分期付款方式，计算投资或贷款的每期付款额，第 1 个参数

"F2/12"表示每月的贷款利率，第 2 个参数"G2 * 12"是贷款的总期数，第 3 个参数"B2"为贷款总额。设置 F2 为贷款利率输入单元格，G2 为年限变量输入单元格，单元格内容为空，其值暂时未定，相当于变量，计算时将 B5:B10 列区域的数据替换利率变量，C4:G4 行区域的数据替换年限变量。

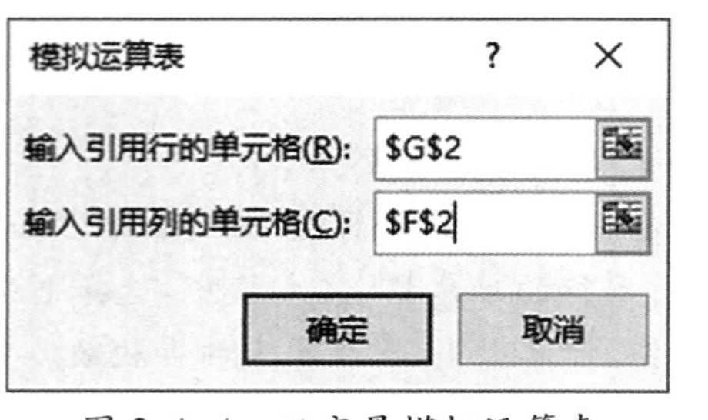

图 2-1-4　双变量模拟运算表

② 选择包括公式和用于替换的"输入单元格"的区域 B4:G10，即模拟运算表。

③ 单击"数据"选项卡"预测"组"模拟分析"下拉列表中的"模拟运算表"命令，弹出如图 2-1-4 所示的"模拟运算表"对话框，输入定义的输入单元格。

④ 单击"确定"按钮，计算出每月应还的贷款额。

2.1.2　单变量求解

如果知道所需的公式结果，但不确定此公式得出该结果所需的输入值，可以使用单变量求解功能。单变量求解就是求解具有一个变量的方程，通过调整可变单元格中的数值，使其按照给定的公式满足设定的目标值。

例 2-3：某人每月还款能力为 20 000 元，现计划向银行申请按基准利率 4.9%贷款 15 年，请运用单变量求解方法计算最多可贷款的金额，其结果如图 2-1-5 所示。

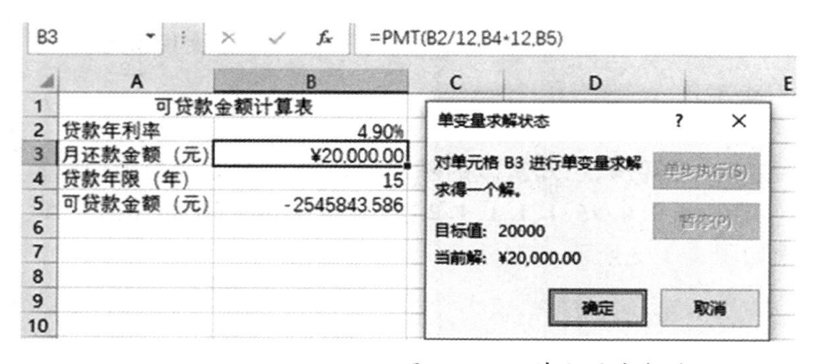

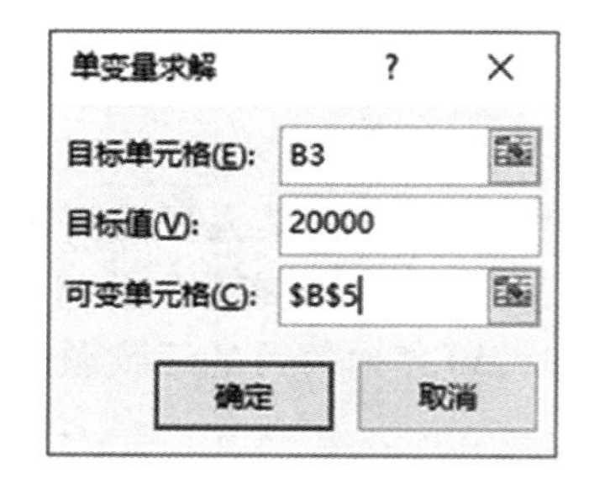

图 2-1-5　单变量求解贷款的金额

① 打开"配套资源\第 2 章\L2-3-1. xlsx"文件，设置 B2 和 B4 初值为"4.90%"和"15"，在 B3 单元格中输入"= PMT(B2/12,B4 * 12,B5)"，可贷款金额 B5 即为所求的解。

② 单击"数据"选项卡"预测"组"模拟分析"下拉列表中的"单变量求解"命令，弹出"单变量求解"对话框，在"目标值"单元格中输入"20 000"，单击"确定"按钮，即可计算出可贷款的额度。

Excel 单变量求解是通过迭代计算来实现的，即不断修改可变单元格中的值，直到求得的解是目标单元格中的目标值。当无法完全匹配时，可通过指定精度或者迭代次数求得近似解。默认情况下，Excel 执行 100 次迭代求解，当与目标值相差在 0. 001 时停止计算，也可通过"文件/选项/公式" 中"计算选项"设置"最多迭代次数"和"最大误差"。

2.1.3　方案管理器

前面介绍的单变量求解只解决了目标确定的情况下单个影响变量的取值问题，而模拟运算表最多只能解决两个变量的变动对于计算结果的影响。对于一些更为复杂的，涉及的影响因素较多的决策问题，可使用 Excel 的“方案管理器”。对于同一解题方案的模型，可以创建多组不同的参数值，得出多种不同解决方案，从中提供最佳解决方案。

例 2-4：如图 2-1-6 所示为一个投资收益与风险统计表，其中利润为“投资金额 * 投资利润率”，并且对应了不同的风险等级，请提供三种风险等级方案报告，供投资者参考。

1	投资与风险			
2	投资金额（元）	200000	500000	10000000
3	投资利润率%	5%	10%	15%
4	投资风险等级	1	2	3
5	利润（元）	10000	50000	1500000
6				

图 2-1-6　投资与风险统计表

① 打开“配套资源\第 2 章\L2-4-1. xlsx”文件，参照如图 2-1-6 所示表格输入 B2、B3、B4、B5 各值，单击“数据”选项卡“预测”组“模拟分析”下拉列表中的“方案管理器”命令，弹出“方案管理器”对话框，点击“添加”按钮，在打开的“添加方案”对话框输入方案名“保守投资”，在可变单元格中指定变量选取的范围如 B2:B4，然后单击“确定”按钮，如图 2-1-7 所示。

② 在弹出的“方案变量值”对话框中，填入相应的变量参数“200 000;5%;1”，然后单击“确定”按钮，生成方案。在本例中为了生成的方案摘要简洁，每次添加的方案都选取同样的可变单元格范围，但根据不同方案修改其中的参数，用同样的方法添加“稳健投资”、“积极投资”两个不同的投资方案，如图 2-1-7 所示。

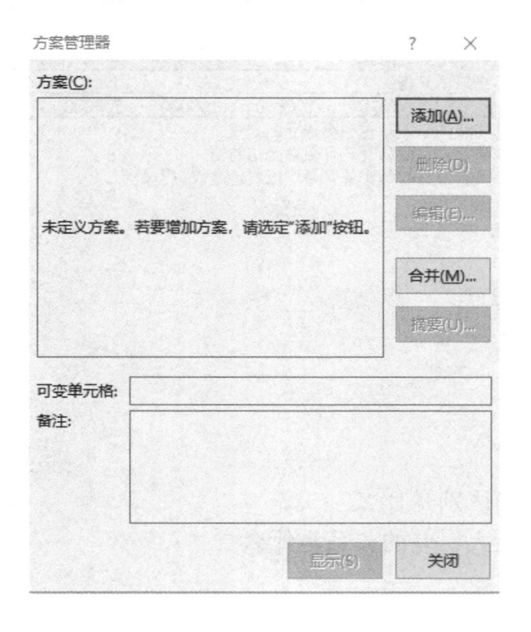

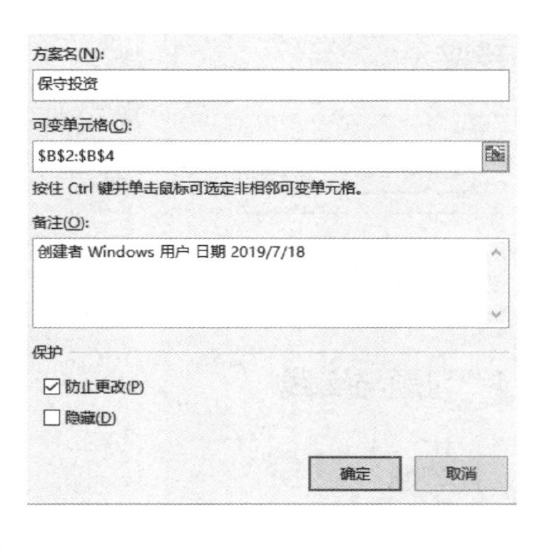

图 2-1-7　方案与变量

③ 再次打开“方案管理器”对话框，单击“摘要”按钮，弹出的“方案摘要”对话框中有“方案摘要”和“方案透视表”两个选项，选择 “方案摘要”，生成的方案摘要如图 2-1-8 所示。

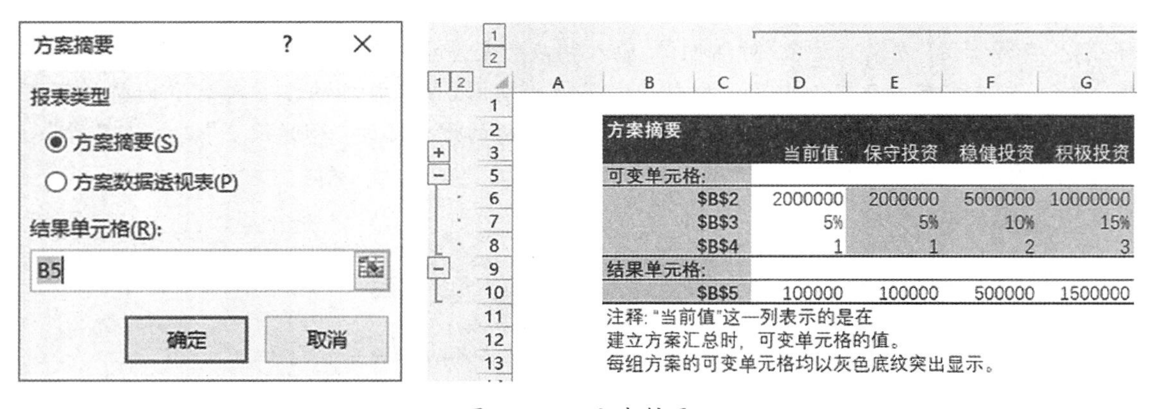

方案摘要	当前值:	保守投资	稳健投资	积极投资
可变单元格:				
$B$2	2000000	2000000	5000000	10000000
$B$3	5%	5%	10%	15%
$B$4	1	1	2	3
结果单元格:				
$B$5	100000	100000	500000	1500000

注释: “当前值”这一列表示的是在
建立方案汇总时，可变单元格的值。
每组方案的可变单元格均以灰色底纹突出显示。

图 2-1-8　方案摘要

2.1.4　习题与实践

1. 简答题

（1）单变量求解和单变量模拟运算表应用的区别是什么？

（2）单变量求解方法是什么？迭代次数和最大误差的关系是什么？

（3）方案管理器适用的场合是什么？

2. 实践题

实践 2-1：某人购买了养老保险产品，计划每月缴费 800 元，请用模拟运算表计算保险收益分别为 3.5%、5%、7.5%、12%，保险年限分别为 10、15、20、25、30 年时到期的可得总金额，并按下列要求操作，样张如图 2-1-9 所示。

	A	B	C	D	E	F	G
1	到期金额（元）						
2	月缴费金额（元）	-800	投保年限				
3	保险收益利率	0	10	15	20	25	30
4		0.035	114746.0084	189028.8262	277495.4153	382854.0652	508330.1939
5		0.05	124225.8236	213831.155	328826.9348	476407.7668	665806.9083
6		0.075	142344.2736	264889.8211	442984.58	701808.6974	1077956.34
7		0.12	184030.9516	399664.158	791404.2923	1503077.301	2795971.306
8							

图 2-1-9　到期金额模拟运算表

① 打开“配套资源\第 2 章\SY2-1-1. xlsx”文件，建立如图 2-1-9 所示表格，在 B3 单元格中输入“= FV(D2/12，E2 * 12，B2)”，其中 FV 是 Excel 自带的投资函数，可以用来计算投资的未来收益，其格式为 FV(rate，nper，pmt)。其中第 1 个参数“rate”为 D2/12，表示每月的收益利率；第 2 个参数“nper”为 E2 * 12，是投资的总期数；第 3 个参数“pmt”为 B2，是每月的投资金额，以负值表示。设置 D2 为贷款利率输入单元格，E2 为年限变量输入单元格，单元格内容为空，其值暂时未定，相当于变量，计算时将 B4:B7 列区域的数据替换利率变量，C3:G3 行区域的数据替换年限变量。

② 选择包括公式和用于替换的“输入单元格”的区域 B3:G7，即模拟运算表。

③ 单击“数据”选项卡“预测”组“模拟分析”下拉列表中的“模拟运算表”命令，弹出“模拟运算表”对话框，输入定义的“输入单元格”。

④ 单击“确定”按钮，计算出到期应得的总金额。

2.2 规划求解

规划求解常用于解决产品比例、人员调度、路线优化、材料调配等方面问题。Excel 提供的规划求解工具,可通过线性与非线性两种规划求解问题。

规划求解问题的特点为:

- 有单一的目标,如求产品的最大盈利、求生产的最低成本等。
- 有明确的不等式约束条件,如生产材料不能超过库存,生产产品具有种类、数量的限制等。

2.2.1 数据分析工具加载

Excel 数据分析工具主要在“数据”选项卡下“预测”和“分析”两个命令组中,默认情况下只有“预测”命令组,“分析”命令组需要单独加载宏。加载宏是可以安装到计算机中的程序组件,Excel 自身附带了许多加载宏,用户可以根据需要选择性安装,本章中涉及的规划求解和分析工具库都由 Excel 加载宏提供。加载方法是单击“文件”选项卡中的“选项”命令,在弹出的“Excel 选项”对话框中选择“加载项”,在“管理”框中单击 “Excel 加载项”右侧的“转到”按钮,在弹出的“加载宏”对话框中勾选“分析工具库”、“规划求解加载项”,单击“确定”按钮后,在“数据”选项卡右侧出现“分析”命令组,包含“数据分析”和“规划求解”两个工具。

2.2.2 规划求解问题

Excel 规划求解问题主要由可变单元格、目标函数、约束条件 3 部分组成,其中可变单元格中存放的变量,通过规划求解来满足约束条件的限制,达到求解目标函数的目的。

例 2-5:某企业生产两种饮料甲和乙,需要两种配料 A 和配料 B,每生产饮料甲一瓶需要配料 A0. 2 千克、配料 B0. 3 千克,每生产饮料乙一瓶需要配料 A0. 3 千克、配料 B0. 5 千克,企业现存储的配料 A 和配料 B 均为 150 千克,且配料 A 的价格为 2 元/千克,配料 B 的价格为 3 元/千克,现市场需求饮料乙是饮料甲的两倍,运用规划求解方法计算企业为实现最大利润应安排饮料甲和饮料乙的产量,其结果如图 2-2-1 所示。

	A	B	C	D	E	F	G	H	I
1	最大利润计算(线性规划)			配料表			售价(元/瓶)	配料价格(元/千克)	
2		甲	乙		A(千克)	B(千克)		A	B
3	可变单元格	115	231	甲	0.2	0.3	6	2	3
4	约束条件	92.3		乙	0.3	0.5	8		
5		150		配料总额	150	150			
6		-1							
7	目标函数利润最大(元)	1903.4							

图 2-2-1 规划求解最大利润

① 依题意设计一个表格,两个变量单元格,有三个约束条件,一个最优目标。在约束条件单元格中分别输入公式“=E3 * B3+E4 * C3”、“=F3 * B3+F4 * C3”、“=2 * B3-C3”,在最优目标单元格中输入公式“=G3 * B3+G4 * C3-B3 * (E3 * H3+F3 * I3)-C3 * (E4 * H3+F4 * I3)”,其中G3和G4为预设值,如图2-2-2所示。

B7　=G3*B3+G4*C3-B3*(E3*H3+F3*I3)-C3*(E4*H3+F4*I3)

	A	B	C	D	E	F	G	H	I
1	最大利润计算（线性规划）			配料表			售价（元/瓶）	配料价格（元/千克）	
2		甲	乙		A(千克)	B（千克）		A	B
3	可变单元格			甲	0.2	0.3	6	2	3
4	约束条件	0		乙	0.3	0.5	8		
5		0		配料总额	150	150			
6		0							
7	目标函数利润最大（元）	0							

图2-2-2　规划求解表格

② 单击“数据”选项卡右侧的“规划求解”工具,弹出“规划求解参数”对话框,在“设置目标”文本框中选择“B7”单元格,“通过更改可变单元格”文本框中拖选“B3:C3”单元格区域。单击“添加”按钮,分别设置单元格B3、C3为“int”,单元格B4＜=E5,B5＜=F5,单元格B6＜=0,添加完成后单击“确定”按扭,返回“规划求解参数”对话框,从“选择求解方法”下拉列表中选择“单纯线性规划”,如图2-2-3所示。

图2-2-3　“规划求解参数”对话框

③ 单击“求解”按钮，在弹出的“规划求解结果”对话框中单击“确定”按钮，计算出最优方案为应生产饮料甲 115 瓶，饮料乙 231 瓶。

④ 在弹出的“规划求解结果”对话框中选择“运算结果报告”，再单击“确定”按钮，即可生成运算结果报告，如图 2-2-4 所示。

1	Microsoft Excel 16.0 运算结果报告					
2	工作表: [规划求解（例题和习题）.xlsx]求解不等式（例题）					
3	报告的建立: 2018/9/1 20:47:03					
4	结果: 规划求解找到一解，可满足所有的约束及最优状况。					
5	规划求解引擎					
6	引擎: 单纯线性规划					
7	求解时间: .641 秒。					
8	迭代次数: 1 子问题: 2					
9	规划求解选项					
10	最大时间 无限制, 迭代 无限制, Precision 0.000001, 使用自动缩放					
11	最大子问题数目 无限制, 最大整数解数目 无限制, 整数允许误差 1%, 假设为非负数					
12						
13						
14	目标单元格 (最大值)					
15	单元格	名称	初值	终值		
16	$B$7	目标函数利润最大（元） 甲	1903.4	1903.4		
17						
18						
19	可变单元格					
20	单元格	名称	初值	终值	整数	
21	$B$3	可变单元格 甲	115	115	整数	
22	$C$3	可变单元格 乙	231	231	整数	
23						
24						
25	约束					
26	单元格	名称	单元格值	公式	状态	型数值
27	$B$4	约束条件 甲	92.3	$B$4<=$E$5	未到限制值	57.7
28	$B$5	甲	150	$B$5<=$F$5	到达限制值	0

图 2-2-4 运算结果报告

2.2.3 习题与实践

1. 简答题

（1）规划求解有哪几种方式？各有什么特点？

（2）适用规划求解问题的特点是什么？

2. 实践题

实践 2-2：已知变量 x、y 满足的约束条件为 $\begin{cases} x+y-5\geqslant 0 \\ x-y+1\geqslant 0 \\ 3x-2y-4<=0 \end{cases}$，使用规划求解方法计算目标函数 $3x+2y$ 的最大值，其结果如图 2-2-5 所示。

	A	B	C
1	变量	x	y
2	变量取值	6	7
3	约束条件	13	
4	约束条件	-1	
5	约束条件	4	
6	目标函数（最大值）	32	

图 2-2-5 规划求解函数的最大值

2.3 数据分析工具库

Excel 提供了一组数据分析工具，主要有回归、移动平均、指数平滑、相关系数、方差、协方差、排位与百分比排位等十几种，称之为“分析工具库”，在工程分析、数理统计、经济计量等数据分析和预测方面应用较广。

2.3.1 预测分析

预测分析是通过对过去和现在的数据分析未来的趋势，其中较常用的方法之一就是移动平均法。移动平均分析工具可以基于过去几个时期中变量的平均值，设计预测期间的值，使用此工具多用来预测销售量、库存或其他趋势变化。

例 2-6：2017 年居民消费价格月度涨跌幅度如图 2-3-1 所示，利用移动平均法预测涨跌幅度并以图表形式输出，其结果如图 2-3-1 所示。

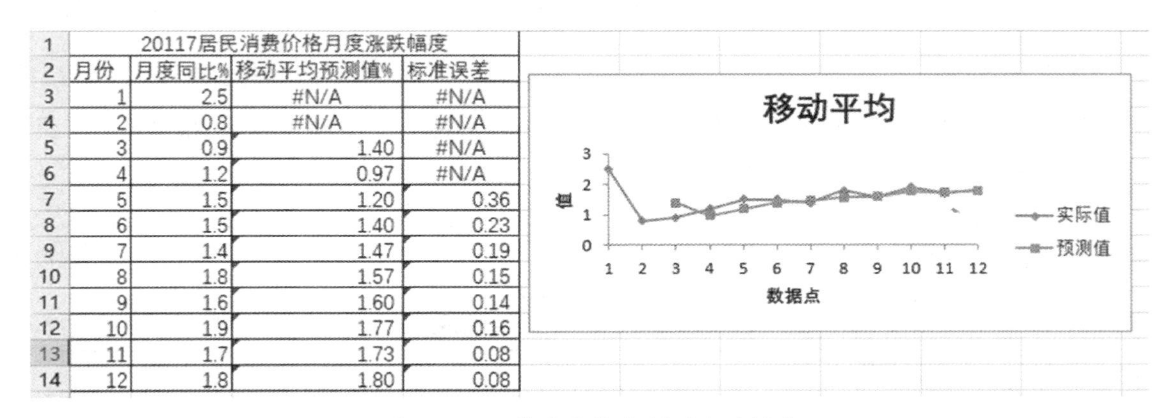

20117居民消费价格月度涨跌幅度			
月份	月度同比%	移动平均预测值%	标准误差
1	2.5	#N/A	#N/A
2	0.8	#N/A	#N/A
3	0.9	1.40	#N/A
4	1.2	0.97	#N/A
5	1.5	1.20	0.36
6	1.5	1.40	0.23
7	1.4	1.47	0.19
8	1.8	1.57	0.15
9	1.6	1.60	0.14
10	1.9	1.77	0.16
11	1.7	1.73	0.08
12	1.8	1.80	0.08

图 2-3-1　移动平均法预测涨跌幅度

① 在工作表的一列上输入各时间点上的观察值，如图中的 A 列所示月份。

② 从“数据”选项卡中选择“分析/数据分析”命令，在弹出的对话框中选择“移动平均”，单击“确定”按扭。

③ 在弹出的“移动平均”对话框“输入区域”中确定数据来源；移动平均数值的间隔可以设定或者采用默认；然后选定输出区域；勾选“图表输出”和“标准误差”，如图 2-3-2 所示，单击“确定”按扭。

其中标准误差表示预测值与实际值的误差，这个值越小越好，说明预测值与实际值越接近。

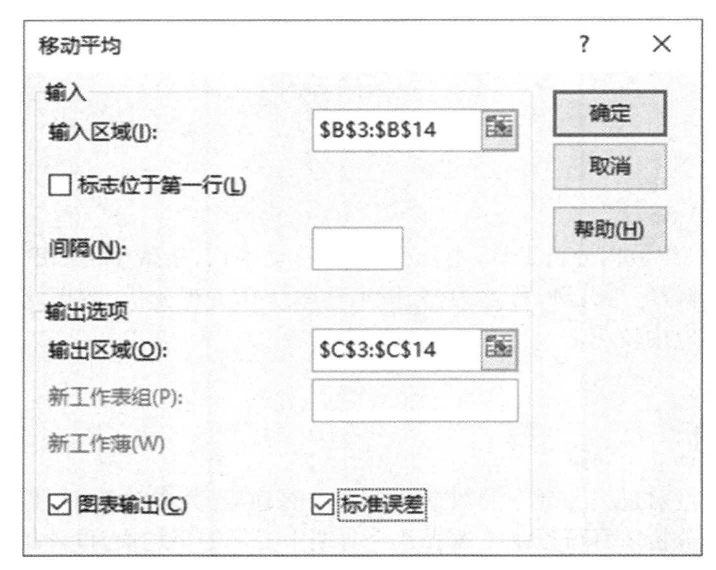

图 2-3-2　移动平均参数设置

2.3.2　相关性分析

Excel 的分析工具库提供了“相关系数”和“协方差”两个分析工具，运用它们进行相关分析非常简单。

例 2-7：2012～2017 年居民消费价格月度涨跌幅度如图 2-3-3 所示，利用相关系数工具计算涨跌幅度同比和环比之间的相关性。

居民消费价格月度涨跌幅度（%）

月份	2017年	2016年	2015年	2014年	2013年	2012年
1	2.5	1.8	0.8	2.5	2	4.5
2	0.8	2.3	1.4	2	3.2	3.2
3	0.9	2.3	1.4	2.4	2.1	3.6
4	1.2	2.3	1.5	1.8	2.4	3.4
5	1.5	2	1.2	2.5	2.1	3
6	1.5	1.9	1.4	2.3	2.7	2.2
7	1.4	1.8	1.6	2.3	2.7	1.8
8	1.8	1.3	2	2	2.6	2
9	1.6	1.9	1.6	1.6	3.1	1.9
10	1.9	2.1	1.3	1.6	3.2	1.7
11	1.7	2.3	1.5	1.4	3	2
12	1.8	2.1	1.6	1.5	2.5	2.5

	列 1	列 2	列 3	列 4	列 5	列 6
列 1	1					
列 2	-0.50459	1				
列 3	-0.30352	-0.31689	1			
列 4	-0.0856	-0.27124	-0.43824	1		
列 5	-0.16097	0.125439	0.373113	-0.66346	1	
列 6	-0.01573	0.258504	-0.6575	0.529513	-0.69244	1

	行 1	行 2	行 3	行 4	行 5	行 6	行 7	行 8	行 9	行 10	行 11
行 1	1										
行 2	0.465727	1									
行 3	0.715352	0.829103	1								
行 4	0.69308	0.905161	0.933359	1							
行 5	0.838702	0.74863	0.924867	0.822826	1						
行 6	0.373945	0.838418	0.60138	0.598687	0.706786	1					
行 7	0.003401	0.674718	0.339447	0.318345	0.420598	0.919823	1				
行 8	0.056621	0.394765	0.054079	0.134012	0.128037	0.566418	0.656996	1			
行 9	-0.01263	0.690353	0.175774	0.393897	0.181357	0.744952	0.765282	0.652797	1		
行 10	-0.02713	0.526905	0.020603	0.238542	0.110907	0.679133	0.683229	0.476417	0.938732	1	
行 11	0.034143	0.682517	0.213156	0.472959	0.181679	0.631237	0.580253	0.355739	0.933349	0.932421	
行 12	0.507011	0.810654	0.56055	0.808358	0.502919	0.577423	0.342129	0.294594	0.729059	0.661581	0.8318

图 2-3-3　月度涨幅相关性分析

① 从“数据”选项卡中选择“分析/数据分析”命令，在弹出的对话框中选择“相关系数”，单击“确定”按扭。

② 在弹出的“相关系数”对话框中分组方式分别选择逐行和逐列，设置输入和输出区域，单击“确定”按扭。

一般来说，相关性的评判标准为相关系数在 0.3 以下认为不相关；0.3～0.5 为低度相关；

0.5～0.8 为显著相关；0.8 以上为高度相关。根据这个标准可以看出，2017 年与 2016 年消费价格涨跌幅度相关性为显著，与 2016 年之前年份相关性较小。同理也可以看出九月份消费指数涨跌幅度与十月份高度相关。

2.3.3　回归分析

回归分析就是运用统计学的理论和方法研究两个或多个变量之间存在的关系，最终根据变量的观测值建立表达变量之间关系的曲线方程，也就是所谓的曲线拟合问题。其中所关注的变量称因变量，而影响因变量变化的那些变量称为自变量。

根据自变量的个数，可以把回归分析分为简单回归(一元回归)和多元回归，两者分析的原理相似。按变量之间关系的形式，回归分析可分为线性回归和非线性回归。

Excel 中线性回归分析是通过对一组观察值使用“最小二乘法”进行直线拟合，该回归分析可同时解决一元回归与多元回归的问题。

例 2-8：观测自变量 x 和因变量 y 的变化数值，利用线性回归工具拟合 x 和 y 的方程，其结果如图 2-3-4 所示。

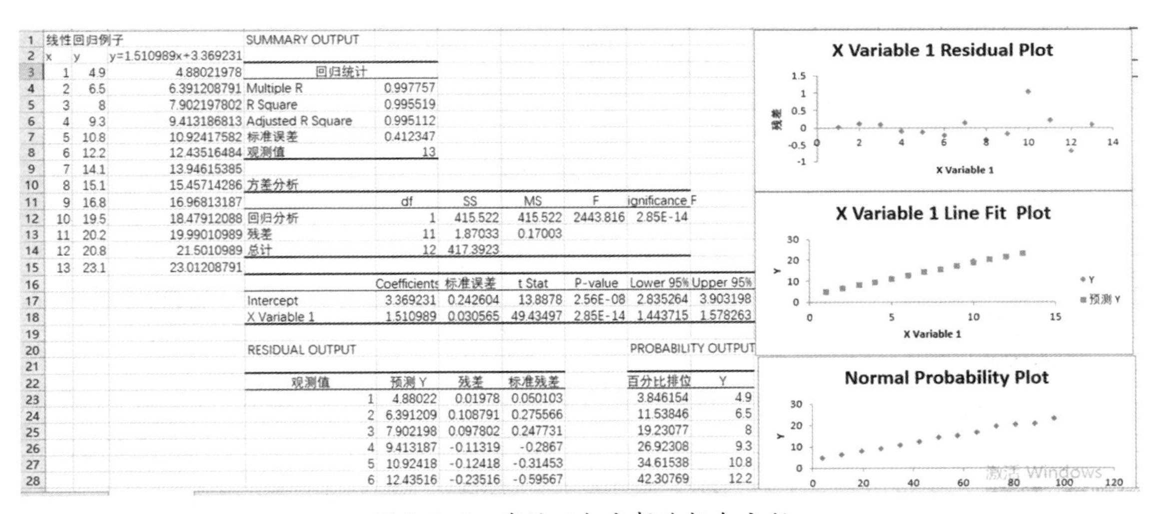

线性回归例子

x	y	y=1.510989x+3.369231
1	4.9	4.88021978
2	6.5	6.391208791
3	8	7.902197802
4	9.3	9.413186813
5	10.8	10.92417582
6	12.2	12.43516484
7	14.1	13.94615385
8	15.1	15.45714286
9	16.8	16.96813187
10	19.5	18.47912088
11	20.2	19.99010989
12	20.8	21.5010989
13	23.1	23.01208791

SUMMARY OUTPUT

回归统计	
Multiple R	0.997757
R Square	0.995519
Adjusted R Square	0.995112
标准误差	0.412347
观测值	13

方差分析

	df	SS	MS	F	ignificance F
回归分析	1	415.522	415.522	2443.816	2.85E-14
残差	11	1.87033	0.17003		
总计	12	417.3923			

	Coefficients	标准误差	t Stat	P-value	Lower 95%	Upper 95%
Intercept	3.369231	0.242604	13.8878	2.56E-08	2.835264	3.903198
X Variable 1	1.510989	0.030565	49.43497	2.85E-14	1.443715	1.578263

RESIDUAL OUTPUT

观测值	预测 Y	残差	标准残差
1	4.88022	0.01978	0.050103
2	6.391209	0.108791	0.275566
3	7.902198	0.097802	0.247731
4	9.413187	-0.11319	-0.2867
5	10.92418	-0.12418	-0.31453
6	12.43516	-0.23516	-0.59567

PROBABILITY OUTPUT

百分比排位	Y
3.846154	4.9
11.53846	6.5
19.23077	8
26.92308	9.3
34.61538	10.8
42.30769	12.2

图 2-3-4　线性回归分析法拟合方程

① 选择“数据”选项卡中“分析/数据分析”命令，在弹出的对话框中选择“回归”，单击“确定”按扭。

② 在弹出的“回归”对话框中设置 x 值和 y 值输入区域，勾选“残差”、“残差图”、“标准残差”、“线性拟合图”和“正态概率图”，如图 2-3-5 所示，单击“确定”按扭。

回归统计表部分分析结果解释：

● **Multiple R**：复相关系数，又称相关系数。用来衡量 y 与 x 之间的相关程度，0.997 757 表示二者的关系是高度正相关。

● **R Square**：复测定系数 R2，说明用自变量解释因变量变差的程度，用来测定因变量 y 的拟合效果，本例 0.99519 说明用自变量可解释因变量的变差的程度为 99.52%。

● **Adjusted R Square**：调整复测定系数 R2，仅用于多元回归。可衡量加入独立变量后模

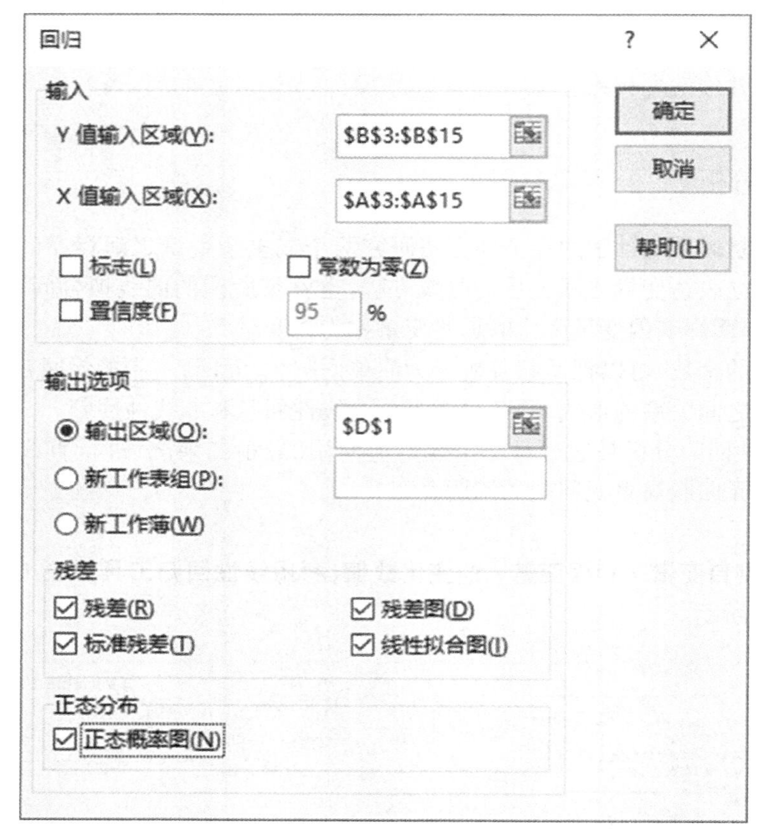

图 2-3-5　回归参数设置

型的拟合程度。

- **标准误差：** 用来衡量拟合程度的大小，越小说明拟合程度越好。
- **观测值：** 用来估计回归方程数据的观测值个数。

利用回归计算得到的 x 和 y 的方程为：$y = 1.510\,989x + 3.369\,231$

从上述例子中可以看出各类工具的使用方法大同小异，关键是要了解一些统计基础知识，能根据实际问题选取合适的工具，正确地解释结果。

2.3.4 习题与实践

1. 简答题

（1）分析工具库中数据分析工具主要有哪些？

（2）预测分析主要有几种算法？各有什么特点？

（3）线性相关判断标准是什么？

（4）曲线拟合中的“最小二乘法”是怎样定义的？

（5）标准误差的定义和计算方法是什么？

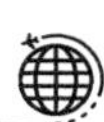

2. 实践题

实践 2-3：打开“配套资源\第 2 章\SY2-3-1. xlsx”，在新工作表中针对身高、体重、心率和视力数据进行相关系数的数据分析，样张如图 2-3-6 所示。

1	入学体检指标报告						
2	姓名	学院	性别	身高（厘米）	体重（公斤）	心率（次/分）	视力
3	顾昊	管理	男	183	66	65	0.7
4	顾晓英	信息	女	159	58	78	1.2
5	胡明	财经	男	174	75	70	0.9
6	黄志强	外语	男	183	59	80	1.1
7	李逸伟	管理	男	178	65	64	1.2
8	林小玲	信息	女	160	45	76	1.5
9	凌丽姿	信息	女	156	50	74	0.9
10	宋佳慧	财经	女	159	48	70	1.3
11	宋巧珍	外语	女	164	55	85	0.8
12	孙琳	管理	女	172	60	76	0.7
13	王义伟	外语	男	180	66	67	1.3
14	徐毅君	管理	男	172	78	69	1.3
15	于丽珍	财经	女	162	63	68	0.5
16	张建伟	外语	男	180	70	74	1.5
17	张苗苗	财经	女	163	50	65	1.4
18	张婷秀	外语	女	157	57	75	0.6
19	赵平	信息	男	172	78	72	1.1
20	赵英乔	管理	女	163	51	80	1.5

	身高（厘米）	体重（公斤）	心率（次/分）	视力
身高（厘米）	1			
体重（公斤）	0.637494148	1		
心率（次/分）	-0.291497361	-0.341937863	1	
视力	0.071294923	-0.139685888	-0.009161982	1

体检数据

图 2-3-6　体检指标相关系数的数据分析

2.4 综合练习

2.4.1 选择题

1. 模拟运算表最多能解决________个变量对于计算结果的影响问题。

   A. 1　　B. 2　　C. 3　　D. 任意

2. 默认情况，单变量求解执行______次迭代求解，当与目标值的相差在 0.001 时停止计算。

   A. 1　　B. 10　　C. 100　　D. 1 000

3. 根据自变量的个数，可以把回归分析分为简单回归和________回归。

   A. 复杂　　B. 单元　　C. 多元　　D. 混合

4. 在进行数据分析时，使用__________工具需要预先由 Excel 加载宏提供。

   A. 规划求解　　B. 方案　　C. 单变量求解　　D. 模拟运算表

5. 在模拟运算表中，Excel 中指定“输入单元格”内容是 ________。

   A. 固定值　　B. 手工输入

   C. 随机变量　　D. 输入变量所在的行列为其赋值

6. ________不属于 Excel 规划求解问题主要组成部分。

   A. 可变单元格　　B. 约束条件　　C. 单变量求解　　D. 目标函数

7. 有关模拟运算表，描述不正确的是________。

   A. 单变量数据表只模拟某一个参数变量对最终结果的影响，单一输入参数变量位于行或者列上。

   B. 双变量数据表模拟两个参数变量对最终结果的影响，两个输入参数变量分别位于行和列上。

   C. Excel 先指定“输入单元格”，计算时用输入变量所在的行列为“输入单元格”赋值，然后再运用公式计算结果。

   D. 模拟运算表中的变量可以是一个、两个或者多个。

8. 有关规划求解问题的特点，描述不正确的是______。

   A. 规划求解常用于解决产品比例、人员调度、路线优化、材料调配等方面问题。

   B. Excel 提供的规划求解工具，可通过线性与非线性两种规划求解问题。

   C. 同时有多个目标，如求产品的最大盈利、求生产的最低成本等。

   D. 有明确的不等式约束条件，例如生产材料不能超过库存，生产产品具有种类、数量的限制等。

2.4.2 填空题

1. 单变量求解就是求解具有一个变量的方程，它通过结果来确定相应的输入值，属于一种________运算。

2. 移动平均法常用于________分析。
3. Excel 单变量求解是通过________计算来实现的。
4. ________对于同一解题方案的模型，可以创建多组不同的参数值，得出多种不同解决方案，从中提供最佳解决方案。
5. ________可用来解决曲线拟合问题。

2.4.3 综合实践

1. 某人计划每月存入 1 000 元，使用双变量模拟运算表方法计算存款年利率分别为 1.35%、1.55%时 1—5 年年末的存款额，其计算结果如图 2-4-1 所示。

A4 =FV(C2/12,D2*12,B2)

	A	B	C	D	E	F
1	存款到期金额（元）					
2	月存款金额（元）	-1000				
3	存款利率	存款年限（年）				
4	¥0.00	1	2	3	4	5
5	1.35%	¥12,074.53	¥24,313.08	¥36,717.87	¥49,291.17	¥62,035.26
6	1.55%	¥12,085.62	¥24,359.90	¥36,825.79	¥49,486.28	¥62,344.41

图 2-4-1　零存整取年末存款额

参考步骤如下：

① 打开“配套资源\第 2 章\ZH2-1-1. xlsx”文件，建立如图 2-4-1 所示表格，在 A4 单元格输入公式“= FV(C2/12, D2 * 12, B2)”，其中 C2 单元格为利率变量单元格，将由 A5:A6 中的列数据替代，D2 单元格为存款年限变量单元格，将由 B4:F4 中的行数据替代，其模拟运算表中的设置如图 2-4-2 所示。

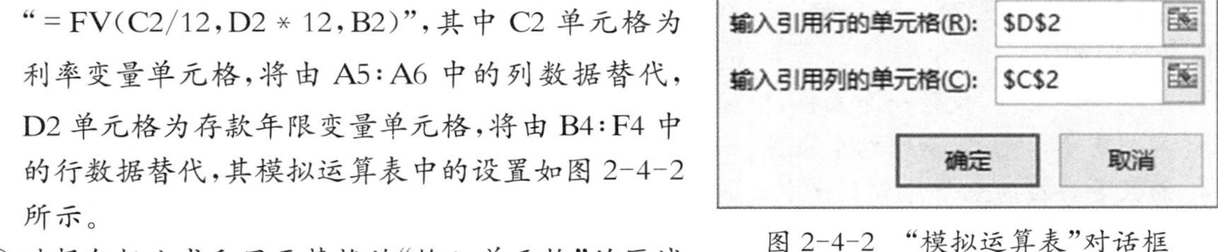

图 2-4-2　“模拟运算表”对话框

② 选择包括公式和用于替换的“输入单元格”的区域 B4:F6，即模拟运算表。

③ 单击“数据”选项卡“预测”组“模拟分析”下拉列表中的“模拟运算表”命令，弹出“模拟运算表”对话框，输入定义的“输入单元格”。

④ 单击“确定”按钮，计算出到期应得的总金额。

2. 某人计划 5 年后存款额达到 100 000 元，已知零存整取存款年利率为 1.55%，使用单变量求解方法计算每月应定期存入的金额，其计算结果如图 2-4-3 所示。

	A	B
1	零存整取金额计算	
2	存款利率	1.55%
3	月存款金额（元）	¥-1,603.99
4	存款年限	5
5	存款到期金额（元）	¥100,000.00

图 2-4-3　求解每月定额存款金额

参考步骤如下：

① 打开“配套资源\第 2 章\ZH2-2-1. xlsx”文件，建立如图 2-4-3 所示的表格，在 B5 单元格中输入“= FV(B2/12, B4 * 12, B3)”，其第 3 个参数“B3”为待求的每月存款金额，为可变单元格。

② 单击“数据”选项卡“预测”组“模拟分析”下拉列表中的“单变量求解”命令，弹出“单变量求解”对话框，“目标单元格”文本框中选择“B5”单元格，“目标值”单元格中输入“100 000”，“可变单元格”文本框中选择“B3”单元格，如图 2-4-4 所示。单击“确定”按钮，经过计算求解出每月应定额存入额。

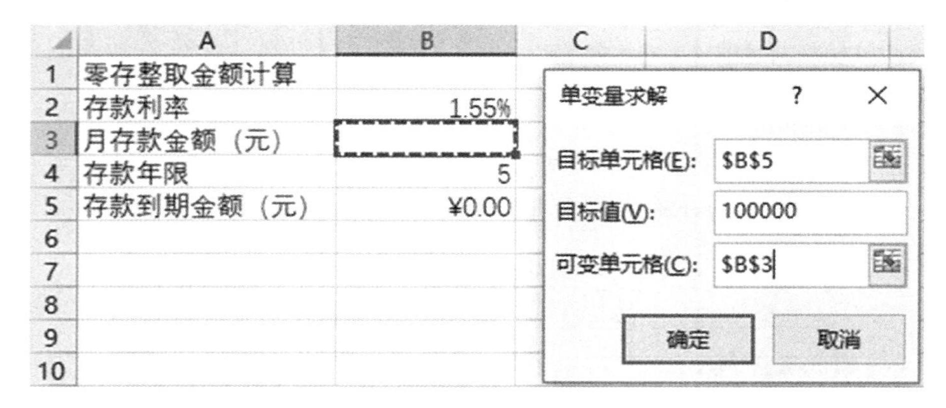

图 2-4-4　单变量求解

3. 工会为职工开展体育活动，预算用 4 000 元购买球拍和羽毛球，其中每副球拍售价 150 元，每盒羽毛球售价 60 元。考虑活动损耗，每副球拍至少配四盒羽毛球，使用规划求解方法计算最多可购买球拍数和羽毛球数，其结果如图 2-4-5 所示。

	A	B	C
1		球拍（副）	球（盒）
2	购买数	10	40
3	约束条件	3900	
4	约束条件	0	
5	最优目标（球拍）	10	

图 2-4-5　规划求解可购买球拍数和羽毛球数

参考步骤如下：

① 新建一个文件，设计一个表格，依题意，设计两个变量单元格，两个约束条件，一个最优目标。两个变量单元格用于求取球拍和羽毛球的数量。在约束条件单元格中分别输入公式“= 150 * B2 + 60 * C2”、“= C2-4 * B2”，在最优目标单元格中输入公式“= B2”，如图 2-4-6 所示。

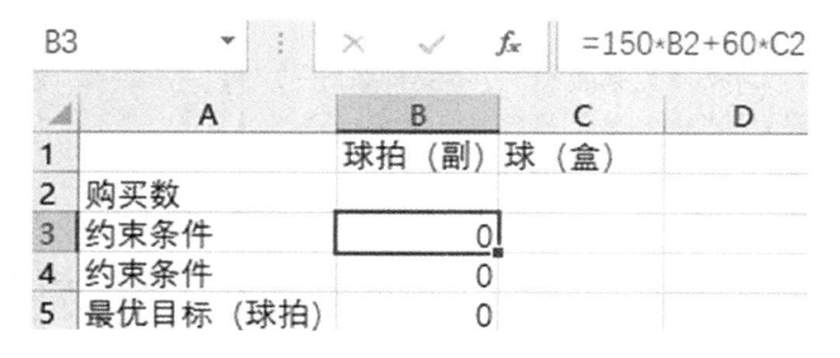

图 2-4-6　规划求解表格

② 单击“数据”选项卡右侧的“规划求解”工具，在弹出的“规划求解参数”对话框中，单击“添加按钮”，分别设置单元格 B2、C2 为“int”，单元格 B3 < = 4 000，单元格 B4 > = 0，如图 2-4-7 所示。添加完成后单击“确定”按钮，返回“规划求解参数”对话框中。

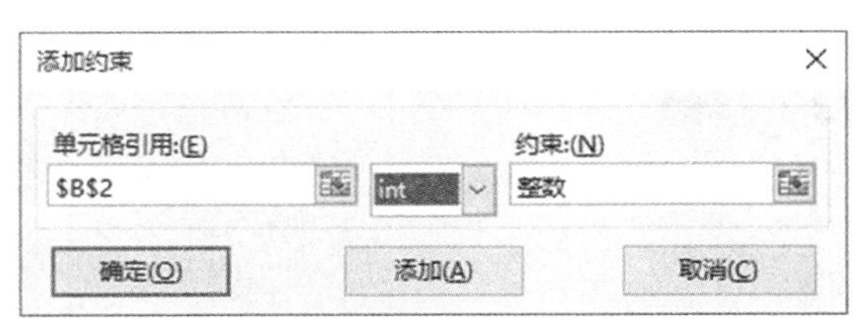

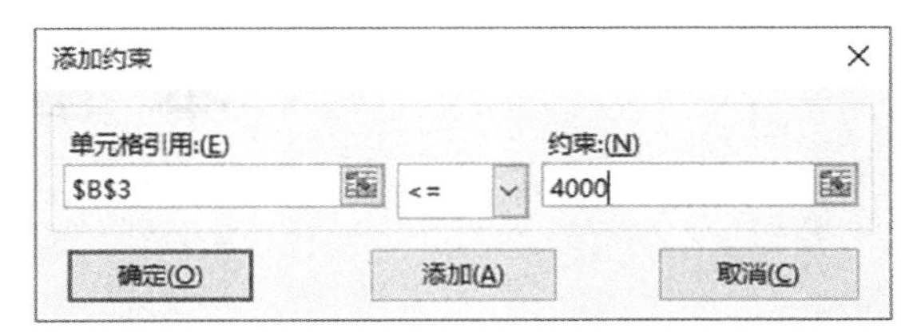

图 2-4-7　设置约束条件

③ 在“设置目标”文本框中选择“B5”单元格，“通过更改可变单元格”文本框中拖选“B2:C2”单元格区域，“选择求解方法”下拉列表中选择“单纯线性规划”，如图 2-4-8 所示。单击“求解”按钮，在弹出的“规划求解结果”对话框中单击“确定”按钮，计算出最优方案为 10 副球拍，40 盒羽毛球。

图 2-4-8　“规划求解参数”对话框设置

本 章 小 结

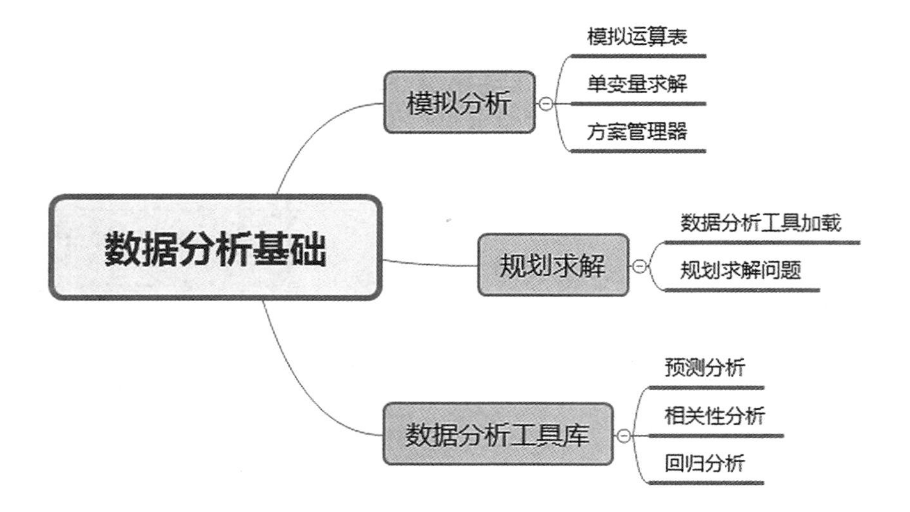
数据分析基础
模拟分析
模拟运算表
单变量求解
方案管理器
规划求解
数据分析工具加载
规划求解问题
数据分析工具库
预测分析
相关性分析
回归分析

PART 03

第3章　数据库应用基础

<本章概要>

教材第2章介绍了一些用电子表格软件进行数据分析的方法，但电子表格软件在数据的组织、存储、管理、查询以及完整性约束和数据安全性上并不尽如人意，而数据库管理技术恰好可以弥补这些不足。本章将在介绍数据库管理技术基本概念的基础上，通过对一款小型关系数据库管理系统软件的学习，了解数据库管理技术如何与电子表格软件取长补短，因地制宜地满足用户对数据分析和管理的需求，也为教材后续内容做好铺垫。

本章首先介绍关系模型的基本概念，然后介绍用 Access 创建关系型数据库的方法，以及如何利用结构化查询语言 SQL 实现查询需求。

<学习目标>

通过本章学习，要求达到以下目标：

1. 了解数据库管理技术、数据模型的基本概念；
2. 掌握关系模型以及创建关系型数据库的方法；
3. 掌握用结构化查询语言 SQL 实现查询需求的方法；
4. 了解数据库设计的基本过程和方法。

3.1 数据库技术基础

数据库技术是从20世纪60年代开始兴起的数据组织和管理技术，随着现代社会对数据组织和管理应用需求的不断扩大，数据库技术也随之不断丰富和发展，在信息时代，渐渐成为计算机软、硬件技术发展的最重要的一个分支。大数据时代到来后，世界各国都把大数据发展技术上升到国家战略高度的层面，大数据的体量和结构、计算和分析方法与传统数据库技术有很大差别，但大数据并不是要抛弃“小数据”，结构化数据的组织和管理始终是大数据无法回避的基础问题。

3.1.1 数据与数据管理

数据库技术是研究如何存储、使用和管理数据的技术。

1. 信息与数据

信息是关于现实世界新的事实的知识，反映了客观事物的物理状态，与材料、能源一起共同被认为是人类赖以生存和发展的三大资源之一。

数据则是信息的载体和表现形式，通常表现为文字、声音、图像、视频和其他能够为计算机所识别和处理的形式。《韦斯波特大词典》(*Merriam-Webster Dictionary*)对数据的定义是：用于计算、分析或计划某些事物的事实或信息，由计算产生或存储的信息(facts or information used usually to calculate, analyze, or plan something or information that is produced or stored by a computer)。数据经加工处理后，能够产生新的、有价值的信息。

2. 数据处理

数据处理就是有效地把数据组织到计算机中，由计算机对数据进行一系列储存、加工、计算、分类、检索、传输、输出等操作的过程。其目的是从大量的、原始的数据中抽取和推导出对人们有价值的信息以作为行动和决策的依据。例如，一个企业需要对其收集的大量的有关市场产品销售的数据进行存储、加工、计算，生成市场销售情况图表，从而获得哪种型号的产品最受欢迎的信息，以指导生产计划。

3. 数据管理

数据管理即数据收集、分类、组织、编码、存储、检索和维护等操作，是数据处理的中心环节。数据管理的目的是实现数据共享，降低数据冗余，提高数据的独立性、完整性和安全性，使数据的处理和使用更加高效。随着计算机软硬件技术的发展，数据管理依其使用技术和设备的不同也经历了一系列的演变过程。

4. 数据管理技术的历史

数据管理技术的最早期为人工管理阶段，主要指20世纪50年代中期以前。在这个阶段，计算机仅用于科学计算，数据无法在断电之后保存，也没有出现操作系统。随着计算机软硬件技术的发展，数据管理逐渐发展到文件系统阶段和数据库系统阶段。

(1) 文件系统阶段

文件系统阶段为20世纪50年代后期至60年代中期，这时计算机不仅用于科学计算，还用于数据管理。此时，硬件方面出现了大容量的硬盘和灵活的软磁盘，输入、输出能力大大加强；软件方面有了操作系统、文件管理系统和多用户的分时系统，并且出现了专用于商业事务管理的高级语言COBOL；处理方式能够实现联机实时处理。

在文件系统中，文件用来存储数据，是文件处理的基本单位，数据被固定存储在每个单独的文件中。这样的文件系统通常由很多文件夹组成，每个文件夹都有标记。例如，超市可按照货物类型来组织卖品数据，“干果”文件夹中包含的是干果数据。另外在不同的文件中，存储格式可能不同，因此，需要编写不同的应用程序来访问相应的文件。

这一阶段的数据管理技术存在以下问题：

① 数据共享性差、冗余度大。在文件系统中，文件仍然是面向应用的，即一个文件对应于一个应用程序，当多个应用程序使用相同数据时，也必须建立各自的文件，不能共享数据，这就造成数据的冗余度大，浪费存储空间。

② 数据的不一致性。因为数据在各个文件之间存在重复存储、各自管理的情况，当数据需要修改时，如果忽略了某个地方，就会导致数据的不一致现象。

③ 数据与程序独立性仍不高。文件是为某一特定应用服务的，系统不易扩充。一旦数据逻辑结构改变，就必须修改文件结构的定义及应用程序，应用程序的变化也将影响文件的结构。

(2) 数据库系统阶段

由于文件系统存在数据共享性差、冗余度大、独立性差等局限性，需要新的数据管理方式对数据进行一元化管理，从而使各个部门可以共享数据并使用数据，建立高效有序的数据管理系统，防止数据不一致、数据重复等问题。

20世纪60年代后期，计算机技术迅速发展，硬件方面出现了大容量硬盘，且价格下降；软件价格上升，编写和维护软件所需的成本相对增加；处理方式上，联机实时处理要求越来越多，并开始提出和考虑分布处理。计算机日益广泛地应用于企业管理，应用范围越来越广，数据量急剧增长，这对计算机数据管理提出了更高的要求。首先，要求数据作为企业组织的公共资源集中管理控制，为企业的各种用户共享，因此应大量地消除数据冗余，节省存储空间。其次，当数据变更时，能简化对多个数据副本的多次变更操作，更为重要的是不会因某些副本的变更而使系统给出一些不一致的数据。再次，还要求数据具有更高的独立性，不但具有物理独立性，而且具有逻辑独立性，即当数据逻辑结构改变时，不影响那些不要求这种改变的用户的应用程序，从而节省应用程序开发和维护的成本。所有这些，用文件系统的数据管理方法都不能满足，这导致了数据库技术的发展。

以下三件大事标志着数据库技术的诞生：

① 1968年，IBM公司推出层次模型的IMS数据库管理系统。

② 1969年，美国数据系统语言研究会下属数据库任务组公布了关于网状模型的DBTG报告。DBTG报告确定并建立了数据库系统的许多概念、方法和技术。DBTG基于网状结

构，是数据库网状模型的基础和代表。

③ 1970 年，IBM 公司研究员 E. F. Codd 发表了题为“大型共享数据库数据的关系模型”论文，提出了数据库的关系模型，开创了关系方法和关系数据研究，为关系数据库的发展奠定了理论基础。

3.1.2 数据库与数据库系统

数据库是指按照一定方式组织的、存储在外部存储设备上、能被多用户共享的、与应用程序相互独立的相关数据的集合。数据库系统（Data Base System，简称 DBS）指基于数据库的计算机应用系统。

1. 数据库

随着信息技术的发展，数字化时代让人类所获取的数据和信息每天都在迅速增长，这些浩如烟海的数据都需要储存于计算机的数据库中。数据库（Database，简称 DB），顾名思义，就是存放数据的仓库，这个仓库建立在计算机存储设备之上，里面的数据按一定的格式进行存储。

关于数据库的定义有很多。从用户使用数据库的观点看，数据库是以一定的组织方式存贮在一起的、相互有关的数据集合，具有较小的冗余度、较高的数据独立性和易扩展性，可为各种用户共享。共享是指在数据库中，一个数据可以为多个不同的用户共同使用。例如，在一个学生信息数据库中，学生的“姓名”、“性别”、“班级”等信息，可以为学生管理部门、教师以及课程管理部门的各个用户共享，即各个用户可以为了不同的目的来存取相同的数据。

概括地讲，数据库具有永久存储、有组织和可共享三个基本特点。

2. 数据库管理系统

数据在数据库中的存放不是杂乱无章的，必须符合一定的格式和规则。数据如何科学地存储在数据库中，用户如何使用数据库正确又高效地进行数据查询、修改、删除等操作，如何维护数据的完整性，有效地保护数据的安全性等，这些都需要使用专门的系统软件来完成，这个软件称为数据库管理系统（Database Management System，简称 DBMS）。数据库管理系统是为管理数据库而设计的软件系统，负责数据库的建立、使用和维护。DBMS 就像用户与数据库之间的“中介人”一样，用户不必了解数据库内部的结构就可以直接使用数据库。

数据库和数据库管理系统的关系类似于人们熟悉的书库与图书管理系统的关系。读者借阅图书时，可以通过图书管理系统根据书号、书名、著者、出版者和出版时间、摘要等信息查找所需要的图书，然后经图书管理员得到图书。读者并不需要知道查找图书的索引是如何进行编排的，也不十分清楚图书在书库中的具体存放位置。读者与书库是通过图书管理系统和图书管理员来进行沟通的。数据库管理系统同图书管理系统和管理员的作用类似。DBMS 用来完成数据库的建立、数据格式的定义，以及对数据存取、更新和查找等操作的管理。在数据库管理系统中，当用户读取数据时，DBMS 会自动地将用户的请求转换成复杂的机器代码，实现用户对数据库的操作。例如，要查询有关学生的信息，终端用户只要发出请求查询命令，当 DBMS 接受这个请求之后，将自动转换成相应的机器代码，自动执行这个查询任务，按用户的要求输出查询结果。整个过程中，用户不必涉及数据的结构描述如何、数据的存储路径和存储地址如何。所以说，DBMS 的作用就是让人们轻轻松松地操纵数据库。

数据库管理系统的功能主要包括以下几个方面：

（1）数据库定义

定义数据库是建立数据库的第一步工作。这一步的完成将为数据库建立一个“框架”。DBMS 提供数据定义语言（Data Definition Language，简称 DDL），可以方便地对数据库中的数据对象进行定义。

（2）数据组织、存储和管理

DBMS 要分类组织、存储和管理各种数据，包括数据字典（记录数据的定义和联系以及数据结构的更改）、用户数据、数据的存取路径等，要确定以何种文件结构和存取方式组织数据，如何实现数据间的联系。数据组织和存储的基本目标是提高存储空间利用率和方便存取，提供多种存取方法（如索引查找、Hash 查找、顺序查找等）来提高存取效率。

（3）数据存取

DBMS 提供数据操纵语言（Data Manipulation Language，简称 DML），实现对数据库数据的基本存取，包括检索、插入、删除和更新等。

（4）数据库事务管理和运行管理

这是 DBMS 运行控制的核心部分，主要包括以下几方面：

① 数据的完整性。保证数据的正确性，要求数据在一定的取值范围内或相互之间满足一定关系。例如，性别只能是男或女，考试成绩在 0 到 100 分之间。

② 安全性控制。用户只能按定义好的规则和权限访问数据，以防止不合法地使用数据或造成数据的破坏和丢失。例如，学生对考试成绩只能进行查询，不能修改。

③ 并发控制。多个用户同时访问数据时，需要采用并发控制机制防止存取、修改数据产生的冲突，造成数据错误。例如，在火车票订票系统中只剩一张车票，但是有两个用户在两台计算机上都看到还有一张车票并同时下了订单，这就需要系统采用某种策略，确保只有一个用户可以买到这张车票。

④ 数据库恢复机制。当数据库系统出现软硬件上的故障或误操作时，DBMS 能够把数据库恢复到最近某个时刻的正确状态。

（5）数据库的建立与维护

DBMS 提供一系列的实用程序来进行数据库的初始数据的装入，数据库的转储、恢复、备份、重组、系统性能监测、分析等。DBMS 的功能随系统而异，大型的系统功能较强，小型系统功能较弱。

3. 数据库系统

数据库系统是指在计算机系统中引入数据库后的系统，主要由数据库、数据库管理系统及其开发工具、应用系统和数据库管理员构成。数据库由数据库管理系统统一管理，数据的插入、修改和检索要通过数据库管理系统进行。数据库管理员负责创建、监控和维护整个数据库，使数据能被任何有权使用的人有效使用。数据库、数据库管理系统和它们依附的计算机软硬件，以及从事数据库管理的人员共同组成数据库系统。

（1）数据库

数据库中的数据按一定的数学模型组织、描述和存储，具有较小的冗余、较高独立性和易扩展性，并可为各种用户共享。

（2）硬件

构成计算机系统的各种物理设备，包括存储所需的外部设备。硬件的配置应满足整个数据库系统的需要。由于数据库系统数据量大，加之 DBMS 的丰富功能，对运行数据库系统的计算机提出了较高的要求，如要有足够大的内存以保证系统的运行，足够大的磁盘存放数据库及数据备份，系统具有较高的数据传送率等。

（3）软件

软件包括操作系统、DBMS、以 DBMS 为核心的应用开发工具、为特定应用环境开发的数据库应用系统。

（4）用户

① 系统分析员和数据库设计人员。系统分析员负责应用系统的需求分析和规范说明，他们和用户及数据库管理员一起确定系统的硬件配置，并参与数据库系统的概要设计。数据库设计人员负责数据库中数据的确定、数据库各级模式的设计。

② 应用程序员，是负责根据需要而设计和调试应用程序的人员，这些应用程序可对数据进行检索、建立、删除或修改。这类用户知道使用高级语言和数据库的基本知识。

③ 数据库管理员（Database Administrator，简称 DBA），是负责数据库系统的管理和维护的人员。主要工作包括向终端用户提供获得信息的方法，制定安全性控制的管理规定（如用户访问权限的管理、对 DBMS 操作的监控）等。对于大型的数据库系统，DBA 的工作是很重要的，通常由具有较高技术水平和较好管理经验的人员担当。DBA 的具体职责包括：确定具体数据库中的信息内容和结构，决定数据库的存储结构和存取策略，定义数据库的安全性要求和完整性约束条件，监控数据库的使用和运行，负责数据库的性能改进、数据库的重组和重构，以提高系统的性能。

④ 最终用户，主要指计算机联机终端存取数据人员。他们使用数据库系统所提供的终端命令语言或菜单驱动等交互方式来存取数据库的数据，获取各种数据表格和图形。其操作往往比较简单、易学、易用，特别适合非计算机专业人员使用，不需要特别的专门培训。

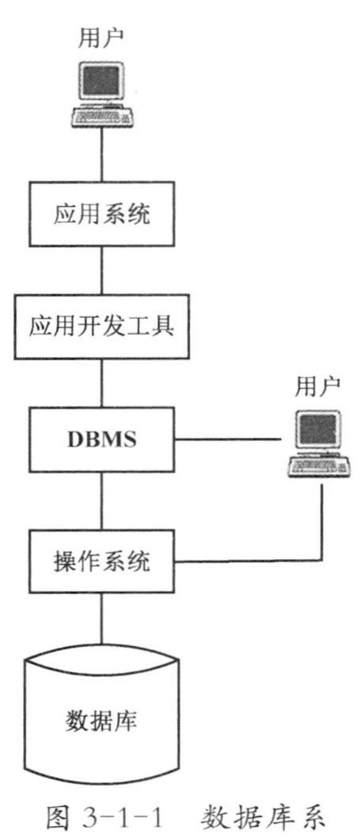

图 3-1-1　数据库系统的组成

图 3-1-1 是一个数据库系统组成图，用户可以通过数据库应用程序与数据库管理系统的接口，访问数据库中的数据，也可以直接通过数据库管理系统访问数据库。

4. 数据库系统的特点

数据库系统克服了文件管理系统存在的主要问题，并提供了强有力的数据管理功能。其主要特点如下：

(1) 数据结构化

数据库中的数据结构不仅描述了数据自身，而且描述了整个组织数据之间的联系，实现了整个组织数据的结构化。例如，一个企业需要进行员工档案的管理、产品的管理、销售的管理、库存的管理等各种数据处理，可以利用数据库系统，把各种应用相关的数据集中在一个数据库中统一进行维护和管理，这样各部门随时可以从数据库中提取所需的数据。因此，数据库中的数据不是把程序用到的数据进行简单堆积，而是按一定关系组织起来的有结构的数据集合。

(2) 实现数据共享

数据共享是指多个用户可以访问同一数据。例如，某企业的三位员工 A、B、C 都可以访问库存信息。当 A 员工修改了某一产品的库存量后，B、C 将会看到新的库存信息。共享不只是指同一数据可以为多个不同用户存取，还包含了并发共享，即多个不同用户同时存取同一数据的可能性。

(3) 数据冗余度小，易于扩充

由于数据库从组织的整体来看待数据，数据不再是面向某一特定的应用，而是面向整个系统，减少了数据冗余和数据之间不一致的现象。在数据库系统下，可以根据不同的应用需求选择相应的数据加以使用，使系统易于扩充。

(4) 数据与程序独立

在数据库管理系统中，数据的存储结构，即数据在数据库内部的表示方式称为内模式；数据的总体逻辑结构，即对数据库中全体数据逻辑结构和特征的描述称为模式；数据的局部逻辑结构，即与某一具体应用有关的数据的逻辑表示称为外模式或子模式。

数据库管理系统提供了数据的存储结构与逻辑结构之间的映射功能，以及总体逻辑结构与局部逻辑结构之间的映射功能，称为两级映射。正是这两级映射保证了数据库管理系统中的数据和程序具有较高的物理独立性和逻辑独立性。当数据的存储结构改变时，可由数据库管理员改变模式/内模式映射，使得逻辑结构保持不变，从而实现程序与数据的物理独立性；当总体逻辑结构改变时，可由数据库管理员改变外模式/模式映射，使得局部逻辑结构可以保持不变，从而实现了数据的逻辑独立性。

(5) 统一的数据控制功能

数据库系统提供了数据的安全性控制和完整性控制，允许多个用户同时使用数据库资源。

数据库的上述特点，使得信息系统的研制从围绕加工数据的以程序为中心转移到围绕共享的数据库来进行，实现了数据的集中管理，提高了数据的利用率和一致性，从而能更好地为决策服务。因此，数据库技术在信息系统应用中正起着越来越重要的作用。

5. 常用数据库管理系统

开发数据库应用，选择一个好的数据库管理系统是非常重要的。目前，商品化的数据库管理系统以关系型数据库为主导产品，技术比较成熟。面向对象的数据库管理系统虽然技术先进，数据库易于开发、维护，但尚未有成熟的产品。目前比较流行的数据库管理系统有 SQL Server、Oracle、DB2，免费的数据库管理系统主要有 MySQL 和 PostgreSQL。下面介绍几种常用的数据库管理系统：

（1）Access

Access 是一种桌面数据库管理系统，适合数据量较少时的应用，在处理少量数据和单机访问的数据库时，操作简便，效率很高。但是它的同时访问客户端不能多于 4 个。Access 数据库有一定的极限，如果数据达到 100 M 左右，很容易导致服务器崩溃。

（2）MySQL

MySQL 是一个小型数据库管理系统，开发者为瑞典 MySQL AB 公司，在 2008 年被 Sun 公司收购。目前 MySQL 被广泛地应用在 Internet 上的中小型网站中。由于其体积小、功能全、安装简单、成本低，尤其是开放源码这一特点，许多中小型网站为了降低网站总体建设成本而选择了 MySQL 作为网站数据库。MySQL 基本上具有了数据库所需的所有功能，但是功能没有 SQL Server 强大，也没有良好的技术支持，在满足它的许可协议的情况下可以免费使用，适合于小型系统。MySQL 应用于大型系统的时候运行速度慢，性能不够稳定，容易出现系统崩溃。

（3）SQL Server

SQL Server 是由微软公司开发的中型数据库管理系统，它具有使用方便、可伸缩性好、良好的安全性和可靠性、友好的用户可视化界面、价格较便宜等优点，并且有微软的强大技术支持，与相关软件集成程度高。非常适合中小型的 Windows 平台应用。但是 SQL Server 只能在 Windows 平台上运行，不具备跨平台开放性。由于 Windows 操作系统的可靠性、安全性和伸缩性是非常有限的，对于安全性和可靠性要求较高的应用，或者建立在 Unix、Linux 等其他操作系统上的应用，不能使用 SQL Server。

（4）PostgreSQL

PostgreSQL 是一种特性非常齐全的自由软件的数据库管理系统，它的很多特性是当今许多商业数据库的前身。首先，它包括了可以说是目前世界上最丰富的数据类型的支持；其次，目前 PostgreSQL 是唯一支持事务、子查询、多版本并行控制系统、数据完整性检查等特性的自由软件的数据库管理系统。

（5）Oracle

1979 年，Oracle 公司引入了第一个商用 SQL 关系数据库管理系统。Oracle 公司是最早开发关系数据库的厂商之一，其产品支持目前所有主流的操作系统平台，完全支持所有的工业标准，采用完全开放策略，可以使客户选择最适合的解决方案，在目前数据库市场上占有率非常高。Oracle 安装相对较复杂，但是使用方便，配置较简单。相比 SQL Server，Oracle 具有更

好的稳定性，更可靠的安全机制，在大数据处理方面功能更强大，但是在易用性和界面友好性方面不如SQL Server。对于大型应用系统要求有较高的数据处理能力，以及高可靠性、稳定性、安全性等，一般采用Oracle能够获得较好的性能。

(6) DB2

DB2是由IBM公司开发的数据库管理系统，作为数据库领域的开拓者和领航人，DB2具有非常好的稳定性、安全性、并行性、可恢复性等优点，能在所有主流操作系统上运行，而且从小规模到大规模的应用都非常适合。但是DB2的安装配置繁琐，管理复杂，用户需要经过专门的培训，一般安装在小型机或者服务器上。DB2最适用于海量数据管理，以及大型的分布式应用系统，在企业级的数据管理中使用最为广泛，全球的500强企业几乎85%以上都使用的是DB2数据库管理系统。

3.1.3　数据模型

数据模型是计算机世界对现实世界的抽象和模拟，数据模型不仅能反映数据本身，而且因为现实世界是普遍联系的，数据模型还要能反映出数据之间的联系。准确地进行数据建模是设计和使用数据库的基础。

1. 数据模型概述

模型是对现实世界的事物的抽象，数据模型则是对现实世界事物的数据特征的抽象。现实世界中存在的事物都是极其复杂的，人们为了简化问题、便于处理，常常把表示事物的主要特征抽象地用一种形式来描述。模型方法就是这种抽象的一种表示。在数据库领域中，用数据模型描述数据的整体结构，包括数据的结构、数据的性质、数据之间的联系以及某些数据的变换规则等。

常用的数据模型可分为两种：概念数据模型和逻辑数据模型。概念数据模型是对现实世界的第一层抽象，它是从用户的观点来描述信息结构，即实体及其相互间的联系。逻辑数据模型(一般称为数据模型)是基于计算机和数据库的数据模型，它直接面向的是数据库的逻辑结构，它是对现实世界的第二层抽象。

(1) 现实世界、信息世界和数据世界

信息是人们对客观世界各种事物特征的反映，而数据则是表示信息的一种符号。从客观事物到信息，再到数据，是人们对现实世界的认识和描述过程，这里经过了三个世界。

① 现实世界。现实世界指人们头脑之外的客观世界，它包含客观事物及其相互联系。现实世界中的对象统称为“实体”(Entity)。实体可以是客观存在的事物，如公司、产品、计算机等；也可以是一个抽象的概念，如银行账户、飞机航线等。但任何一个实体必须能够标识，即可以从其他实体中辨别出某一实体来。每个实体都具有一定的特性，如公司的名称、地点、电话号码等是公司的特性。具有一组公共特性的所有实体的集合称为一个实体集。例如，“学生”是一个实体集，它具有姓名、性别、年龄、专业等特性。特性根据其作用可以分为两类：一类特性为标识特性，其值唯一地标识实体集中的每一实体，如学生的“学号”、产品的“出厂号”等。另一类特性为描述特性，是实体本身所固有的，它们起着描述实体的作用，如产品的型号、颜色等。

② 信息世界。信息世界是现实世界在人们头脑中的反映。在信息世界中，实体记录表示

实体，实体记录集表示实体集，属性表示实体集特性。相应地，有两种类型的属性，即标识属性和描述属性。标识属性称为关键字属性。所以实体记录集的关键字就是唯一标识其中的实体记录的属性或属性组。例如，在"学生"记录集中，学号可以唯一地标识每一学生记录，故"学号"为其关键字。有的实体记录集可以有多个关键字，例如若学生无重名，则"姓名"也可作"学生"记录集的关键字。我们称所有可能的关键字为候选关键字，但使用时必须指定其中的一个，被指定的关键字称为主关键字。

③ 数据世界。数据是表示信息的符号，数据世界是信息世界中信息的数据化。数据世界又称为计算机世界或机器世界，是将信息世界中的信息进一步转换为便于在计算机上实现的数据。在数据世界，用记录实例值表示实体记录，有时就简称为记录。记录实例值由数据项或字段值组成，它对应于信息世界中的属性值。

表 3-1-1　数据处理的术语对照

现 实 世 界	信 息 世 界	数 据 世 界
相关的所有对象	条理化的信息	数据库
实体集	实体记录集	文件
实　体	实体记录	记录
特　性	属性	数据项或字段
具体事物特性	属性值	数据项值
标识特性	关键字	标识码或关键字

（2）从概念模型到数据模型

概念模型和数据模型都是对现实世界的抽象。

① 概念模型。概念模型也称为信息模型，是按用户的观点对数据和信息建立模型，是现实世界的第一层抽象，是对信息世界中数据特征的描述。它不依赖于具体的计算机系统，主要用于数据库的概念结构设计阶段，是用户和数据库设计人员之间进行交流的桥梁。

② 数据模型。数据模型是按计算机的观点对数据建立模型，是现实世界的第二层抽象，是对数据世界中数据之间关系的描述。它有严格的形式化定义，便于在数据库管理系统中实现。数据库设计过程中的逻辑结构设计就是将概念模型转换成某种数据库管理系统支持的数据模型。数据模型应满足三个方面的要求：一是能比较真实地模拟现实世界；二是容易为人们所理解；三是便于在计算机上实现。数据模型类似仓库中的货架，不同的物品按各自的存放方式有序地放置在各自的货架上，便于管理。数据按照数据模型所设定的框架，按规定的顺序结构合理地存放。不同的数据模型对数据的存放方式各不相同。数据模型的建立过程是：首先由人脑经过选择、命名、分类等综合分析产生概念模型，然后再把概念模型描述的实体及其联系转换为数据库系统支持的数据模型。这一过程如图 3-1-2 所示。

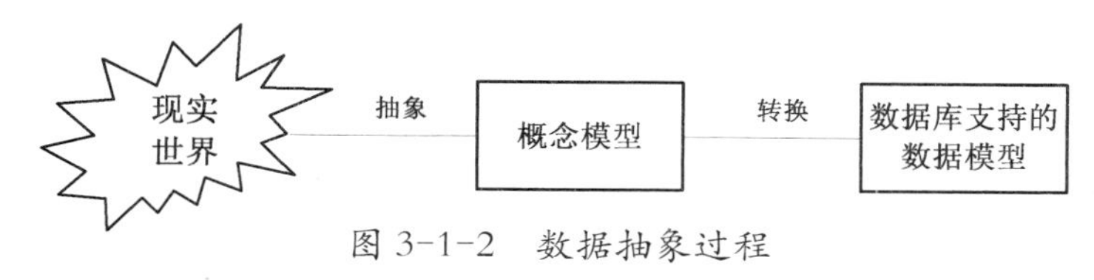

图 3-1-2　数据抽象过程

2. 概念模型

概念模型是现实世界到机器世界的一个中间层次。表示概念模型的方法很多，其中最常用的方法是 1976 年由 P. P. S. Chen 提出的实体-联系方法。

(1) 实体间的联系

实体可以通过联系相互关联，两个实体之间的联系有三种类型：一对一、一对多和多对多，可以分别记为 1∶1、1∶m 和 n∶m。

① 一对一(1∶1)。由 A 到 B 有一个一对一的联系，是指对 A 的一个给定值，有且只有一个 B 的值与之相对应，反之亦然。例如“学校”和“校长”的联系是一对一。

② 一对多(1∶m)。若对 A 的一个给定值，有多个 B 的值与之相对应，反之有且仅有一个 A 的值与 B 的每一给定值相对应，则称为一对多的联系。例如“系”和“教师”的联系是一对多，一个系里有多个教师，但是一个教师只能在一个系里工作。

③ 多对多(n∶m)。多对多的联系是指对 A 的一个给定值，有多个 B 的值与之相对应，同样，对 B 的一个给定值，也有多个 A 的值与之相对应。例如，“学生”和“课程”的联系是多对多，一名学生可以选修多门课程，而一门课程也可以供多名学生选修。

图 3-1-3 表示两个实体间的三类关系。

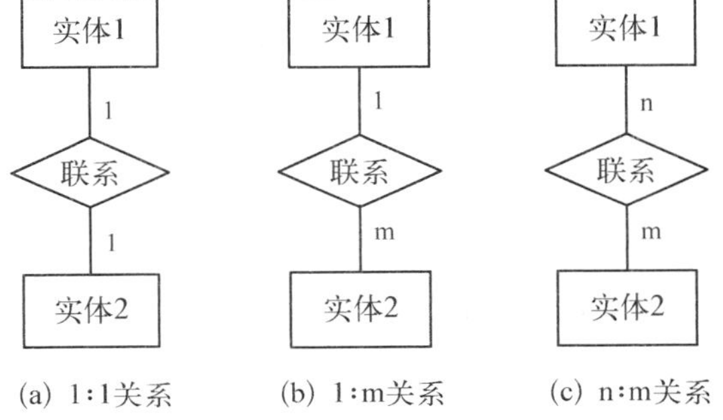

图 3-1-3 实体间的联系

(2) 实体-联系图

最常用的表示概念模型的方法是实体-联系方法，该方法直接从现实世界抽象出实体及其相互间的联系，并用实体-联系图(Entity-Relationship Diagram，简称 E-R 图)来表示概念模型。E-R 图的设计步骤如下：

① 需求分析。根据用户的需求分析所要描述的系统对象，确定实体及实体属性。实体用带有实体名的矩形框表示，属性用带有属性名的椭圆形框表示。属性与对应的实体之间用直线连接；带下划线的属性是实体的主属性，即主关键字。

② 确定实体间的联系。两个实体之间的联系有一对一、一对多和多对多三种类型。例如，教师与课程是一个多对多的关系，可以通过授课建立教师与课程之间的联系。实体间的联系用带有联系名的菱形框表示，并用直线与相应的实体相连，在直线靠近实体的那端标上 1、m 或 n 用来表示联系的三种类型(1∶1,1∶m,n∶m)。

③ 确定各联系的属性。一般情况下，实体间的联系也具有属性。例如，教师与课程之间存在的授课联系具有教师工号、课程号、开课学期、开课班级、学生人数等属性。联系的属性表示方法同实体属性的表示方法相同，也用带有属性名的椭圆形框表示。

例 3-1：为学生选课系统设计 E-R 模型。

① 确定实体及实体属性。学生选课系统主要为学生提供不同的课程进行选择。每个学

生可以选修多门课程，同一门课程可能有多个教师讲授。该系统中存在教师、课程、学生三个实体。教师实体包含教师工号、姓名、性别、系名、职称等属性；课程实体包含课程号、课程名称、学时、学分、时间、地点等属性；学生实体包含学号、姓名、性别、系名、班级号等属性。教师实体和属性在 E-R 图中的表示如图 3-1-4 所示。

② 确定实体间的联系。本例中教师和课程之间存在多对多的授课联系，学生和课程之间存在多对多的选课联系，班级和学生之间存在一对多的属于联系。实体间联系在 E-R 图中的表示如图 3-1-5 所示。

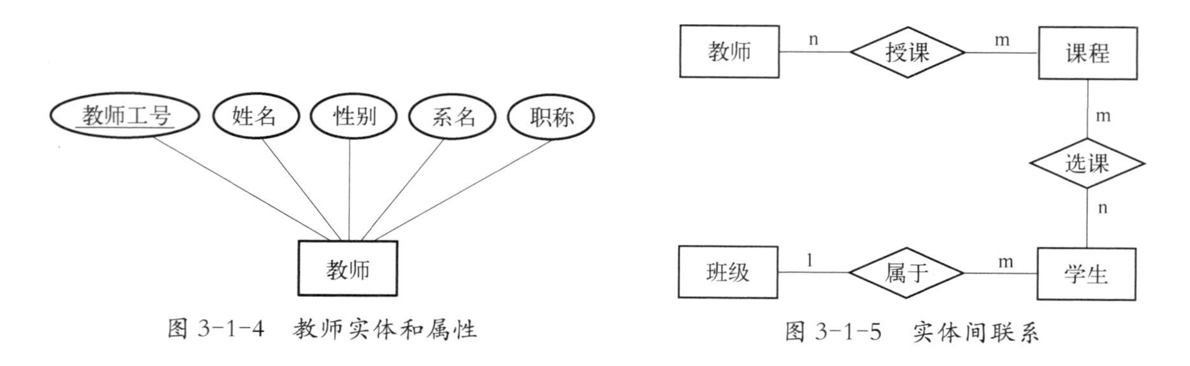

图 3-1-4　教师实体和属性

图 3-1-5　实体间联系

③ 确定各联系的属性。本例中授课联系的属性包括教师工号、课程号、时间、地点。选课联系的属性包括学号、课程号、时间、地点。

经过上述三个步骤，学生选课系统的完整 E-R 图如图 3-1-6 所示。

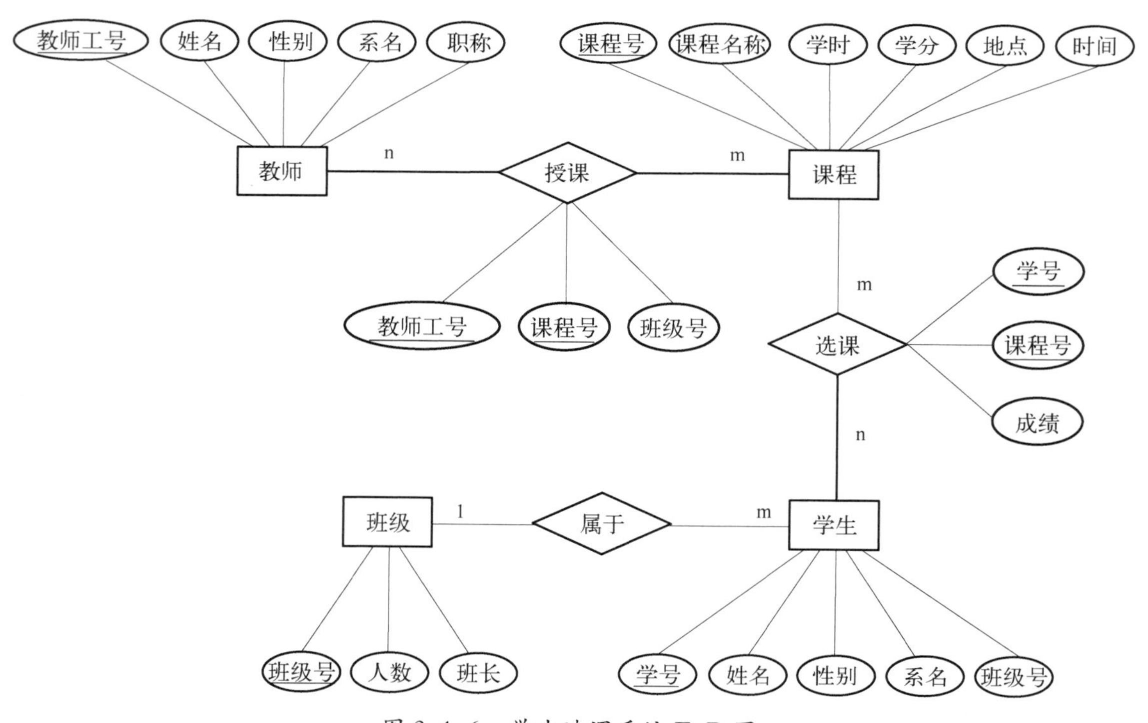

图 3-1-6　学生选课系统 E-R 图

3. 层次模型

层次模型是数据库系统中最早出现的数据模型。层次数据模型的设计思想是把系统划分成若干小部分,然后再按照层次结构逐级组合成一个整体。

层次模型使用树形结构来表示实体及其联系,树的结点代表实体,上一层实体与下一层实体之间的联系是一对多的,用结点之间连线表示。图 3-1-7 是一个层次模型的例子。在现实世界中,许多实体之间的联系呈现出一种自然层次关系,如家族关系和行政机构等。例如,某学校的组织结构可通过层次数据模型表示成如图 3-1-8 所示。

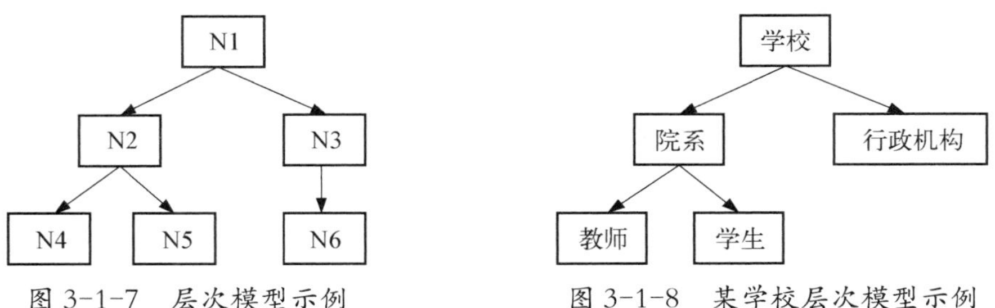

图 3-1-7 层次模型示例　　图 3-1-8 某学校层次模型示例

层次模型实体之间的联系通过指针来实现,每一个父可以有多个子,每一个子只能有一个父,这是典型的一对多联系。因此,层次模型在表示一对多的层次联系时简单直观,容易理解。但是现实世界中的很多关系都是非层次的多对多联系,层次模型在表示多对多的联系时非常不方便,首先必须将多对多联系分解成一对多联系,然后再表示为层次模型。这是层次模型的突出缺点。

按照层次模型建立的数据库系统称为层次模型数据库系统。1968 年,美国 IBM 公司推出的 IMS(Information Management System)是其典型代表。

4. 网状模型

现实世界中事物之间的联系通常都是非层次的,如例 3-1 中的学生选课系统,用层次模型这种树型结构描述非层次关系比较困难,网状模型则可以克服这一缺点。

网状模型结点之间的联系不受层次的限制,可以任意发生联系,更适合描述复杂的事物及其联系。网状模型中,用结点来表示实体,结点之间的联系通过有向线段表示。网状模型中一个结点可以没有父结点,也可以有两个或者两个以上的父结点。层次模型实际上是网状模型的一个特例,即根结点以外的结点有且只有一个父结点。例如,例 3-1 中的学生选课系统多对多联系的表示方法如图 3-1-9 所示。图中的有向线段表示学生和选修、课程和选修之间的多对多联系。

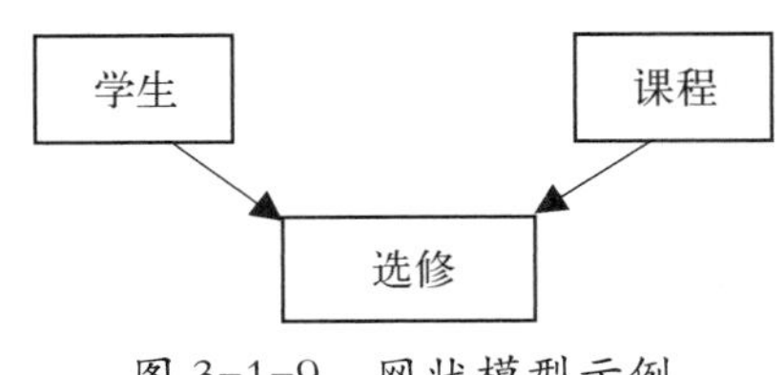

图 3-1-9 网状模型示例

网状模型实体之间的联系通过指针来实现,多对多的联系较容易实现,能够更为直观地描述现实世界。但是网状模型的结构比较复杂,随着应用环境的扩大,数据库的结构会变得越来越复杂,不利于用户使用和维护。

按照网状数据结构建立的数据库系统称为网状数据库系统,其典型代表是 1969 年推出的 DBTG(Data Base Task Group)系统。用数学方法可将网状数据结构转化为层次数据结构。

在应用层次模型和网状模型进行数据库应用系统设计时，需要了解数据库结构的物理细节，系统设计难度很大。层次模型和网状模型都缺少简便的查询功能。

5. 关系模型

1970 年，美国 IBM 公司的研究员 E. F. Codd 提出数据库的关系模型，开创了数据库关系方法和关系理论的研究，这是对数据库技术的一个重大突破，它简单的原理引起了数据库技术的一场革命。Codd 也因此于 1981 年获得了计算机科学领域的最高奖项——图灵奖。

关系模型是目前最重要的结构化数据模型。关系数据库系统采用关系模型作为数据的组织方式。关系数据模型的基本结构是二维表（Table），二维表在关系模型中又称为关系，对关系的描述称为关系模式（Relation Schema），一般表示为“关系名（属性列表）”，可以将 E-R 模型转换为关系模式。

关系模型与层次、网状模型的比较如下：

① 在三种常用的模型中，关系模型是唯一可数学化的模型。数据模型的定义与操作均建立在严格的数学理论基础上。

② 二维表既能表示实体，也能表示实体之间的联系，因此它具有很强的表达能力，这是层次、网状模型所不及的。

③ 关系模型简单、易学易用。关系模型的基本结构是二维表，数据的表示方法单一而简单，便于在计算机中实现。另外，用户可以直接通过这种关系模型表达自己的要求，而不必涉及系统内的各种复杂联系。

20 世纪 80 年代以来，几乎所有新开发的数据库系统都是关系型的，大数据时代出现的 NoSQL 也仍然含有关系模型数据库部分。微型机平台的关系数据库管理系统也越来越多，功能越来越强，其应用已经遍及各个领域。其代表产品有甲骨文公司的 Oracle、IBM 公司的 DB2、微软公司的 SQL Server、Informix、Sybase、MySQL、PostgreSQL 等数据库管理系统。

3.1.4 数据库技术发展

1980 年以前，数据库技术的发展主要体现在数据库的模型设计上。进入 20 世纪 90 年代后，由于数据库技术在商业领域的巨大经济效益，推动了其他领域对数据库技术发展的需求，计算机领域中其他新兴技术的发展也对数据库技术产生了重大影响。数据库技术与网络通信技术、人工智能技术、多媒体技术等相互渗透、相互结合，使数据库技术的新内容层出不穷。数据库的许多概念、应用领域，甚至某些原理都有了重大的发展和变化，形成了数据库领域众多的研究分支和课题，产生了一系列新型数据库，如分布式数据库、并行数据库、面向对象数据库、多媒体数据库、知识库、数据仓库，再到大数据管理系统等。而大数据管理系统正在经历以软件为中心到以数据为中心的计算平台的变迁。

分析目前数据库的应用情况，可以发现，经过多年的积累，企业和部门积累的数据越来越多，许多企业面临着“数据爆炸”但知识缺乏的困境。如何解决海量数据的存储管理，如何挖掘大量数据中包含的信息和知识，已成为目前急待解决的问题。传统的数据库系统在很多方面已无法满足各个领域迅速发展的需求，如对复杂对象的存储管理，复杂数据类型（抽象数据类型、图形、图像、声音、时间等）的处理，数据库语言与程序语言的无缝集成，异构数据库，以及基于 Internet 网络语言与数据库系统的集成、对大数据技术的充分开发和利用等。

当前数据库技术的发展主要有以下几个方向：研究能表达更复杂的数据结构和有更强的语义表达能力的数据模型；数据库技术与多学科技术的相互结合和渗透（如多媒体数据库、面向对象数据库、分布式数据库、Web数据库、XML数据库、空间数据库、演绎数据库、专家数据库和模糊数据库等）；巨型与超巨型数据库拓展成数据仓库以及基于数据库仓库的数据挖掘技术等；移动数据管理使嵌入式数据库技术成为一个新的发展方向，移动计算环境可以使人们随时随地访问任意所需要的信息，因此嵌入式数据库需要使用与传统计算环境下不同的数据库技术，如移动事务处理、移动查询处理、移动用户管理、数据广播等；向具有开放性、多模型并存、高可用性和分布式可扩展性的大数据管理系统方向研究和发展。

1. 分布式数据库技术

分布式数据库（Distributed Database，简称DDB）是数据库技术和网络技术两者相互渗透和有机结合的结果，涉及数据库基本理论和网络通信理论。分布式数据库由多个数据库组成，这些数据库在物理上分布在计算机网络的不同节点上，逻辑上属于同一个数据库系统。

分布式数据库主要具有两个特性，即物理分布性和逻辑整体性。物理分布性是指数据库中的数据不是存储在同一台计算机节点上，这是分布式数据库与集中式数据库的主要区别。在分布式数据库中，存放数据的计算机节点由通讯网络连接在一起，每个节点都是一个独立的数据库系统，它们都拥有各自的数据库、中央处理机、终端，以及各自的局部DBMS。分布式数据库系统可以看作是一系列集中式数据库系统的联合。逻辑整体性是指数据库中的数据逻辑上是互相联系的，是一个整体，用户访问分布式数据库就如同集中式数据库一样。

分布式数据库是在集中式数据库的基础上发展起来的，但不是简单地把分散在不同地方的集中式数据库连接在一起实现。DDB主要具有数据分布透明性、集中与自治相结合的控制机构、存在适当的数据冗余、全局的一致性、可串行性和可恢复性等特点。

分布式数据库具有灵活的体系结构、局部应用响应速度快、可靠性高、可扩展性好、易于集成等优点，非常适合具有分布式管理和控制需求的企业使用。

2. 数据仓库和联机分析处理

随着处理信息量的不断加大，许多企业已保存了大量原始数据和各种业务数据，但是由于缺乏集中存储和管理，这些数据不能为企业提供有效的统计、分析、评估等决策支持。企业需要多角度处理海量信息并从中获取支持决策的信息，面向事务处理的操作型数据库就显得力不从心。为了有效地支持决策分析，人们提出了数据仓库（Data Warehouse，简称DW）概念。

20世纪90年代初期，数据仓库之父比尔·恩门（Bill Inmon）在*Building the Data Warehouse*（《建立数据仓库》）一书中指出，数据仓库是一个面向主题的（Subject Oriented）、集成的（Integrate）、相对稳定的（Non-Volatile）、反映历史变化的（Time Variant）数据集合，用于支持管理决策。为企业建立数据仓库，可以在现有各业务系统的基础上，对数据进行抽取、清理，并有效集成，按照主题进行重新组织，最终确定数据仓库的物理存储结构，同时组织存储数据仓库元数据。数据仓库系统可分为数据源、数据存储与管理、在线联机分析处理（On-line Analytical Processing，简称OLAP）服务器以及数据应用四个功能部分，如图3-1-10所示。

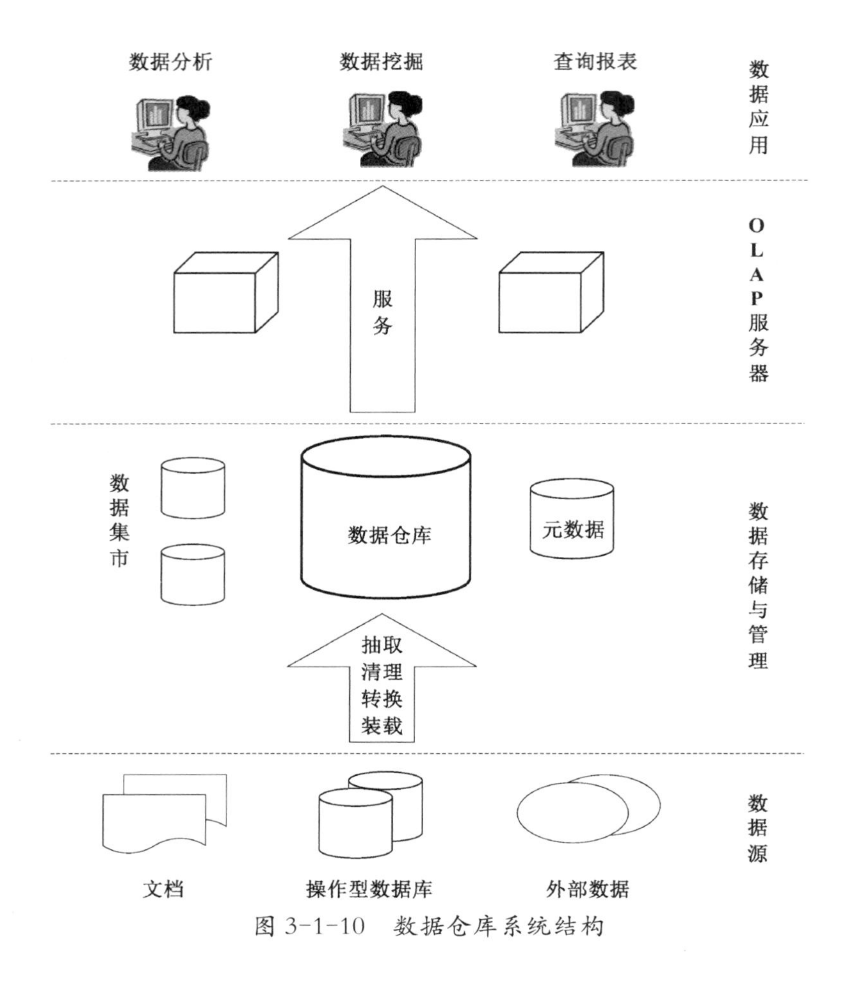

图 3-1-10　数据仓库系统结构

（1）数据源

数据仓库是从不同的数据源中抽取数据，并将其清理、转换为新的存储格式，从而更好地为管理者提供决策支持。数据源除了操作型数据库以外，通常还有相关的数据文档以及需要进行集成的外部数据。

（2）数据存储与管理

按照数据的覆盖范围，数据仓库存储可以分为数据中心级数据仓库和部门级数据仓库（通常称为“数据集市”，Data Mart）。数据仓库的管理包括数据的安全、归档、备份、维护、恢复等工作。

（3）OLAP 服务器

OLAP 是以海量数据为基础的复杂分析技术，是数据仓库上的最重要应用，是决策分析的关键。OLAP 支持各级管理人员从不同的角度、快速灵活地对数据仓库中的数据进行复杂查询和多维分析处理，从而提供决策支持，提高企业竞争力。

（4）数据应用

数据应用主要包括各种数据分析、查询报表、数据挖掘，以及各种基于数据仓库或数据集

市开发的应用。其中数据分析主要针对OLAP服务器，查询报表和数据挖掘工具既针对数据仓库，同时也针对OLAP服务器。OLAP软件提供的是多维分析和辅助决策功能。对于深层次的分析，发现数据中隐含的规律和知识，需要数据挖掘技术和相应软件完成。

数据仓库具有数据面向主题、数据是集成的、数据是不可更新的、数据具有时变性等特点。

数据仓库系统应用越来越广泛，IBM、Oracle、Sybase、CA、NCR、Informix、Microsoft和SAS等公司相都推出了数据仓库解决方案。BO(BusinessObjects)和Brio等专业软件公司也研发了一系列支持OLAP联机在线分析处理工具，为数据仓库应用提供分析决策。

3. 数据挖掘

随着数据的迅速增加，人们希望能够在对已有的大量数据分析的基础上进行科学研究、商业决策或者企业管理，但是诸如数学统计、OLAP等方法很难对数据进行深层次的处理。数据挖掘(Data Mining，简称DM)正是为了解决传统分析方法的不足，并针对大规模数据的分析处理而出现的。数据挖掘从大量数据中提取出隐藏在数据之后的有用信息，它被越来越多的领域所采用，并取得了较好的效果，为人们的正确决策提供了很大的帮助。

简单地说，数据挖掘是从大量数据中"挖掘"知识，好像从矿山中采矿或淘金一样。数据挖掘的原数据可以是任何类型，包括结构化、半结构化以及非结构化数据。数据挖掘可以建立在各种不同类型的数据库上，例如关系数据库、数据仓库、面向对象数据库、多媒体数据库、文本数据库、Web数据库等。采用的方法主要有人工神经网络、决策树、遗传算法、规则归纳、分类、聚类、减维、模式识别、不确定性处理等。

数据挖掘把人们对数据的应用从简单查询提升到从数据中挖掘知识，提供决策支持。数据挖掘可以发现人们先前未知的、隐含的、有意义的信息。例如，利用数据挖掘技术通过对用户数据的分析，可以得到关于顾客购买取向和兴趣的信息，从而为商业决策提供可靠的依据。

数据挖掘又称数据开采，就是从大量的、不全的、有噪声的、模糊的、随机的数据中提取隐含在其中的人们事先不知道的，但又是潜在有用的信息和知识的过程，提取的知识表现为概念、规则、规律模式约束等形式。在人工智能领域又习惯称其为数据库中知识发现(KDD，即Knowledge Discovery in Database)。其本质类似于人脑对客观世界的反映，从客观的事实中抽象成主观的知识，然后指导实践。数据挖掘就是从客体的数据库中概括抽象提取规律性的东西，以供决策支持系统的建立和使用。

(1) 数据挖掘过程

数据挖掘的过程大致分为：问题定义、数据收集与预处理、数据挖掘实施，以及挖掘结果的解释与评估。

① 问题定义。数据挖掘是为了从大量数据中发现有用的令人感兴趣的信息，因此发现何种知识就成为整个过程中的第一个也是最重要的一个阶段。在这个过程中，必须明确数据挖掘任务的具体需求，同时确定数据挖掘所需要采用的具体方法。

② 数据收集与预处理。数据收集与预处理一般包括数据清理、数据集成、数据变换和数据规约四个处理过程。主要目的是消减数据集合和特征维数(简称降维)，即从初始特征中筛选出真正的与挖掘任务相关的特征，以提高数据挖掘的效率。

③ 数据挖掘实施。根据挖掘任务定义及已有的方法(分类、聚类、关联等)选择数据挖掘的实施算法。常用的数据挖掘算法有：神经网络、决策树、贝叶斯分类、关联分析等。数据挖

掘的实施，仅仅是整个数据挖掘过程的一个步骤。影响数据挖掘质量的两个因素分别是：所采用的数据挖掘方法的有效性；用于数据挖掘的数据质量和数据规模。如果选择的数据集合不合适，或进行了不恰当的转换，就不能获得好的挖掘结果。

④ 挖掘结果的解释与评估。实施数据挖掘所获得的挖掘结果，需要进行解释与评估，以便有效发现有意义的知识模式。因为数据挖掘所获得初始结果中可能存在冗余或者无意义的模式，也可能所获得的模式不满足挖掘任务的需要，这时就需要退回到前面的挖掘阶段，重新选择数据，采用新的数据变换方法，设定新的参数值，甚至换一种数据挖掘算法等。此外还需要对所发现的模式进行可视化，这是将挖掘结果转换为用户易懂的另一种表示方法。

（2）应用实例

数据挖掘技术从一开始就是面向应用的，在很多商业领域中，尤其是银行、保险、电信、零售业等，都有着极其广泛的应用前景。数据挖掘所能解决的典型商业问题包括：市场营销、客户分析、欺诈检测、交叉销售、信用卡分析等。为了更好地了解数据挖掘可以解决的问题，下面给出几个数据挖掘在一些应用领域中的实例：

① 电子商务领域。随着 Web 技术的发展，各类电子商务网站风起云涌，如何使电子商务网站获取更大的效益是网站需要解决的最主要问题。电子商务的竞争比传统的商业竞争更加激烈，其中一个原因是客户可以很方便地在电脑前面从一个电子商务网站转换到竞争对手那边，只需点击几下鼠标就可以同时浏览不同商家相同的产品或者找到类似的产品，进行更广泛的商品比较。网站只有更加了解客户的需求，才能更好地制定相关营销策略吸引客户，从而使网站更具竞争力。电子商务网站并没有直接和客户面对面交流，但通过数据挖掘可以很好地了解客户需求。电子商务网站每天都可能有上百万次的在线交易，生成大量的记录文件和登记表，我们可以对这些数据进行挖掘，从而充分了解客户的喜好、购买模式等。像目前常见的网上商品推荐、个性化页面等都属于数据挖掘的成功应用。

② 生物及基因研究领域。数据挖掘在生物及基因研究领域的应用主要集中于生物医学和基因数据分析方面。生物信息或基因的数据复杂程度、数据量，以及模型都比普通问题复杂很多，因此对数据挖掘在生物及基因工程方面的应用要求也要高很多，需要更加复杂、更加高效的挖掘算法。例如，基因的组合千变万化，得某种病的人的基因和正常人的基因有什么差别，能否找出其中不同的地方，从而通过药物或治疗对其不同之处加以改变，使之成为正常基因，或者进行疾病预防，这都需要数据挖掘技术的支持。另外，数据挖掘技术还被广泛地应用于 DNA 序列查询和匹配、基因序列识别等方面。

③ 金融领域。数据挖掘在金融分析领域有着广泛的应用，例如投资评估和股票交易市场预测，分析方法一般采用模型预测法，如神经网络或统计回归技术。由于金融投资的风险很大，在进行投资决策时，非常需要对各种投资领域的有关数据进行分析，以选择最佳的投资方向。无论是投资评估还是股票市场预测，都是对事物未来发展的一种预测，可以建立在数据分析基础之上。数据挖掘可以通过对已有数据的分析，找到数据对象之间的关系，然后利用学习得到的规则和模式进行合理的预测。

4. 大数据应用

2009 年，谷歌公司在甲型 H1N1 流感爆发的前几周，便在《自然》杂志发表文章，早于世卫组织和其他官方医疗机构，预测了流感的传播信息，提供了疾控的重要指标和方向，这一事件

正式拉开了大数据时代的序幕。阿里巴巴公司创办人马云曾在演讲中提到，未来的时代将不是IT时代，而是DT的时代，DT就是Data Technology，他这里指的数据技术，更多是指大数据技术。

被誉为“大数据时代的预言家”的牛津大学网络学院共联网研究所治理与监管专业教授Mayer-Schönberger Viktor，在其著名的大数据方面的著作《大数据时代——生活、工作与思维的大变革》(*Big data: A revolution that will transform how we live, work, and think*)里指出，“大数据是人们获得新的认知、创造新的价值的源泉；大数据还是改变市场、组织机构，以及政府与公民关系的方法”。

传统数据处理和管理技术在面对大数据分析和计算时捉襟见肘，必须采用完全不同的理念、理论、技术和方法，关于大数据应用的相关介绍请参见本书第1章。

3.1.5　习题与实践

1. 简答题

(1) 数据库系统阶段的数据管理技术相对于文件系统阶段有哪些改进?

(2) 在数据库概念模型中实体的联系有哪几种?

(3) 什么是数据管理系统中数据与程序的相互独立性?

(4) 数据挖掘技术用于研究和解决哪些问题?

(5) 数据管理技术的发展方向有哪些?

2. 实践题

(1) 调研数据库技术和自己所学专业发展的联系、数据库技术对自己所学专业的影响和辅助作用，写一篇800字以上的综述。

(2) 参考例3-1，设计一个小型校园纪念品店的E-R模型。

3.2 数据表

在数据库领域里，被 DBMS 实际支持过的数据模型只有以“图论”为基础的层次模型和网状模型，以及以关系运算理论和关系模式设计理论为基础的关系模型。基于层次模型和网状模型的 DBMS 曾于 20 世纪 70 年代初非常流行，它们的地位后来逐渐被基于关系模型的 DBMS 所取代。1970 年，美国 IBM 公司研究员 E. F. Codd 发表题为“大型共享数据库的关系模型”论文，从此拉开关系数据库正式形成和实现产品化的序幕。发展到现在，处理结构化数据的商用 DBMS 仍然是基于关系模型的。

本节将着重介绍关系模型的定义、表的创建和修改，并简要介绍关系运算和规范化设计方法等概念。

3.2.1 关系模型定义

关系型数据库是基于关系数据模型而创建的数据库。关系模型中的实体和实体间的联系都用关系（二维表）表示。

1. 关系模型的数据结构

关系模型的基本数据结构是关系（relation），一个关系形式上就是一张行列结构的二维表，如图 3-2-1 所示。

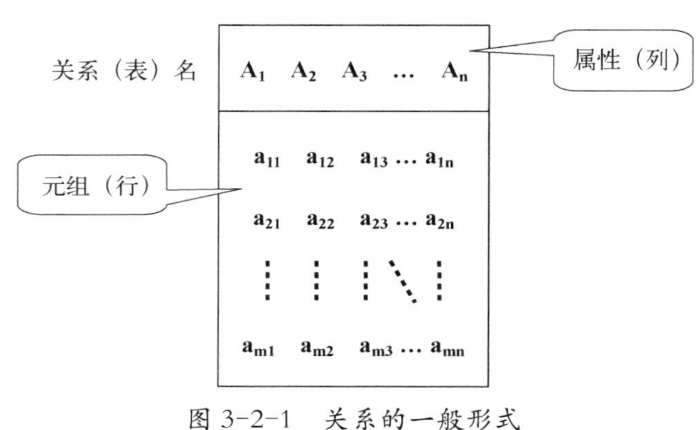

图 3-2-1 关系的一般形式

表头称为关系模式。表中的每一列称为关系的一个属性（attribute），属性的个数是关系的度。表中的每一行（除第一行外）称为一个元组（tuple）或记录，每个元组由具体的属性值构成，元组对应现实世界中的一个实体，关系就是元组的集合。例如，“排课数据库”中的教师实体就可以用表 3-2-1 所示的关系表示。

表 3-2-1 教师表

工 号	姓 名	性 别	系 别	职 称
0601083518	刘 欣	女	计算机	讲 师
0505042112	张 散	男	电 子	讲 师
0602112305	丁奇祯	男	中 文	教 授
0412030915	于夏花	女	英 语	副教授

关系中的元组对应存储文件中的一条记录，属性对应于存储文件中的数据项或字段值。其中属性的取值范围称为属性的域（domain），属性的值必须来自域中的原子值，即属

性不可再分。

关系作为现实世界的抽象描述，其中既保存着实体本身的数据，也存放着实体间的联系。当现实世界的事物状态发生变化时，关系的属性值也要随之发生变化，所以说，关系的值是动态和易变的。而关系模式定义了关系的数据结构，是相对静态和稳定的。一个关系中至少包含一个属性，但可以没有元组，某一时刻元组的总数称为关系的基数。

一个具体的关系可以简单地以关系名及其属性列表来表示，如表 3-2-1 中的教师实体的关系数据模式可以表示为：教师(工号，姓名，性别，系别，职称)。

关系数据模型是建立在集合代数的基础上的，但又和集合代数中的关系概念有区别：

① 元组个数为无限的关系没有现实意义，所以关系数据模型中的关系应该是有限集合。

② 数学中元组的值是有序的，而关系模型不强调这种有序性，并通过对关系的各列添加属性名来取消这种有序性。

2. 关系的性质

根据关系的定义，关系应具有如下性质：

① 列应为同质，即每一列中的属性值的数据类型必须相同，来自同一个值域。

② 不同的列可以来自同一个值域，但属性有各自不同的属性名。

③ 列的次序无关实际意义，可以任意交换。

④ 不可以有完全相同的元组，即集合中不应有重复的元组。

⑤ 行的次序无关实际意义，可以任意交换。

⑥ 属性值必须为原子分量，不可再分，如表 3-2-2 和表 3-2-3 就不满足这项要求，需要进行适当拆分。

表 3-2-2　包含多值字段

系别	性别	人数
电子系	男	18
	女	18
计算机系	男	84
	女	16

表 3-2-3　包含复合字段

系别	年级	人　数	
		男	女
电子系	2006	72	18
计算机系	2006	84	16

3. 主键和外键

键是在关系型数据库系统中用于检索和限定元组的重要机制。

由关系的性质可知，关系中的元组应互不相同，但实际应用中不同元组的部分属性值可能相同。例如，在表 3-2-1 所示的教师表中，不同教师的职称很可能相同。因此，很有必要对能将一个元组和其他元组区别开的某个属性或者属性的组合做一个专门的定义。

(1) 候选键(candidate key)

如果关系中的某个属性或属性的组合的值可以唯一地标识一个元组，而它的任何真子集均无此特性，则称这个属性或属性的组合为该关系的候选键。极端情况下，候选键包含全部属性，则称为全键。

（2）主键（primary key）

一个关系至少应具有一个候选键，也可能有多个候选键，选择候选键中的一个为主键。包含在主键中的属性称为主属性，不包含在主键中的属性称为非主属性。

（3）外键（foreign key）

同一数据库中的一个关系和另一个关系通过来自相同值域的属性发生联系。

如果关系 R_1 中一个属性或属性的组合 X_n 与关系 R_2 中的主键的数据对应，则称 X_n 为关系 R_1 关于 R_2（R_2 可以为 R_1 自身）的外键。

现实世界是普遍联系的，数据库是现实世界的抽象，“外键”就是数据库中表达表与表之间联系的纽带，通常是两个表的公共字段。

例 3-2：对于如下的“教学记录”数据库（有下划线的属性为主属性），假定同一个教师可以讲授多门课程，同一个教师可以给不同班级讲授同名课程（例如李老师可以开设“C 语言”和“操作系统”课程，而“C 语言”针对计算机系和电子系分别开设）：

teacher（<u>工号</u>，姓名，出生年月，单位，性别，职称）

class（<u>班级编号</u>，班级名称，人数）

course（<u>课程编号</u>，课程名称，学分，先修课程编号）

timetable（<u>课程编号</u>，<u>工号</u>，<u>班级编号</u>）

请分析一下这个数据库中不同关系之间属性的联系。

① 在这个数据库中，关系之间存在着属性的引用。显然，“timetable”关系中的“班级编号”应该是“class”关系中实际存在的“班级编号”，也就是说“timetable”关系中的“班级编号”的属性值应该参照“class”表的对应字段取值，所以，“timetalbe”关系中的“班级编号”是“timetable”关系关于“class”关系的外键。

② 类似的，“timetable”关系中的“课程编号”和“工号”的属性值应分别参照“course”关系和“teacher”关系中的对应字段取值，也就是说“timetable”关系中的“课程编号”和“工号”是“timetalbe”关系关于“course”关系和“teacher”关系的外键。

③ 而“course”关系中的“先修课程编号”字段应参照本表的“课程编号”字段取值，所以“先修课程编号”也是一个外键，这种情况称之为自关联。

4. 关系的完整性约束

关系模式仅说明了关系的语法，关系中的元组还须受到语义的限制，以制约属性的值、属性之间的联系以及不同关系中数据的联系，从而保证数据查询、插入、删除和修改时的准确性。语义的限制通过设置完整性约束实现。在关系模型中允许定义三种完整性，即实体完整性、参照完整性和用户自定义的完整性。其中实体完整性和参照完整性是关系模型必须满足的约束条件，一般由 DBMS 自动支持，而用户自定义完整性则由用户根据实际要求自行限定。

（1）实体完整性（entity integrity）

在一个关系中，主键的所有主属性都不得为空值，这就是实体完整性规则。

(2) 参照完整性(referential integrity)

现实世界中实体之间的联系在关系模型中通过关系之间的引用来描述,这种引用一般通过外键来实现。

例如:在例3-2的"教学记录"数据库里,"timetable"关系中"班级编号"字段的取值不应是"class"关系中"班级编号"字段的属性值里没有的,也就是说,在"timetable"关系中,"班级编号"的取值需要参考"class"关系中对应属性的数据。

参照完整性规则要求:关系中元组的外键的取值只能等于所参照的关系的某一元组的主键值,或者为空值。

注意,参照完整性规则中的引用关系可以来自同一个关系内部,即同一关系的属性之间也可以存在参照关系。例如:在"教学记录"数据库里,"class"关系中的"先修课程编号"的取值必须是该关系的主键"课程编号"的属性值中所包含的。

(3) 用户自定义完整性

在具体某一个数据库中,往往需要根据实际情况对关系设定约束条件,比如,限定某些属性的取值范围,或规定属性值之间必须有某种函数关系等。例如:对于例3-2的"教学记录"数据库的"teacher"关系,可以通过用户自定义完整性,设定其中性别的取值范围只能为"男"或者"女"。

3.2.2　关系运算

关系数据库的检索、插入、更新和删除等操作通过关系运算实现。关系运算分为关系代数和关系演算两类,其中关系运算用集合代数运算方法对关系进行数据操作,关系演算则以谓词表达式来描述关系操作的条件和要求。这两类运算在关系模型上的表达能力是等价的。本章3.4节将要介绍的SQL语言就是介乎两者之间的结构化查询语言。关系运算的特点是:首先,关系操作的对象和结果都是集合;其次,关系操作高度非过程化,用户只需告诉系统"做什么",而无须说明"怎么做"。下面简单介绍两类关系代数运算,为3.5节中有关数据查询的内容打下基础。

1. 传统的集合运算

在关系代数中,传统的集合运算是双目运算,即两个集合间的运算,包括并、差、交和广义笛卡尔积4种运算。如果关系R_1和关系R_2同为n度(即都有n个属性),且相应的属性取自同一个值域,则称关系R_1和关系R_2为并相容的。两个并相容的关系可以进行并、差和交运算。

(1) 并

关系R_1和关系R_2的"并"是将两个关系中的所有元组合并,删去重复元组,组成一个新的关系,记做$R_1 \cup R_2$。

在关系数据库中,通过并运算可以实现元组的插入(insert)。

（2）差

关系 R_1 和关系 R_2 的“差”是从 R_1 中删去与 R_2 相同的元组，组成一个新的关系，记做 $R_1 - R_2$。

在关系数据库中，通过差运算可以实现元组的删除（delete）。

（3）交

关系 R_1 和关系 R_2 的“交”是从 R_1 和 R_2 中取相同的元组，组成一个新的关系，记做 $R_1 \cap R_2$。

（4）广义笛卡尔积

设关系 R_1 和关系 R_2 分别为 n 目和 m 目的关系，关系 R_1 有 x 个元组，关系 R_2 有 y 个元组，关系 R_1 和关系 R_2 的广义笛卡尔积是一个（n + m）列、x × y 个元组的关系，记做 $R_1 \times R_2$。

通过先差运算再并运算可以实现元组的更新（update），通过广义笛卡尔积可以实现两个实体集的连接 。

例 3-3：两个参加关系运算的关系 R_1 和 R_2 如图 3-2-2 所示，它们对应的属性值取自同一个域。求 R_1 和 R_2 的并、差、交和广义笛卡尔积。

R_1

O	P	Q
A1	B1	C1
A2	B2	C2
A3	B3	C3

R_2

O	P	Q
A2	B2	C2
A4	B4	C4
A3	B3	C3

图 3-2-2 进行集合运算的两个关系

R_1 和 R_2 的并、差、交和广义笛卡尔积如图 3-2-3 所示：

$R_1 \cup R_2$

O	P	Q
A1	B1	C1
A2	B2	C2
A3	B3	C3
A4	B4	C4

$R_1 - R_2$

O	P	Q
A1	B1	C1

$R_1 \cap R_2$

O	P	Q
A2	B2	C2
A3	B3	C3

$R_1 \times R_2$

O	P	Q	O	P	Q
A1	B1	C1	A2	B2	C2
A1	B1	C1	A4	B4	C4
A1	B1	C1	A3	B3	C3
A2	B2	C2	A2	B2	C2
A2	B2	C2	A4	B4	C4
A2	B2	C2	A3	B3	C3
A3	B3	C3	A2	B2	C2
A3	B3	C3	A4	B4	C4
A3	B3	C3	A3	B3	C3

图 3-2-3 进行集合运算的结果

2. 专门的关系运算

关系数据库的检索操作需要通过关系代数中专门的关系运算来实现。专门的关系运算包括选择、投影和连接等操作，其中选择和投影是单目运算，连接为双目运算。

(1) 选择(selection)

从一个关系中找出满足指定条件的元组的操作称为选择。通过选择运算可以从行的方向上对关系进行筛选。例如，从下面的“STU”关系中找出性别＝“女”的同学：

STU				
学号	姓名	性别	系别	生日
1301025	李铭	男	地理	1995/7/5
1303011	孙文	女	计算机	1995/10/13
1303072	刘易	男	计算机	1997/6/5
1305032	张华	男	电子	1996/12/3
1308055	赵恺	女	物理	1997/11/4

运算结果如下：

学号	姓名	性别	系别	生日
1303011	孙文	女	计算机	1995/10/13
1308055	赵恺	女	物理	1997/11/4

(2) 投影(projection)

从一个关系中选出指定的若干属性的操作称为投影。通过投影操作可以对关系从列的方向上筛选。例如在如下的“CLASS”关系中，只列出“课程编号”和“课程名称”：

CLASS				
课程编号	课程名称	先修课程编号	学时	学分
1	数据库	5	72	4
2	高等数学		108	6
3	信息系统	1	54	3
4	操作系统	6	72	4
5	数据结构	7	72	4
6	数据处理		54	3
7	C 语言	6	72	3

运算结果如下：

课程编号	课程名称
1	数据库
2	高等数学
3	信息系统
4	操作系统
5	数据结构
6	数据处理
7	C 语言

（3）连接(join)

与操作对象只有一个关系的选择和投影运算不同，连接的操作对象是两个关系。连接是把两个关系中的元组按照一定条件横向联合，形成一个新的关系，联系的"纽带"是两个关系的公共字段或语义相同的字段。实质是先做一次广义笛卡尔积运算，然后从结果中把来自两个关系并且具有重叠部分的行选择出来。常用的连接运算有两种：等值连接(equi join)和自然连接(natural join)。

其中等值连接是从两个关系的笛卡尔积中选取属性值相等的元组，例如：将 STU 关系和下面的 SGRADE 关系连接，连接条件是两个关系中的"学号"相等，即 STU. 学号 = SGRADE. 学号，运算结果如下：

SGRADE		
学号	课程编号	成绩
1301025	1	75
1301025	3	84
1301025	4	69
1303011	1	94
1303011	7	87
1303072	1	58
1303072	2	81
1303072	4	72
1303072	6	55
1305032	2	91
1305032	6	74

等值连接							
STU. 学号	姓名	性别	系别	生日	SGRADE. 学号	课程编号	成绩
1301025	李铭	男	地理	1995/7/5	1301025	1	75
1301025	李铭	男	地理	1995/7/5	1301025	3	84
1301025	李铭	男	地理	1995/7/5	1301025	4	69
1303011	孙文	女	计算机	1995/10/13	1303011	1	94
1303011	孙文	女	计算机	1995/10/13	1303011	7	87
1303072	刘易	男	计算机	1997/6/5	1303072	1	58
1303072	刘易	男	计算机	1997/6/5	1303072	2	81
1303072	刘易	男	计算机	1997/6/5	1303072	4	72
1303072	刘易	男	计算机	1997/6/5	1303072	6	55
1305032	张华	男	电子	1996/12/3	1305032	2	91
1305032	张华	男	电子	1996/12/3	1305032	6	74

自然连接是特殊的等值连接，是从等值连接的结果中去掉重复列，运算结果如下：

自然连接						
学号	姓名	性别	系别	生日	课程编号	成绩
1301025	李铭	男	地理	1995/7/5	1	75
1301025	李铭	男	地理	1995/7/5	3	84
1301025	李铭	男	地理	1995/7/5	4	69
1303011	孙文	女	计算机	1995/10/13	1	94
1303011	孙文	女	计算机	1995/10/13	7	87
1303072	刘易	男	计算机	1997/6/5	1	58
1303072	刘易	男	计算机	1997/6/5	2	81
1303072	刘易	男	计算机	1997/6/5	4	72
1303072	刘易	男	计算机	1997/6/5	6	55
1305032	张华	男	电子	1996/12/3	2	91
1305032	张华	男	电子	1996/12/3	6	74

显然，自然连接的结果更为“清爽”，所以自然连接往往是最常见的连接运算。

3.2.3 Access 简介

如前所述，使用最广泛的关系数据库管理系统有Oracle、DB2、SQL server、Sybase、MySQL、FoxPro和Access等。其中，Oracle、DB2、SQL server、Sybase都是赫赫有名，在市场上各领风骚的大型关系数据库管理系统，都支持超大规模海量数据库、数据仓库。而MySQL和FoxPro属于中小型数据库管理系统，其中MySQL因为其开放源代码和免费策略，现在是中小型网站开发后台数据库的首选，风头逐渐压过FoxPro等老牌系统。本章后续的数据库实践内容主要以Access为平台介绍，在3.6节介绍MySQL的基本知识点和操作界面。

1. Access特点

Access具有如下优点：

(1) 界面友好，上手快

作为Office系列软件包的一部分，Access有着和它为人熟知的同伴Word、Powerpoint、Excel类似的操作界面，具有向导和各种辅助生成器，创建对象的操作完全可视化，非常适合关系数据库的初学者。

(2) 存储方式单一

不同于其他关系数据库软件，Access的所有对象都存放在同一个扩展名为.accdb的数据库文件里，便于管理和操作。

(3) 提供完整的集成开发环境

Access的开发环境有着基于对象的特点，功能封装在对象中，对象的属性和方法便于设置；支持嵌入VBA(Visual Basic for Application)程序，以实现更高的数据库应用程序开发要求。

(4) 支持ODBC(Open Database Connectivity)

通过动态数据交换技术DDE和对象的链接与嵌入技术OLE，Access可以很方便地与其他关系数据库管理系统进行数据交换、存储和使用各种类型的文本和多媒体数据，所以不仅可以单机使用，也可以作为提供动态WEB服务的后台服务器。

不过作为一个小型的桌面数据库管理系统软件，Access在数据量过大时、同时访问的客户端个数过多时，性能都会急剧下降。如果需要处理海量数据，就要考虑迁移到大型的关系数据库软件上，如Oracle和SQL Server等。

2. Access的安装与启动

(1) Access的安装与启动

Microsoft Office 2016版在完全安装或默认安装时，会自动安装Access，如果在装Office

时没有安装 Access，只要将 Microsoft Office 2016 安装盘插入光驱，重新运行 Setup. exe 程序，根据提示选择更新安装即可。

与启动 Word、Powerpoint 和 Excel 类似，在【开始/所有程序】中找到 Microsoft Access 2016，即可启动。

(2) Access 数据库的创建

例 3-4：在 D 盘上创建一个名为“考试管理系统”的空数据库。

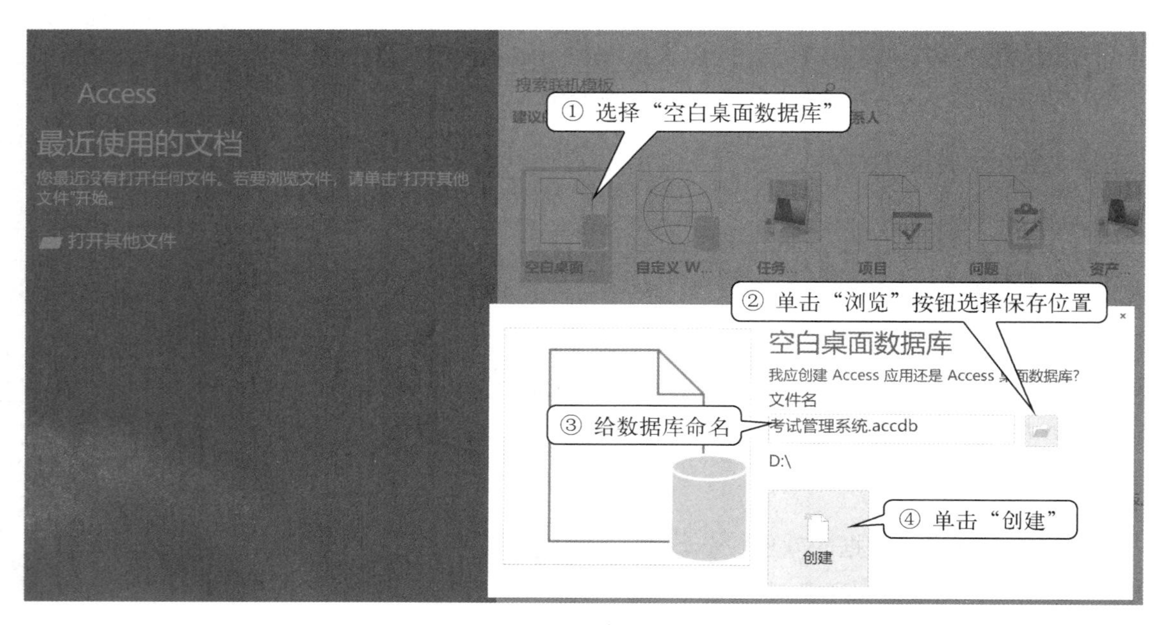

图 3-2-4 创建空数据库

① 启动 Access 2016 后，如图 3-2-4 所示，单击“空白桌面数据库”按钮；

② 选择保存位置(Access 默认的保存位置是 windows 的“文档库”)；

③ 在“文件名”文本框中输入“考试管理系统”(Access 2016 数据库默认格式的扩展名为 . accdb)；

④ 单击“创建”按钮。

3. Access 主界面和对象简介

打开一个已经存在的数据库文件时，显示如图 3-2-5 所示的数据库窗口，其中快速访问工具栏、标题栏、功能区最小化按钮、帮助按钮、选项卡、功能区、状态栏等的使用方法与 Office 的其他软件如 Word、PowerPoint 和 Excel 等基本相同，这里就不再详述。

(1) 导航窗格

导航窗格是 Access 程序界面的重要元素，数据库中的所有对象的名称都将在这里罗列。单击“导航窗格”右上角的“百叶窗开/关”按钮 « 或按 F11 键，将隐藏导航窗格，需要恢复显示导航窗格，则单击隐藏后的“导航窗格”条上方的 » 按钮或再次按 F11 键。

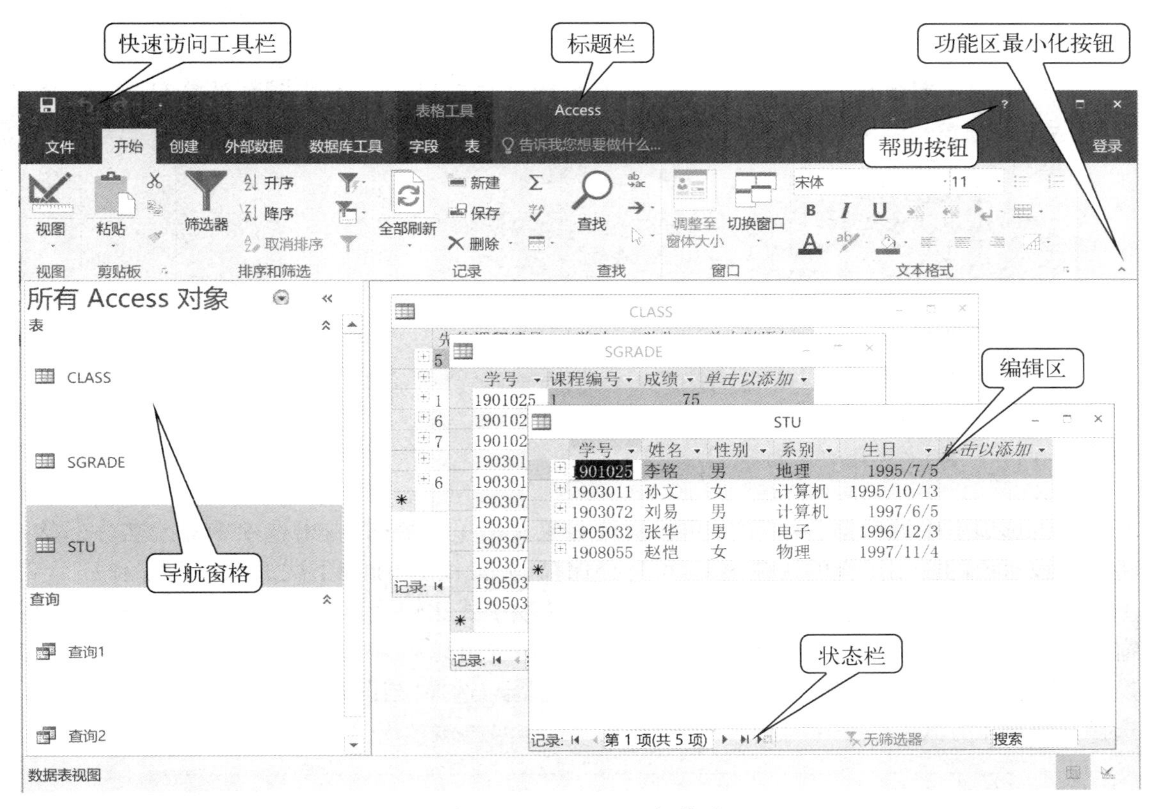

图 3-2-5　Access 主界面

(2) 数据库对象简介

Access 2016 数据库包含表、查询、窗体、报表、宏和模块等 6 种对象，不同对象作用不同。

① 表，是数据库中用来存储数据的对象，也是所有其他对象创建的基础，一个表对应现实世界的一个实体集，表中的行称为记录，列称为字段，每条记录对应现实世界中的一个实体。

② 查询，是数据库核心价值的体现，通过查询可以将数据库中满足特定条件的记录提取出来，查询的条件可以保存，保存后的查询可以成为窗体、报表对象的数据源。

③ 窗体，是 Access 提供的交互式图形界面，为用户提供数据输入和浏览的友好界面，以及应用程序操作的接口。

④ 报表，是 Access 提供的格式化打印输出的对象，报表对象还具备一定的数据汇总和图表功能等。

⑤ 宏，是一系列操作的集合，是 Access 提供的简化常规操作的自动化功能。

⑥ 模块，是由 VBA(Visual Basic for Application)语言编写的程序，可以实现单纯用宏无法实现的功能，建立满足用户复杂需求的数据库应用系统。

本教材只涉及 Access 中的表和查询对象。

打开数据库对象的方法是：在导航窗格中双击对象名称；或在导航窗格中选择对象，然后按回车键；还可以在导航窗格中右击对象名称，在快捷菜单中选择“打开”，快捷菜单中的命令根据不同的对象类型有所不同。

(3) 选项卡式文档

Access 的早期版本一直是以图 3-2-5 所示的重叠窗口来显示数据库对象的，从 Access 2007 版起，Access 推出了选项卡式文档，如图 3-2-6 所示。

CLASS | SGRADE | STU

课程编号	课程名称	先修课程编号	学时	学分	单击以添加
1	数据库	5	72	4	
2	高等数学		108	6	
3	信息系统	1	54	3	
4	操作系统	6	72	4	
5	数据结构	7	72	4	
6	数据分析与可视化		54	3	
7	C语言	6	72	3	
*					

图 3-2-6　选项卡式文档

单击选项卡中的对象名称标签，可将所选对象文档置于最前；右击选项卡对象名称标签，将弹出该对象的常用操作的快捷菜单，可选择保存、关闭和在不同视图之间切换等操作。

选项卡式文档和重叠窗口式文档各有所长，选项卡式比较适合操作表和查询对象，而重叠窗口式比较适合窗体和报表对象的显示和编辑。用户可以根据自己的需要在两种式样间切换，方法是通过“文件/选项”打开“Access 选项”对话框，选择“当前数据库”，如图 3-2-7 所示，选择文档显示方式。

图 3-2-7　设置文档窗口显示方式

(4) 使用帮助

在使用 Access 过程中，遇到问题可以随时按下 F1 键，启动“Access 帮助”，根据目录或者通过输入关键字查找相关问题的帮助信息。Access 2016 版在完全安装时会安装示例数据库，其中“罗斯文商贸数据库”非常经典，是学习 Access 最好的例程和教材。

3.2.4　表和关系的创建

如前所述，关系型数据库的基本结构是关系，每个关系在形式上是一张行列结构的二维表，而在 Access 关系数据库中，实际存储数据的对象是表对象，表又是其他对象的基础。所以，在 Access 数据库中最首要的任务就是创建表，也就是设计关系的静态结构和完整性约束等。

在 Access 中，表的创建分两大步骤进行：第一步，设计表的结构，也就是 3.2.1 节所说的关系的模式，确定关系的属性和完整性约束；第二步，向表中输入数据，也就是 3.2.1 节所说的向关系中插入记录。

下面，就以在例 3-4 所创建的空数据库“考试管理系统”中创建 STU 表、CLASS 表和 SGRADE 表（如图 3-2-6 所示）为例，介绍在 Access 中创建表的过程。

1. 表的结构设计

Access 表的结构设计包括设计表的名称和字段属性两部分。表的名称，也就是关系的名称，是 Access 用户访问数据的唯一标识。字段属性则包括字段名称、字段类型、字段大小等。

我们将在“考试管理系统”数据库中创建的三个表的结构如表 3-2-4 所示。

表 3-2-4(a)　STU 表

字段名称	字段类型	字段大小	字段名称	字段类型	字段大小
学号	文本	7	系别	文本	10
姓名	文本	16	生日	日期	
性别	文本	2			

表 3-2-4(b)　CLASS 表

字段名称	字段类型	字段大小	字段名称	字段类型	字段大小
课程编号	文本	3	学时	数字	整型
课程名称	文本	20	学分	数字	整型
先修课程编号	文本	3			

表 3-2-4(c)　SGRADE 表

字段名称	字段类型	字段大小	字段名称	字段类型	字段大小
学号	文本	7	成绩	数字	整型
课程编号	文本	3			

(1) 字段名称

在 Access 中，字段名最多包含 64 个字符，字段名不能以空格开头，可以使用字母、汉字、数字、空格以及其他字符，不能包含英文的句号 . 、感叹号 ! 、方括号[ ]和单引号’。

> **提示：**根据3.2.1节所介绍的关系的性质要求：第一，表的列应为同质，所以表中每一列的数据类型必须相同；第二，属性名称必须互不相同，也就是字段名称必须互不相同。

(2) 字段类型

Access提供了11种可供选择的数据类型，可以满足用户各种设计需求，进行表的设计时，应根据实际需要选择合适的数据类型。表3-2-5给出了Access提供的常用数据类型、适用范围以及不同数据类型所占用的存储空间。

表3-2-5 常用数据类型

数据类型	用 途	占 用 存 储 空 间
文本	(默认值)简短的字母数字值，例如姓氏或街道地址。从Access 2013开始，文本数据类型已重命名为短文本	最多为255个字符或长度小于字段大小属性的设置值。Access不会为文本字段中未使用的部分保留空间
备注	长文本或文本和数字的组合。从Access 2013开始称为长文本	最多为63 999个字符，如果备注字段是通过DAO来操作，并且只有文本和数字(非二进制数据)保存在其中，则备注字段的大小受数据库大小的限制
数字	用于数学计算的数值型数据	1、2、4或8个字节(如果将字段大小属性设置为Replication ID，则为16个字节)
日期/时间	从100到9999年的日期与时间值	8个字节
货币	货币值或用于数学计算的数值数据，这里的数学计算的对象是带有1到4位小数的数据，精确到小数点左边15位和小数点右边4位	8个字节
自动编号	每当向表中添加一条新记录时，由Access指定的一个唯一的顺序号(每次递增1)或随机数，自动编号字段不能更新	4个字节(如果将字段大小属性设置为Replication ID，则为16个字节)
是/否	“是”和“否”值，以及只包含两者之一的字段(Yes/No、True/False或On/Off)	1位
OLE对象	Access表中链接或嵌入的对象(例如Excel电子表格、Word文档、图形、声音或其他二进制数据)	最多为1G字节(受可用磁盘空间限制)
超链接	文本，或文本和存储为文本的数字的组合，用作超链接地址。超链接地址最多包含四部分： 显示的文本：在字段或控件中显示的文本； 地址：指向文件(UNC路径)或页(URL)的路径； 子地址：位于文件或页中的地址； 屏幕提示：作为工具提示显示的文本	超链接数据类型的每个部分最多只能包含2 048个字符

（续表）

数据类型	用 途	占用存储空间
附件	任何支持的文件类型	可以将图像、电子表格文件、文档、图表和其他类型的支持文件附加到数据库的记录，这与将文件附加到电子邮件非常类似。还可以查看和编辑附加的文件，具体取决于数据库设计者对附件字段的设置方式。附件字段和 OLE 对象字段相比，有着更大的灵活性，而且可以更高效地使用存储空间，这是因为附件字段不用像 OLE 对象那样创建原始文件的位图图像
查阅向导	创建一个字段，通过该字段可以使用列表框或组合框从另一个表或值列表中选择值。单击该选项将启动“查阅向导”，它用于创建一个查阅字段。在向导完成之后，Access 将基于在向导中选择的值来设置数据类型	与用于执行查阅的主键字段大小相同，通常为 4 个字节
计算字段	计算结果。计算必须引用相同表格中的其他字段。建议使用表达式生成器创建计算。注意，计算字段在 Access 2010 中首次引入	由表达式产生

● Access 中汉字占一个字符，所以，如果定义一个字段为文本类型且字段大小为 5，那么在这个列最多可以输入的汉字和英文字符数都是 5。

● 日期/时间型字段在使用时，该种类型的常量要用英文字符 # 括起来，例如 #2019-1-23#、#2019 年 1 月 23 日 #、#01/23/2014#、#20:20#、#10:10 pm# 都是合法的日期/时间格式，如果要同时显示日期和时间，中间要用空格间隔开，如 #2019-1-23 20:20#。

● 自动编号型是 Access 提供的一种特殊的数据类型，一旦编号被指定给某条记录，就会永久地和这条记录相关，如果这条记录被删除，Access 不会对剩下的记录重新编号，当添加一条新记录时，Access 不会使用已经被删除的记录的编号，而是重新赋值；自动编号不能人为修改，且每个表中只能包含一个自动编号字段。

● Access 新增的“附件”类型，最大为 2 GB。

(3) 字段说明

字段说明是对字段功能等的注释，可以书写字段的用途和使用规则等，在输入表的数据值时，有字段说明的字段在输入时，说明将显示在状态栏上，起到提示作用。

2. 字段的常规属性设置

字段的常规属性用于对已经指定数据类型的字段的大小、显示格式、输入格式、掩码、默认值、有效性规则和索引等进一步加以限制和说明。在表的设计视图的下半段“字段属性”区域可以分别对各种字段属性进行设置。

(1) 字段大小

可以使用字段大小属性设置数据类型为“文本”、“数字”或“自动编号”的字段中存储的最大数据。

“文本”类型的字段大小在 0 到 255 之间，默认设置为 255。

“自动编号”类型字段的字段大小属性可以设置为“长整型”或“同步复制 ID”。

“数字”类型字段的字段大小属性设置及其值之间的关系表 3-2-6 所示：

表 3-2-6　数字类型“字段大小“属性设置

设　　置	说　　明	小数精度	存储空间大小
字节	存储 0 到 255 之间的数字(不包括小数)。	无	1 字节
小数	存储- 10^38-1 到 10^38-1 之间的数字(. adp) 存储- 10^28-1 到 10^28-1 之间的数字(. mdb、. accdb)	28	2 字节
整型	存储- 32,768 到 32,767 之间的数字(不包括小数)	无	2 字节
长整型	(默认)存储- 2 147 483 648 到 2 147 483 647 之间的数字(不包括小数)	无	4 字节
单精度型	存储- 3. 402 823E38 到- 1. 401 298E-45 之间的负数和 1. 401 298E-45 到 3. 402 823E38 之间的正数	7	4 字节
双精度型	存储- 1. 79 769 313 486 231E308 到- 4. 94 065 645 841 247E-324 之间的负数和 4. 94 065 645 841 247E-324 到 1. 79 769 313 486 231E308 之间的正数	15	8 字节

设置“字段大小”属性时应该按照尽可能小的原则进行，因为较小的数据的处理速度更快且占用的内存较少。

在已包含数据的字段中，如果将“字段大小”的值由大改小，可能会丢失数据。例如，如果将“文本”数据类型字段的“字段大小”设置从 50 更改为 10，则超过 10 个字符后的数据都将丢失。

对于“数字”类型的数据，如果将精度改小，则小数位可能被四舍五入，或得到一个 Null 值。例如，将单精度数据类型改为整型，则小数位全部丢失，而大于 32767 或小于 - 32768 的数将变为空字段。

在表的设计视图中，更改“字段大小”属性后造成的数据更改是无法“撤销”的。

(2) 格式

Access 数据的格式分为存储格式、输入格式和显示格式三种，常规属性中的“格式”指数据的显示格式，决定在表的数据表视图中数据以何种格式显示。Access 中各种类型数据的显示格式如图 3-2-8 所示。

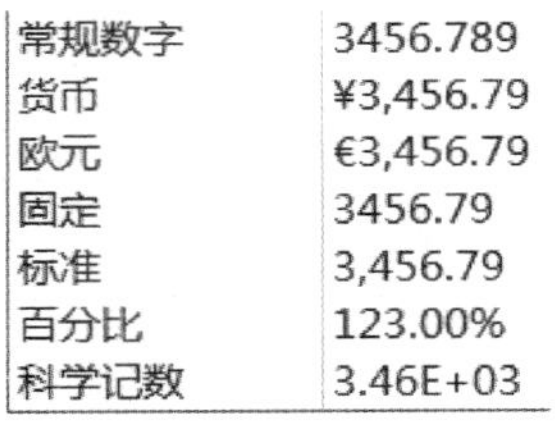

常规数字	3456.789
货币	¥3,456.79
欧元	€3,456.79
固定	3456.79
标准	3,456.79
百分比	123.00%
科学记数	3.46E+03

图 3-2-8(a)　数字、货币、自动编号类型字段格式

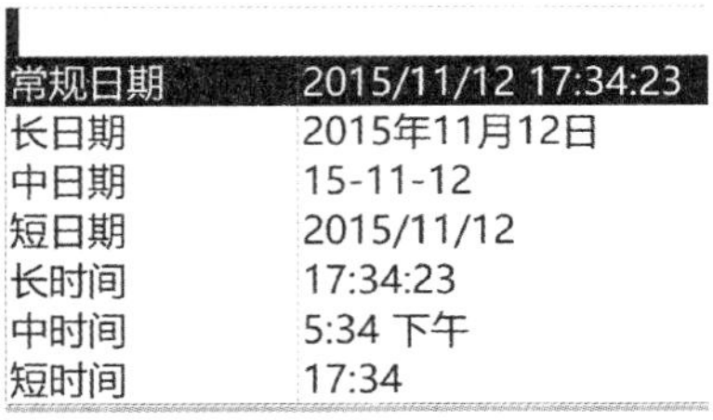

常规日期	2015/11/12 17:34:23
长日期	2015年11月12日
中日期	15-11-12
短日期	2015/11/12
长时间	17:34:23
中时间	5:34 下午
短时间	17:34

图 3-2-8(b)　日期/时间类型字段格式

是/否	
真/假	True
是/否	Yes
开/关	On

图 3-2-8(c)　是否类型字段格式

(3) 输入掩码

输入掩码(Input Mask)用于限定数据的输入格式,一般用于文本型和日期/时间类型数据的输入格式限制,也可用于限定数字型和货币型字段的格式。当输入格式相对固定的数据时,例如电话号码、身份证号码、密码等,可以通过强制实现输入格式,达到方便输入的目的。

如果同时设置"格式"和"输入掩码",二者发生冲突时,最后的显示格式由"格式"决定。

例 3-5:在 STU 表中添加一个"家庭电话"字段,限定字段的输入格式如图 3-2-9 所示。

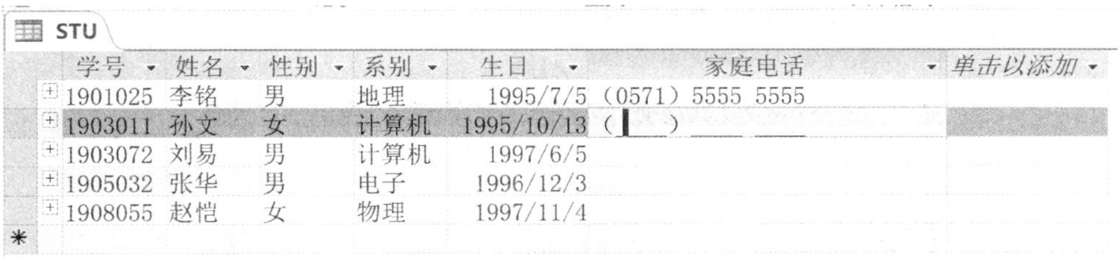

STU
学号
姓名
性别
系别
生日
家庭电话
单击以添加
1901025 李铭 男 地理 1995/7/5 (0571) 5555 5555
1903011 孙文 女 计算机 1995/10/13 (　)
1903072 刘易 男 计算机 1997/6/5
1905032 张华 男 电子 1996/12/3
1908055 赵恺 女 物理 1997/11/4

图 3-2-9　设置了掩码后的数据输入状态

设置掩码可以通过向导进行,也可以自行手工输入。

① 在如图 3-2-10 所示的表的设计视图中选择"家庭电话"字段;

② 选择"字段属性"列表中的"输入掩码"属性,手工输入"(9000)9000 0000"后回车,Access 自动添加如图 3-2-10 所示分隔符;

③ 保存表的设计,切换到数据表视图。

STU
字段名称
数据类型
说明(可选)
姓名 短文本
性别 短文本
系别 短文本
生日 日期/时间
家庭电话 短文本
字段属性
常规
查阅
字段大小 20
格式
输入掩码 \(9000\) 9000\ 0000
标题
默认值
验证规则
验证文本
必需 否
允许空字符串 是
索引 无
Unicode 压缩 是
输入法模式 开启
输入法语句模式 无转化
文本对齐 常规
在此手工输入掩码字符
单击打开"输入掩码向导"对话框
字段中所有输入数据的模式

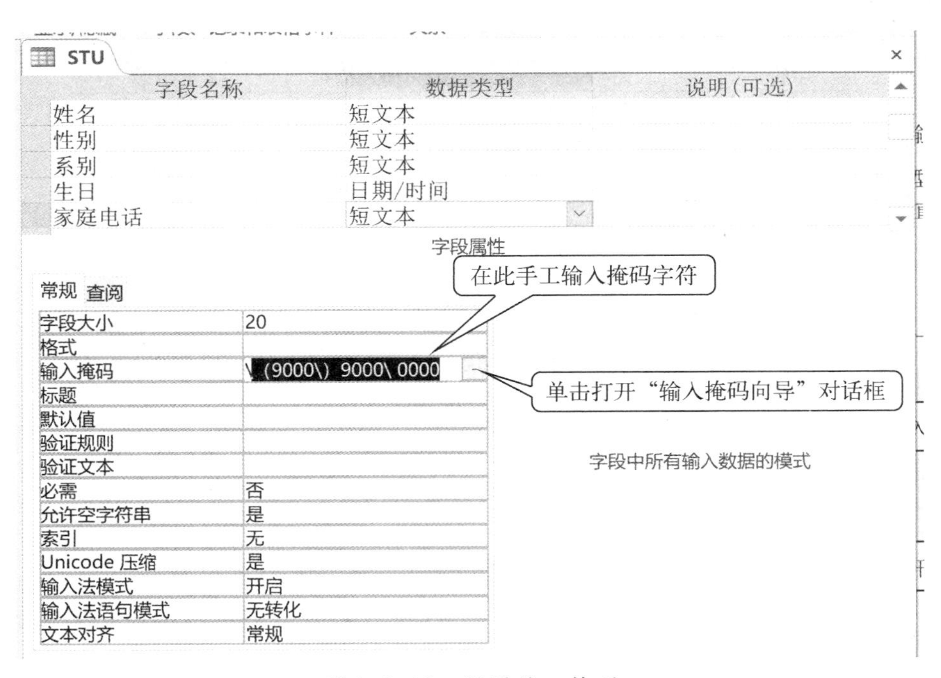

图 3-2-10　设置输入掩码

常见的有固定格式的数据输入掩码可以用向导设定，方法是在“输入掩码”属性框上点击[…]按钮，则打开如图 3-2-11 所示的“输入掩码向导”对话框，选择某一类型后单击可以“尝试”输入数据，如果不符合设计要求可以单击“下一步”修改，如果满足要求则直接单击“完成”按钮，完成掩码设置。

图 3-2-11　输入掩码向导

常用的掩码属性定义字符如图 3-2-12 所示：

字符	说明	定义输入掩码	显示结果
0	数字（0~9）必须输入，不允许有“+”、“-”符号	(000)0000-0000	(021)6223-2772
9	可输入(0~9)或空格，不允许有“+”、“-”符号	(999)9999-9999	(021)6223-2772
#	数字或空格，“+”、“-”都可以	#9999	-125
A	字母或数字必须输入	(000)AAAA-AAAA	(021)TELE-6223
a	字母或数字可以输入	(000)aaaa-aaaa	(021)　525-025
L	字母必须输入	000L000	123M456
>	所有字符转换为大写	>LLL	ABC
<	所有字符转换为小写	<LLL	abc
Password	以*代替隐藏文本输入	hello	*****

图 3-2-12　常用掩码定义字符

（4）默认值

默认值属性是 Access 提供的简化输入的功能，如果需要输入的大量记录中某个属性值对于大部分记录来说都一样，就可以将这个字段的属性“默认值”设置为一个定值。

例 3-6：在 STU 表中添加一个“政治面貌”字段，并设置默认值为“群众”。

如图 3-2-13(a)所示，在“默认值”处输入“群众”，由于“政治面貌”字段的数据类型为“文本”型，回车后，Access 会自动在“群众”两端加如图所示的双引号。设置了默认值后，在如图 3-2-13(b)中输入数据时，新记录会自动在相应字段处显示设置好的默认值，无需用户输入，个别记录此项属性值有所不同时，用户可以直接修改，例如某条记录的“政治面貌”为“中共党员”。

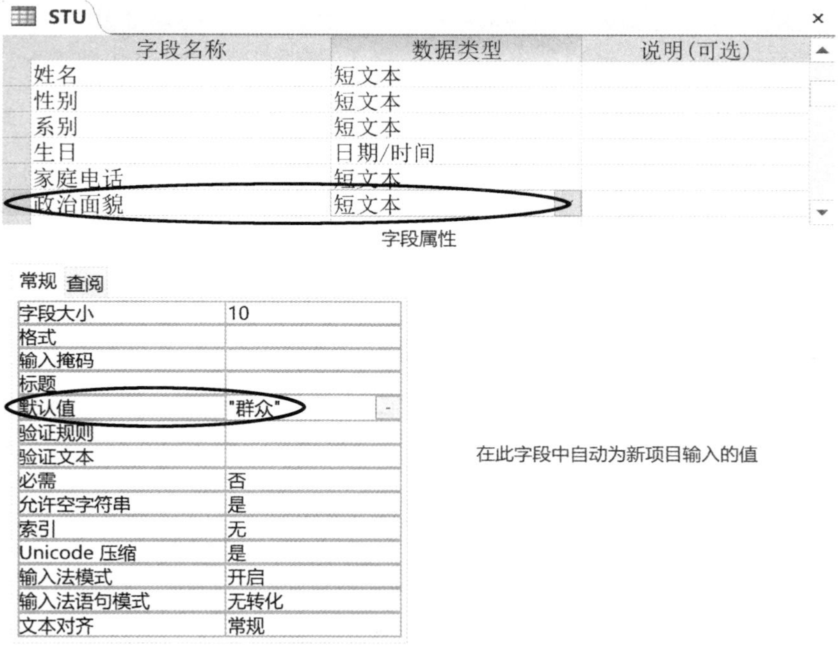

STU

字段名称	数据类型	说明(可选)
姓名	短文本	
性别	短文本	
系别	短文本	
生日	日期/时间	
家庭电话	短文本	
政治面貌	短文本	

字段属性

常规 查阅

字段大小	10
格式	
输入掩码	
标题	
默认值	"群众"
验证规则	
验证文本	
必需	否
允许空字符串	是
索引	无
Unicode 压缩	是
输入法模式	开启
输入法语句模式	无转化
文本对齐	常规

在此字段中自动为新项目输入的值

图 3-2-13(a)　设置默认值

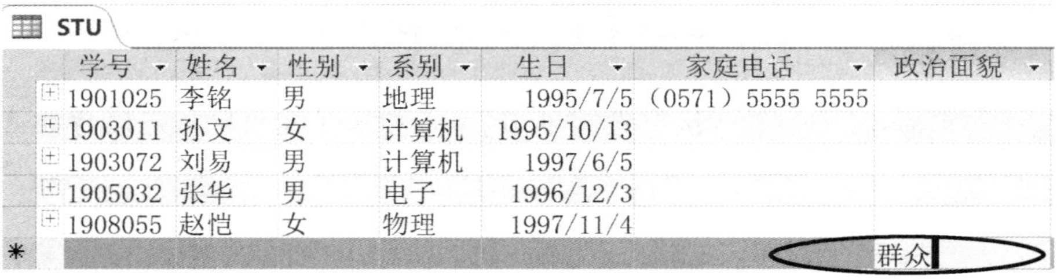

STU

	学号	姓名	性别	系别	生日	家庭电话	政治面貌
+	1901025	李铭	男	地理	1995/7/5	(0571) 5555 5555	
+	1903011	孙文	女	计算机	1995/10/13		
+	1903072	刘易	男	计算机	1997/6/5		
+	1905032	张华	男	电子	1996/12/3		
+	1908055	赵恺	女	物理	1997/11/4		
*							群众

图 3-2-13(b)　有“默认值”时的效果

(5) 验证规则和验证文本

验证规则对应 3.2.1 节所介绍的关系的完整性约束中的“自定义完整性约束”。在 Access 中，可以通过设置验证规则，限定输入数据的取值范围，防止不合理数据值输入。不同数据类型的验证规则设置的形式和规则有所不同。当输入的数据违反了验证规则时，如果设置了“验证文本”，系统就会跳出提示对话框。

例 3-7：设置 STU 表的“生日”字段的属性的取值范围在 1990 年到 2000 年之间，如果超出范围，则弹出对话框，提示“请输入 1990 年到 2000 年的日期”；设置“性别”字段的属性取值范围只能是“男”或者“女”。

① 如图 3-2-14 所示，在表的设计视图选择“生日”字段，在“字段属性/验证规则”处输入“>= 1990-1-1 and <= 2000-12-31”，回车后，Access 自动在日期型字段两段添加了英文的“#”号，结果如图所示。

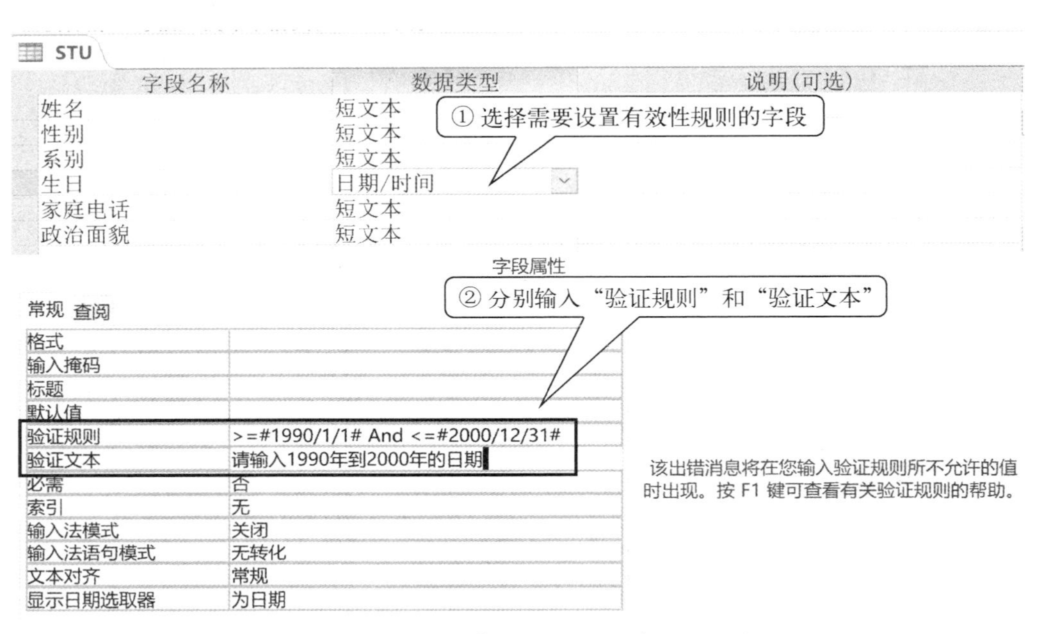

图 3-2-14 设置有效性规则和有效性文本

② 在“字段属性/验证文本”处输入“请输入 1990 年到 2000 年的日期”。

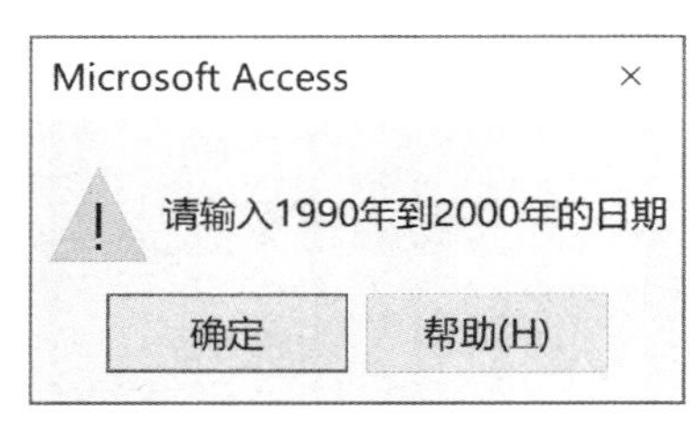

图 3-2-15(a) 设置了验证文本时的提示框

③ 选择“性别”字段，在“字段属性/验证规则”处输入“男 or 女”，回车后，由于“性别”字段的数据类型是“文本”型，Access 将自动在“男”和“女”两端添加英文双引号。

④ 设定验证规则并保存了修改后切换到表的数据表视图，如果在“生日”字段输入了超出取值范围的数据，系统将弹出如图 3-2-15(a)所示的提示框；如果在“性别”字段输入了取值范围之外的文字，由于没有设置“验证文本”，系统将弹出如图 3-2-15(b)所示的提示框。

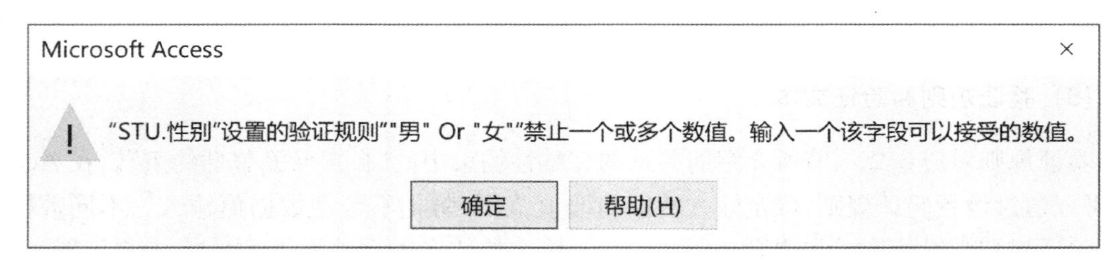

图 3-2-15(b) 仅设置“验证规则”未设置“验证文本”时的提示框

● “验证规则”中需要用到的介词和标点符号必需是英文。

● “验证规则”中使用的数据常量必须是合法的格式，例如本例中不能把“生日”的取值范围简化地书写成“＞1900 年 and ＜2000 年”。

● 数值型和货币型的数据常量两端不添加任何符号。

(6) 索引

给字段添加索引提高排序和搜索速度，对于在今后的使用中经常需要排序和查找的字段，可以考虑为其添加索引。不过，索引和表一样需要占据物理存储空间，如果数据量巨大，有时添加索引未必能提高排序速度。

索引分为有重复值的索引和无重复值索引。Access 会为主键自动添加唯一性，也就是无重复值的索引，非主键如果也需要保证唯一性，可以添加无重复值索引。例如，STU 表中的“姓名”字段不是主键，但是为了保证学生姓名不重复，可以为“姓名”字段添加唯一性索引。

(7) 必需

在 3.2.1 节中介绍过，关系的实体完整性约束要求主键的值不得为空值，而非主属性可以为空值，比如在“考试管理系统”数据库的 CLASS 表中，很多课程没有先修课程，“先修课程编号”就可以为空值。但是如果按照设计需要，某些非主属性也希望必填，比如在 STU 表中要求“姓名”字段不得为空值，就可以设置该字段的“必需”属性为“是”。

3. 创建表

在 Access 中，创建表的方法包括：通过设计视图、通过数据表视图、通过 SharePoint 列表、通过直接导入外部数据以及通过 SQL 语句创建。

(1) 用设计视图创建表

用设计视图创建表是最常用的创建表的方式，特别是当字段属性有比较复杂的要求时，一般都采用设计视图创建。

例 3-8：在“考试管理系统”数据库中，用设计视图创建表 STU 表和 SGRADE 表。

① 单击“创建”选项卡“表格”选项组的“表设计”按钮（表设计），打开表设计视图，如图 3-2-10 所示，依次添加“学号”、“姓名”、“性别”、“系别”、“生日”字段，选择适当的数据类型，并根据表 3-2-4 的要求，设置字段属性，同时要求姓名不能为空。

② 设置主键。3.2.1 节我们已经介绍过主键对于关系的重要性。添加主键的方法是：单击需要设定为主键的字段名称前面的字段选定器，右击，在快捷菜单中选择“主键”命令；或单击“表格工具/设计/工具”中的“主键”按钮（主键）。设置完成后，主键的字段名称前面会出现如图 3-2-16(a)所示的钥匙图标。

字段名称	数据类型
学号	短文本

图 3-2-16(a)　添加主键

如果需要多个字段共同作为主键，则先单击其中一个字段的字段选定器，然后按住 CTRL

键，选择其他需要设为主键的字段，然后单击“表格工具/设计/工具”中的“主键”按钮，设置完成后，几个字段前面都会出现钥匙图标。

③ 表的结构设计完成后，单击设计视图的“关闭”按钮，系统将跳出提示框，选择“是”后，跳出给表命名的对话框，输入表名称“STU”后单击“确定”；也可以单击快速访问工具栏中的“保存”按钮，在跳出的“另存为”对话框中输入表名后确定。

④ 单击“创建”选项卡“表格”选项组的“表设计”按钮，根据表3-2-4的要求创建SGRADE表，设置字段属性。

如果没有设置主键就关闭设计视图，系统会跳出提示创建主键的对话框，如图3-2-16(b)所示，如果单击“是”，系统会自动添加一个名为“ID”的自动编号类型的字段。

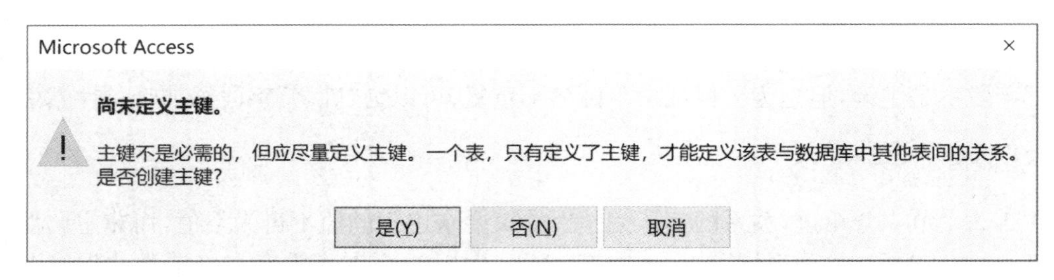

图3-2-16(b)　提示添加主键

(2) 用数据表视图创建表

例3-9：在“考试管理系统”数据库中，用数据表视图创建CLASS表，要求主键为课程编号，课程名称唯一。

图3-2-17　数据表视图

① 打开“考试管理系统”数据库，单击选择“创建”选项卡，选择“表格”选项组中的“表”按钮，进入新表创建视图，如图3-2-17所示。

② 选择ID字段，右击后在快捷菜单中选择“重命名字段”，然后输入字段名称“课程编号”。也可以双击ID字段，在字段名称可编辑状态下输入“课程编号”。

③ 如图3-2-18所示，设置“课程编号”字段的属性。

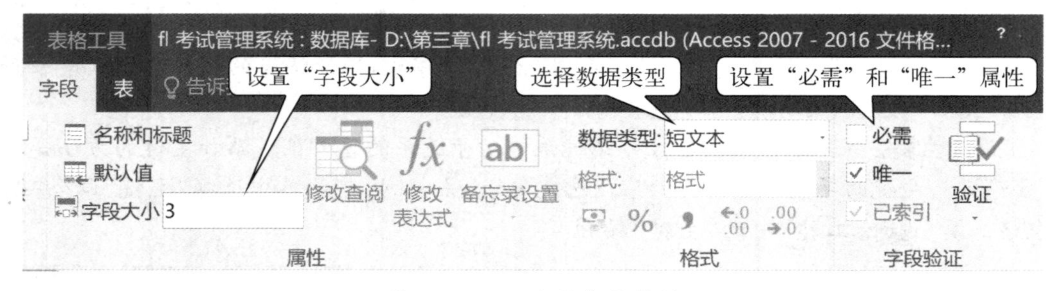

图3-2-18　设置字段属性

在Access中用数据表视图创建表时，Access会自动将第一个建立的字段设置为主键。

④ 从“单击以添加”下拉菜单中选择数据类型为“文本”，然后输入新字段的名称“课程名

称”(这时该字段右侧又出现了一个新的“单击以添加”列),设置字段大小为20,勾选“唯一”属性。

⑤ 用同样方式,依次添加“先修课程编号”、“学时”、“学分”字段。

⑥ 字段添加并设置完属性之后,可以直接在表中输入记录的值,也可以先保存表结构。

用数据表视图形式创建表时,有些数据类型无法精确地设置字段属性,可以在设置完成后切换到设计视图中进行设置。

(3) 用 SharePoint 创建表

Access 2010之后的版本结合 Access Services(SharePoint 的一个可选组件)提供了创建可在 Web 上使用的数据库的平台,用户可以利用 Access 和 SharePoint 设计和发布 Web 数据库,拥有 SharePoint 帐户的用户可以在 Web 浏览器中使用 Web 数据库,相关操作方法读者可以自行学习,本书不做介绍。

(4) 用导入外部数据创建表

Access 可以和其他关系数据库平台,如 SQL Server、Oracle 等交换表对象的数据,可以从 Excel、SharePoint 列表、XML 文件以及其他 Access 数据库、文本文件中导入数据创建表。

(5) 利用 SQL 语句创建表

具体方法参见3.4节相关内容。

4. 创建关系

我们在3.1节中了解到,在数据模型中,实体集之间的联系分为一对一、一对多和多对多三种。而在关系模型中,现实世界的普遍联系通过关系实现,实体集之间的联系一般通过公共字段来反映,通常是由主键和外键来反映,主键和外键的数值要符合关系的参照完整性约束。

具体在 Access 中,表与表之间是否合理创建了关系,对于整个数据库结构的影响是至关重要的,Access 数据库中的查询以及窗体、报表等其他对象都是在表的基础上创建的,因此正确的关系也是其他对象有效工作的基础。

Access 提供了可视化的方法为表与表之间建立关系。

例3-10:为“考试管理系统”数据库中的三个表 STU、CLASS、SGRADE 建立关系。

① 打开“考试管理系统”数据库,单击打开“数据库工具”选项卡,单击“关系”选项组中的“关系”按钮 关系 ,打开“显示表”对话框,选择“表”显示卡。

② 在“显示表”对话框中按住 Shift 键单击三个表的名称,单击“添加”按钮,打开如图3-2-19所示“关系”布局对话框,点击“关闭”按钮,关闭“显示表”对话框。

③ 显然,在 STU 表和 SGRADE 这对关系中,“学号”是两个表的公共字段,而在 SGRADE 表中不可能出现 STU 表所没有的学号,所以“学号”在 STU 表中是主键,在 SGRADE 表中是外键,STU 表中的学生可以选修多门课程,获得多个成绩,STU 表和 SGRADE 表是“一对多”的关系。

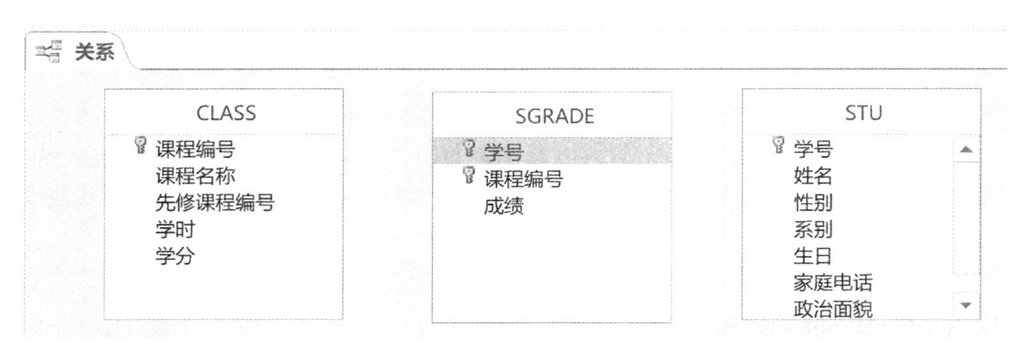

图 3-2-19 “关系”布局对话框

为两者建立联系的操作方法是：选定 STU 表中的“学号”字段，按住鼠标左键拖曳至 SGRADE 表的“学号”字段后松手，弹出如图 3-2-20(a)所示的“编辑关系”对话框，检查是否正确选择联系字段，并勾选“实施参照完整性”、“级联更新相关字段”和“级联删除相关记录”等选项。

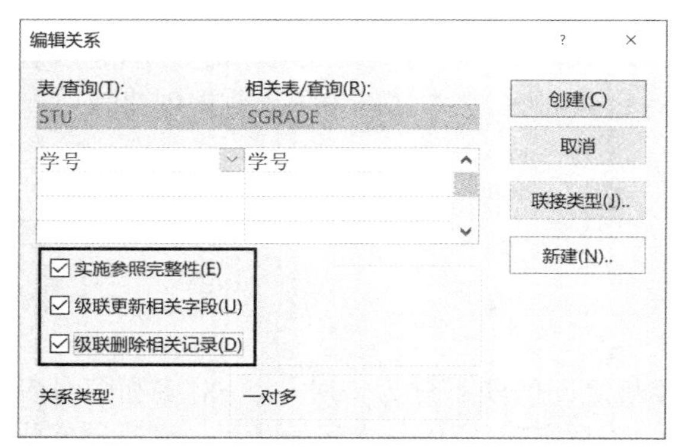

图 3-2-20(a) 编辑 STU 和 SGRADE 表的关系

图 3-2-20(b) 编辑 CLASS 和 SGRADE 表关系

④ 同理，SGRADE 表和 CLASS 表的公共字段是“课程编号”，其中“课程编号”是 SGRADE 表关于 CLASS 表的外键。用同样的方法为两表建立关系，在如图 3-2-20(b)中编辑两个表的关系。

建立好关系的关系布局如图 3-2-21(a)所示。建立好关系后如果需要修改或删除，可以右击关系之间的连线，如图 3-2-21(b)所示，在弹出的快捷菜单中选择相应的命令进行操作。

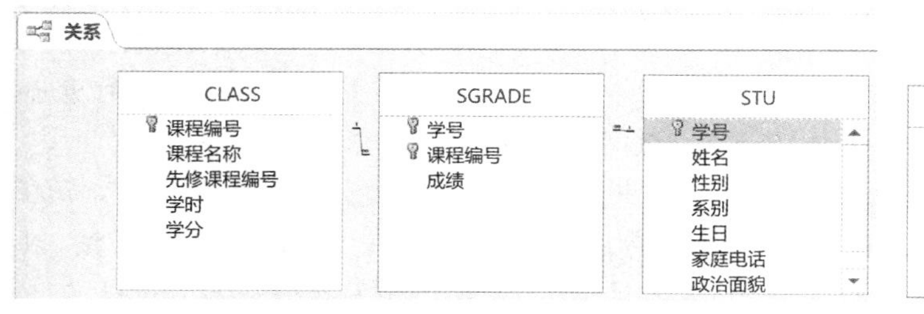

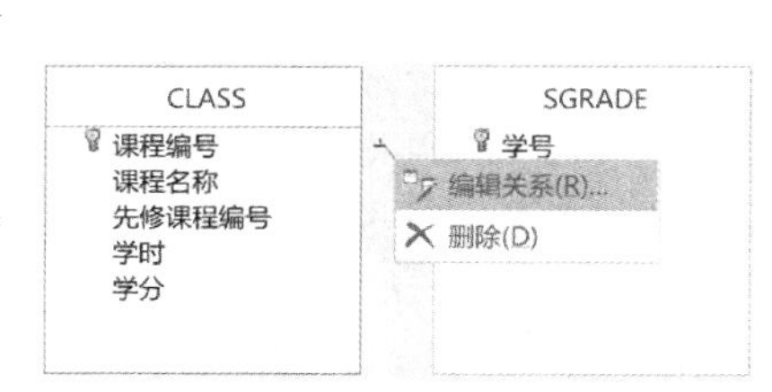

图 3-2-21(a) 建立好的关系

图 3-2-21(b) 修改关系

5. 实施参照完整性

在例 3-10 中编辑关系的第三步中，勾选“实施参照完整性”以及“级联更新相关字段”、“级联删除相关记录”的目的如下：

(1) 实施参照完整性

在 Access 中勾选了这一选项后，系统将保证 3.2 节中所介绍的参照完整性约束得以正确实施：在建立好的表中输入记录时，如果在一对关系中的从表中输入的记录不能在主表中找到对应记录，系统将阻止数据的输入，也就是说，系统通过强制执行保证参照完整性约束的实现。

(2) 级联更新相关字段

在 Access 中勾选了这一选项后，如果修改了关系中主表的主键数据，关系中从表中的所有对应记录的数据，也就是对应的外键，会自动随之修改。

(3) 级联删除相关记录

在 Access 中勾选了这一选项后，如果在关系中的主表中删除了一条记录，会导致从表中外键值相同的所有相关记录随之自动删除。

总之，通过设置参照完整性，保证了关系中表与表之间相关数据的联动机制，使数据的一致性得以保证和维护。

3.2.5 记录的输入和编辑

表的结构设计完成、关系创建完毕后，就可以向表中输入记录了。在 Access 中，记录的输入和编辑通过数据表视图完成。

1. 记录的输入

(1) 视图间切换

在导航窗格中双击表的名称打开表并进入数据表视图，当表处于数据表视图时，“开始”选项卡“视图”组中的“视图”按钮是“设计视图“按钮 ，单击可以切换到表的设计视图修改表的结构；当表处于设计视图状态时，“开始”选项卡“视图”组中的“视图”按钮是“数据表视图“按钮 ，通过单击“视图”按钮可以很方便地在两个视图之间切换。

(2) 输入记录

在 Access 数据表中输入记录与在 Excel 中输入数据不同，新数据的输入按行进行而不是按列进行。例如，在如图 3-2-22 所示输入 STU 表的记录时，应从第一条空记录的第一个字段起，依次输入“学号”、“姓名”、“性别”、“系别”等字段的值，每输入完一个字段值按回车键或按 Tab 键进入下一项，一条记录输入完成后按回车键进入下一条记录，记录输入完成后，单击快速访问工具栏中的“保存”按钮 ，保存数据。

STU

学号	姓名	性别	系别	生日	家庭电话	政治面貌
1901025	李铭	男	地理	1995/7/5	（0571）5555 5555	
1903011	孙文	女	计算机	1995/10/13		
1903072	刘易	男	计算机	1997/6/5		
1905032	张华	男	电子	1996/12/3		
1908055	赵恺	女	物理	1997/11/4		
19						群众
						群众

图 3-2-22　在数据表视图中输入记录数值

在 Access 中输入记录时，系统将自动添加一条新的空记录并在该记录的选定器上显示一个星号 * ，正在输入的记录的记录选定器上显示铅笔符号 。

非主属性和没有要求“必需”的属性值可以为空值(Null)。空值不等于零。

2. 特殊数据类型数据的输入

（1）OLE 对象

输入照片等多媒体对象时，应在字段上右击，在弹出的快捷菜单中选择“插入对象”命令，打开“Microsoft Access”对话框，如图 3-2-23 所示，选择“由文件创建”，然后单击“浏览”按钮，选择需要插入的 OLE 对象文件后单击“确定”。

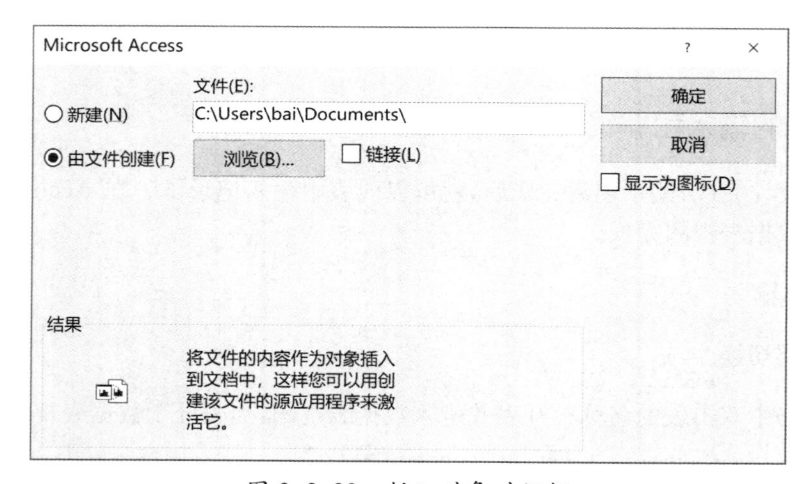

图 3-2-23　插入对象对话框

（2）附件类型

附件类型是 Access 提供的几乎可以保存任何数据类型文件的数据类型，附件类型字段在列标题位置不显示字段名而显示一个曲别针标记，如图 3-2-24 所示。右击附件型字段，在快捷菜单中选择“管理附件”命令，跳出如图 3-2-24 所示的“附件”对话框，单击“添加”按钮，选择需要添加的文件后再单击“确定”按钮。

（3）长文本类型

长文本在早期 Acces 版本中叫备注型，是 Access 提供的保存大量文字的数据类型，输入

图 3-2-24　添加附件类型数据

数据时由于表的数据表视图中的字段宽度有限，可以按 Shift + F2 组合键，打开如图 3-2-25 所示的“缩放”窗口，输入数据完成后单击“确定”。文本型、数字型数据也可以用这种方式输入。

图 3-2-25　长文本数据输入窗口

3. 记录的编辑

(1) 定位记录

当表中含有大量记录时，通过滚动条找寻记录很不方便，这时可以使用记录定位器，如图 3-2-26 所示，在表的数据表视图中，双击记录定位器编号框，输入记录编号后按回车键，光标将定位到指定记录处。

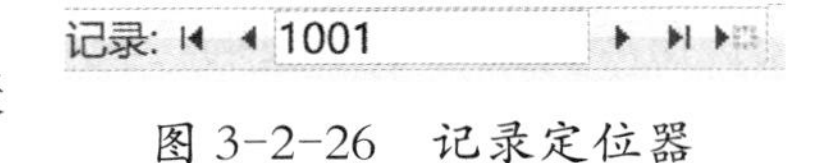

图 3-2-26　记录定位器

(2) 添加记录

在数据表视图中，可以通过滚动条使记录显示到最后一条，然后添加；也可以单击图 3-2-26 中记录定位器的“新记录”按钮 ▶✱，迅速将光标定位到最后一行。

(3) 删除记录

在数据表视图中，单击需要删除的记录最左边的记录选定器（可以按住 Shift、Ctrl 键多选）按钮选择记录，右击，在快捷菜单中选择“删除记录”；或者单击“开始/记录”选项组中的“删除”按钮 。

(4) 修改记录

在数据表视图中修改记录，修改方法和在 Excel 中的操作类似，但要注意以下问题：

① 在 Access 中对记录的删除都是物理删除，不可以通过“撤销”来恢复数据。这和 Excel 完全不同，所以删除数据时系统会跳出对话框要求确认操作。

② 如上一小节所述，如果删除主表中的一条记录并在设置关系时选择了“级联删除相关记录”，删除时系统会提示从表中的相关记录会随之删除，这种删除同样是不可逆的。

③ 在数据表视图中手工编辑记录的值只能逐条进行，如果需要批量修改、删除、添加记录，例如，将所有学生的“成绩”加 5 分等操作，则需要通过即将在 3.4 节中学习的 SQL 语言完成。

④ 在数据表视图中，调整列宽的方法是，将鼠标放在字段名称之间，当鼠标的光标变成单线双箭头时，按住左键拖曳。

⑤ 在数据表视图中，要数据以最佳宽度显示可以在字段名称上右击，选择“字段宽度”，然后在跳出的“列宽”对话框里单击“最佳匹配”按钮。

3.2.6 表结构的修改

如 3.2.1 节所述，因为现实世界是不断变化的，所以关系的属性值也是不断变化的，但关系模式也就是关系的数据结构是相对静态和稳定的。而关系的属性值表的结构的合理设计，是整个数据库有效工作的基础，因此，最好在输入数据以及创建其他后续对象前就将数据结构的设计固定下来。但有时，因为数据库扩充和更新等种种需要，不得不对表的结构加以修改。

修改表的结构包括添加字段、删除字段、移动字段、修改字段以及重新设置主键等，在 Access 中，除了重设主键必须在设计视图中进行，其他操作在数据表视图和设计视图中都可以进行。

1. 添加字段

(1) 在设计视图进行

在导航窗格中右击表的名称，在快捷菜单中选择“设计视图”，进入所要修改的表的设计视图，在需要插入新字段的位置右击，选择“插入行”，或者单击“表格工具/工具”中的“插入行”按钮，在当前字段前将插入一个空行，输入新字段名称并设置属性。

(2) 在数据表视图进行

在导航窗格中双击表的名称打开表，在需要在其前面插入新字段的字段名称上右击，在快捷菜单中选择“插入字段”。

2. 删除字段

(1) 在设计视图进行

在设计视图中，右击需要删除的字段最左边的字段选定器，在弹出的快捷菜单中选择

“删除行”。

(2) 在数据表视图进行

在数据表视图中打开表，右击需要删除的字段名称，在弹出的快捷菜单中选择“删除字段”。

3. 移动字段

在设计视图和在数据表视图中移动字段的方法是类似的，都是先选定需要移动的字段，然后按住鼠标左键拖曳到新的位置后放开鼠标左键。

4. 修改字段

修改字段包括修改字段的名称、数据类型、说明和字段属性。在数据表视图中只能修改字段名称，如果需要修改字段的数据类型和属性等，需要在设计视图中进行。

5. 修改主键

打开表的设计视图，选择原来的主键字段，单击“表格工具/设计/主键”，取消原来的主键设置，然后按照前面介绍的添加主键的方法，设置新的主键。

对表的结构加以修改时，如果对完整性约束造成影响，系统会给出提示，让用户选择操作，如果与完整性约束相违背，系统不会执行相关操作。

3.2.7　规范化设计方法

在学习了数据库基本概念、关系模型基本概念和关系模式的创建方法之后，就可以开始着手设计一个实用的数据库了。在进行实用数据库系统设计时，面临的首要问题是，在建立一个比较复杂的数据模型时，表的数量是多好还是少好？还是不多不少好？换句话说，如何评价关系模式的优劣？

思考一下：如图3-2-27所示的两个关系模式设置，都需要表达学号、姓名、系别、课程编号、课程名称和成绩等数据信息，(a)把所有数据集中在一起，(b)将(a)分解为三个小的表，请问，这两种设计哪个优等？

① 直观上看，(a)的数据数量明显大于(b)，说明可能存在数据冗余。

② 在(a)中，如果修改了某门课程的名字，例如将“C语言”改成“C++”，因为有4个学生选修了该课程，就需要修改4个地方，如果漏掉一个没改，就会造成数据的不一致性，也就是数据修改异常；而在(b)模式中，只要修改CLASS表中一个属性值就可以，且不会发生任何异常。

③ 新增一门课程“大学语文”，如果尚无学生选修，那么在(a)表中就会出现Sno为空值，但Sno显然是主属性，不能为空，这样就会出现数据插入的异常；而在(b)模式中就不存在这个问题。

④ 在(a)模式中，因为Cno为2的“高等数学”课只有一个“张敏”同学选修，如果这个同学改选其他课程，就要删除这条记录，那“高等数学”这门课程就彻底从数据库中消失了，这显然是不合适的，属于删除异常；但在(b)模式中，只要删除SGRADE表中的一条记录就可以，不

会发生删除课程本身的问题。

通过以上分析可以看出，把(a)模式“分解”为(b)模式，关系的模式更为合理。那么，“分解”操作是否始终是一个把“不好的”关系模式改进为“好的”关系模式的方法呢？这个问题的答案由关系数据库的规范化设计理论给出。

Sno	Sname	Sdept	Cno	Cname	Grade
99001	张敏	MA	2	高等数学	82
99001	张敏	MA	6	数据处理	89
99001	张敏	MA	7	C语言	94
99002	刘丰	IS	6	数据处理	50
99002	刘丰	IS	7	C语言	63
99003	王翔	CS	7	C语言	56
99003	王翔	CS	5	数据结构	51
99003	王翔	CS	1	数据库	75
99004	陆逸	IS	7	C语言	87
99004	陆逸	IS	5	数据结构	94
99004	陆逸	IS	3	信息系统	88
99004	陆逸	IS	1	数据库	92

图 3-2-27(a)

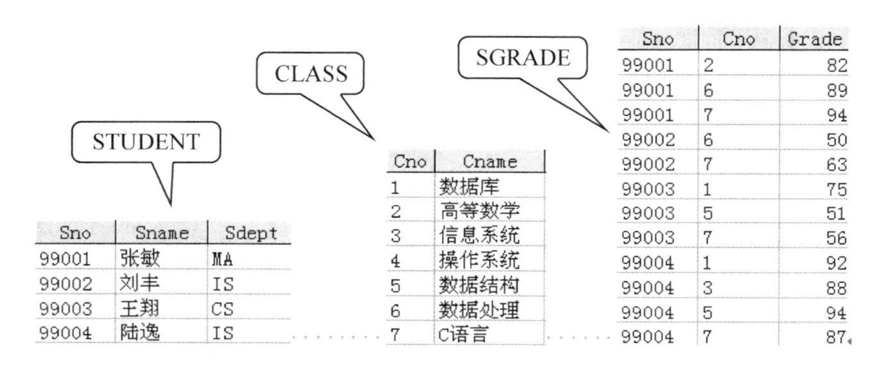

Sno	Sname	Sdept
99001	张敏	MA
99002	刘丰	IS
99003	王翔	CS
99004	陆逸	IS

Cno	Cname
1	数据库
2	高等数学
3	信息系统
4	操作系统
5	数据结构
6	数据处理
7	C语言

Sno	Cno	Grade
99001	2	82
99001	6	89
99001	7	94
99002	6	50
99002	7	63
99003	1	75
99003	5	51
99003	7	56
99004	1	92
99004	3	88
99004	5	94
99004	7	87

图 3-2-27(b)

图 3-2-27　模式设计比较

1. 规范化设计方法简介

设计一个含有多个关系的关系数据库的模式时，为得到一个相对优等的关系模式，必须按照专门的方法进行设计。常见的方法是通过 E-R 图进行概要设计，然后转换为关系模式，或者是基于关系规范化理论进行设计。两种方法的结果大致相同，又有一定的互补性。其中，关系规范化理论研究关系模式中各属性间的依赖关系及其对关系模式的影响，给出判断关系模式优劣的理论评价标准，帮助设计者预测可能出现的问题。

关系数据库的规范化设计方法于 1971 年由关系数据模型的创始人 E. F. Codd 首先提出，E. F. Codd 提出了第一范式（1NF）、第二范式（2NF）和第三范式（3NF），1974 年 Codd 和 Boyce 共同提出了 BCNF。规范化程度更高的还有 4NF/5NF，其中最常用的还是 1NF、2NF 和 3NF。

2. 数据依赖

现实世界是不断变化的，变化反映在关系上时应该满足一定的完整性约束条件。这些约

束或者通过对属性的取值范围加以限定来体现，或者通过属性间的相互关联体现，后者称为数据依赖。

依赖反映了属性之间存在影射关系。例如，在“考试管理系统”的 STU 表中，“学号→系别”就是一种依赖关系，当“学号”确定了，“系别”也就随之确定了。

所谓数据库的规范化设计，就是在进行关系模式设计时，通过投影或分解操作剔除属性间的不良依赖，将数据模式从低一级的范式(Normal Form)向若干高一级范式转化的过程。

3. 第一范式(1NF)

在本章 3.2.1 中谈到关系的定义和性质时指出：

① 不可以有完全相同的元组，即集合中不应有重复的元组。这一点可以通过主键的主属性非空及主键的唯一性保证。

② 属性值必须为原子分量，不可再分。

满足这些基本条件的关系属于第一范式。

例如：表 3-2-2 和表 3-2-3 就应该通过分解转化为表 3-2-7 和表 3-2-8 后才满足第一范式。

表 3-2-7 符合 1NF 的关系

系 别	性别	人数
电子系	男	72
电子系	女	18
计算机系	男	84
计算机系	女	16

表 3-2-8 符合 1NF 的关系

系 别	年级	性别	人数
电子系	2006	男	72
电子系	2006	女	18
计算机系	2006	男	84
计算机系	2006	女	16

4. 第二范式(2NF)

如果一个关系属于 1NF，且所有非主属性完全依赖于主关键字，则称该关系属于 2NF。

例 3-11：如图 3-2-28 所示的学生成绩表是否满足第二范式？如果不满足，应该如何修改？

显然，本例中的关系主键应该为(Sno，Cno)，其中学生姓名 Sname 和系别 Sdept 仅依赖于学生学号 Sno，不依赖于课程编号 Cno；而课程名称 Cname 仅依赖于 Cno，不依赖于学号 Sno；只有成绩 Grade 完全依赖于两个主属性的组合(Sno，Cno)。由此可见，学生成绩表不属于 2NF。

欲使关系属于 2NF，需要进行投影操作，将该表分解为如图 3-2-29 所示的三个关系后，由 STUDENT、CLASS 和 SGRADE 三个表共同构成的新的关系模式才属于 2NF。

5. 第三范式(3NF)

如果一个关系属于 2NF，且每个非主属性不传递依赖于主键，即非主属性之间无依赖关系，则称该关系属于 3NF。

Sno	Sname	Sdept	Cno	Cname	Grade
99001	张敏	MA	2	高等数学	82
99001	张敏	MA	6	数据处理	89
99001	张敏	MA	7	C语言	94
99002	刘丰	IS	6	数据处理	50
99002	刘丰	IS	7	C语言	63
99003	王翔	CS	7	C语言	56
99003	王翔	CS	5	数据结构	51
99003	王翔	CS	1	数据库	75
99004	陆逸	IS	7	C语言	87
99004	陆逸	IS	5	数据结构	94
99004	陆逸	IS	3	信息系统	88
99004	陆逸	IS	1	数据库	92

图 3-2-28　不符合 2NF 要求的关系

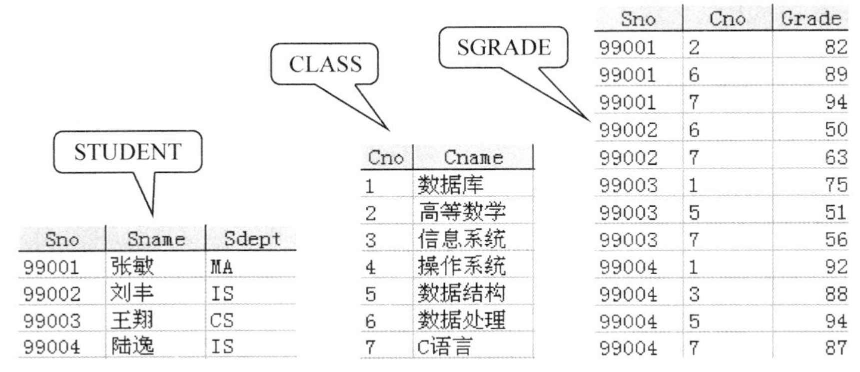

Sno	Sname	Sdept
99001	张敏	MA
99002	刘丰	IS
99003	王翔	CS
99004	陆逸	IS

Cno	Cname
1	数据库
2	高等数学
3	信息系统
4	操作系统
5	数据结构
6	数据处理
7	C语言

Sno	Cno	Grade
99001	2	82
99001	6	89
99001	7	94
99002	6	50
99002	7	63
99003	1	75
99003	5	51
99003	7	56
99004	1	92
99004	3	88
99004	5	94
99004	7	87

图 3-2-29　符合 2NF 的关系

例 3-12：如图 3-2-30 所示的学生关系是否符合第三范式？如果不符合，应该如何修改？

Sno	Sname	Sdept	dept_phone
99001	张敏	MA	62233827
99002	刘丰	IS	62237562
99003	王翔	CS	62232772
99004	陆逸	IS	62237562

图 3-2-30　不符合 3NF 的关系

本例中，学生姓名 Sname、系别 Sdept 和系办电话 dept_phone 都依赖于主键学号 Sno，所以属于第二范式。

但 dept_phone 属性依赖于 Sdept 属性，也即 dept_phone 传递依赖于 Sno，所以该关系不属于 3NF。

欲使该关系属于 3NF，需要进行投影操作，将其分解为如图 3-2-31 所示的两个关系。

STUDENT

Sno	Sname	Sdept
99001	张敏	MA
99002	刘丰	IS
99003	王翔	CS
99004	陆逸	IS

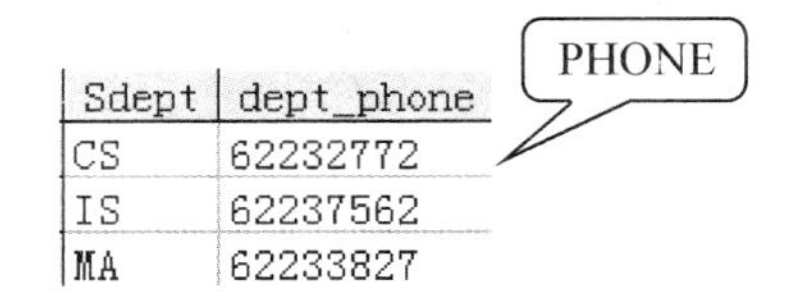

Sdept	dept_phone
CS	62232772
IS	62237562
MA	62233827

图 3-2-31　符合 3NF 的关系

6. 规范化设计的优点

对关系模式进行规范化的目的是避免数据的插入、删除和更新异常，确保数据的一致性，并避免数据的冗余，使数据库的结构简洁、明晰。当关系模式完全属于3NF，用户对记录值进行更新时就无需在超过两个以上的地方更改同一数值。

在例3-11中，当关系未经规范化时，假设在STUDENT表中有10个学生属于“CS”系，如果“CS”系的电话号码修改了，那就要对图3-2-28中的表的属性值做10处修改，而规范化为图3-2-31所示的关系模式后，只需要对“PHONE”表做一次改动即可。

7. 规范化设计的缺点

一般情况下，规范化后关系模式中表的数目都会有所增多，这就回答了本节一开始提出的问题。

表的数目增多会导致DBMS进行查询时，原本的基于单表的查询都要转化为基于多表的查询，也就是必须进行连接运算，而在连接运算后系统的复杂度和运行时间都会有所增加。在计算机领域里，时间和空间如此这般的对立统一经常发生，当以人为本和以机器为本成为一对矛盾时，因为计算机的硬件速度越来越快，以人为本基本是永远的选择。

3.2.8 习题与实践

1. 简答题

(1) 比较作为关系的“表”和Excel中的普通表格有什么差异？和Excel中的“列表”呢？

(2) 根据常用掩码定义字符，如果要添加一个“手机”字段，并设置输入掩码格式使输入时的显示格式为“138 00 138000”，应该输入怎样的掩码字符？

(3) 以平面结构组织数据的Excel和以关系结构组织数据的Access，分别适用于什么样的应用需求？

(4) 如果需要添加一个取值范围在一个区间之外的有效性规则，例如限制输入“成绩”的范围是小于60或大于90，应该怎么填写有效性规则？

(5) 实施参照完整性意味着在向主表和从表中输入数据时，输入顺序上有什么隐含的要求？

2. 实践题

(1) 参考例题，创建“考试管理系统”空数据库，熟悉Access窗口主界面。

(2) 参考例题，创建STU、CLASS和SGRADE表。

(3) 参考例题，为“考试管理系统”数据库中的三个表STU、CLASS、SGRADE建立关系。

(4) 设置Access选项。

尝试用“选项卡式”和“重叠窗口”方式显示文档的不同效果，改变文档显示方式的Access选项后要关闭当前数据库并重新打开后才能看到效果。

3.3 数据库设计

数据库设计是指对于一个给定的应用环境，设计最优的数据库，包括构造数据库的逻辑模式和物理结构，并在其上建立数据库及其应用系统，使之能够有效地存储和管理数据，满足用户不同程度的信息管理和数据操作需求。信息管理指在数据库中应该存储和管理哪些数据对象，数据操作包括对数据对象进行查询、更新、增加、删除、修改等操作。

3.3.1 数据库设计过程

数据库设计是涉及多学科的综合性技术，不仅要求数据库设计人员具备良好的用户沟通能力，以对数据库所要应用的领域有充分的理解和了解，更需要具备多方面的专业技术和知识，包括计算机基础知识、软件工程的原理和方法、程序设计的方法和技巧、数据库基本知识、数据库设计技术。

数据库设计的具体工作包括数据模式设计以及应用程序开发两大系列的工作，本书只涉及数据模式设计部分，而数据模式设计又包括数据结构设计和完整性约束条件设计。数据库设计一般分为6个阶段：

1. 需求分析

需求分析是数据库设计的起点，简单说就是充分了解和分析用户的要求。能否准确、全面地了解用户的设计要求，对后面各个阶段都有重要影响。

确定用户需求并非一件容易的事情，因为一般说来用户缺少计算机和数据库方面的知识，不能准确表达自己的需求，看到一些阶段成果后会改变自己的设计需求。这就要求数据库设计人员在一开始就与用户充分沟通，把数据库能够实现的功能与用户可能的需求充分融合，反复调查和确认用户的需求。调查过程一般包括：

① 了解现有数据的内容和性质。

② 掌握现有数据的使用频率和流量。

③ 了解用户所需要的处理要求和对响应时间的要求。

④ 了解用户的安全性和完整性要求。

⑤ 撰写需求分析报告。

2. 概念结构设计

概念结构设计就是将需求分析阶段获得的报告进行信息综合和抽象，将用户的实际需求转化为概念模型的过程。

(1) 概念模型的要求

概念模型要能够真实、充分地反映现实世界，是对用户实际需求的真实模拟；要易于

理解，易于更改和维护；要易于转化成数据模型，也就是关系模型。

（2）概念结构设计方法

最常用的概念结构设计方法就是前面介绍过的 E-R 图，一般是用分类、聚集和概括三种抽象方式，对需求分析所获得的信息进行处理。大多采取自顶向下进行需求分析，再自底向上设计局部分 E-R 图，最后对 E-R 图进行合并、集成。

3. 逻辑结构设计

逻辑结构设计就是将概念模型转化为数据模型的过程，也就是将 E-R 图转化为关系模型的过程，详见 3.3.2 节。

4. 物理结构设计

物理结构指数据库在物理设备上的存储结构与存取方法，逻辑结构设计完成后，要选择一个具体的 DBMS 实现，不同的计算机系统和 DBMS 系统的实现方式不同。选择 DBMS 要充分考量未来数据库需要占据的存储空间大小，在数据库上运行各种事务所需的响应时间和所需要的事务吞吐能力。至于 DBMS 如何在物理上实施逻辑结构，主要是由 DBMS 软件开发商考虑的问题，本教材不做介绍。

5. 数据库实施

在完成逻辑结构设计、选择 DBMS 后，就要用所选择的 DBMS 提供的数据定义功能来创建数据库、创建表。

6. 数据运行和维护

数据的运行与维护是指数据的载入、应用程序的编码和调试。一般应分期、分批地组织数据入库，先输入小批量数据做调试用，试运行合格后再大批量输入。数据载入完成后就进入长期运行和维护阶段，一般由数据库管理员 DBA 完成，包括数据库的转储和恢复，数据库的安全性、完整性控制，数据库性能的监督、分析和改造，以及根据需要对数据库进行重组和重构等。

3.3.2　E-R 模型向关系模式的转换

用 E-R 图表达概念模型非常直观简单，但 E-R 图不能直接用计算机表达，必须转化为关系数据模型。将 E-R 图转化为关系数据模型就是要将实体型、实体的属性、实体型之间的联系都用关系模式来表达，这种转化一般按照如下原则进行：一个实体型转换为一个关系，实体的属性就是关系的属性，实体的码就是关系的主键。

1. 独立实体型到关系模式的转化

独立实体型转化为一个关系（表），只要将实体名称作为表的名称，实体的码作为表的主键，其他属性转化为表的属性，同时根据实体属性的值域确定表的自定义完整性约束即可。

例如，图 3-3-1 所示的学生实体转化为关系模式如下：

学生（学号，姓名，性别，系别，生日）。

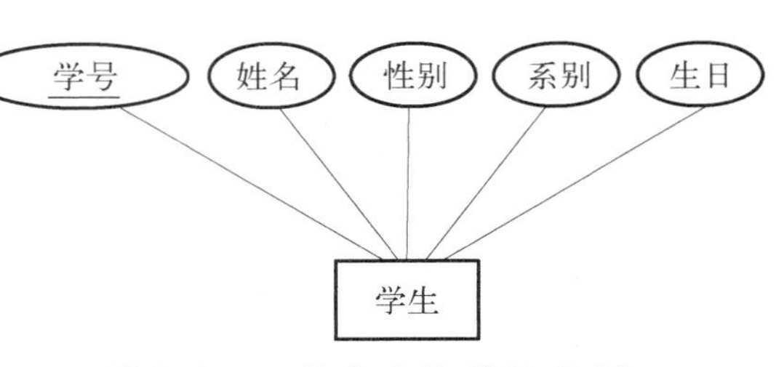

图 3-3-1　独立实体型 E-R 图

2. 1∶1 联系到关系模式的转化

1∶1 联系转化为关系模式时，在两个实体型转化成的关系模式中的任何一个中增加另一个的主属性和联系的属性即可。

例如，图 3-3-2 所示的 E-R 图中有"学院"和"院长"两个实体，每个学院只有一位院长，而每个院长也只负责一个学院，所以两者之间是 1∶1 联系。其中"学院"实体的主键是"学院名称"，"院长"实体的主键是"工号"，在建立关系模式时，在"院长"关系模式中增加"学院"关系模式的主键"学院名称"字段作为联系的外键，同时增加"任职时间"字段反映联系的属性。

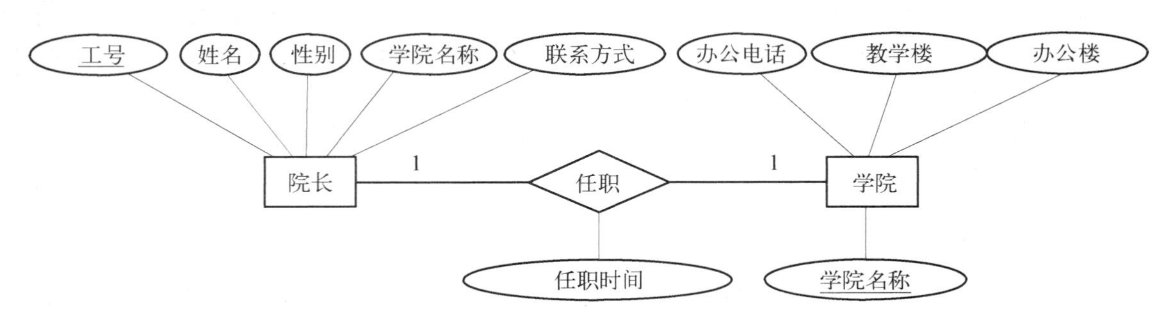

图 3-3-2　从 1∶1 联系到关系模式的转化

将此 E-R 图转化为关系模式为：

院长（工号，姓名，性别，***学院名称***，***任职时间***，联系方式）；

学院（学院名称，办公电话，教学楼，办公楼）。

3. 1∶n 联系到关系模式的转化

1∶n 联系转化为关系模式时，需要在联系中的从方，也即 n 方的关系模式中增加联系中的主方，也即 1 方的关键字段，作为两者的公共字段，在 n 方中是外键。

例如，图 3-3-3 所示的 E-R 图中，有两个实体"院系"和"学生"，每个院系有多名学生，一个学生只能在一个院系，所以在这对联系中"院系"是主方，"学生"是从方，二者是 1∶n 联系，

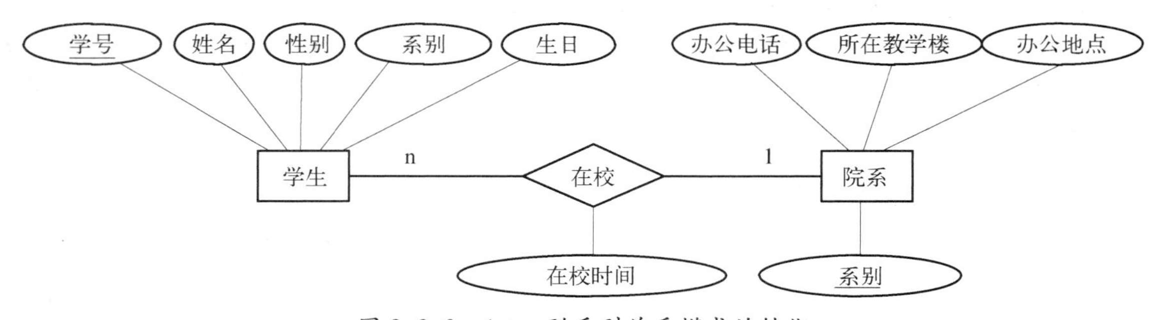

图 3-3-3　1∶n 联系到关系模式的转化

公共字段是“系别”,“系别”在“院系”关系中是主键,在“学生”关系中是外键,两者转化为关系模式为:

院系(系别,办公电话,所在教学楼,办公地点);

学生(学号,姓名,性别,*系别*,生日,在校时间)。

4. m∶n 联系到关系模式的转化

m∶n 联系转化为关系模式时,除了要对两个实体分别进行转化外,还要为两个实体之间的联系也建立一个关系模式,其属性包括两个实体的主键加上联系的属性,两个实体的主键组合作为此联系的主键。

例如,图 3-3-4 所示的 E-R 图中,一个学生可以选修多门课程,一门课程可以被多个学生选修,所以“学生”实体和“课程”实体之间是多对多的联系,转化为关系模式为:

课程(课程编号,课程名称,先修课程编号,学分,学时);

学生(学号,姓名,性别,系别,生日);

成绩(学号,课程编号,成绩)。

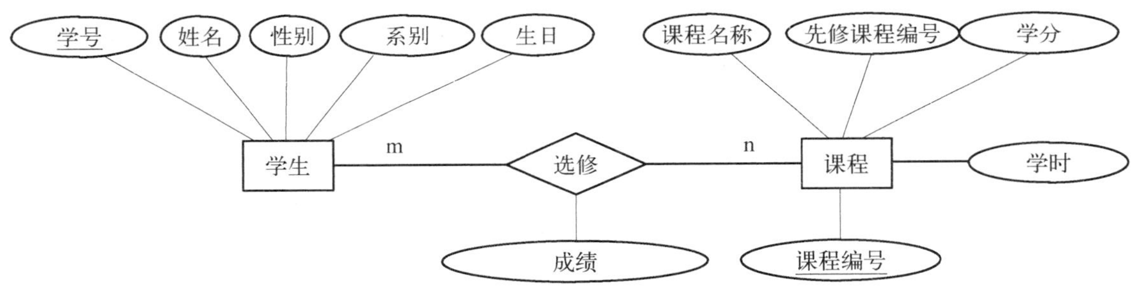

图 3-3-4　m∶n 联系到关系模式的转化

5. 多元联系到关系模式的转化

多元联系指实体的数目为两个以上的联系。多元联系转化为关系模式的方法和二元联系类似,下面以三元转二元为例介绍。

(1) 1∶1∶1 联系

对于 1∶1∶1 联系的概念模型,转化为关系模式时首先将三个实体分别转化为关系模式,接下来在其中任意一个关系模式中增加另外两个关系的主键字段(在本关系中为外键)并增加联系的属性。

(2) 1∶1∶n 联系

对于 1∶1∶n 联系的概念模型,转化为关系模式时首先将三个实体分别转化为关系模式,然后在 n 方模式中增加另外两个关系的主键字段和联系的属性。

(3) 1∶m∶n 联系

对于 1∶m∶n 联系的概念模型,转化为关系模式时,除了要为三个实体建立关系模式外,还要为联系建立 1 个关系模式,包括 m 方和 n 方的主键和联系的属性字段,用 m 方和 n 方的主键组合作为这个关系模式的主键。

（4）m∶n∶p 联系

对于 m∶n∶p 联系的概念模型，转化为关系模式时，同样先要将三个实体建立关系模式，除此之外再为三个实体的联系建立 1 个关系模式，属性包括三个实体的主键、联系的属性，该模式的主键为 m、n、p 三方的主键的组合。

根据上述方法，图 3-3-5 中的 E-R 图所转化的关系模式应该是：

教师（教师工号，姓名，性别，单位，职称）；

班级（班级编号，班级名称，系名）；

课程（课程号，学时，学分，课程名称）；

授课（课表编码，上课地点，上课时间，教师工号，班级编号，课程号）。

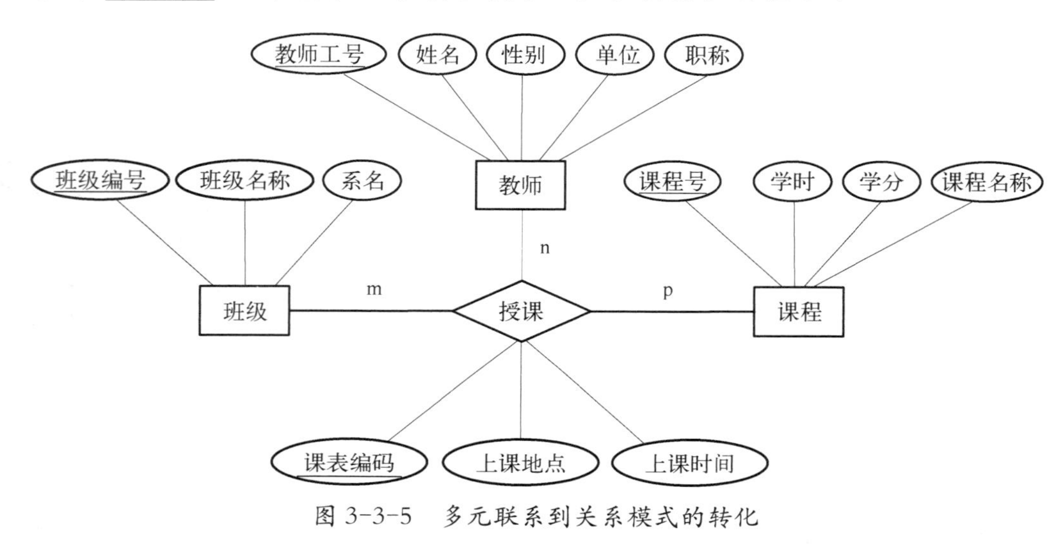

图 3-3-5　多元联系到关系模式的转化

*6. 自联系到关系模式的转化

上述联系都是实体集之间的联系，自联系指同一实体集内部的联系。例如，在“学生”实体中，班长和其他同学之间的联系，如图 3-3-6 所示。

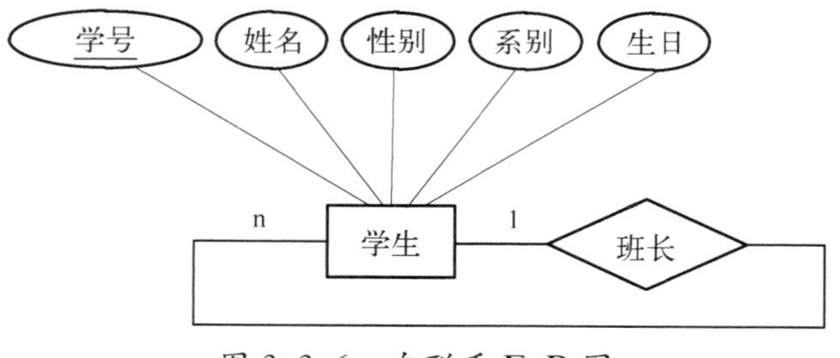

图 3-3-6　自联系 E-R 图

如果自联系是 1∶n 的情况，只要在关系模式中标明联系中的地位即可，如图 3-3-6 可转化为关系模式：

学生（学号，姓名，性别，系别，生日，班长学号）

3.3.3 习题与实践

1. 简答题

如果自联系是 m∶n 的情况，例如在一个班级中可以有多名班干部，这意味着一个同学可以有多个班干部，而一个同学又可以是其他同学的班干部，这种情况下的自联系该如何表示呢？

2. 实践题

对图 3-3-7 所示的某校公共数据库进行分析。

（1）根据系统 E-R 图列出系统中的全部实体：

① 学生(学号，姓名，性别，身份证号码，生日)

② ____________________

③ ____________________

④ ____________________

⑤ ____________________

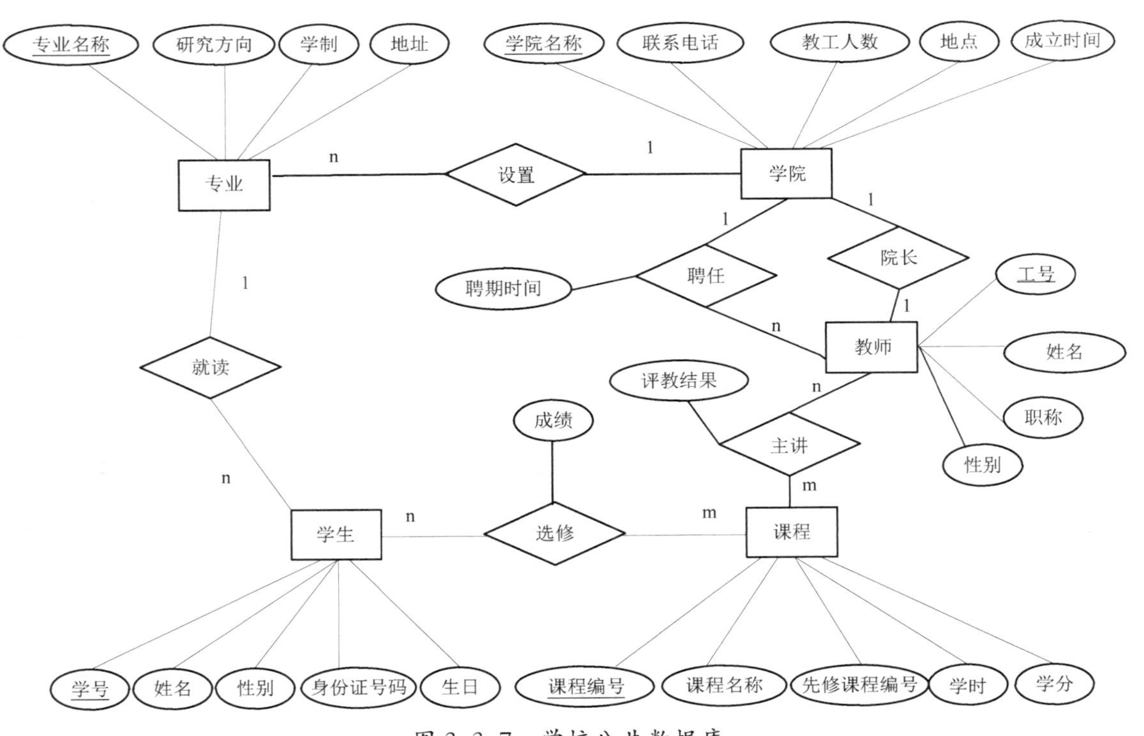

图 3-3-7 学校公共数据库

（2）分析实体之间的联系的种类。

（3）分析 E-R 图，将其转化成关系模式：

① 学生(<u>学号</u>,姓名,性别,身份证号码,生日)

② ____________________

③ ____________________

④ ____________________

⑤ ____________________

⑥ ____________________

⑦ ____________________

(4) 根据关系模式,进行规范化处理后,在 Access 中建立表,根据本校实际情况(例如教师工号为 8 位数字字符)自行设计数据类型和属性,并给表创建关系。

3.4 数据查询

3.2节中介绍了在Access中用可视化的方式创建基本表的方法，但关系数据库中最重要的价值并非仅在于通过创建表把数据存储起来，更在于如何根据需要对存储起来的数据进行各种操作，包括数据查询、数据操纵和数据控制等，这些都需要由关系数据库管理系统软件所提供的语言完成。

结构化查询语言(Structured Query Language, SQL)是关系数据库的标准语言，目前所有商用关系数据库软件都支持SQL，Access当然也不例外。作为一种通用型的关系数据库语言，在Access学习了SQL，将来过渡到其他大型关系数据库管理系统软件时也能熟门熟路。

3.4.1 SQL语言概述

1. SQL语言的产生及发展

本章3.2节中提到，关系数据库的各种操作可以通过关系运算实现，但具体的RDBMS在对这些操作的支持上所采用的实际语言并不完全相同。

由Boyce等人在1974年提出的结构化查询语言SQL，因其功能丰富、使用简便、上手容易而备受普通用户和业内欢迎。1987年，经国际标准化组织(International Organization for Standardization ,ISO)指定为国际标准并不断扩充和完善后，成为各数据库厂家的RDBMS的数据语言和标准接口。

2. SQL语言的组成及特点

(1) SQL语言的组成

SQL语言包括了对于关系数据库的全部操作，主要分成3部分：

① 数据定义语言(data definition language, DDL)，用于定义数据库的逻辑结构，包括基本表、索引和视图；

② 数据操纵语言(data manipulation language, DML)，用于数据查询和数据更新(插入、删除和修改)；

③ 数据控制语言(data control language, DCL)，用于对基本表和视图的授权、事务控制等。

(2) SQL语言的特点

SQL语言是一种介于关系代数和关系演算之间的结构化查询语言，它具有下述特点：

① 集数据的定义DDL、操纵DML和控制DCL功能于一体。

② 集合操作方式。非关系数据模型采用的是面向记录的操作方式，操作对象是一条记

录，而 SQL 采用集合操作方式，在完成查询、插入、删除、更新等操作时，操作的对象可以是元组的集合，也即多条记录。

③ 高度非过程化。完成数据操作时，用户只需要告诉系统“做什么”，而“怎么做”也就是路径选择及处理过程由系统自动完成，这不但减轻了用户的负担，而且有利于提高数据的独立性。

④ 既可独立使用，又可嵌入到高级语言中使用。SQL 可以在关系数据库软件中通过直接输入命令完成对数据的操作，但它并非一种和大家熟悉的 C 语言、Basic 语言、Fortran 语言、Java 语言等高级语言类似的功能完整独立的程序设计语言，它没有程序流程控制语句，但 SQL 可以嵌入到高级语言中使用，使高级语言可以很方便地对数据库进行操作。

⑤ SQL 只含九条核心语句，结构化很强。

⑥ 类似自然语言，易学易用。

3. SQL 对关系模型的支持

SQL 语言支持关系数据库的三级模式结构，如图 3-4-1 所示。

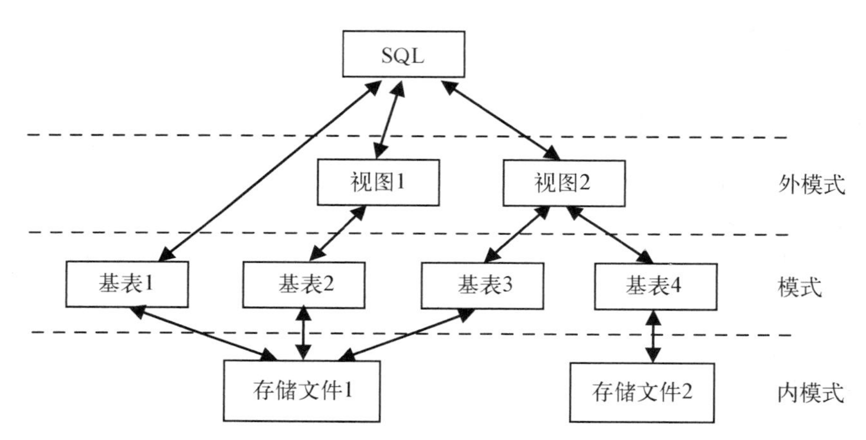

图 3-4-1　SQL 对关系数据库的支持

其中模式对应于基本表；外模式对应于视图（View），视图是由基表导出的“虚表”，数据库中仅存放其定义，数据则存储在基表中（在 Access 对应保存下来的查询）；内模式对应物理上的存储文件，一般来说，具体的物理实现方式无须用户过问，由 RDBMS 负责完成。

不同的 RDBMS 对于 SQL 的支持在具体方式上有所不同，大型 RDBMS 一般都对 SQL 的功能进行了扩充和拓展。而作为一个桌面型的关系数据库管理系统软件，Access 的功能没有大型 RDBMS 那么全面，不支持 SQL 中的 DCL，但用变通的方法实现了一定的安全控制功能。

3.4.2 SQL 数据定义

SQL 的数据定义功能主要包括定义基表和定义索引。其中定义基表也就是创建表的功能，我们在 3.2 节中已经详细介绍了在 Access 中用可视化方式实现的方法，读者可以比较一下两种方式的优缺点。

1. 定义基表

定义基表就是定义一个表(关系)的数据结构和完整性约束,包括指定表的名称、表的属性名称、属性的数据类型以及完整性约束条件。

定义基表使用SQL中的CREATE TABLE语句,其一般形式如下:

```
CREATE TABLE ＜表名＞(
＜列名1＞  ＜数据类型＞  [＜列级完整性约束条件＞]
[,＜列名2＞  ＜数据类型＞  [＜列级完整性约束条件＞]]
… …
[,＜列名n＞  ＜数据类型＞  [＜列级完整性约束条件＞]]
[,＜表级完整性约束条件＞]
    );
```

说明:

① "＜　＞"内为必有内容,"[　]"内为可选项。

② 完整性约束条件如表3-4-1～表3-4-3所示。

表3-4-1　实体完整性约束条件

语　　句	说　　明
NOT NULL	不能为空值,NULL的含义是无,不能与空字符或数值0等同
UNIQUE	唯一性,即表中各记录的该字段值各不相同
PRIMARY KEY	主键

表3-4-2　参照完整性约束条件

语　　句	说　　明
REFERENCES ＜表名＞(＜字段名＞)	该字段所取值应来自指定表内的指定字段的值

表3-4-3　用户自定义完整性约束条件

语　　句	说　　明
CHECK	不能在Access的SQL中使用,只能在表的设计视图中的字段有效性规则里输入IS NULL或[NOT] Between ＜表达式＞ And ＜表达式＞等

③ 常用的SQL数据类型如表3-4-4所示。

表3-4-4　常用的SQL数据类型

数 据 类 型	类　型　说　明
CHAR(n)、TEXT(n)	长度为n的字符串,Char是定长字符数据,其长度最多为8 KB,超过8 KB的ASCII数据可以使用Text数据类型存储
MEMO	备注型,用来保存长度较长的文本及数字

（续表）

数 据 类 型	类 型 说 明
INT、INTEGER	数字（长整型），介于-2 147 483 648 到 2 147 483 647 的长整型数
SMALLINT、SHORT	数字（短整型），介于-32 768 到 32 767 的短整型数
BYTE	数字（字节），介于 0 到 255 的整型数
REAL、SINGLE	数字（单精度），默认有四位小数
FLOAT、DOUBLE	数字（双精度）
DATE、TIME	日期/时间型
CURRENCY、MONEY	货币型
COUNTER(n)	自动编号型（从整数 n 起）
YESNO	是/否型
DECIMAL(m,[n])	小数，m 为小数点前的位数，n 为小数点后位数

④ 在 Access 中对 SQL 语句中的英文不区分大小写。

⑤ 一个 SQL 查询语句以分号"；"作为结束标志，但在 Access 中不把分号作为 SQL 语句的必要元素。

例 3-13：创建"学生管理"数据库，包含 STU、CLASS 和 SGRADE 表，其中：STU 表由学号、姓名、性别、系别、生日 5 个属性组成，主键为学号，姓名不能为空；CLASS 表由课程编号、课程名称、先修课程编号、学时、学分 5 个属性组成，主键为课程编号，课程名称唯一；SGRADE 表由学号、课程编号和成绩 3 个属性组成，主键为学号、课程编号。

① 创建 STU 表的 SQL 语句

```
CREATE TABLE STU(
    学号 TEXT(7) PRIMARY KEY,
    姓名 TEXT(16) NOT NULL,
    性别 TEXT(2),
    系别 TEXT(10),
    生日 DATE);
```

② 创建 CLASS 表的 SQL 语句

```
CREATE TABLE CLASS(
    课程编号 TEXT(3) PRIMARY KEY,
    课程名称 TEXT(20) UNIQUE,
    先修课程编号 TEXT(3),
    学时 SMALLINT,
    学分 SMALLINT);
```

③ 创建 SGRADE 表的 SQL 语句

```
CREATE TABLE SGRADE(
```

```
学号 TEXT(7) REFERENCES STU(学号),
课程编号 TEXT(3) REFERENCES CLASS(课程编号),
成绩 SMALLINT,
PRIMARY KEY(学号,课程编号));
```

说明:

① 由于Access不支持SQL语句中用于自定义完整性约束的CHECK子句,所以,如果需要在本例中添加自定义完整性约束条件,如性别只能为"男"或者"女",成绩必须为空值或介于0～100之间等,则需在相应的CREATE基表语句运行结束后进入表的设计视图,在字段属性的验证规则中做相应设置。具体操作步骤参见3.2节相关例题。

② 在本例中,可以限制CLASS表的"先修课程编号"的参照完整性约束条件为:

先修课程编号 TEXT(3) REFERENCES CLASS(课程编号)。但是要注意,如果增加了这个同一关系内部的参照完整性约束条件,在对CLASS表进行记录的输入时,只能先将所有记录的主键"课程编号"属性值全部先行输入,然后再输入"先修课程编号"的属性值。否则很可能发生,当输入某条记录的"先修课程编号"属性值时,由于该属性值还未出现在已有"课程编号"的属性值中,而被RDBMS拒绝执行。

2. 修改基表

当现实世界中的应用情况发生变化时,可以根据需要对已经建立的基表的结构做相应调整。修改基表使用SQL中的ALTER TABLE语句。

例3-14:对例3-13所创建的数据库做如下修改:

① 向STU表中添加联系电话字段:ALTER TABLE STU ADD 联系电话 INT;

② 将联系电话字段的数据类型修改为字符串类型:ALTER TABLE STU ALTER 联系电话 CHAR(11);

③ 删除刚才添加的联系电话字段:ALTER TABLE STU DROP 联系电话;

> **提示:** 对基表进行修改时,表不能处于打开状态,不论在哪种视图中打开都不行,否则Access会拒绝执行。

3. 删除基表

使用SQL中的DROP TABLE语句可以删除不需要的基表。如果所要删除的基表中含有被其他基表引用的字段,需要先将其他基表中的REFERENCES约束删除,才能进行基表的删除。DROP TABLE语句的一般形式为:

```
DROP TABLE <表名>;
```

例3-15:删除SGRADE表。

```
DROP TABLE SGRADE;
```

注意,在数据库中对关系的操作一般都不可逆,也就是说不能通过"撤销"来恢复错误操作，删除基表会导致该表中的所有记录完全随之删除。因此，对此类操作一定要谨慎进行。

*4. 定义索引

当数据库所含数据量较大时，为了加快查询速度和有序输出，可以在一个基表上建立一个或多个索引(index)。索引属于物理存储路径的概念，RDBMS 在存取数据时会自动选择合适的索引作为存取路径。

定义索引使用 SQL 中的 CREATE INDEX 语句，其一般形式如下：

CREATE [UNIQUE] INDEX ＜索引名＞ ON ＜基表名＞
(＜列名 1＞[＜次序＞][，＜列名 2＞[＜次序＞]] …)；

说明：

① UNIQUE 表示每一个索引值只对应唯一的数据记录，缺省情况下索引可以有重复值；

② ＜次序＞用于指定索引的排列次序为升序还是降序，其中 ASC 为升序，DESC 为降序，缺省值为 ASC；

③ 索引可以建立在表的一列或多列之上，各个列之间用逗号分隔开；

④ 不必对主键建立索引。

例 3-16：在例 3-13 所创建的表上创建索引，使 STU 表中的记录按生日从小到大排序，使 SGRADE 表中的成绩按从大到小排序。

CREATE INDEX S_生日 ON STU(生日 ASC)；
CREATE UNIQUE INDEX S_成绩 ON SGRADE(成绩 DESC)；

注意，虽然利用索引可以提高查询的速度，同时却造成更新表的速度下降，因为更新表时除了保存数据外，还要保存索引文件；另外，索引文件需要占用磁盘空间，如果在一个数据量很大的表上创建了多种组合索引，索引文件会膨胀很快，因此使用索引需慎重。

5. 删除索引

索引建立后由 RDBMS 负责维护，SQL 不提供修改索引的语句，如果索引建立错误，可以删除后重建。

删除索引使用 SQL 中的 DROP INDEX 语句，其一般形式如下：

DROP INDEX ＜索引名＞ ON ＜基表名＞；

例 3-17：删除 STU 表上的索引 S_生日。

DROP INDEX S_生日 ON STU；

3.4.3 SQL 数据查询

数据查询是指从数据库中检索满足需要的数据。查询是数据库的核心操作。

数据查询使用 SQL 中的 SELECT 语句，其一般形式如下：

SELECT [ALL|DISTINCT]＜目标列表达式 1＞[,＜目标列表达式 2＞]…
FROM ＜基表名或视图名 1＞[,＜基表名或视图名 2＞]…
[WHERE ＜记录过滤条件＞]
[GROUP BY ＜列名 1＞[,＜列名 2＞]…
[HAVING ＜小组过滤条件＞]]
[ORDER BY ＜列名 1＞[ASC|DESC][,＜列名 2＞[ASC|DESC]]…];

SELECT 语句的语义是：根据 WHERE 子句中的记录过滤条件，从 FROM 子句指定的基表或视图中选出满足条件的元组，再按 SELECT 子句指定的目标列表达式，选出元组中的属性值形成结果表。如果包含 GROUP BY 子句，则将结果表按指定列分组，该列中数值相等的元组为同一组，通常会对每个组使用集函数，组中的数据经集函数运算后在新的结果表中会成为一个元组。如果有 HAVING 子句，会对新的结果表再按 HAVING 语句指定的小组过滤条件进行筛选，满足条件的才能最后输出。如果有 ORDER BY 子句，则在最后结果输出前还要先按照 ORDER BY 子句指定的列将元组升序或降序排列。

以下将通过对范例数据库中的“学生管理”数据库进行查询，介绍 SELECT 语句的用法。

“学生管理”数据库中 3 个表的数据如图 3-4-2(a)、(b)、(c)所示：

STU

学号	姓名	性别	系别	生日
1301025	李铭	男	地理	1995/7/5
1303011	孙文	女	计算机	1995/10/13
1303072	刘易	男	计算机	1997/6/5
1305032	张华	男	电子	1996/12/3
1308055	赵恺	女	物理	1997/11/4

(a)

SGRADE

学号	课程编号	成绩
1301025	1	75
1301025	3	84
1301025	4	69
1303011	1	94
1303011	7	87
1303072	1	58
1303072	2	81
1303072	4	72
1303072	6	55
1305032	2	91
1305032	6	74

(b)

CLASS

课程编号	课程名称	先修课程编号	学时	学分
1	数据库	5	72	4
2	高等数学		108	6
3	信息系统	1	54	3
4	操作系统	6	72	4
5	数据结构	7	72	4
6	数据处理		54	3
7	C语言	6	72	3

(c)

图 3-4-2　范例数据库

1. 单表查询

(1) 选择表中的若干列(投影)

例 3-18：查询 STU 表中全体学生的全部信息。

SELECT *

FROM STU；
等价于：
SELECT 学号，姓名，性别，系别，生日
FROM STU；

例 3-19：查询学生的学号和性别。
SELECT 学号，性别
FROM STU；

例 3-20：查询学生的姓名、性别和年龄。
SELECT 姓名，性别，Year(Now())-Year(生日) AS 年龄
FROM STU；

> **提示：**“年龄”是原数据表中没有的字段，需要用表达式计算，NOW()函数和 YEAR()函数均为 Access 内部函数，分别用于计算当前日期和年份；对于查询结果中包含的用表达式计算的字段，在 SQL 中通过 AS 后面的标识符为该字段命名。

(2) 选择表中的若干行(选择)

要选择表中指定的元组，可通过在 SQL 中的 WHERE 子句中设定记录过滤条件来实现。记录过滤条件是由逻辑运算符 AND、OR、NOT 连接的关系表达式，关系表达式中的运算符如表 3-4-5 所示。

表 3-4-5　查询条件中的运算符

功　　能	运　算　符
比较	=，>，<，>=，<=，<>
限定取值范围	BETWEEN... AND，NOT BETWEEN... AND
限定集合	IN，NOT IN
字符匹配	LIKE，NOT LIKE
空值	IS NULL，IS NOT NULL

例 3-21：查询所有女生信息。
SELECT *
FROM STU
WHERE 性别 = "女"；

例 3-22：查询年龄在 18 岁以上的女生信息。
SELECT *

```
FROM STU
WHERE 性别="女" AND (Year(Now())-Year(生日))>18;
```

例3-23：查询学时数在40～60之间的课程编号和课程名称。

```
SELECT 课程编号,课程名称
FROM CLASS
WHERE 学时 BETWEEN 40 AND 60;
```

等价于：

```
SELECT 课程编号,课程名称
FROM CLASS
WHERE 学时>40 AND 学时<60;
```

例3-24：查询学时数大于60或小于40的课程编号和课程名称。

```
SELECT 课程编号,课程名称
FROM CLASS
WHERE 学时 NOT BETWEEN 40 AND 60;
```

等价于：

```
SELECT 课程编号,课程名称
FROM CLASS
WHERE 学时<40 OR 学时>60;
```

例3-25：查询至少选修了1号、3号或5号课程中任意一门课程的学生的学号。

```
SELECT 学号
FROM SGRADE
WHERE 课程编号 IN("1","3","5");
```

等价于：

```
SELECT 学号
FROM SGRADE
WHERE 课程编号="1" OR 课程编号="3" OR 课程编号="5";
```

例3-26：查询既不是计算机系也不是物理系和电子系的学生的学号和姓名。

```
SELECT 学号,姓名
FROM STU
WHERE 系别<>"物理" AND 系别<>"电子" AND 系别<>"计算机";
```

等价于：

```
SELECT 学号,姓名
FROM STU
WHERE 系别 NOT IN("物理","电子","计算机");
```

思考：查询没有选修1号、3号或5号课程中任何一门的学生的学号，能用下面的语句选择么？

```
SELECT 学号
FROM SGRADE
WHERE 课程编号 NOT IN("1","3","5");
```

例 3-27：查询系别中含有“理”字的学生的学号、姓名和系别。

```
SELECT 学号,姓名,系别
FROM STU
WHERE 系别 LIKE "*理*";
```

在 SQL 语句中用 LIKE 运算符进行模糊查找，一般结合通配符使用。在 Access 中的通配符有两种：

- ?（问号）匹配任意单个字符。
- *（星号）匹配任意长度字符。

例 3-28：查询无需先修课程的课程的编号和名称。

```
SELECT 课程编号,课程名称
FROM CLASS
WHERE 先修课程编号 IS NULL;
```

(3) 排序查询

例 3-29：查询选修了 4 号课程的学生的学号和成绩，查询结果按成绩降序排列。

```
SELECT 学号,成绩
FROM SGRADE
WHERE 课程编号 = "4"
ORDER BY 成绩 DESC;
```

> **提示：** 利用 ORDER BY 子句可对查询结果进行排序输出，默认为 ASC(升序)，DESC 为降序。当排序的关键字有多个时，ORDER BY 短语之后第一个列名为第一关键字，第一关键字属性值相同的按第二关键字排序，以此类推。

(4) 屏蔽重复项查询

例 3-30：查询所有被选修了的课程编号。

```
SELECT DISTINCT 课程编号
FROM SGRADE;
```

> **提示：** 在 SELECT 子句中，如果不指定 DISTINCT 短语，则默认为 ALL。本例中，由于同一门课程可以被多名学生选修，所以需要添加 DISTINCT 短语，以去掉重复元组。

(5) 数据常量使用说明

在 Access 系统中：

① 字符类型的数据常量在使用时在两端加英文单引号或双引号皆可，如'电子系'，"计算机系"。

② 日期型和时间型常量使用时在两端加＃号，如＃2019-3-8＃，＃18:15:00＃。

③ 货币类型常量使用时和数值型常量相同，不需添加标记。

④ 是/否类型的数据常量的值为－1(是)或 0(否)。

2. 使用集函数和分组查询

(1) 集函数

SQL 语句中提供了用于实现统计功能的集函数，如表 3-4-6 所示。

表 3-4-6 常用 SQL 集函数

集 函 数	语 义
COUNT(*)	统计元组个数
COUNT([DISTINCT ｜ ALL]<列名>)	统计给定列中值的个数
SUM([DISTINCT ｜ ALL]<列名>)	计算给定列中数值型数据的总和
AVG([DISTINCT ｜ ALL]<列名>)	计算给定列中数值型数据的平均值
MAX([DISTINCT ｜ ALL]<列名>)	计算给定列的最大值
MIN([DISTINCT ｜ ALL]<列名>)	计算给定列的最小值

① 集函数使用时缺省为 ALL，如果在集函数中添加 DISTINCT 短语，则计算时不包含给定列中的重复值。

② Access 不支持在集函数中使用 DISTINCT 短语。

例 3-31：查询男生总人数。

```
SELECT COUNT( * ) AS 男生人数
FROM STU
WHERE 性别 = "男";
```

例 3-32：查询 4 号课程的最高分、最低分和平均分。

```
SELECT MAX(成绩), MIN(成绩), AVG(成绩)
FROM SGRADE
WHERE 课程编号 = "4";
```

(2) 分组查询

SQL 语句中含有 GROUP BY 子句时，查询结果将按指定列分为小组，集函数分别作用于各小组。如果没有 GROUP BY 子句，集函数作用于全体元组。

例 3-33：查询男生和女生的人数。

```
SELECT 性别,COUNT(＊) AS 人数
FROM STU
GROUP BY 性别；
```

例 3-34：查询不同系别的男、女生人数。

```
SELECT 系别,性别, COUNT(＊) AS 人数
FROM STU
GROUP BY 系别,性别；
```

（3）HAVING 小组筛选

HAVING 短语用于对 GROUP BY 后的小组进行筛选，选出符合条件的小组。

例 3-35：查询选修了 2 门及以上课程的学生的学号。

```
SELECT 学号
FROM SGRADE
GROUP BY 学号
HAVING COUNT(课程编号)>=2；
```

例 3-36：查询平均分在 90 分以上且每门功课的成绩都在 80 分以上的学生的学号。

```
SELECT 学号
FROM SGRADE
GROUP BY 学号
HAVING AVG(成绩)>90 AND MIN(成绩)>80；
```

例 3-37：查询不及格门数在 2 门及以上的学生的学号。

```
SELECT 学号
FROM SGRADE
WHERE 成绩<60
GROUP BY 学号
HAVING COUNT(课程编号)>=2；
```

WHERE 子句用于筛选元组，HAVING 子句用于筛选小组。当 SELECT 语句中同时出现 WHERE 和 HAVING 子句时，执行顺序是：先执行 WHERE 筛选，然后才分组，最后用 HAVING 子句筛选小组。

3. 连接查询

（1）使用场合

当查询条件或结果涉及多个表时，需要将多个表连接起来进行联合查询，也就是进行 3.1.1 节所介绍的专门的关系运算中的“连接运算”。

(2) 连接条件

只有当公共列存在时，两个表进行连接才具有实际意义。通常情况下，两表通过外键和被参照表的主键发生联系。如果外键和被参照表的主键同名，为示区别，引用时，在 SQL 语句中的列名前加上表名作为前缀，例如："STU.学号"和"SGRADE.学号"。

(3) 执行过程

将表 1 的每一个元组与表 2 的每一个元组逐一交叉匹配，满足连接条件时将两表元组拼接，形成临时表，再对该临时表用单表查询的方法进行查询。

(4) 一般形式

连接查询的一般形式如下：

```
SELECT [ALL|DISTINCT] ＜目标列表达式 1＞ [，＜目标列表达式 2＞] …
FROM ＜基表名或视图名 1＞ INNER JOIN ＜基表名或视图名 2＞ ON 连接条件 …
[WHERE ＜记录过滤条件＞]
```

或者用下面的形式：

```
SELECT [ALL|DISTINCT] ＜目标列表达式 1＞ [，＜目标列表达式 2＞] …
FROM ＜基表名或视图名 1＞，＜基表名或视图名 2＞[，＜基表名或视图名 3＞] …
WHERE ＜连接条件＞
```

例 3-38：查询所有选修了课程的学生的学号、姓名、课程编号和成绩。

```
SELECT STU. 学号，姓名，课程编号，成绩
FROM STU INNER JOIN SGRADE ON STU.学号 = SGRADE.学号；
```

也可以用下面的形式表述连接条件：

```
SELECT STU.学号，姓名，课程编号，成绩
FROM STU，SGRADE
WHERE STU.学号 =  SGRADE.学号；
```

连接过程中的临时表如图 3-4-3 所示，从临时表中选择题目所需的字段后即可得到查询结果。

例 3-39：查询选修了"操作系统"课程的学生的姓名和该门课的成绩。

```
SELECT 姓名，成绩
FROM STU INNER JOIN（CLASS INNER JOIN SGRADE ON
                    CLASS.课程编号 = SGRADE.课程编号）
                    ON STU.学号 = SGRADE.学号
WHERE 课程名称 = "操作系统"；
```

也可以用下面的形式：

STU.学号	姓名	性别	系别	生日	SGRADE.学号	课程编号	成绩
1301025	李铭	男	地理	1995/7/5	1301025	1	75
1301025	李铭	男	地理	1995/7/5	1301025	3	84
1301025	李铭	男	地理	1995/7/5	1301025	4	69
1303011	孙文	女	计算机	1995/10/13	1303011	1	94
1303011	孙文	女	计算机	1995/10/13	1303011	7	87
1303072	刘易	男	计算机	1997/6/5	1303072	1	58
1303072	刘易	男	计算机	1997/6/5	1303072	2	81
1303072	刘易	男	计算机	1997/6/5	1303072	4	72
1303072	刘易	男	计算机	1997/6/5	1303072	6	55
1305032	张华	男	电子	1996/12/3	1305032	2	91
1305032	张华	男	电子	1996/12/3	1305032	6	74

图 3-4-3 连接过程中的临时表

```
SELECT 姓名,成绩
FROM STU,CLASS,SGRADE
WHERE CLASS.课程编号 = SGRADE.课程编号 AND STU.学号 = SGRADE.学号
    AND 课程名称 = "操作系统";
```

例 3-40：查询选修了 3 门以上课程的学生的姓名。

```
SELECT 姓名
FROM STU INNER JOIN SGRADE ON STU.学号 = SGRADE.学号
GROUP BY STU.姓名
HAVING Count(课程编号)>=3;
```

*** 例 3-41：查询全体学生的选课情况，查询结果包含学号、姓名、课程编号、成绩。**

```
SELECT STU.学号,姓名,课程编号,成绩
FROM STU LEFT OUTER JOIN SGRADE ON STU.学号 = SGRADE.学号;
```

查询结果如图 3-4-4 所示。

学号	姓名	课程编号	成绩
1301025	李铭	1	75
1301025	李铭	3	84
1301025	李铭	4	69
1303011	孙文	1	94
1303011	孙文	7	87
1303072	刘易	1	58
1303072	刘易	2	81
1303072	刘易	4	72
1303072	刘易	6	55
1305032	张华	2	91
1305032	张华	6	74
1308055	赵恺		

图 3-4-4 左外连接结果

提示：在本例中，由于 0608055 赵恺同学没有选课，要使他的选课情况也出现在结果表中，就需要用到和“内连接”INNER JOIN 连接方式相对的 OUTER JOIN“外连接”。本例中用的是“左外连接”LEFT OUTER JOIN，其连接结果的临时表中除了包含内连接结果的临时表中所有元组外，还包含了运算符左边的表中所有不满足连接条件的元组。

除了左外连接，还有一种“右外连接”，其连接结果的临时表中除了包含内连接结果的临时表中所有元组外，还包含了运算符右边的表中所有不满足连接条件的元组，运算符为 RIGHT OUTER JOIN。

除此以外，还有一种“全外连接”，其连接结果的临时表中除了包含内连接结果的临时表中所有元组外，还包含了运算符左、右两边的表中所有不满足连接条件的元组，运算符为 FULL OUTER JOIN。

***例 3-42：查询选修了 1 号课程的学生中，成绩比 1303072 号学生高的学生的学号和成绩。**

```
SELECT A.学号,A.成绩
FROM SGRADE A,SGRADE B
WHERE A. 课程编号 = "1" AND B.课程编号 = "1" AND B.学号 = "1303072"
        AND A.成绩>B.成绩;
```

> **提示：**本例需要将同一个 SGRADE 表自己和自己连接，称为“自连接”。自连接时需要给同一个表起“别名”，本例中的 A 和 B 就是 SGRADE 表的别名。有时为简单起见，也会在查询时为表起简单的英文字母的别名。

***(5) UNION 子句**

SQL 提供了 UNION 子句，可以将多个 SELECT 查询结果连接起来生成单个 SELECT 无法得到的结果。在 Access 中，UNION 后面所跟的 SELECT 查询结果将追加到前一个 SELECT 查询结果的后面。

用 UNION 连接的 SELECT 对应栏目应该有相同的数据类型。例如：设学生管理数据库中还包含着表 3-2-1 所示的教师表 TEACHER，则可以用下面的语句将教师资料和学生资料一起查询出。

```
SELECT TEACHER.姓名 AS NAME, TEACHER.系别 AS DEPT
FROM TEACHER
UNION
SELECT STU.姓名 AS NAME,STU.系别 AS DEPT
FROM STU;
```

4. 嵌套查询

在一个 SELECT 语句的 FROM、WHERE 或 HAVING 子句中嵌入另一个 SELECT 语句，称为嵌套查询或子查询。外层的查询称为父查询，内层的查询称为子查询：嵌套查询执行时由内向外进行，即把子查询运行结果作为父查询的数据源或查询条件；嵌套查询可以多层嵌套，适合用于解决复杂的查询问题，体现了“结构化”的特点；子查询向父查询返回结果时，根据实际需要，可以只返回一次结果值，也可以反复执行；子查询可能返回单个结果值，也可能返回多个结果值。

(1) 子查询处理单次

例 3-43：查询选修了课程的学生总数。

为避免重复统计选课人数，需要在计数时使用 DISTINCT 短语，但在 Access 中不支持集函数中的 DISTINCT 短语，所以不能用以下语句：

```
SELECT COUNT(DISTINCT 学号) AS 选课人数
FROM SGRADE;
```

而要使用如下的子查询：

```
SELECT COUNT(学号) AS 选课人数
FROM (SELECT DISTINCT 学号 FROM SGRADE);
```

例 3-44：查询选修了 3 门及以上课程的学生的姓名。

```
SELECT 姓名
FROM STU
WHERE 学号 IN(SELECT 学号
              FROM SGRADE
              GROUP BY 学号
              HAVING Count(课程编号)>=3);
```

例 3-45：选修了“操作系统”课程的学生的姓名。

```
SELECT 姓名
FROM STU
WHERE 学号 IN(SELECT 学号
              FROM SGRADE
              WHERE 课程编号=(SELECT 课程编号
                              FROM CLASS
                              WHERE 课程名称="操作系统"));
```

涉及多表查询时，有时既可以用连接查询，也可以用嵌套查询，例 3-40 和例 3-44 就是同一个题目的两种不同解法。但是当查询结果所需字段来自多个表时，就不能用子查询而只能用连接查询，比较例3-45 和例 3-39，后者就不能用子查询实现。

另一些查询则不能用连接查询而只能用子查询。例如：查询没有选修 1 号、3 号或 5 号课程中任何一门的学生的姓名，就不能用连接查询，而只能用如下的子查询。

```
SELECT 姓名
FROM STU
WHERE 学号 NOT IN(SELECT 学号
FROM SGRADE
WHERE 课程编号 IN("1","3","5"));
```

*例 3-46：查询比计算机系所有学生年龄都小的其他系学生的姓名及生日。

```
SELECT 姓名,生日
FROM STU
WHERE 生日>ALL(SELECT 生日
                    FROM STU
                    WHERE 系别="计算机")
      AND 系别<>"计算机";
```

当然，也可以用下面的查询语句：

```
SELECT 姓名,生日
FROM STU
WHERE 生日>(SELECT MAX(生日)
                FROM STU
                WHERE 系别="计算机")
      AND 系别<>"计算机";
```

> 提示：DBMS 的 SQL 引擎要求跟在比较运算符=,<,>,<=,>=,<>后的变量为单值，所以，如果比较运算符之后的子查询返回的结果为多值，就需要在比较运算符之后、子查询之前添加“ALL”、“ANY”或“SOME”谓词。
>
> 本例的第一种解法中使用了 ALL 谓词，意为全部子查询结果中的每一个结果值。
>
> <>ALL 谓词相当于 NOT IN 谓词。

*例 3-47：查询比计算机系任意一名学生年龄小的其他系学生的姓名及生日。

```
SELECT 姓名,生日
FROM STU
WHERE 生日>ANY(SELECT 生日
                    FROM STU
                    WHERE 系别="计算机")
      AND 系别<>"计算机";
```

另一种解法：

```
SELECT 姓名,生日
FROM STU
WHERE 生日>(SELECT MIN(生日)
                FROM STU
                WHERE 系别="计算机")
      AND 系别<>"计算机";
```

本例的第一种解法使用了 ANY 谓词，意为全部子查询结果中的任一结果值。谓词 SOME 与谓词 ANY 同义。

*（2）子查询处理多次

以上的例子中，子查询仅执行一次，将结果返回父查询的查询条件使用，而下面的例子中，子查询需要多次执行。

***例 3-48：查询成绩比该课程平均成绩高的学生的学号、课程编号和成绩。**

```
SELECT A.学号,A.课程编号,A.成绩
FROM SGRADE A
WHERE 成绩>(SELECT AVG(成绩)
            FROM SGRADE B
            WHERE A.课程编号 = B.课程编号);
```

本题也可以采用只执行一次子查询的方法：

```
SELECT A.学号,A.课程编号,A.成绩
FROM SGRADE A,( SELECT AVG(成绩) AS 平均,课程编号
                FROM SGRADE
                GROUP BY 课程编号) B
WHERE 成绩>B.平均 AND A.课程编号 = B.课程编号;
```

这种解法是将子查询结果作为联合查询的数据源。

以上两种解法中都使用了别名。

*（3）带谓词 EXISTS 的子查询

EXISTS 或 NOT EXISTS 谓词一般用于 WHERE 子句中。

将 EXISTS 谓词引入子查询后，子查询的作用就相当于进行存在测试，外部查询的 WHERE 子句测试子查询返回的行是否存在。子查询实际上不产生任何数据，它只返回 TRUE 或 FALSE 值。

使用 EXISTS 引入的子查询的语法如下：

WHERE [NOT] EXISTS（子查询）

使用 EXISTS 时，只有当子查询结果至少存在一个返回值时，条件为真；如果子查询结果一个返回值都没有，条件就为假；使用 NOT EXISTS 时，只有当子查询结果一个返回值都没有，条件才为真，否则条件为假。

***例 3-49：查询没有选过课的学生的学号和姓名。**

```
SELECT STU.学号,姓名
FROM STU
WHERE NOT EXISTS(SELECT DISTINCT SGRADE.学号
                 FROM SGRADE
                 WHERE STU.学号 = SGRADE.学号);
```

当然也可以用如下的语句查询：

```
SELECT STU.学号,姓名
FROM STU
```

```
WHERE STU.学号 NOT IN(SELECT DISTINCT SGRADE.学号
                    FROM SGRADE);
```

谓词[NOT] IN和谓词[NOT] EXISTS之间的不同之处在于,[NOT] IN用于检查其左边的操作数是否落在作为其右操作数的子查询所返回的集合之中;而[NOT] EXISTS只有一个右操作数,该谓词要检查的是作为其右操作数的子查询所返回的集合是否为空。

3.4.4 SQL数据更新

数据更新用于进行数据的插入、删除或修改。当更新操作的结果会与完整性约束相矛盾时,RDBMS会拒绝执行该操作。

1. 插入数据

插入数据使用SQL中的INSERT语句,其一般形式如下:

```
INSERT
INTO <表名> [(<属性列1>[,<属性列2> … ])]
VALUES (<常量1>[,<常量2> … ]);
```

(1) 插入一个元组

例3-50:将一条学生记录(0601025,李铭,男,地理,1987-7-5)插入STU表。

```
INSERT
INTO STU
VALUES("0601025","李铭","男","地理",#87-7-5#);
```

当表中所有属性都有值插入时,表名称后的属性列表可以不写,但VALUES子句中的数据必须与表的定义属性一一对应;当一个表中的部分属性没有值插入时,必须在表名称后明确写出所有有数值插入的对应属性列表,列表中没出现的属性取空值。

例3-51:将如表3-4-7所示的一条课程记录插入到CLASS表中。

表3-4-7 属性有空值的记录

CLASS				
课程编号	课程名称	先修课程编号	学 时	学 分
2	高等数学		108	6

```
INSERT
INTO CLASS (课程编号,课程名称,学时,学分)
VALUES("2","高等数学",108,6);
```

或者采用下面的语句插入:

```
INSERT
INTO CLASS
VALUES("2","高等数学",NULL,108,6);
```

(2) 插入子查询结果

我们在 3.2 节曾学习过逐条记录、逐个字段在表的数据表视图中输入数据的方法，如果需要成批输入已有数据，就无法在表的数据表视图中完成了，这时可以采用将 INSERT 语句与查询语句结合的方法，将数据成批地插入到表中，一般格式如下：

```
INSERT
INTO <表名> [(<属性列 1>[, <属性列 2> … ])]
        子查询;
```

例 3-52：创建一个平均成绩表 T_AVG，包含学生学号（长度为 7 个字符）和平均成绩（单精度数值型），并插入相应数据。

首先创建平均成绩表：

```
CREATE TABLE T_AVG(
                学号 TEXT(7),
                平均成绩 SINGLE);
```

再用子查询插入数据值：

```
INSERT
INTO T_AVG(学号,平均成绩)
     SELECT 学号,AVG(成绩)
     FROM SGRADE
     GROUP BY 学号;
```

2. 删除数据

删除数据使用 SQL 中的 DELETE，一般格式如下：

```
DELETE
FROM  <表名>
[WHERE <条件>]
```

在 SQL 中不存在“逻辑删除”和“物理删除”，DELETE 语句所做的就是真正的删除。

(1) 删除一个元组

例 3-53：从 SGRADE 表中删除 0601025 学生 1 号选修课记录。

```
DELETE
FROM SGRADE
WHERE 学号 = "0601025" AND 课程编号 = "1";
```

(2) 删除多个元组

例 3-54：从 SGRADE 表中删除所有 1 号课程的相关记录。

```
DELETE
FROM SGRADE
```

```
WHERE 课程编号 = "1";
```

(3) 用子查询表达删除条件

例 3-55：删除 SGRADE 表中“数据结构”课程的所有选课记录。

```
DELETE
FROM SGRADE
WHERE 课程编号 =(SELECT 课程编号
                  FROM CLASS
                  WHERE 课程名称 = "数据结构")
```

3. 修改数据

修改数据使用 SQL 中的 UPDATE，一般格式如下：

```
UPDATE <表名>
SET <列名 1> = <表达式 1>[, <列名 2> = <表达式 2> … ]
[WHERE <条件>]
```

(1) 修改一个元组

例 3-56：将 0601025 学生 3 号选修课成绩改为 99 分。

```
UPDATE SGRADE
SET 成绩 = 99
WHERE 学号 = "0601025" AND 课程编号 = "3" ;
```

(2) 修改多个元组

例 3-57：将所有课程的学时加 2 学时。

```
UPDATE CLASS
SET 学时 = 学时 + 2;
```

(3) 用子查询表达修改条件

例 3-58：将所有学生的“高等数学”课程的成绩设置为零。

```
UPDATE SGRADE
SET 成绩 = 0
WHERE 课程编号 =(SELECT 课程编号
                  FROM CLASS
                  WHERE 课程名称 = "高等数学");
```

3. 4. 5　其他 SQL 功能

1. 视图的定义和作用

本章 3. 4. 1 节介绍 SQL 语言的功能和特点时提到，SQL 语言支持关系数据库的三级模式结构，其中模式对应于基表，外模式对应于视图，视图是由基表导出的“虚表”，数据库中仅存放其定义，数据则存储在基表中。但视图在概念上和基表等同，可以在视图的基础上再创建视图。视图机制的存在使数据库的逻辑独立性、数据保密性和结构清晰性都得到提高。

（1）视图的定义

SQL 语言中的视图定义语句的一般格式为：

```
CREATE VIEW ＜视图名＞[(＜列名 1＞[，＜列名 2＞ … ])]
          AS  ＜子查询＞
```

视图中的子查询中一般不应含有 ORDER BY 子句和 DISTINCT 短语。

（2）视图的删除

SQL 语言中视图删除语句的一般格式为：

```
DROP VIEW ＜视图名＞
```

Access 并不直接支持 CREATE VIEW 和 DROP VIEW 语句。因为在 Access 中，查询本身可以单独保存，Access 也支持在已有查询的基础上创建新查询。所以，在 Access 中，已保存的查询就相当于 SQL 中的视图。具体操作参见相关实验部分。

*2. 数据控制

SQL 语言中还包括数据控制语句，用于对基本表和视图进行授权以及事务控制等。其中的完整性控制功能主要体现在 CREATE TABLE 语句以及 ALTER TABLE 语句上，而对数据库的安全控制则通过定义某用户对某类数据拥有指定操作权限来完成，当发生非法用户存取数据或合法用户进行非法访问时，DBMS 会拒绝执行操作。

在 SQL 语言中，授权和收回权限分别用 GRANT 语句和 REVOKE 语句完成。

（1）授权

例 3-59：将查询 SGRADE 表的权限授予用户张三。

```
GRANT SELECT ON TABLE SGRADE TO 张三
```

例 3-60：将查询 CLASS 表的权限授予全体用户。

```
GRANT SELECT ON TABLE CLASS TO PUBLIC
```

例 3-61：将对 STU 表的全部权限授予用户张三和李四。

```
GRANT ALL PRIVILEGES ON TABLE STU TO 张三，李四
```

例 3-62：将查询 SGRADE 表并修改成绩的权限授予用户李四。

```
GRANT SELECT，UPDATE(成绩) ON TABLE SGRADE TO 李四
```

（2）收回权限

例 3-63：将用户张三对 SGRADE 表的查询权限收回。

```
REVOKE SELECT ON TABLE SGRADE FROM 张三
```

例 3-64：将所有用户对 CLASS 表的查询权限收回。

REVOKE SELECT ON CLASS FROM PUBLIC

例 3-65：将用户李四对 SGRADE 表的插入权限收回。

REVOKE INSERT ON TABLE SGRADE FROM 李四。

提示： Access 不直接支持 REVOKE 语句和 GRANT 语句。Access 早期版本中(2003 版以前)通过在“工具/安全”中进行设置来完成授权和收回权限等功能，但在 2007 以及随后的版本中，用户级安全功能在普通文件格式(. accdb、. accde、. accdc、. accdr)的数据库中不再可用。如果要继续使用用户级安全机制，必须保持原来的文件格式(如 . mdb 文件)。

在 Access 2016 中要获得安全性，可考虑使用以下一项或多项功能：

● 加密。Access 2016 中的加密工具强制用户只有输入密码才能使用数据库。加密工具仅在使用新的文件格式之一的数据库中可用。

● 数据库服务器。将数据存储在管理用户安全的数据库服务器(如 Microsoft SQL Server)上。然后，通过使用 Access 将数据链接到服务器上来生成查询、表单和报表。任何 Access 文件格式保存的数据库上都可以使用此技术。

● SharePoint 网站。SharePoint 提供了用户安全和其他有用功能，如脱机工作，以及各种实现选项。一些 SharePoint 集成功能仅在使用新的文件格式的数据库中可用。

● Web 数据库。Access Services 是一个新的 SharePoint 组件，它提供了一种发布数据库的方式，使 SharePoint 用户可以在 Web 浏览器中使用数据库。

3.4.6 习题与实践

1. 简答题

(1) WHERE 子句和 HAVING 子句进行筛选时有什么差别?

(2) 连接查询和子查询在什么时候可以相互代替? 什么时候不能?

2. 实践题

(1) 用设计视图或者用 SQL 语句完成如下数据库的创建。

某校博士生入学考试于每年 10 月和次年 3 月各举行一次，包括外语和两门专业课考试，通过标准为：

● 各门课都不得低于 50 分，且总分不低于 200 分；

● 如果当年 10 月的考试未能通过，次年 3 月可以重新报名以新准考证号再次参加考试；

● 所有考试通过的同学于每年 9 月份一起入学。

① 根据上述要求创建并保存一个考试数据库 EXAMLIST，包含两张表：考生登记表 REGI 和成绩表 GRADE。其中：

● REGI 表包含 5 个字段：身份证号、姓名、性别、婚姻状况、考生类别；考生类别在“统分”和“在职”中选择，婚姻状况为“是/否”类型数据。

● GRADE 表包含 7 个字段：准考证号、身份证号、考试年份、考试月份、外语、专业课 1、专业课 2。

两个表的结构如表 3-4-8、表 3-4-9 所示。

表 3-4-8　REGI

属 性 名	身份证号	姓　名	性　别	婚姻状况	考生类别
数据类型	CHAR	CHAR	CHAR	YESNO	CHAR

表 3-4-9　GRADE

属 性 名	准考证号	身份证号	考试年份	考试月份	外语	专业课 1	专业课 2
数据类型	CHAR	CHAR	SMALLINT	SMALLINT	SMALLINT	SMALLINT	SMALLINT

② 指出两个表的主键、候选键和外键分别是什么。

③ 根据题目要求找出两个表中的用户自定义完整性约束条件。

④ 向两表中插入记录，结果如图 3-4-5 和图 3-4-6 所示。

regi

身份证号	姓名	性别	婚姻状况	考生类别
780512002	赵莹	女	☑	在职
790310123	李青	男	☑	统分
790618124	沈婷	女	☑	在职
800208441	石磊	男	☐	统分
800626224	夏莉	女	☑	在职
810315321	张强	男	☐	统分
810421213	高辉	男	☐	统分
810424004	洪丽	女	☐	统分
820303012	顾颖	女	☐	统分

记录：第 10 项(共 10 项)　无筛选器　搜索

图 3-4-5　REGI 表数据

grade

准考证号	身份证号	考试年份	考试月份	外语	专业课1	专业课2
2004003	780512002	2004	10	51	69	81
2004008	790310123	2004	3	60	50	80
2004001	790618124	2004	10	39	82	91
2005002	790618124	2005	3	59	70	90
2004006	800208441	2004	3	49	79	65
2004004	800626224	2004	10	53	76	77
2004005	810315321	2004	10	55	85	68
2004007	810421213	2004	10	51	60	62
2005003	810421213	2005	3	56	65	65
2004002	810424004	2004	10	64	76	70
2005001	820303012	2005	3	70	71	69
*		0	0			

记录：第 12 项(共 12 项)　无筛选器　搜索

图 3-4-6　GRADE 表数据

⑤ 尝试向 REGI 表中插入如下记录，看能否执行，如果不能执行，原因是什么：
("810315321","张三","男",-1,"在职")

⑥ 尝试向 GRADE 表中插入如下记录，看能否执行，如果不能执行，原因是什么：
("2004079","786512002",2004,10,60,60,60)

(2) 打开"配套资源\第 3 章"文件夹下的"sy3-1-1. accdb"数据库，完成下列基于单表的查询：

① 查询类别为统分的考生的全部信息。

② 查询已婚、在职的女考生的姓名。

> **提示:** Access 中，是/否类型数据在 WHERE 条件里，当属性值为"否"时表达为 0，当属性值为"是"时表达为 -1。

③ 查询 80 年代出生的考生的姓名，查询结果按身份证号升序排列。

> **提示:** 身份证号码前 6 位为出生日期。

④ 查询考试成绩合格的考生的身份证号，结果如图 3-4-7 所示。

⑤ 查询考试成绩合格的考生的人数，结果如图 3-4-8 所示。

⑥ 查询每个考生的身份证号以及参加考试的次数，结果如图 3-4-9 所示。

⑦ 查询成绩合格且平均成绩在 70 分以上的考生的准考证号和身份证号，结果如图 3-4-10。

身份证号
810315321
800626224
780512002
810424004
790618124
820303012

图 3-4-7
第④题结果

录取人数
6

图 3-4-8
第⑤题结果

身份证号	考试次数
780512002	1
790310123	1
790618124	2
800208441	1
800626224	1
810315321	1
810421213	2
810424004	1
820303012	1

图 3-4-9
第⑥题结果

身份证号
810424004
790618124
820303012

图 3-4-10
第⑦题结果

⑧ 查询考试成绩合格考生的总分的平均值，结果如图 3-4-11 所示。

⑨ 查询全体考生的准考证号和平均成绩，结果如图 3-4-12 所示。

⑩ 比较考生在 3 月和 10 月考试的情况，查询考生的外语、专业课 1、专业课 2 成绩以及总分的平均值，查询结果如图 3-4-13 所示。

⑪ 查询参加了两次考试的考生的身份证号，查询结果如图 3-4-14 所示。

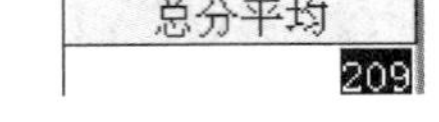

总分平均
209

图 3-4-11　第⑧题结果

准考证号	平均成绩
2004003	67
2004008	63.3333333333
2004001	70.6666666667
2005002	73
2004006	64.3333333333
2004004	68.6666666667
2004005	69.3333333333
2004007	57.6666666667
2005003	62
2004002	70
2005001	70

图 3-4-12　第⑨题结果

考试月份	外语之平均值	专业课1之平均值	专业课2之平均值	总分平均
3	58.8	67	73.8	199.6
10	52.1666666666667	74.6666666666667	74.8333333333333	201.666666666667

图 3-4-13　第⑩题结果

身份证号
790618124
810421213

图 3-4-14
第⑪题结果

（3）打开“配套资源\第 3 章”文件夹下的“sy3-1-1. accdb”数据库，完成下列连接查询或子查询：

① 查询全部考生的姓名、准考证号、外语、专业课 1、专业课 2 的成绩，查询结果按考生姓名排序，结果如图 3-4-15 所示。

② 查询考生的身份证号、姓名、参加考试的次数，查询结果如图 3-4-16 所示。

姓名	准考证号	外语	专业课1	专业课2
高辉	2005003	56	65	65
高辉	2004007	51	60	62
顾颖	2005001	70	71	69
洪丽	2004002	64	76	70
李青	2004008	60	50	80
沈婷	2005002	59	70	90
沈婷	2004001	39	82	91
石磊	2004006	49	79	65
夏莉	2004004	53	76	77
张强	2004005	55	85	68
赵莹	2004003	51	69	81

图 3-4-15　第①题结果

姓名	身份证号	考试次数
高辉	810421213	2
顾颖	820303012	1
洪丽	810424004	1
李青	790310123	1
沈婷	790618124	2
石磊	800208441	1
夏莉	800626224	1
张强	810315321	1
赵莹	780512002	1

图 3-4-16　第②题结果

③ 查询参加过 2 次考试的考生的身份证号、姓名，查询结果如图 3-4-17 所示。

④ 查询已经通过考试的考生的身份证号和姓名，查询结果如图 3-4-18 所示。

身份证号	姓名
790618124	沈婷
810421213	高辉

图 3-4-17　第③题结果

身份证号	姓名
780512002	赵莹
790618124	沈婷
800626224	夏莉
810315321	张强
810424004	洪丽
820303012	顾颖

图 3-4-18　第④题结果

⑤ 查询参加过 2 次考试且仍未通过的考生的身份证号、姓名，查询结果如图 3-4-19 所示。

⑥ 查询只参加一次考试就通过的考生的姓名和身份证号，查询结果如图 3-4-20 所示。

身份证号	姓名
810421213	高辉

图 3-4-19　第⑤题结果

身份证号	姓名
810315321	张强
800626224	夏莉
780512002	赵莹
810424004	洪丽
820303012	顾颍

图 3-4-20　第⑥题结果

⑦ 比较在职考生和统分考生的总分的平均分，查询结果如图 3-4-21 所示。

⑧ 查询比全体同学的总分平均高于 10 分的考生的准考证号、姓名和总分，查询结果如图 3-4-22 所示。

考生类别	总分的平均
统分	195.7142857143
在职	209.5

图 3-4-21　第⑦题结果

准考证号	姓名	总分
2004001	沈婷	212
2005002	沈婷	219

图 3-4-22　第⑧题结果

(4) SQL 视图操作提示。

微课视频

① 进入 SQL 视图。参照例 3-4 创建完成“考试管理系统”空数据库后，如图 3-4-23(a)所示，单击选择“创建/查询/查询设计”，单击跳出的“显示表”中的“关闭”按钮，关闭此对话框。如图 3-4-23(b)所示，单击“查询工具”工具栏左边的视图切换按钮，选择“SQL 视图”，进入 SQL 视图。

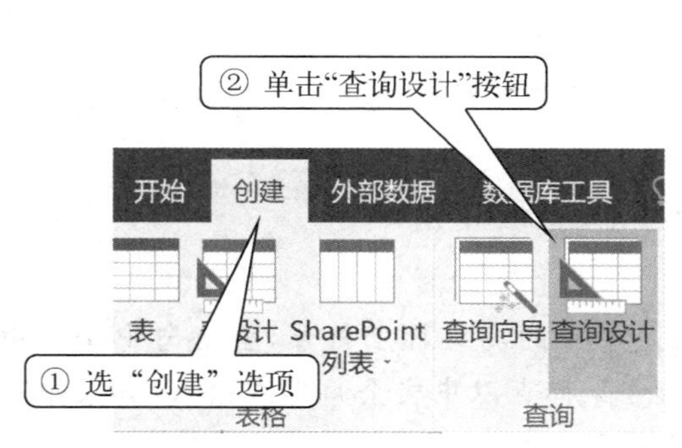

图 3-4-23(a)

图 3-4-23(b)

图 3-4-23　进入 SQL 视图

② 输入 SQL 语句并执行。如图 3-4-24 所示，首先在查询的 SQL 视图中输入创建 STU 表的 SQL 语句如下：

```
CREATE TABLE STU(
学号 TEXT(7) PRIMARY KEY,
姓名 TEXT(16) NOT NULL,
```

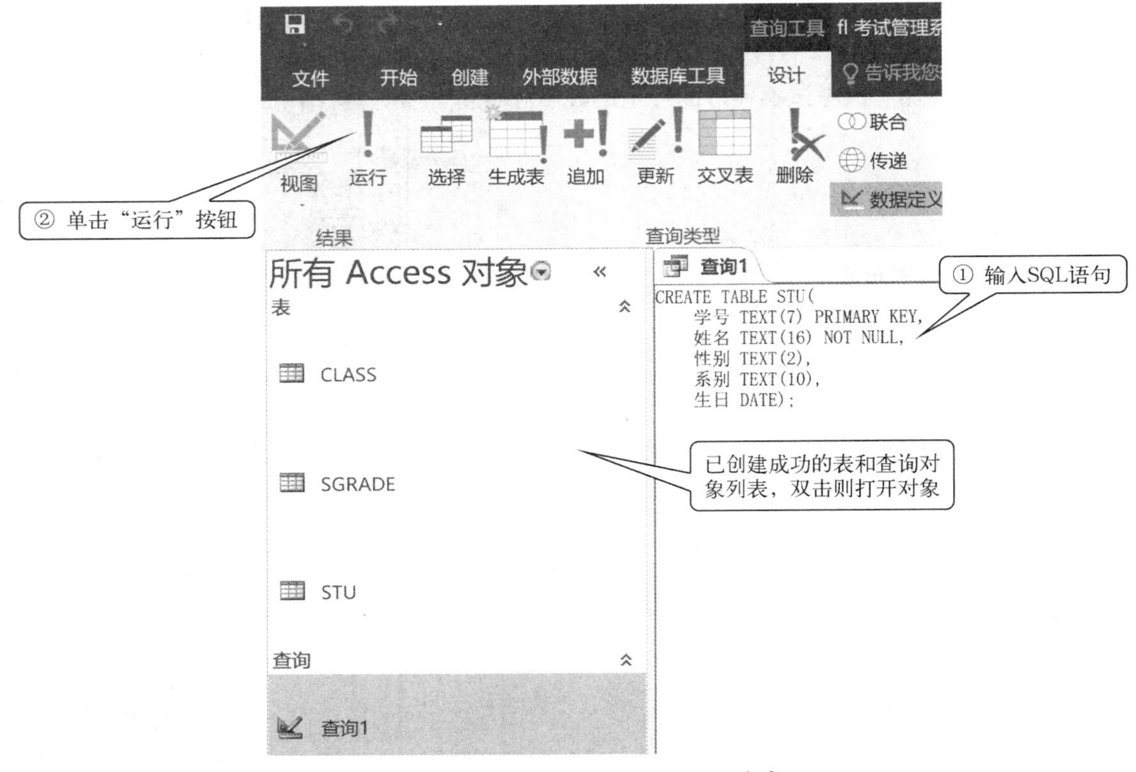

图 3-4-24　用 CREATE 语句创建表

```
性别 TEXT(2),
系别 TEXT(10),
生日 DATE);
```

说明：

题目要求“性别只能为‘男’或者‘女’”，涉及自定义完整性约束，而 Access 不支持 check 语句，所以只能在表建立后再用设计视图完成。

单击工具栏上的“运行”按钮，运行该查询，则 STU 表初步建成。

> **提示：** SQL 语句中所有的标点符号必须是半角的英文标点符号，当语句中含有中文字段名时应特别小心不要误将逗号、等号、括号等标点以中文全角形式输入，如果输入错误，Access 将不能执行相应语句，并出现错误提示对话框。
>
> SQL 语句不区分英文大小写。

③ 关闭“查询 1”窗口，以“创建 STU 表查询”为名保存该查询。

④ 选择“表”对象，可以看到 STU 表已经初步建好。右击 STU 表，选择快捷菜单上的“设计视图”按钮，进入表的设计视图。

⑤ 选择字段名称中的“性别”字段，再选择字段属性中的“验证规则”，在其中输入：男 Or 女，回车确认后 Access 会自动为这个字符型字段加上双引号。

⑥ 关闭STU表的设计视图,保存对表的设计的更改。

至此,STU表的结构设计全部完成。

⑦ 再次单击选择"创建/查询/查询设计"对象并进入SQL设计视图,输入创建表CLASS的SQL语句如下:

```
CREATE TABLE CLASS(
课程编号 TEXT(3) PRIMARY KEY,
课程名称 TEXT(20) UNIQUE,
先修课程编号 TEXT(3),
学时 SMALLINT,
学分 SMALLINT);
```

⑧ 单击工具栏上的"运行"按钮,运行该查询,关闭查询窗口,以"创建CLASS表查询"为名保存该查询。

⑨ 再次单击选择"创建/查询/查询设计"对象并进入SQL设计视图,输入创建表SGRADE的SQL语句如下:

```
CREATE TABLE SGRADE(
学号 TEXT(7) REFERENCES STU(学号),
课程编号 TEXT(3) REFERENCES CLASS(课程编号),
成绩 SMALLINT,
    PRIMARY KEY(学号,课程编号));
```

⑩ 单击"运行"按钮运行SQL查询,并以"创建SGRADE表查询"为名保存该查询。

提示: 在Access系统中,SQL视图中的查询窗口中的语句每次只能执行一句,即输入第一条SQL语句,执行第一条SQL语句,删除第一条SQL语句;再输入第二条SQL语句,执行第二条SQL语句,删除第二条SQL语句,……所以在本例中,创建CLASS表和创建SGRADE表的语句需要分别输入和运行。

进入SGRADE表的设计视图,选择"成绩"的"验证规则",修改为:

IS NULL OR BETWEEN 0 AND 100。

关闭SGRADE表的设计视图,保存对表的设计的更改。

至此,用SQL实现3个表的结构设计全部完成。

说明:

在CREATE语句中已经通过设计Primary key和Foreign Key References参数完成了对主键和外键的设置,也就是关系已经添加,无需再像在设计视图中设计那样单独创建关系。

Select语句的运行方式类似,不再赘述。

3.5 Excel 和 Access 的连接

通过前面的学习可以看出，Excel 和 Access 在数据处理与管理功能上各有所长，Excel 的强项是图表分析、财务计算和数据分析，并且有诸多方便快捷的数据输入方式；而 Access 在数据的组织、管理、存储、完整性约束和数据安全性上，有 Excel 所欠缺的能力。在实际应用中，如果能够把 Excel 和 Access 的特长结合起来，各取所需、优势互补，就可以事半功倍。本节将主要介绍 Excel 和 Access 进行数据交换的常用方法，以及 Excel 和 Access 对部分其他类型数据的访问方法。

3.5.1 Excel 和 Access 与外部数据交换概述

Excel 作为一款电子表格类的数据处理软件，和数据库系统类的 Access 软件，有着本质的不同，主要体现在：第一，Excel 的工作表之间是相互独立的，各工作表之间彼此没有直接关系，无法根据表中数据的内在联系，跨表进行数据的查询和检索；而关系型数据库管理系统的最大特点就是表与表之间具有关系和相互约束，根据表与表的关系，可以方便地利用连接查询或子查询进行跨表的数据查询和检索。第二，Excel 不具备数据的完整性约束，这使得 Excel 中的数据相对比较“随意”，要保证大量数据的有效性和正确性必须反复设置和使用者主动验证；而数据库管理系统通过完整性约束可以自动对数据的有效性、关联性进行验证，并在安全性和并行事物处理方面提供保证机制。第三，Access 是一款小型的桌面数据库管理系统，如果把与 Access 类似的其他大型关系数据库管理系统软件拿来一起和 Excel 进行比较，Excel 所能直接存储和处理的数据容量就更加捉襟见肘了，要想对海量数据加以分析，需要通过大型数据库管理系统预处理。

但 Excel 在图表分析、财务计算上和表格格式的花样翻新上，都具有 Access 等数据库管理系统软件所不具备的能力，要把这两方面的优势结合起来，就需要不同软件间的数据交换和互访。

目前，Excel 和 Access 等数据库管理系统、Access 和其他数据库管理系统之间进行数据交换和互访有很多便捷的方式，有些软件之间可以相互直接打开对方的数据类型文件，有些则要通过 ODBC 进行。

ODBC（Open Database Connectivity，开放数据库互连）是微软公司所提供的 WOSA（Windows Open Services Architecture，开放服务架构）中有关数据库的部分，其本质是一个数据库之间互联的协议标准，同时提供了一组对数据库访问的标准 API（Application Programming Interface，应用程序编程接口）。这些 API 利用 SQL 来为应用程序，如 C++ 等，提供对底层数据的操作服务。ODBC 本身也提供了对 SQL 语言的支持，用户可以直接将 SQL 语句用于 ODBC。

3.5.2 Excel 与 Access 的数据交换

Excel 与当前的所有主流数据库管理系统之间，如 Access、SQL Server、FoxPro、Oracle、dBase、Paradox 等，都能够很方便地进行数据交换和共享，本小节重点介绍 Excel 与 Access 的数据共享方式。本书后续章节介绍的 Tableau 也可以方便地打开 Excel 格式的文档，进行数据分析和可视化。

1. Excel 访问外部数据的前提

相对于 Excel 而言的外部数据，指由其他应用程序所创建的数据文件，如 .txt 类型的纯文本文件，由 Access 创建的数据库文件，由 SQL Server、FoxPro、Oracle、dBase、Paradox 等数据库管理系统所创建的数据库文件，以及 Web 页上的数据。Excel 使用外部数据需要满足以下条件之一：

(1) 具有访问权限

Excel 只能访问具备使用权限的外部数据，对于数据源不在本地计算机上的数据库，要具备访问密码、用户权限等。

(2) 具有 Microsoft Query 以及 ODBC 驱动程序

Excel 2010 以上版本已经默认安装了 Microsoft Query 以及 Access、SQL Server、FoxPro、Oracle、dBase、Paradox 等数据库的 ODBC 驱动程序。

(3) 具有 Web 查询文件

可以通过 Web 查询文件 .iqy 进行 Web 页的检索。

2. Excel 与 Access 之间的数据交换方式

Excel 和 Access 同为微软公司 Office 系列软件的成员，所以这两种软件的互相利用和数据共享比与其他类型的外部数据交换要方便得多。总的说来，Excel 与 Access 的数据交换方式分为两类：一类是直接导入或打开对方的数据表，另存为本软件的文件格式；另一类是建立链接，数据仍以原来的文件格式保存在原来的文件中，何时选择何种形式，视需求而定。

(1) 在 Access 中将表中数据导出到 Excel

为了充分利用 Excel 的图表分析、财务汇总等优势，可以将 Access 数据库中的表对象导出为 Excel 文件，在 Excel 中处理和保存。

例 3-66：将“配套资源\第 3 章”文件夹下的“L3-66-1. accdb”中的“名单”表导出为 Excel 表格，以文件名 LJG3-66-1. xlsx 保存。

① 在 Access 中打开“L3-66-1. accdb ”数据库；

② 选择表对象中的“名单”表，单击“外部数据”选项卡中的“导出/Excel”，在如图 3-5-1 所示的“导出- Excel 电子表格”对话框中，根据题目要求设定文件名和保存格式，单击“确定”。

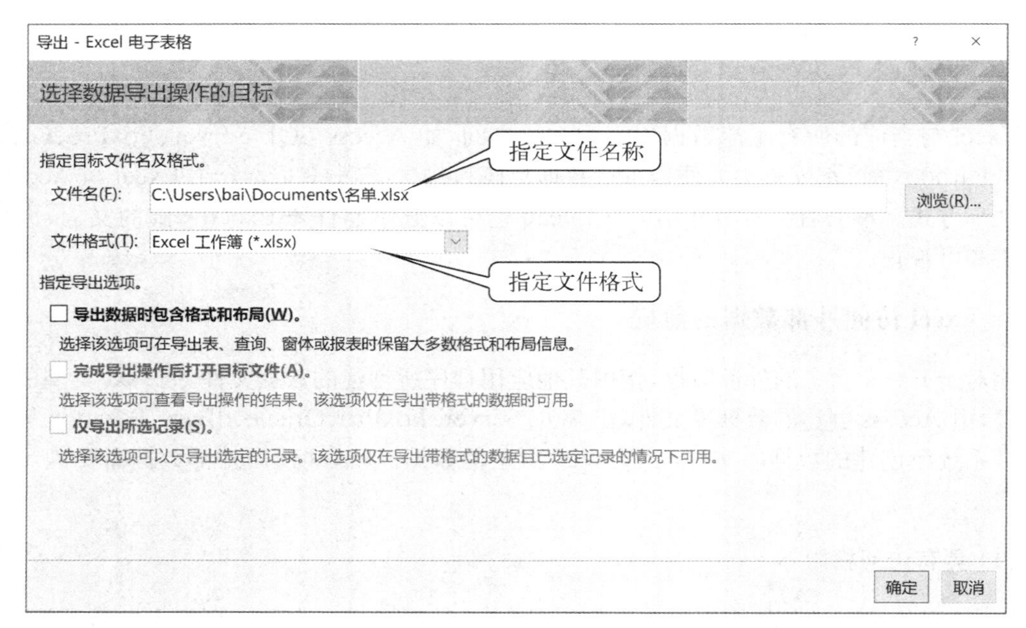

图 3-5-1　将 Access 表导出为 Excel 文件

(2) 在 Access 中导入 Excel 中的 sheet

Access 在数据输入的方便性上远不如 Excel，为了有效利用 Excel 的自动填充输入系列数据、记忆输入等方便快捷的功能，可以把要在数据库中管理的数据首先在 Excel 中输入，然后再在 Access 中进行导入。

例 3-67：新建一个数据库文件“LJG3-66-2. accdb”，将“配套资源\第 3 章\L3-66-3. xlsx”中的 Total 表导入为数据库中的表，表名为 Total。

① 新建一个空数据库 LJG3-66-2. accdb，单击“外部数据”选项卡中的“导入并链接/Excel”，打开如图 3-5-2(a)所示的“获取外部数据- Excel 电子表格”对话框，选择指定素材文件作为数据源，并指定数据在当前数据库中的存储方式和存储位置为“将源数据导入当前数据库中的新表中”，单击“确定”。

② 在随后打开的如图 3-5-2(b)“导入数据表向导”对话框中，因原 Excel 素材文件含有多个工作表，所以需根据要求指定导入哪个 sheet，本例中选择 total 后，单击“下一步”。

③ Access 可以使用数据源表的列标题作为本表的字段名称，本例中可如图 3-5-2(c)所示，在“导入数据表向导”的下一步中选择“第一行包含列标题”选项，然后单击“下一步”；在接下来的步骤中，可以如图 3-5-2(d)所示，对导入数据的字段名称、数据类型以及是否添加索引等信息加以修改，也可以选择不导入原表中的某些列，本例中不加修改并单击“下一步”。

④ 在接下来的步骤中将指定新表的主键，可以由 Access 自行添加一个自动编号类型的字段作为主键，也可以自己指定原表中的字段作为主键，或不选择主键，并单击“下一步”。

⑤ 在“导入数据向导”的最后两步中，根据题目要求指定所建表对象的名称，并可以选择是否将导入步骤保存起来以后重复使用。

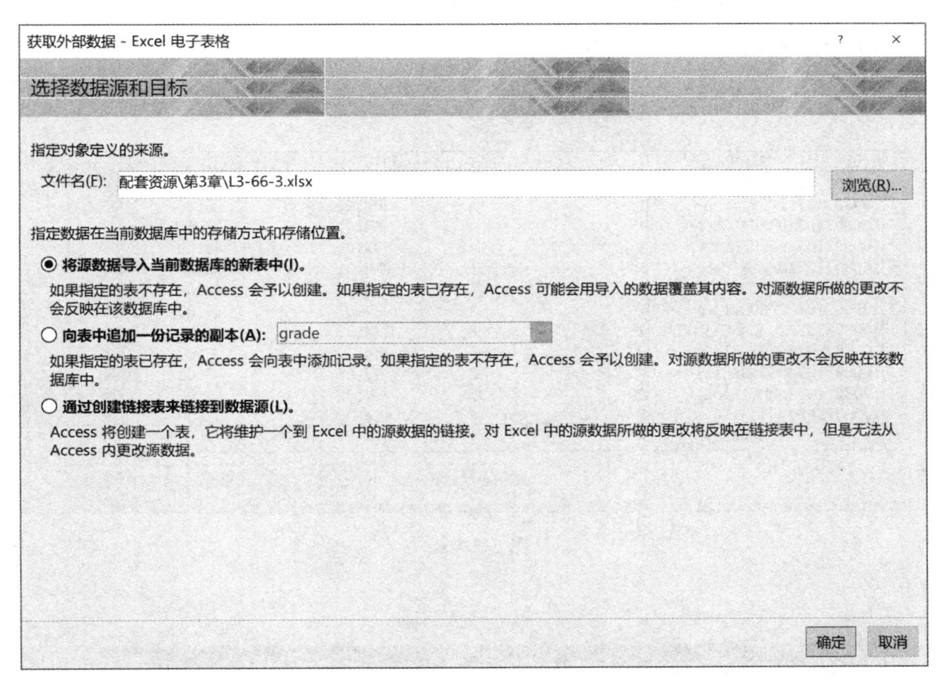
获取外部数据 - Excel 电子表格
选择数据源和目标
指定对象定义的来源。
文件名(F): 配套资源\第3章\L3-66-3.xlsx
浏览(R)...
指定数据在当前数据库中的存储方式和存储位置。
将源数据导入当前数据库的新表中(I)。
如果指定的表不存在，Access 会予以创建。如果指定的表已存在，Access 可能会用导入的数据覆盖其内容。对源数据所做的更改不会反映在该数据库中。
向表中追加一份记录的副本(A): grade
如果指定的表已存在，Access 会向表中添加记录。如果指定的表不存在，Access 会予以创建。对源数据所做的更改不会反映在该数据库中。
通过创建链接表来链接到数据源(L)。
Access 将创建一个表，它将维护一个到 Excel 中的源数据的链接。对 Excel 中的源数据所做的更改将反映在链接表中，但是无法从 Access 内更改源数据。
确定
取消

图 3-5-2(a)

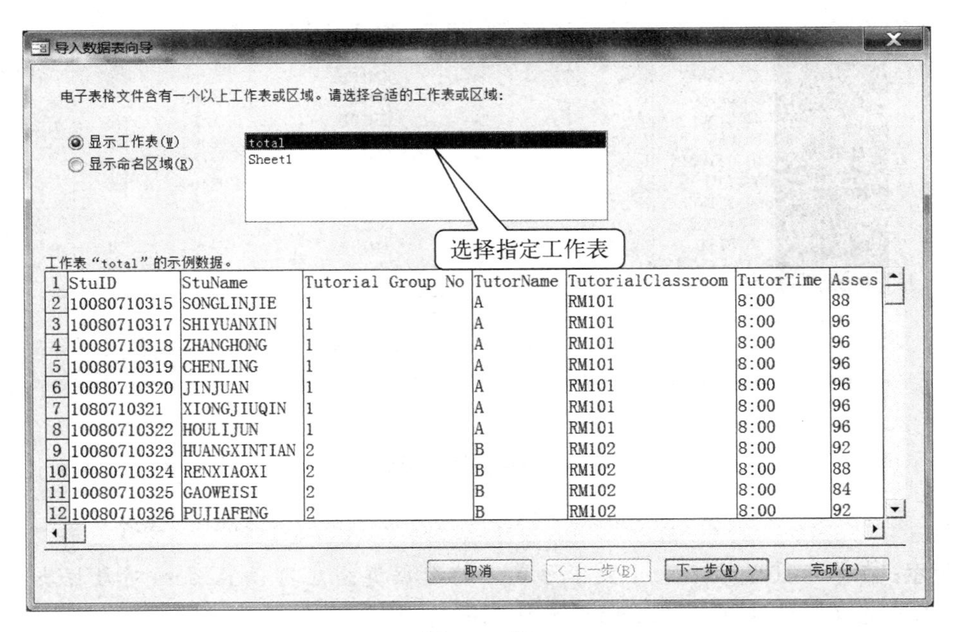
导入数据表向导
电子表格文件含有一个以上工作表或区域。请选择合适的工作表或区域：
显示工作表(W)
显示命名区域(R)
total
Sheet1
选择指定工作表
工作表“total”的示例数据。
1 StuID StuName Tutorial Group No TutorName TutorialClassroom TutorTime Asses
2 10080710315 SONGLINJIE 1 A RM101 8:00 88
3 10080710317 SHIYUANXIN 1 A RM101 8:00 96
4 10080710318 ZHANGHONG 1 A RM101 8:00 96
5 10080710319 CHENLING 1 A RM101 8:00 96
6 10080710320 JINJUAN 1 A RM101 8:00 96
7 1080710321 XIONGJIUQIN 1 A RM101 8:00 96
8 10080710322 HOULIJUN 1 A RM101 8:00 96
9 10080710323 HUANGXINTIAN 2 B RM102 8:00 92
10 10080710324 RENXIAOXI 2 B RM102 8:00 88
11 10080710325 GAOWEISI 2 B RM102 8:00 84
12 10080710326 PUJIAFENG 2 B RM102 8:00 92
取消
< 上一步(B)
下一步(N) >
完成(F)

图 3-5-2(b)

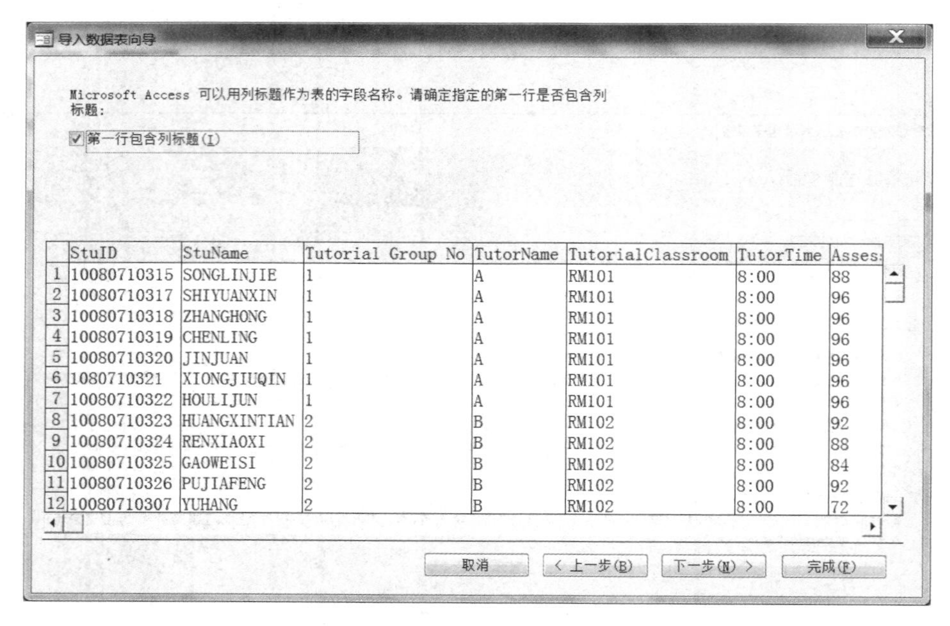

	StuID	StuName	Tutorial Group No	TutorName	TutorialClassroom	TutorTime	Asses
1	10080710315	SONGLINJIE	1	A	RM101	8:00	88
2	10080710317	SHIYUANXIN	1	A	RM101	8:00	96
3	10080710318	ZHANGHONG	1	A	RM101	8:00	96
4	10080710319	CHENLING	1	A	RM101	8:00	96
5	10080710320	JINJUAN	1	A	RM101	8:00	96
6	1080710321	XIONGJIUQIN	1	A	RM101	8:00	96
7	10080710322	HOULIJUN	1	A	RM101	8:00	96
8	10080710323	HUANGXINTIAN	2	B	RM102	8:00	92
9	10080710324	RENXIAOXI	2	B	RM102	8:00	88
10	10080710325	GAOWEISI	2	B	RM102	8:00	84
11	10080710326	PUJIAFENG	2	B	RM102	8:00	92
12	10080710307	YUHANG	2	B	RM102	8:00	72

图 3-5-2(c)

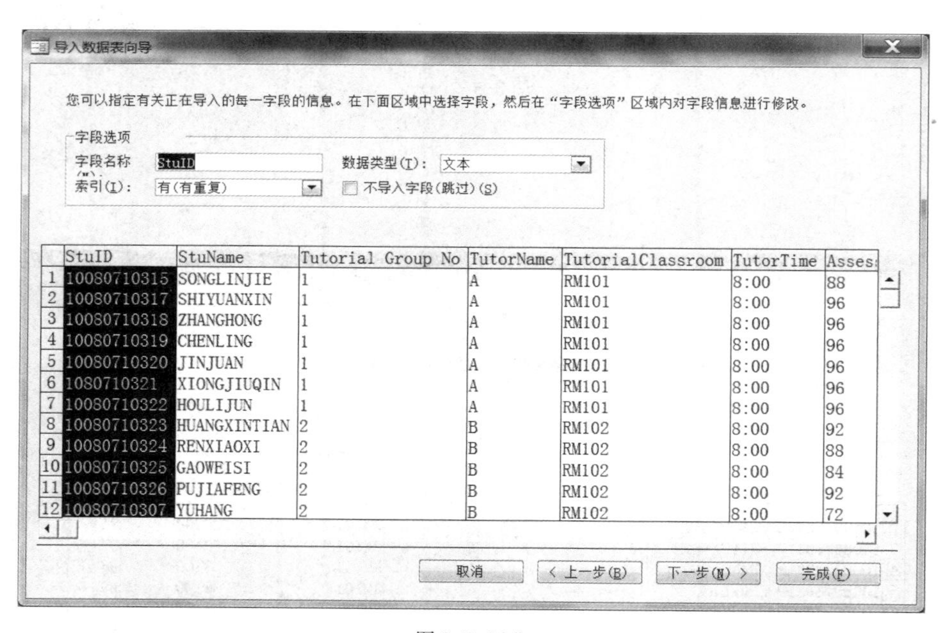

	StuID	StuName	Tutorial Group No	TutorName	TutorialClassroom	TutorTime	Asses
1	10080710315	SONGLINJIE	1	A	RM101	8:00	88
2	10080710317	SHIYUANXIN	1	A	RM101	8:00	96
3	10080710318	ZHANGHONG	1	A	RM101	8:00	96
4	10080710319	CHENLING	1	A	RM101	8:00	96
5	10080710320	JINJUAN	1	A	RM101	8:00	96
6	1080710321	XIONGJIUQIN	1	A	RM101	8:00	96
7	10080710322	HOULIJUN	1	A	RM101	8:00	96
8	10080710323	HUANGXINTIAN	2	B	RM102	8:00	92
9	10080710324	RENXIAOXI	2	B	RM102	8:00	88
10	10080710325	GAOWEISI	2	B	RM102	8:00	84
11	10080710326	PUJIAFENG	2	B	RM102	8:00	92
12	10080710307	YUHANG	2	B	RM102	8:00	72

图 3-5-2(d)

图 3-5-2　在 Access 中导入 Excel 中的工作簿

提示： 在导入数据时，Excel 数据源表中的数据类型应符合 Access 对数据类型的要求，数据的宽度应该限制在 Access 的允许范围内。

(3) 建立 Access 表和 Excel 中的表的链接

在 Excel 中难以实现的跨表查询，在 Access 中可以轻而易举做到，如果想对 Excel 中的多个表格中的数据进行跨表查询，又不想分别保存两套数据，即在 Excel 中存一个电子表格形式的数据，同时又在 Access 中有一个重复的备份，可以仅在 Access 中存 Excel 表的链接。

例 3-68：在上例中的数据库“LJG3-66-2. accdb”中，将“配套资源\第 3 章\L3-66-3. xlsx”中的“2010 年上海车牌拍卖情况”表链接到数据库中，链接表名为“2010 年上海车牌拍卖情况”。

方法一：步骤和例 3-67 类似，不过在打开如图 3-5-2(a)所示的“获取外部数据- Excel 电子表格”对话框中，指定数据在当前数据库中的存储方式和存储位置时，应选择“通过创建链接表来链接到数据源”，然后单击“确定”。链接创建完成后，在 Access 的相应表对象前的图标为 。

方法二：在 Access 中创建和 Excel 表的链接，还可以直接通过 Access 的“文件”选项卡中的“打开”命令实现，注意在“打开”对话框中，要选择打开对象的文件类型为“Excel 工作簿”。

链接表建立后，可以利用链接表的数据和当前数据库中的其他数据一起实现连接查询。

在 Access 中，用链接的形式而不是用导入的方式引入 Excel 数据的好处是既能够充分利用到两种软件的长处，又节省了存储空间。但是，用链接的方式共享数据时，在 Access 中无法修改链接表中的数据，也就是说，数据的更新只能在 Excel 中进行，这种更新可以在 Access 中反映出来。

(4) 在 Excel 中导入 Access 表

在 Excel 中可以直接打开 Access 文件。

例 3-69：在 Excel 中，将素材“L3-66-1. accdb”中的“成绩”表导入为新的工作表，表标签为“成绩”。

① 启动 Excel 程序，选择“数据”选项卡的“获取外部数据/自 Access”命令，在打开的“选取数据源”对话框中选择题目要求的 Access 文件，单击“打开”按钮；

② 在随后跳出的如图 3-5-3(a)对话框中，会列出所选数据库中的现有表，选择“成绩”表，单击“确定”，然后在如图 3-5-3(b)对话框中，选择表在工作簿中的显示方式是普通的表还是数据透视表或数据透视图，以及数据的放置位置，单击“确定“。

③ 导入进 Excel 的表如图 3-5-3(c)所示，根据题目要求，修改表的标签名，然后利用“文件/保存”命令保存文件。

3. Excel 和 Access 与其他外部数据的交换

Excel 和 Access 除了可以如前所示很方便地进行相互之间的数据交换外，还可以利用 ODBC 等途径，各自与 SQL Server、FoxPro、Oracle、dBase、Paradox 等其他数据库管理系统所创建的数据库文件、纯文本文件 . txt 以及 Web 页上的数据进行数据交换。

(1) Excel 和本地 Web 页的数据交换

在 Excel 中，如图 3-5-4 所示，可以利用“数据选项卡”的“获取外部数据”组中的相应命令，导入来自网站、文本以及 SQL Server、XML 等其他数据来源的命令。

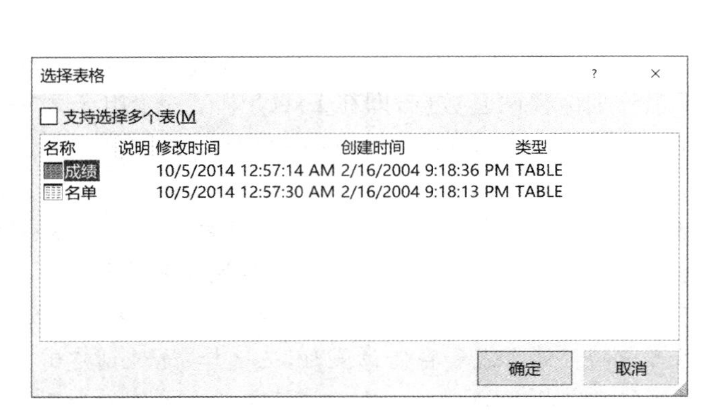

图 3-5-3(a)

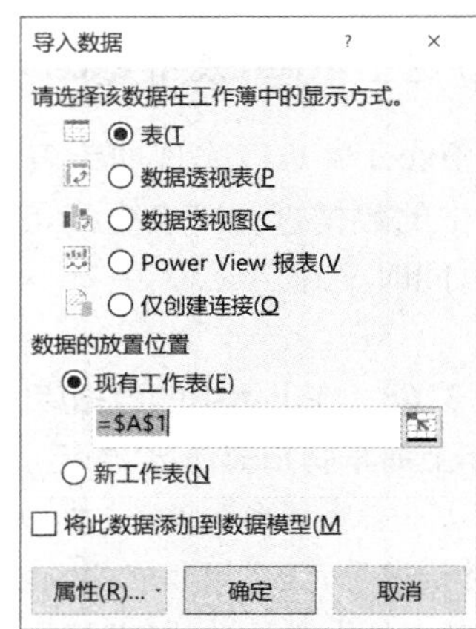

图 3-5-3(b)

准考证号	身份证号	考试年份	考试月份	外语	专业课1	专业课2
2004008	790310123	2004	3	60	50	80
2004007	810421213	2004	10	51	60	62
2004006	800208441	2004	3	49	79	65
2005003	810421213	2005	3	56	65	65
2004005	810315321	2004	10	55	85	68
2004004	800626224	2004	10	53	76	77
2004003	780512002	2004	10	51	69	81
2004002	810424004	2004	10	64	76	70
2004001	790618124	2004	10	39	82	91
2005002	790618124	2005	3	59	70	90
2005001	820303012	2005	3	70	71	69

图 3-5-3(c)

图 3-5-3 在 Excel 中导入 Access 表

图 3-5-4 在 Excel 中选择其他外部数据源

例 3-70：在 Excel 中打开并编辑本地 Web 页。在 Excel 中打开“配套资源\第 3 章\L3-70-1. html”文件，制作如图 3-5-5 所示的图表后，保存并发布网页。

在 Excel 中可以直接打开网页文件。单击“文件/打开”，在“打开”对话框中，选择打开文件类型为“所有网页”，选择题目指定的文件后，单击“打开”按钮，即可在 Excel 中打开网页。按照 Excel 绘制图表的常规步骤操作，单击“保存”，根据提示操作即可。

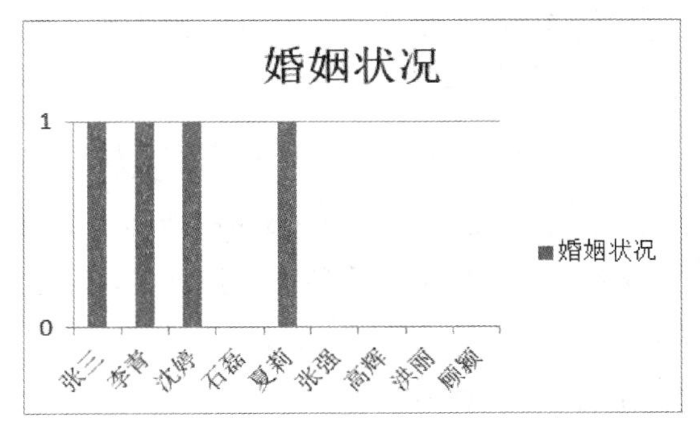

图 3-5-5　用 Excel 编辑和发布网页

(2) 在 Excel 中导入 Web 网站中的数据

需要处理来自网站 Web 页中的数据的常见做法是直接复制网页中的数据，在 Excel 中粘贴。除此之外，还可以选择性导入。

例 3-71：在 Excel 中，从某基金网站 http://www.99fund.com/main/products/index.shtml 中，导入当日的“理财产品”数据，以当天日期为文件名保存为 Excel 文件。

① 启动 Excel 程序，选择“数据”选项卡的“获取外部数据/自网站”命令；

② 在随后打开的“新建 Web 查询”对话框中，在“地址”栏中输入网站的 URL 地址，单击“转到”按钮；

③ 根据提示，单击“理财产品”表旁边的黄色箭头 ，如图 3-5-6 所示，选择数据后单击“导入”按钮。

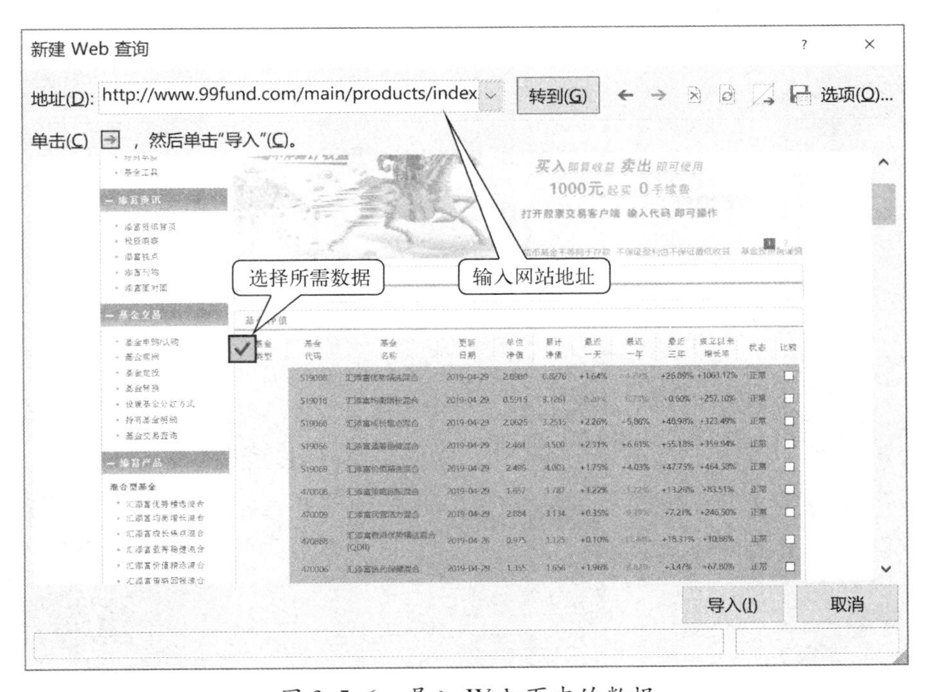

图 3-5-6　导入 Web 页中的数据

④ 在“导入数据”对话框中，选择默认设置，单击“确定”，对表格格式做适当调整后，再按题目要求保存文件。

（3）Access 和其他外部数据的交换

在 Access 中，利用“外部数据”选项卡“导入并链接”组中的相应命令，也可以在随后打开的导入向导帮助下完成数据交换任务，请根据需要自行探索，这里不再介绍。

3.5.3 习题与实践

1. 简答题

（1）Excel 作为一款数据处理软件，和 Access 相比，有哪些不足？又有哪些优势？
（2）Excel 与 Access 的两种数据交换方式，导入和链接各自适用于什么场合？

2. 实践题

Microsoft Query 是微软提供的用于在 Excel 中用对外部数据进行查询的程序。通过使用 Microsoft Query ，可以从外部数据源中检索数据，而不用在 Excel 里重新键入或导入要分析的数据。当外部源数据库对数据进行了更新，Excel 可以通过 Microsoft Query 进行刷新，保持和外部数据源的同步。请尝试通过自学了解和初步掌握 Microsoft Query，以及在 Excel 中实现查询的方法。

3.6　MySQL 简介

正如本章 3.1 节所介绍的，MySQL 是一种小型数据库管理系统，由瑞典 MySQL AB 公司开发，被 SUN 公司收购，目前隶属 Oracle 公司。虽然相对于其他大型关系数据库管理系统软件（Oracle、SQL Server 等），MySQL 系统规模小且功能比较有限，但因为其开放源代码和免费策略，目前是中小型网站开发后台数据库的首选。

3.6.1　MySQL 特点

MySQL 的优势是在对个人用户完全免费的前提下，还有很多优点，主要包括：运行速度快；相对其他大型关系数据库软件简单易学、方便上手；支持 Windows、Linux、Unix、Mac OS、OS/2 Wrap、Solaris 等常见操作系统，可移植性强；提供 C、C++、Python、Java、Perl、PHP、Eiffel、Ruby、.NET 和 Tcl 等语言的 API 接口；支持标准 SQL 语句以及和 ODBC、TCP/IP 的连接途径。

MySQL 拥有相当灵活的安全机制和密码系统，方便 Internet 访问，连接到服务器时，所有密码传输都采用加密形式，共享性和安全性比其他小型关系型数据库管理系统高。

3.6.2　MySQL 的安装与启动

MySQL 在开发过程中往往存在多个发布系列，每个系列处于不同的成熟阶段，MySQL8.0 是最新开发的稳定（GA）发布系列。

读者可以在 MySQL 的官方下载页面 https://dev.mysql.com/downloads/mysql/找到自己需要的版本下载 MySQL。MySQL 的版本命名中第一个数字是主版本号，描述这一版本的文件格式，第二个数字是发行级别，第三个数字是发行系列的版本号。

MySQL 通常有两个版本，其中 MySQL Community Server（社区服务器）版本完全免费，但不提供官方技术支持；而 MySQL Enterprise Server（企业服务器）版本为企业提供数据仓库应用，是付费版本，官方提供电话技术支持。MySQL 在 Windows 平台下提供二进制分发版和免安装版两种安装方式，其中二进制分发版采用“.msi”安装文件，免安装版采用“.zip”压缩文件，建议初学者采用二进制分发版，使用相对简单。

这里以 MySQL-8.0.19 版为例，介绍 MySQL 的安装与启动。

1. MySQL 安装

运行 mysql-installer-community-8.0.19.0.msi，出现如图 3-6-1 所示的 MySQL 安装界面，在安装类型中选择“Developer Default”选项，单击“Next”按钮进入下一步。

在接下来的“Check Requirements”界面中，如图 3-6-2(a)所示，单击“Execute”按钮，则安装程序会如图 3-6-2(b)所示，自动安装一系列 MySQL 所需的的软件包，在“Status”中显示为“Manual”的是可以后续根据需要自行手动安装的项目。

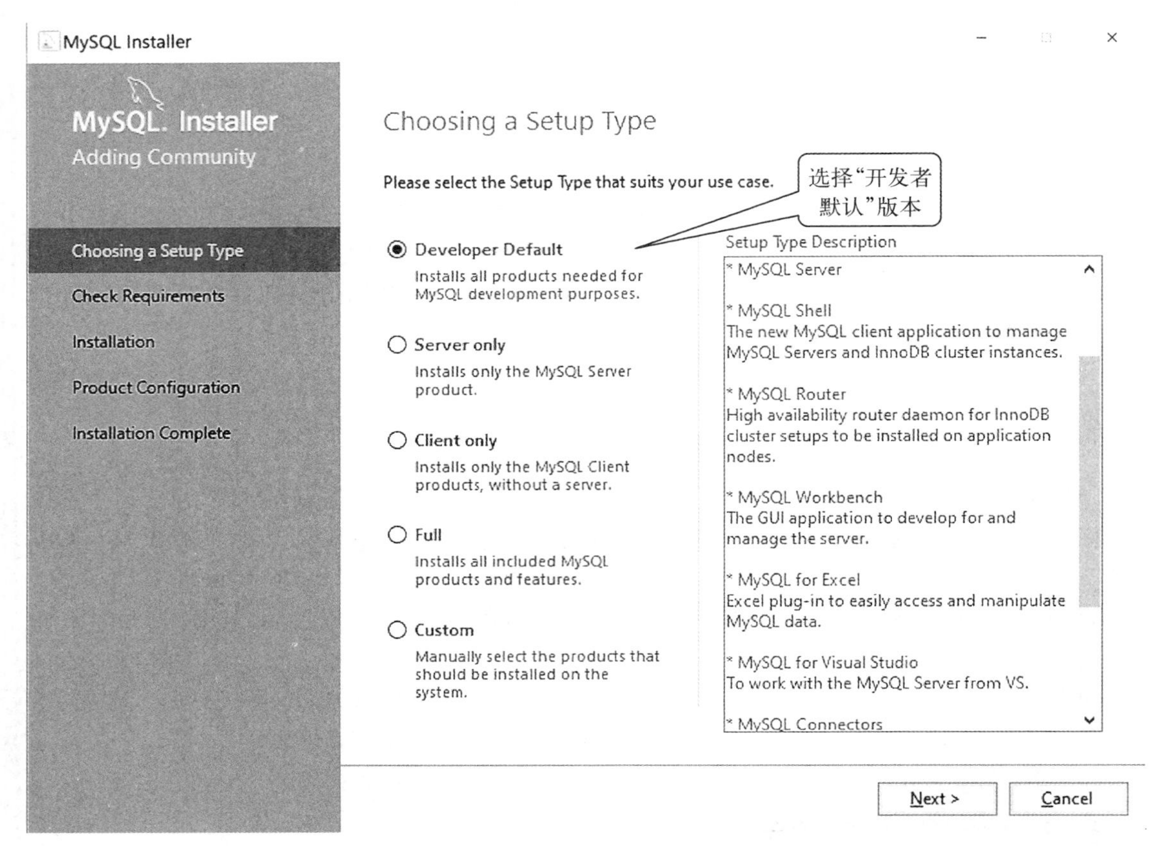

图 3-6-1　运行 MySQL Installer

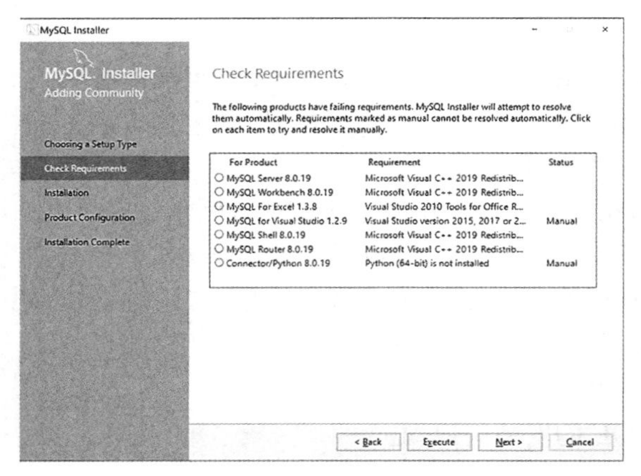

图 3-6-2(a)　安装条件检查

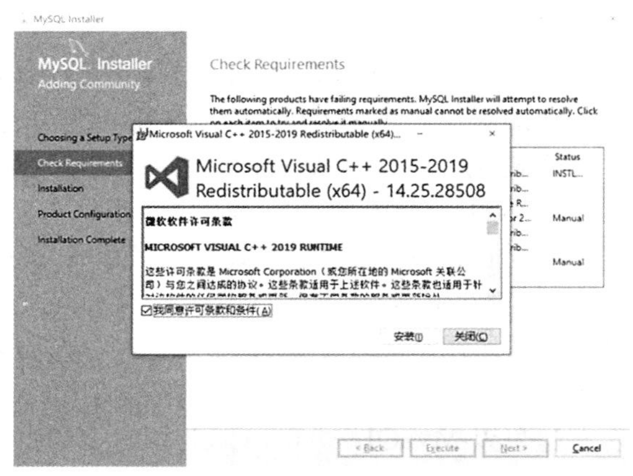

图 3-6-2(b) 自动安装所需项目

当“Check Requirments”所需的项目安装成功后，进入“Installation”环节，单击“Next”按钮进入“Ready to install”状态，单击“Execute”按钮则安装如图 3-6-3 所示的部件。然后是“Product Configuratation”环节，单击“Next”按钮继续。

在如图 3-6-4 所示的服务器类型配置窗口选择默认设置，其中“Development Machine”

选项是典型个人用桌面工作站，这种配置情况下 MySQL 将使用最少的系统资源，再次单击"Next"按钮继续。

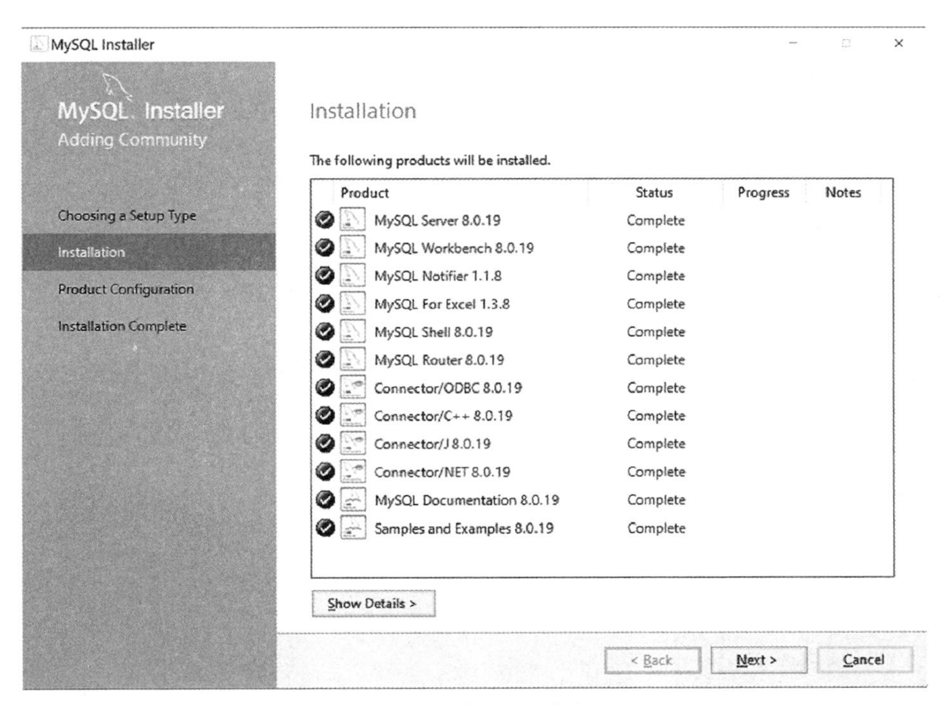

图 3-6-3　部件安装成功

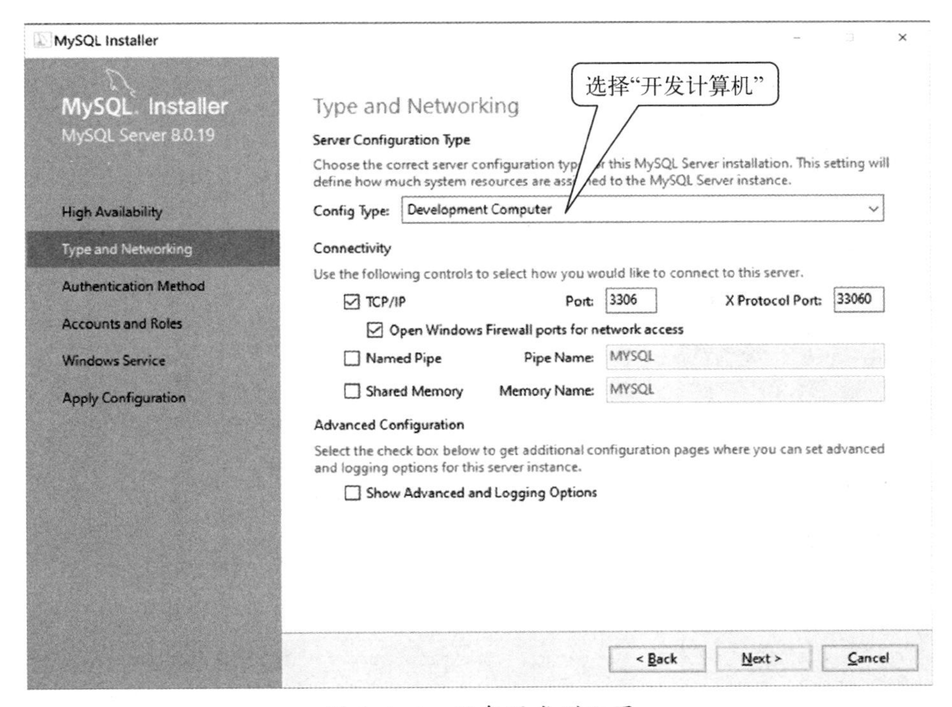

图 3-6-4　服务器类型配置

接下来，在如图 3-6-5 所示的 MySQL 服务器授权方式对话框中，选择第二个传统授权选项，以保证和早期 MySQL5.X 版本的兼容性。然后，进入如图 3-6-6 所示的服务器密码设置窗口。系统默认的用户名为“Root”，如需添加新用户，可以单击“Add User”按钮添加。

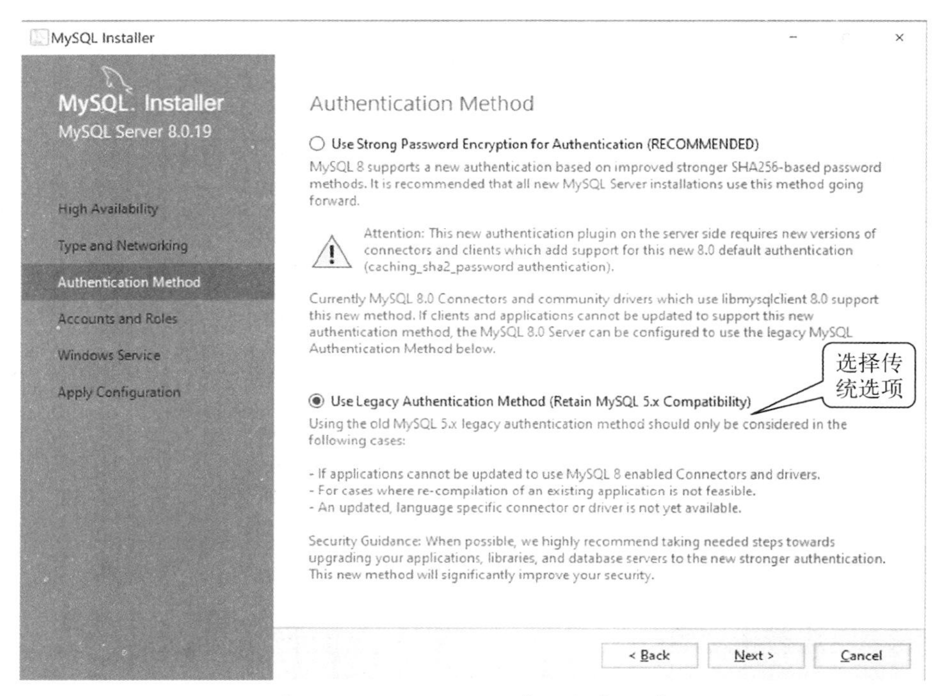

图 3-6-5　MySQL 服务器授权方式

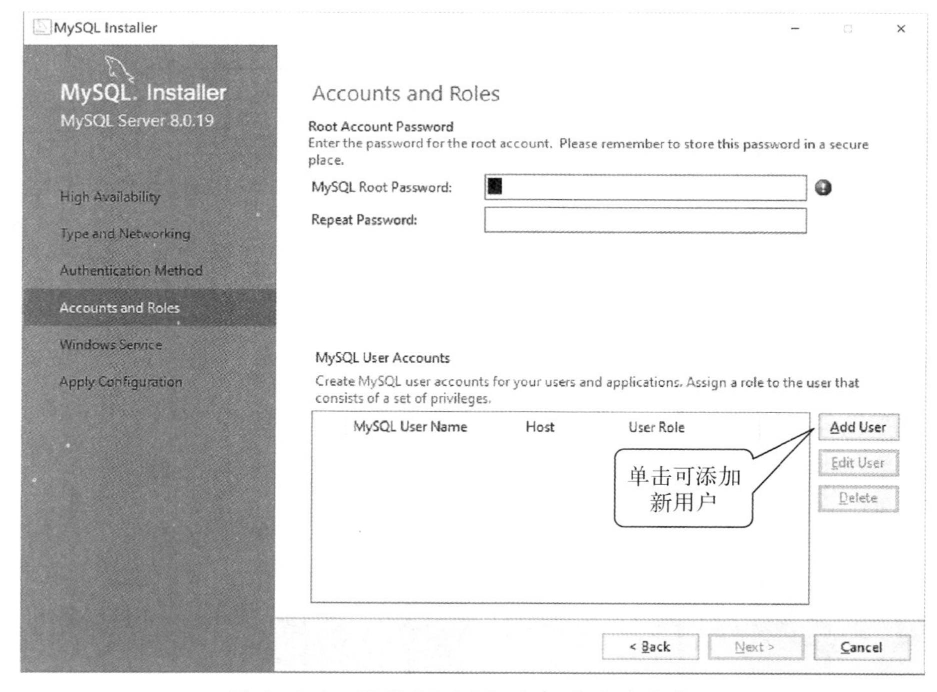

图 3-6-6　设置 MySQL 服务器的登录密码

接下来都选择默认选项，单击“Next”或“Execute”按钮，直到显示“The configuration for MySQL Server 8.0.19 was successful”，单击“Finish”按钮，完成 MySQL Server 8.0.19 的安装。

2. MySQL 启动

默认安装时 MySQL Notifier 会在 Windows 启动后自动启动，这时在“开始”菜单中会出现 MySQL8.0 Command LineClient，单击即可启动 MySQL 命令行方式。

如果在之前的安装过程中，在设置“Windows Service”时没有选择默认的“Start the MySQL at System Startup”，则在启动 Windows 后，需先启动“开始”菜单中的“MySQL Notifier”，然后通过通知栏中的 MySQL Notifier ，单击“MySQL8.0”的“start”命令，使“MySQL8.0”由“Stopped”状态改为“Running”。

3.6.3 MySQL 运行环境

1. 命令行方式

MySQL 的传统界面为命令行方式，启动 MySQL 后出现如图 3-6-7(a)所示的输入登录密码界面，按照图 3-6-6 所示设置的密码输入后，登录成功，则显示图 3-6-7(b)。

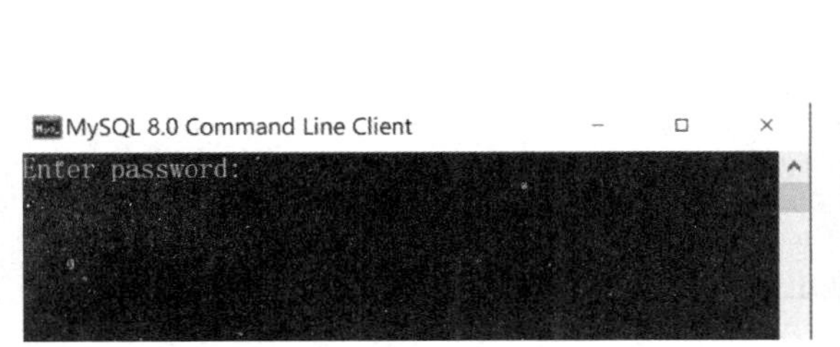

图 3-6-7(a)　输入密码登录 MySQL

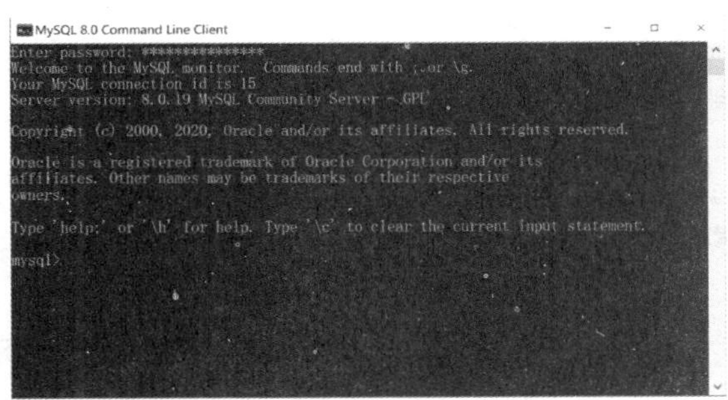

图 3-6-7(b)　登录成功

MySQL 在安装成功后会在其 data 目录下自动创建几个系统数据库，使用“show databases;”命令，如图 3-6-8 所示，可以查看这 6 个已有数据库。其中“information_schema”提供了访问数据库元数据的方式；“mysql”的核心数据库，类似于 sql server 中的 master 表，主要负责存储数据库的用户、权限设置、关键字等 mysql 自己需要使用的控制和管理信息；“performance_schema”主要用于收集数据库服务器性能参数；“sys”库所有的数据源来自“performance_schema”，目标是把“performance_schema”的复杂度降低；“sakila”和“world”是示例数据库。

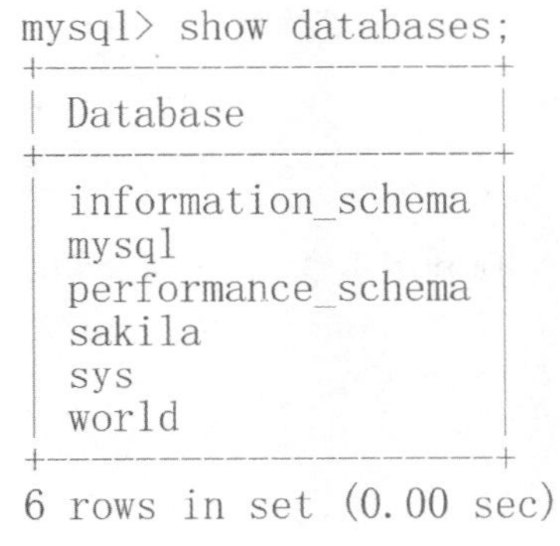

图 3-6-8　查看已有数据库

例 3-72：利用 SQL 语句在 MySQL 中创建一个新数据，插入一条记录，并执行一个查询语句。

在 MySQL 中创建数据库的 SQL 语句为：

CREATE DATABASE database_name；

① 运行如下语句，将创建一个名为“my001”的数据库：

mysql> create database my001；

创建完成后可以用 SHOW CREATE DATABASE 命令查看该数据库定义，如图 3-6-9 所示：

```
mysql> SHOW CREATE DATABASE my001\G
*************************** 1. row ***************************
       Database: my001
Create Database: CREATE DATABASE `my001` /*!40100 DEFAULT CHARACTER SET utf8mb4 COLLATE utf8mb4_0900_ai_ci */ /*!80016 D
EFAULT ENCRYPTION='N' */
```

图 3-6-9　查看数据库定义

删除已有数据库的 SQL 语句为：

DROP DATABASE database_name；

② 进入数据库，创建表。

选择创建的数据库可以使用 USE database_name 语句；然后可以利用本章 3.4.2 节所介绍的创建表的语句 CREATE TABEL，如图 3-6-10(a)所示，在 MySQL 数据库中创建表 STU；创建表成功后，可以利用 DESC Table_name 语句，查看已经创建的表的结构，结果如图 3-6-10(b)所示。

```
mysql> use my001;
Database changed
mysql> create table stu
    -> (
    -> 学号 char(8) primary key,
    -> 姓名 char(10) not null,
    -> 手机 char(11)
    -> );
Query OK, 0 rows affected (0.04 sec)
```

(a) 创建表

```
mysql> desc stu;
+-------+----------+------+-----+---------+-------+
| Field | Type     | Null | Key | Default | Extra |
+-------+----------+------+-----+---------+-------+
| 学号  | char(8)  | NO   | PRI | NULL    |       |
| 姓名  | char(10) | NO   |     | NULL    |       |
| 手机  | char(11) | YES  |     | NULL    |       |
+-------+----------+------+-----+---------+-------+
3 rows in set (0.01 sec)
```

(b) 查看表结构

图 3-6-10　在 MySQL 中创建和查看表

③ 利用本章 3.4.4 所介绍的 INSERT 语句，在 STU 表中插入一条记录，如图 3-6-11 所示：

```
mysql> insert into stu
    -> values ('20200001','张三','13800138001');
Query OK, 1 row affected (0.01 sec)
```

图 3-6-11　在 MySQL 中插入记录

④ 利用本章 3.4.3 所介绍的 select 语句，执行一条查询，如图 3-6-12 所示：

```
mysql> select * from stu;
+----------+------+-------------+
| 学号     | 姓名 | 手机        |
+----------+------+-------------+
| 20200001 | 张三 | 13800138001 |
+----------+------+-------------+
1 row in set (0.00 sec)
```

图 3-6-12　在 MySQL 中执行查询

2. 图形界面方式

MySQL 有比较丰富的图形化管理工具，常用的图形化管理工具有 MySQL Workbench、Navicat、MySQL Dumper、PHPMyAdmin 等。这里以 Navicat 为例，介绍该工具的基本使用。

Navicat 是一种为简化数据库的管理和降低系统管理成本而设计的数据库管理工具，为数据库的管理和操作提供简便易行的可视化的图形用户界面（GUI），可以用来对本机或远程的 MySQL、SQL Server、SQLite、Oracle 及 PostgreSQL 数据库进行管理及开发。Navicat 提供多达 7 种语言，是全球最受欢迎的数据库前端用户界面工具。它可以让用户连接到任何本机或远程服务器、提供一些实用的数据库工具如数据模型、数据传输、数据同步、结构同步、导入、导出、备份、还原、报表创建工具及计划以协助管理数据。Navicat 支持中文，且有免费版本提供。

启动 Navicat 后，单击“文件/新建连接”命令，或者单击“连接”按钮 ，选择“新建 MySQL 连接”，打开“MySQL-新建连接”对话框，如图 3-6-13(a)所示输入连接名称以及 MySQL 的服务器登录密码，单击“测试连接”按钮，显示如图 3-6-13(b)的连接成功对话框，单击“确定”。

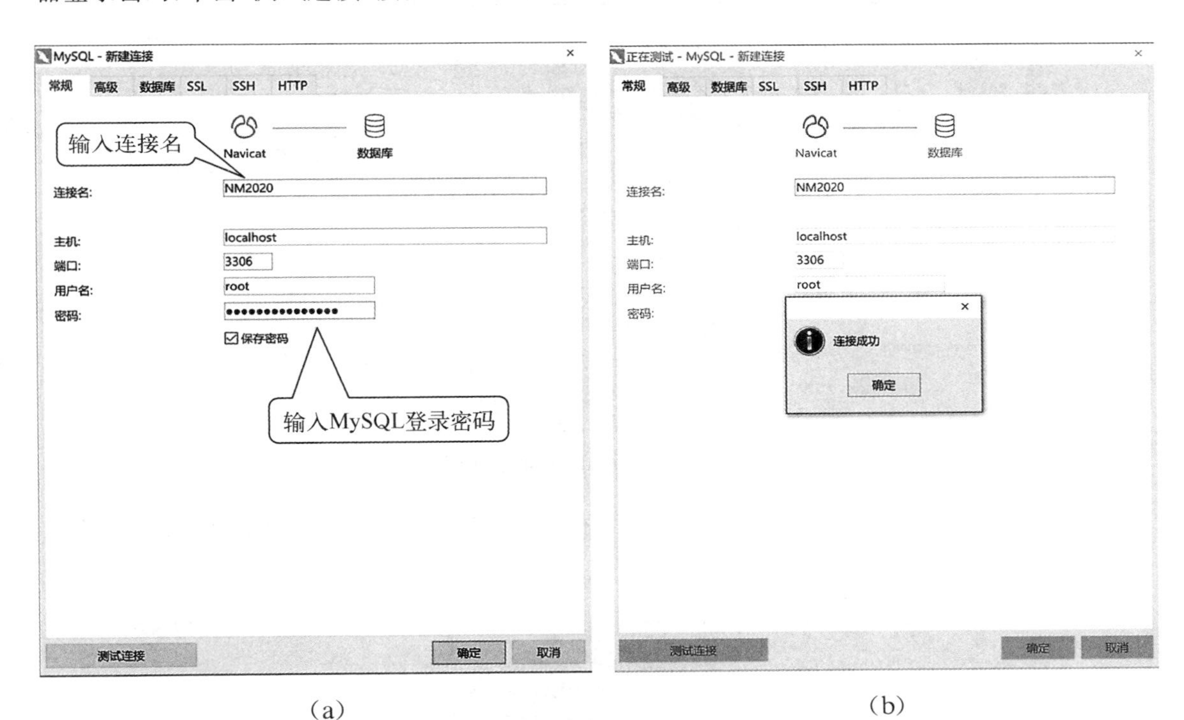

(a)　　　　　　　　(b)

图 3-6-13　在 Navicat 中新建 MySQL 连接

例 3-73：在 Navicat 中执行 MySQL 查询，并保存查询。

① 如图 3-6-14 所示，双击连接名称（本例中是“NM2020”），可以看到已有数据库；双击打开在例 3-72 中创建的“my001”数据库，选择“表”，双击“stu”，可以看到界面和我们熟悉的 Access 类似。

② 单击“新建查询”按钮，进入 SQL 语句编辑界面；输入语句后单击“运行”按钮可以看到查询结果，单击“保存”按钮出现查询命名对话框，如图 3-6-15 所示，输入查询名后单击“OK”。

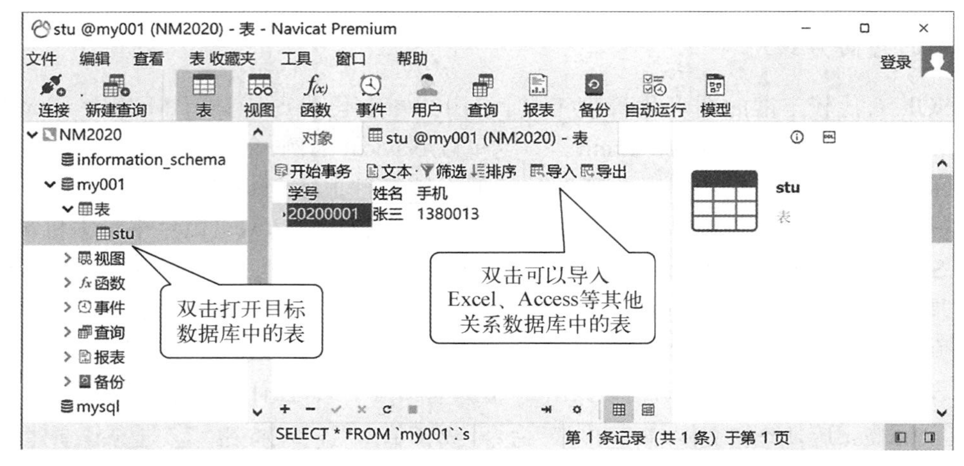

图 3-6-14　在 Navicat 中打开已有 MySQL 数据库中的表

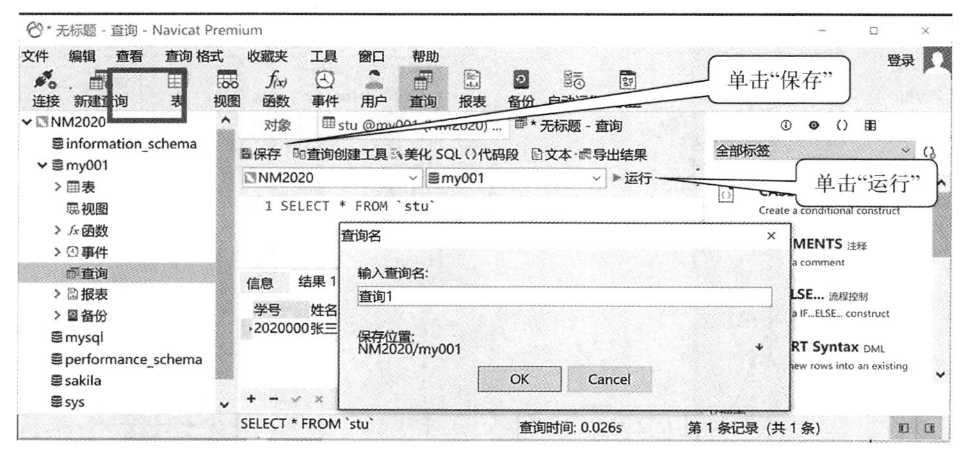

图 3-6-15　在 Navicat 中新建和保存查询

③ 已保存的查询如图 3-6-16 所示，选择已保存的查询并运行，可将结果导出为所需文件格式。

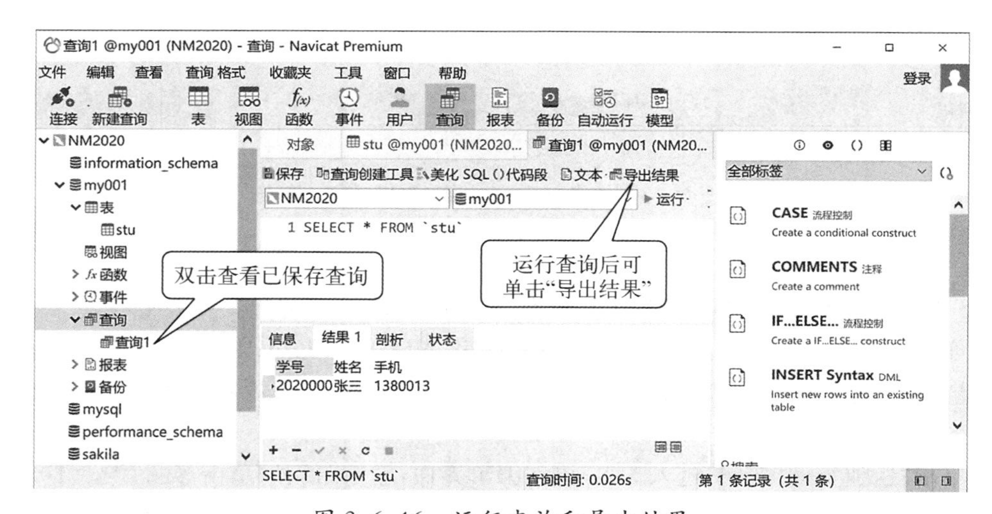

图 3-6-16　运行查询和导出结果

3.6.4 习题与实践

1. 简答题

MySQL作为一款中小型关系数据库软件与同类软件如Access相比，有什么优势和缺点？与大型关系数据库软件例如Oracle相比，又有哪些优势和不足？

2. 实践题

（1）在MySQL中运行本章3.4.2小节例3-13中的SQL语句，创建“学生管理”数据库和三个表，并建立关系；运行例3-14、例3-15和例3-16的语句修改表结构等。

（2）如图3-6-14所示，在Navicat中导入本章配套素材“L3考试管理系统”中的表，运行3.4.3—3.4.4的数据查询和数据更新语句。

3.7 综合练习

3.7.1 选择题

1. 关系型数据库管理系统应能实现的专门关系运算包括________。
   A. 排序、索引、统计　　B. 选择、投影、连接
   C. 关联、更新、排序　　D. 显示、打印、制表
2. 关系模型中,关系中的各行________。
   A. 前后顺序可以任意颠倒,不影响库中的数据关系
   B. 前后顺序不能任意颠倒,一定要按照输入的顺序排列
   C. 前后顺序可以任意颠倒,但排列顺序不同,统计处理的结果就可能不同
   D. 前后顺序不能任意颠倒,一定要按照关键字段值的顺序排列
3. 冗余数据是指可________的数据。
   A. 产生错误　　B. 由基本数据导出
   C. 删除　　D. 提高性能
4. SQL 的数据操纵语言包括________。
   A. ROLLBACK,COMMIT　　B. CREATE,DROP,ALTER
   C. SELECT,JOIN,PROJECT,UNION　　D. SELECT,INSERT,DELETE,UPDATE
5. 关系模型所定义的完整性约束不包括________。
   A. 实体完整性　　B. 参照完整性
   C. 元组个数　　D. 用户定义完整性
6. 数据类型在 SQL 语言中可以定义整数数值类型是________。
   A. CHAR　　B. DATE
   C. SMALLINT　　D. TEXT
7. 数据类型在 SQL 语言中不可以定义非整数数值类型的是________。
   A. NUMERIC(p,s)　　B. DECIMAL(p,s)
   C. YESNO　　D. REAL
8. 数据类型在 SQL 语言中可以定义字符型数据的是________。
   A. DATE　　B. DECIMAL(p,s)
   C. CHAR(n)　　D. REAL
9. 在标准 SQL 语言中,内容用 CREATE 语句不可以定义的是________。
   A. 基表　　B. 字段值域　　C. 字段值　　D. 索引
10. 有关 SQL 语言中的视图,叙述不正确的是________。
   A. 视图从逻辑上看,它属于外模式　　B. 视图是一个虚表
   C. 用户可以在视图上再定义视图　　D. 视图属于模式

3.7.2 填空题

1. 关系模型由____________、____________和____________三部分组成。
2. 若关系中的某一属性组的值能唯一地标识一个元组，则称该属性组为________。
3. 结构化查询语言SQL包括了________、________和________三个组成部分。
4. 在SQL中，用________命令可以修改表中的数据，用________命令可以修改表的结构。
5. 在SQL中，用________命令可以从表中删除元组，用________命令可以删除基表，用________命令可以删除表中属性。
6. 在SQL的SELECT命令中，进行记录的筛选用________子句，分组用________子句，排序用________子句。

3.7.3 综合实践

利用中国历代人物传记资料(或称数据)库(China Biographical Database，简称CBDB)，检索3～5位自己感兴趣的历史名人的人生轨迹和社会关系，用已经学过的Excel或其他计算机软件，对数据加以分析和描述，得出自己的研究结论。

本 章 小 结

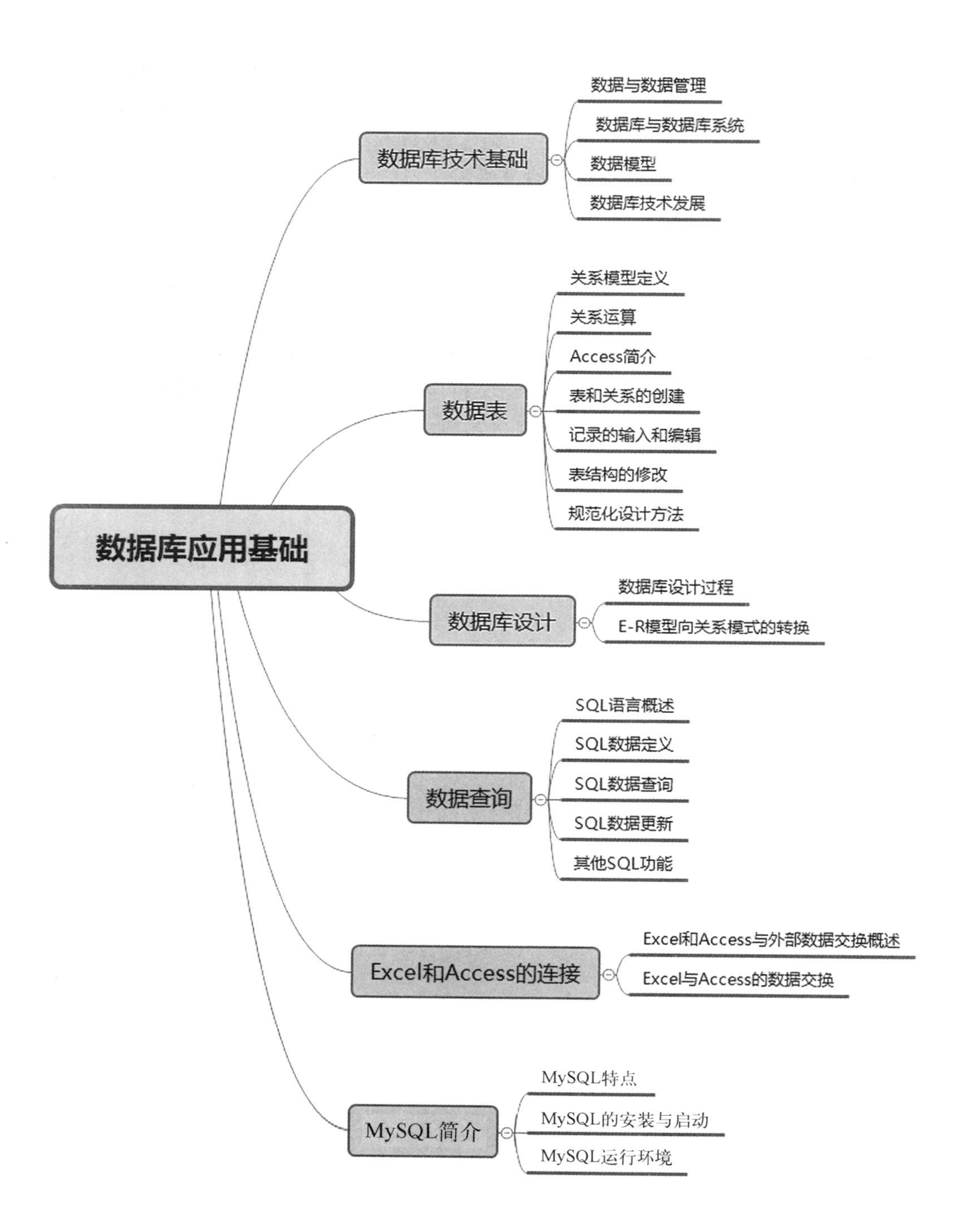
数据库应用基础
数据库技术基础
数据与数据管理
数据库与数据库系统
数据模型
数据库技术发展
数据表
关系模型定义
关系运算
Access简介
表和关系的创建
记录的输入和编辑
表结构的修改
规范化设计方法
数据库设计
数据库设计过程
E-R模型向关系模式的转换
数据查询
SQL语言概述
SQL数据定义
SQL数据查询
SQL数据更新
其他SQL功能
Excel和Access的连接
Excel和Access与外部数据交换概述
Excel与Access的数据交换
MySQL简介
MySQL特点
MySQL的安装与启动
MySQL运行环境

PART **04**

第4章 数据可视化

<本章概要>

大数据时代的到来变革着我们的生活、工作和思维。挖掘大数据的价值,使之更有意义的重要手段之一是数据可视化。本章主要介绍数据可视化的基本概念、常用工具,以及借助 Tableau 可视化工具实现数据可视化的基本方法和实战练习。

<学习目标>

通过本章学习,要求达到以下目标:

1. 掌握数据可视化概念及主要类型。
2. 掌握数据可视化的过程。
3. 了解常用的数据可视化工具。
4. 掌握 Tableau 数据可视化基本方法。
5. 比较熟练地运用 Tableau 基本方法和技巧实现完整的数据可视化过程,培养数据展示和数据分析的能力。

4.1 数据可视化基础

数据是大数据时代的核心生产力，挖掘并发现数据的价值对推动社会的智能化发展具有重要的意义。“让每个人都成为数据分析师”是大数据时代的要求。数据可视化提供了丰富的数据呈现方式和便捷的数据分析途径，帮助人们从信息中提取知识，从知识中获取价值。

4.1.1 数据可视化概念

数据可视化，是关于数据视觉表现形式的科学技术研究，它利用图形、图像处理、计算机视觉及用户界面，通过表达、建模以及对数据立体、表面、属性、动画的显示，加以可视化解释，以便于人们更好地发现和利用数据的价值。

1. 数据与可视化

数据描绘了现实的世界，是现实世界的快照。数据彼此之间没有联系，相互独立，是用来记录客观世界和科学规律的符号，是信息和知识的组成单位。通常情况下，人们通过对数据进行排序统计赋予数据意义，建立相关领域之间的沟通联系，使用的方法有展示、分析与保存。根据数据表现形式将数据分为模拟数据和数字数据。模拟数据指的是数据在某个范围内的变化是连续的、不间断的，包括几何图形、符号、空间图形数据、图像数据等，比如电视广播中的声音和图像。而数字数据指的是离散的、不连续的数据。

大数据可视化分析旨在利用计算机自动化分析能力的同时，充分挖掘人对于可视化信息的认知能力优势，发挥人与机器各自的特长，借助人机交互式分析方法和交互技术，辅助人们更为直观和高效地洞悉大数据背后的信息、知识与智慧。

在大数据的驱动下，可视化分析呈现以下一些发展趋势：

① 可视化对象正从传统的单一数据来源扩展到多来源、多尺度、多维度等广泛数据。相关研究领域开始利用海量数据存储和数据并行计算等技术，解决数据规模大、维度高等技术难题，促进了大数据可视化应用于更多研究领域。

② 可视化用户从数据专家延伸至广泛的社会群体。在大数据时代，每个人都是大数据的创造者，因此每个人都需要分析、理解数据并从中获取价值。可视化技术的普及和可视化系统的易用性是大数据可视化的发展趋势之一。

③ 可视化与可视化分析在数据科学的框架下进行。可视化包含数据变换、数据呈现和数据交互三个重要部分，涉及数据加工、数据挖掘、数据搜索、知识管理等要素，贯穿整个数据处理的生命周期。

2. 可视化的发展

可视化（Visualization）技术已成为研究数据表示、数据处理、决策分析等一系列问题的综合技术。

(1) 科学计算可视化(scientific visualization)

可视化技术最初起源于 20 世纪 50 年代计算机图形学,被应用于科学计算中。当时,人们利用计算机创建出首批图形图表。20 世纪 70 年代以后,虽然可以将科学计算的结果以二维图像表示,或用绘图仪绘制,但仍然不能得到计算结果更为直观、形象的整体概念,而且不能进行交互处理,只能被动地等待计算结果的输出。1982 年 2 月,美国国家科学基金会在华盛顿召开了科学可视化技术的首次会议,会议为科学计算可视化赋予了新的含义,即科学计算可视化是通过研制计算机工具、技术和系统,把实验或数值计算获得的大量抽象数据转换为人的视觉可以直接感受的计算机图形图像,从而进行数据探索和分析。1987 年,由美国计算机科学家布鲁斯·麦考梅克、托马斯·德房蒂和玛克辛·布朗所编写的美国国家科学基金会报告 *Visualization in Scientific Computing* 中,首次阐述了科学可视化的目标和范围:“利用计算机图形学来创建视觉图像,帮助人们理解科学技术概念或结果的那些错综复杂而又往往规模庞大的数字表现形式”。

科学计算可视化也称为科学可视化,它主要关注三维现象的可视化,如建筑学、气象学、医学或生物学方面的各种系统。Taylor 用一个三角形(图 4-1-1)表示地图可视化的概念,他认为交互(新的显示技术)、认知(分析和应用)和形式(新的计算机技术)是用可视化联系在一起的,并且强调地图可视化中的分析是更有意义的因素。MacEachren 定义的地图可视化立方体如图 4-1-2 所示,立方体的轴展示了数据的状态(从已知到未知)、数据的范围(从广大受众到个体受众)和数据的交互性(从低级到高级交互)。强调地图使用者从被动接受者变为主动分析者,地图从对已有知识的展示到对未知的探索,信息从单方向的传输(地图到用户)到双向传输(地图和用户的可视化交互)。

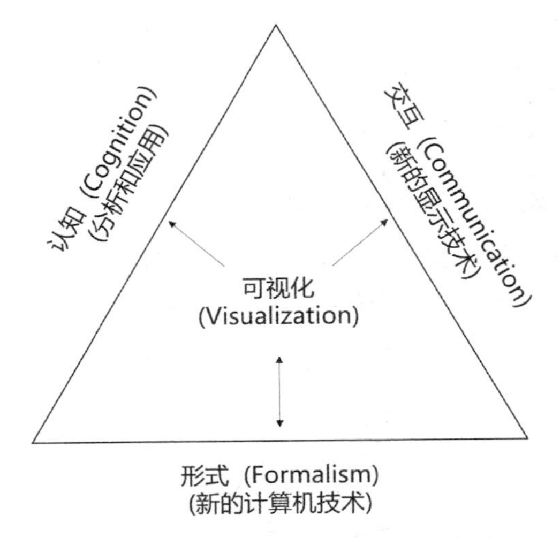

图 4-1-1 Taylor 的地图可视化表达

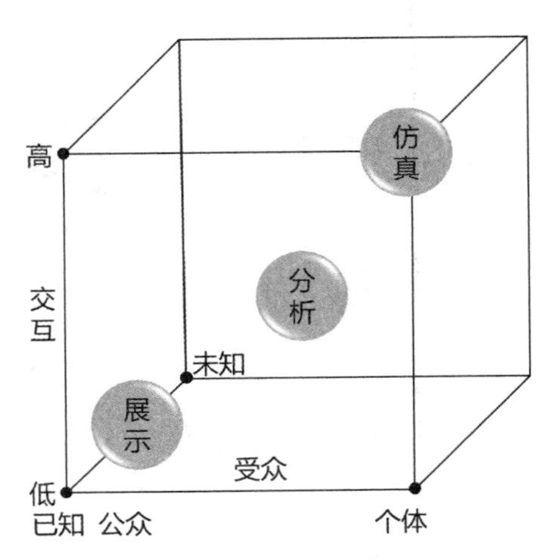

图 4-1-2 MacEachren 的地图可视化表达

科学可视化与传统可视化方法的主要区别如表 4-1-1 所示。

表 4-1-1　科学可视化与传统可视化方法的主要区别

传统可视化	科学可视化
抽象性	直观性
静态性	动态性，甚至实时性
实在性（指实物图形，具有静态永久性）	虚拟性（指屏幕图像或三维立体图像，具有暂时性）
用户被动接受信息	用户与图像的交互交融性
表现形式简单（以表格、图形、文本为主）	集成性（集图形、图像、声音、动画、视频等多媒体技术于一体）
个体受众	广大受众（通过网络实现用户并发访问）
侧重知识表达	侧重知识挖掘

（2）信息可视化

18 世纪中期，伦敦接连两次霍乱爆发，身为医生的约翰·斯诺（John Snow）经过溯源分析认为，活力霍乱的传播途径为粪口传播。1854 年，霍乱卷土重来，伦敦城 10 天内有超过 500 人死亡，约翰将怀疑对象迅速锁定于水源。他追踪了苏活区的严重疫情，发现几乎所有死于霍乱的居民都与宽街上的水泵有关。约翰当即向政府报告，建议拆掉 Broad 街水泵的把手。约翰对这次霍乱爆发的调查堪称流行病学史上的经典案例。事后，约翰绘制了一张疫情地图，如图 4-1-3 所示，图中标注出病例的分布以及水井的位置，更加直观地揭示了污染井水与霍乱疫情的关系。从那时起，信息设计便已出现。20 世纪 90 年代初，图形化界面的出现使得人们能够直接

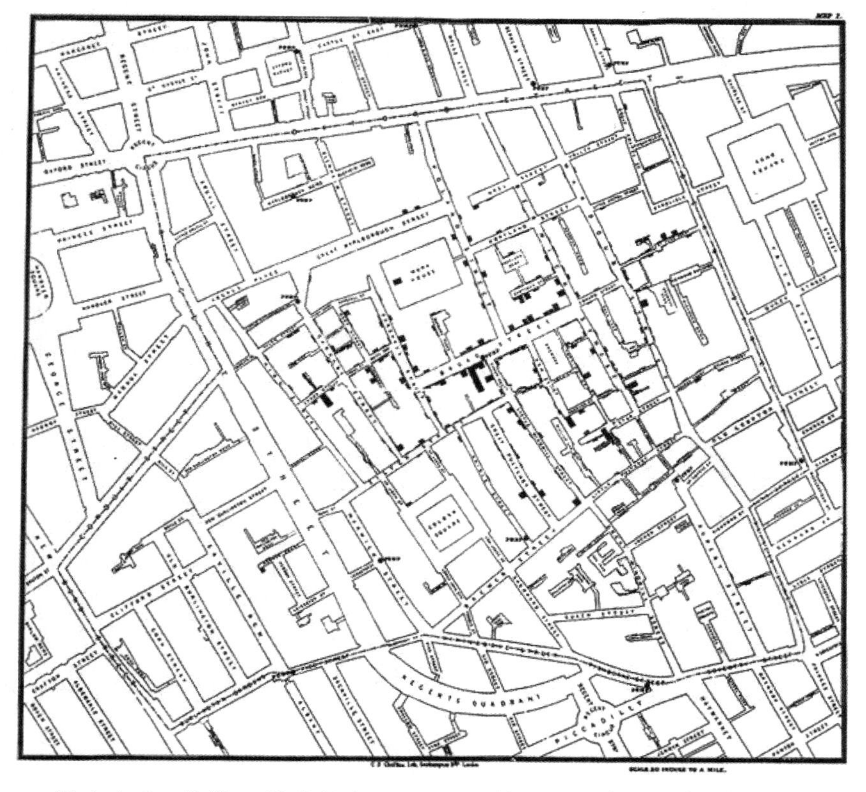

图 4-1-3　约翰·斯诺（John Snow）绘制的一张霍乱疫情的位置图

与可视化的信息之间进行交互，从而推动了信息可视化研究。信息可视化的英文术语“Information Visualization”是由美国 Xerox PARC 研究中心的研究员斯图尔特·卡德、约克·麦金利和乔治·罗伯逊于 1989 年提出的。信息可视化是将抽象繁琐的数据通过计算机图形的方式展现出来，通过信息可视化可以使人与信息之间进行交互，从而帮助人对抽象信息的认知。信息可视化在科学可视化的基础上，结合了计算机交互技术、机器学习技术、计算机图形技术、认知心理学等多门复合学科，成为研究数据表示、数据处理、决策分析等一系列问题的综合技术。

信息可视化的过程，也就是建立数据的可视映射的过程。斯图尔特·卡德等人提出了一种可视化参考模型，表明了信息可视化的主要过程，如图 4-1-4 所示。首先，收集原始数据，将原始数据转换为数据表格存入信息库中；其次，通过可视化数据结构将数据映射为可视化视图；最后，进行可视化交互与分析。在这个过程中，用户可以根据不同的需求，通过人机交互技术对信息数据进行数据交换、图像映射、视图变换等操作。

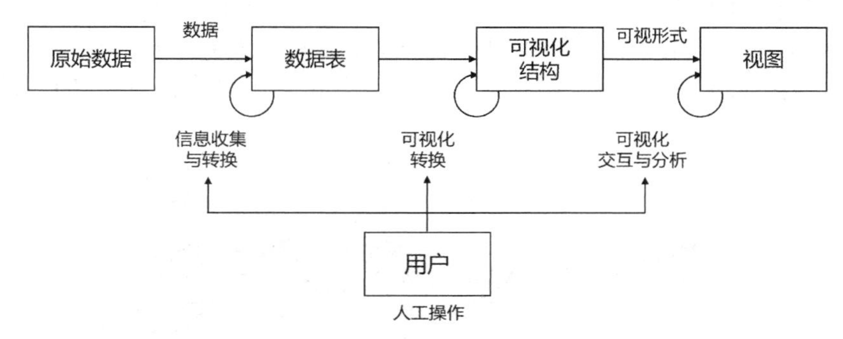

图 4-1-4　信息可视化参考模型

(3) 数据可视化

20 世纪 80 年代中期出现了动态统计图，最终在 20 世纪末开始与可视化方式合并，试图实现动态、可交互的数据可视化，于是出现了同时涵盖科学可视化与信息可视化领域的新生术语“数据可视化”。数据可视化在这一时期的最大动力来自动态图形方法的发展，允许对图形对象和相关统计特性的即时和直接的操纵。早期就已经出现实时地与概率图(Fowlkes,1969)进行交互的系统。这可以看作动态交互式可视化发展的起源，推动了这一时期数据可视化的发展。

在 2003 年全世界创造了 5EB 的数据量时，人们就逐渐开始对大数据的处理进行重点关注。2012 年，我们进入数据驱动的时代。数据的价值成为核心生产力，伴随着爆炸式的数据增长，数据分析成为探索数据价值的重要手段，因此人们对数据可视化技术的依赖程度也不断加深。

大数据时代的到来对数据可视化的发展有着冲击性的影响，试图继续以传统展现形式来表达庞大的数据量中的信息是不可能的。在应对大数据时，快速增长的数据规模、多源异构的数据来源等数据扩展性问题需要新的分析方法和呈现方式；互联网数据的频繁更新需要依赖新的数据获取渠道保证可视化数据来源，实时数据可视化呈现又反过来体现实时数据的价值。因此，建立一种有效的、可交互式的大数据可视化方案来表达大规模、不同类型的实时数据，成为数据可视化的主要研究方向。

3. 数据可视化的类型

数据可视化技术涉及传统的科学可视化和信息可视化，从数据分析将挖掘信息和洞悉知识作为目标的角度出发，信息可视化技术将在大数据背景的数据可视化中扮演更为重要的角色。美国计算机科学家本·施奈德曼将数据类型分为七类：一维数据、二维数据、三维数据、多维数据、时态数据、层次数据、网络数据。随着大数据的兴起与发展，在互联网、社交网络、地理信息系统、企业商业智能、社会公共服务等主流应用领域，多维数据可视化、文本可视化、网络可视化、时空数据可视化技术成为数据可视化研究的热点领域。

（1）多维数据可视化

多维数据中的信息数据具有三个以上的维度属性。在现实生活中，多维数据随处可见，如金融数据、统计数据、气象数据、医疗数据等。多维数据可视化的核心是解决多维数据的转换问题，将多维数据映射到可视化结构中，转换为更加容易采用可视化视图展示的二维或三维空间中。常见的多维信息可视化技术有平行坐标技术（Parallel Coordinates）、雷达图技术（Radar Chart）、散点图矩阵技术（Scatterplot Matrices）等。图 4-1-5 显示了 Iris 数据集的平行坐标表示。Iris 数据集的平行坐标表示中以多个垂直平行的坐标轴分别表示花萼长度、花萼宽度维度，以维度上的刻度表示在该属性上的对应值，相连而得的一个折线表示一个 Iris 数据样本。

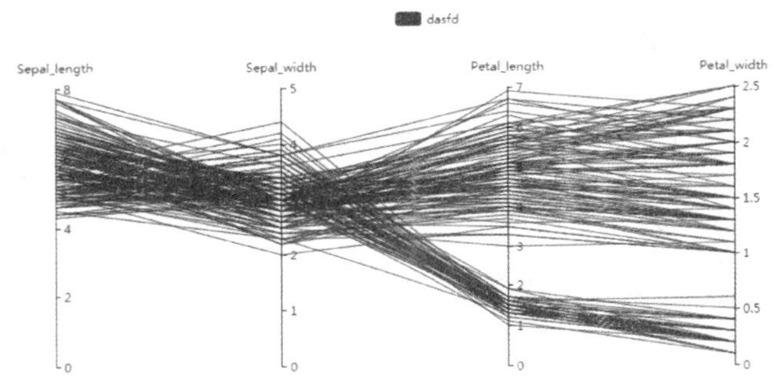

图 4-1-5　Iris 数据集的平行坐标表示

（2）文本可视化

文本可视化的核心思想是针对大规模的文本数据，最大程度地实现信息归纳和信息提取，将文本信息中隐藏的知识呈现给用户。因此，文本数据可视化不仅是将文字转换成几个简单的图形、图表，更大的作用在于发现文本信息潜在的主题和隐含的特征、关系等。针对不同的应用场景和需求，研究者们提出了众多研究方案，主要可以总结为以下三类：基于词汇的文本可视化、基于语义结构的文本可视化、基于时间序列的文本可视化。图 4-1-6 展示了基于词汇的词云图可视化效果。词云图将文本中的关键词根据词频或其他规则进行排序，按照一定规律进行布局排列，用大小、颜色、字体等图形属性对关键词进行可视化。目前，大多用大小代表该关键词的重要性。

（3）网络可视化

网络关联关系是大数据中最常见的关系，如互联网与社交网络。基于网络节点和连接的拓扑关系，直观地展示网络中潜在的模式关系，例如节点或边聚集性，是网络可视化的主要内容之一。对于具有海量节点和边的大规模网络，如何在有限的屏幕空间中进行可视化，将是大数据时代面临的难点和重点。除了对静态的网络拓扑关系进行可视化，大数据相关的网络往往具有动态演化性，因此，如何对动态网络的特征进行可视化，也是不可或缺的研究内容。经

图 4-1-6　典型的基于词汇的标签云文本可视化

典的基于节点和边的可视化，是网络可视化的主要形式。例如，H状树（H-Tree）、圆锥树（Cone Tree）、放射图（Radial Graph）、三维放射图（3D Radial）、气球图（Balloon View）、双曲树（Hyperbolic Tree）等。图4-1-7展示了H状树（H-Tree）、放射图（Radial Graph）和气球图（Balloon View）的可视化效果。

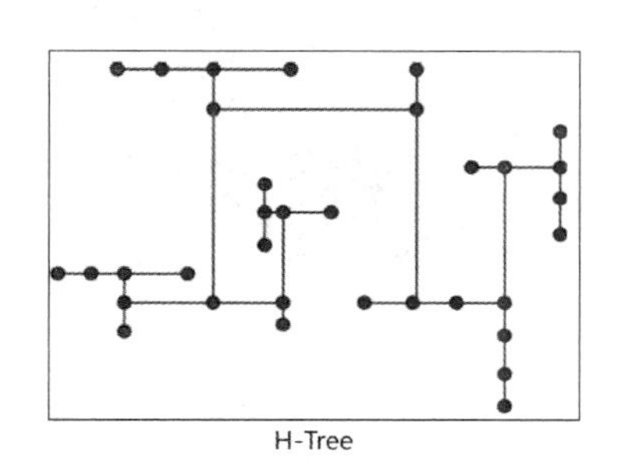
H-Tree

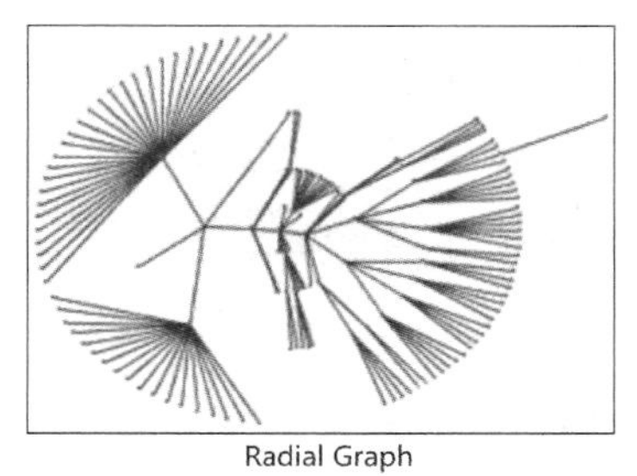
Radial Graph

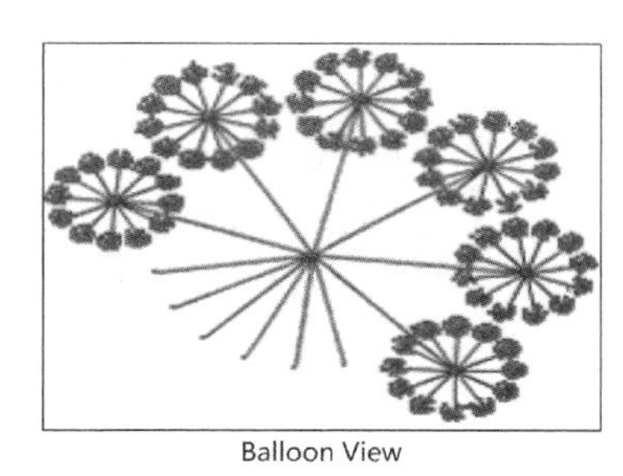
Balloon View

图 4-1-7　H状树（左）、放射图（中）和气球图（右）的网络（图）可视化

层次结构数据也属于网络信息的一种特殊情况。层次数据是一种常见的数据类型，用来描述具有等级或层级关系的数据对象，而抽象信息之间最普遍的一种关系就是层次关系。层次信息可以用来描述一系列具有层次结构关系的数据信息，例如家族的族谱、机构的上下级关系等。典型的层次信息可视化的方式有两种：节点连接图（Link Point Graph）和树图（TreeMap）。图4-1-8显示了调查人群的软饮料偏好树图。图中清晰地表明了被调查者对胡椒博士（一种焦糖碳酸饮料）、可口可乐、健怡可口可乐、芬达、冰茶的喜好程度。

（4）时空数据可视化

时空数据是指带有地理位置与时间标签的数据。传感器与移动终端的迅速普及，使得时空数据成为大数据时代典型的数据类型。时空数据可视化与地理制图学相结合，重点对时间与空间维度以及与之相关的信息对象属性建立可视化表征，对与时间和空间密切相关的模式及规律进行展示。大数据环境下时空数据的高维性、实时性等特点，也是时空数据可视化的重点。流式地图（Flow map）及时空立方体（Space-time Cube）是实现时空数据可视化的主要技术手段。为了解决传统流式地图在大数据下面临大量的图元交叉、覆盖等问题，常采用边捆绑技术的流式地图或结合了密度图技术的流式地图。同样，可以结合散点图和密度图技术或融合多维数据可视化技术，解决时空立方体面临的大规模数据造成的密集杂乱问题。图4-1-9的左图是1864年法国红酒的出口情况的流式地图，显示红酒的出口流向从一个或几个起源地

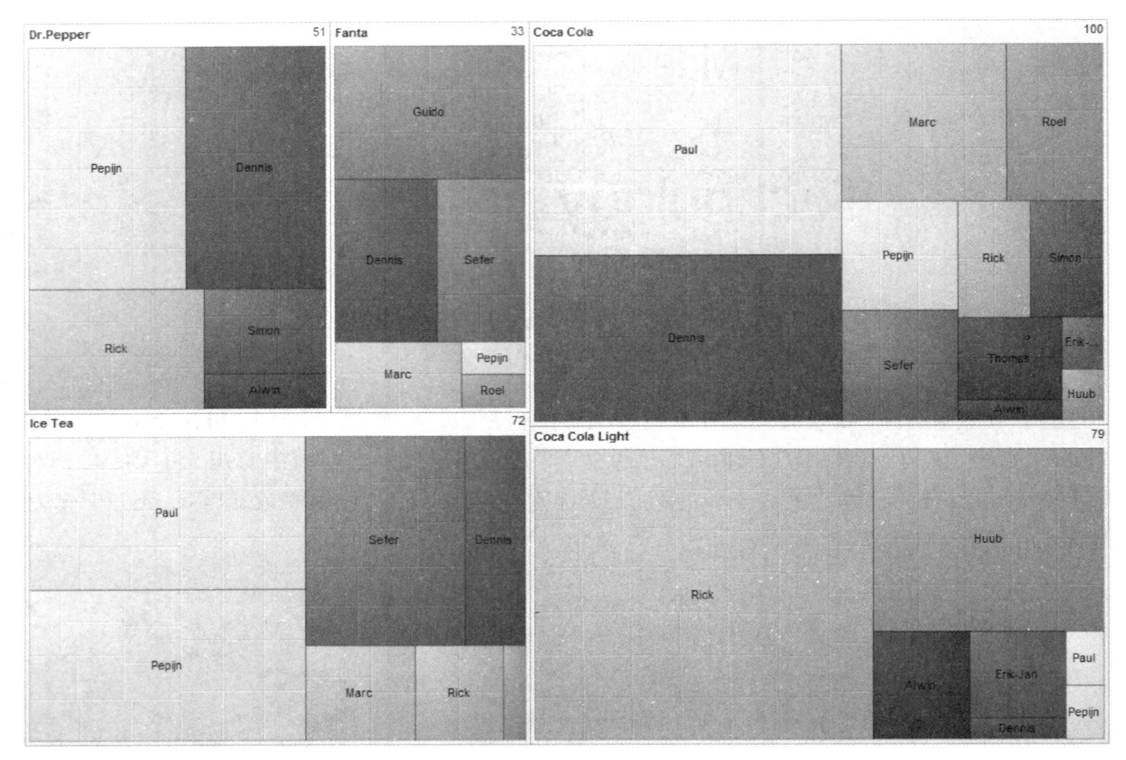

图 4-1-8 软饮料偏好树图

到多个目的地的扩散流向。当数据规模不断增大时，传统的流式地图面临大量的图元交叉、覆盖等问题，这也是大数据环境下时空数据可视化的主要问题之一。解决此问题可借鉴并融合大规模图可视化中的边捆绑方法，如 4-1-9 右图所示，是对时间事件流做了边捆绑处理的流式地图。

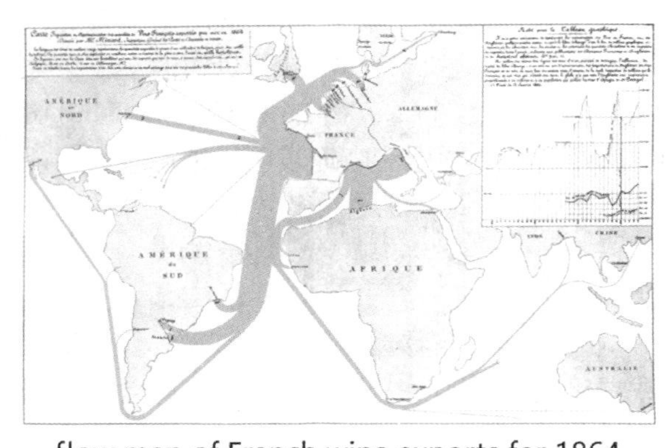

flow map of French wine exports for 1864

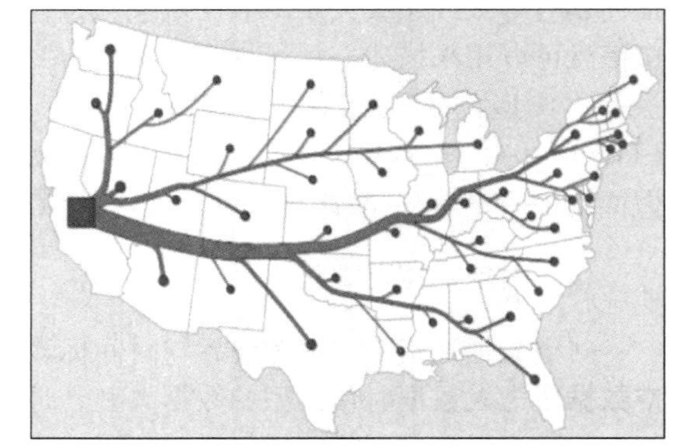

edge bundling used in flow map

图 4-1-9 传统流式地图（左）及使用了边捆绑技术的流式地图（右）

4. 数据可视化的挑战

大数据时代带来数据优势的同时，也给传统数据可视化方法、工具及技术提出了前所未有的挑战。

（1）大数据对可视化工具集成接口的挑战

数据可视化与可视化分析所依赖的基础是数据。传统业务数据随时间演变已拥有标准的格式，能够被标准商业智能软件识别。而大数据时代数据的多源性、异构性造成数据的完整性、一致性及准确性难以保证，数据质量的不确定问题将直接影响可视化分析的科学性和准确性。同时，一些可视化软件的数据接口不能支持大数据的结构多样性，因此大数据的集成和接口问题将是大数据可视化分析面临的第一个挑战。

（2）大数据对可视化能力的挑战

大数据的数据规模呈现爆炸式增长，数据量的无限积累与数据的持续演化，导致普通计算机的处理能力难以达到理想的范围。大量在较小的数据规模下可行的可视化技术，在面临极端大规模数据时将无能为力。因此，未来如何对超高维数据降维以降低数据规模，如何结合大规模并行处理方法与超级计算机，如何将目前有价值的可视化算法和人机交互技术提升和拓展到大数据领域，是大数据可视化分析系统面临的严峻挑战。

（3）数据变化对可视化过程的挑战

传统数据可视化过程仅将数据加以组合，通过不同的展现方式提供给用户，用于发现数据之间的关联关系。近年来，随着云计算和大数据的发展，数据可视化过程已经不再满足于使用传统的可视化方法对数据仓库中的数据抽取、归纳并简单地展现。新型数据可视化产品必须满足大数据的可视化需求，实现信息的快速收集、筛选、分析、归纳及展示，并根据新增数据实时更新。

（4）以用户为中心的要求对可视化体系的挑战

随着互联网、物联网、云计算的迅猛发展，数据随处可见、触手可及，每个人日常生活的衣食住行都与大数据息息相关。“人人都懂大数据、人人都能可视化”将是可视化体系的发展目标之一。传统的可视化领域缺乏简单易行的系统设计与开发方法，使得用户难以掌握。针对只提出问题需求或提供大数据的用户，构建快捷方便、功能强大、满足个性化需求的可视化体系将是大数据可视化分析走向大范围应用并充分发挥价值的关键。

5. 数据可视化工具的新特点

可视化分析是大数据分析的重要方法，能够有效地弥补计算机自动化分析方法的劣势与不足。可视化分析领域建立在可视化技术基础上，主要强调认知、可视化、人机交互的交叉与融合。在大数据时代，数据可视化工具需要具有以下五种新特点：

（1）实时性

数据可视化工具必须适应大数据时代数据规模的爆炸式增长需求，数据可视化过程必须快速、准确，并能够实现数据信息的实时更新。

（2）操作简单

数据可视化工具需要具有易学习、易操作、快速开发的特性，一方面满足互联网时代数据信息的变化特征，另一方面满足以用户为中心的目标。

（3）展现形式更加丰富

数据的多维度特征要求可视化工具提供更加丰富的展现方式，满足数据的多维呈现。

（4）支持多元数据方式

数据可视化工具需要满足大数据时代数据的多源性、异构性要求，具有集成多种数据形式的特征。

（5）交互性

丰富的数据维度和复杂的数据关联要求数据可视化工具提供界面支持的人机交互功能，以实现符合分析过程认知理论的自然、高效的人机交互。

4.1.2 数据可视化过程

加州大学洛杉矶分校统计学博士 Nathan Yau 致力于研究数据可视化和个人数据收集。在他的 *Data Points Visualization That Means Something* 一书中，以问题的方式介绍了数据可视化过程的步骤：拥有什么样的数据，关于数据你想了解什么，应该使用哪种可视化方式，你看见了什么，有意义吗？美国数据可视化专家 Benjamin Fry 撰写的 *Visualizing Data* 书籍中对数据可视化原理、方法、过程进行了详细的介绍。Benjamin Fry 将可视化流程分成：获取数据、数据解析、数据过滤、数据挖掘、数据表示、完善表示、交互七个步骤。在对各个步骤的论述中，我们发现 Nathan Yau 和 Benjamin Fry 对数据可视化过程的认识是一致的。Benjamin Fry 以一个邮政编码与地理区域关系项目的示例简单明了地向我们解释了数据可视化各个步骤需要完成的任务。

1. 获取数据

顾名思义就是取得数据，我们可以导入本地数据，也可以从云端下载数据，还可以从互联网爬取数据。图 4-1-10 展示了从美国人口普查局的网站上下载的邮政编码列表的副本文件（约 42 000 行，每个代码一行）的一小部分。

00210	+43.005895	-071.013202	U	PORTSMOUTH	33	015
00211	+43.005895	-071.013202	U	PORTSMOUTH	33	015
00212	+43.005895	-071.013202	U	PORTSMOUTH	33	015
00213	+43.005895	-071.013202	U	PORTSMOUTH	33	015
00214	+43.005895	-071.013202	U	PORTSMOUTH	33	015
00215	+43.005895	-071.013202	U	PORTSMOUTH	33	015
00501	+40.922326	-072.637078	U	HOLTSVILLE	36	103
00544	+40.922326	-072.637078	U	HOLTSVILLE	36	103
00601	+18.165273	-066.722583		ADJUNTAS	72	001
00602	+18.393103	-067.180953		AGUADA	72	003
00603	+18.455913	-067.145780		AGUADILLA	72	005
00604	+18.493520	-067.135883		AGUADILLA	72	005
00605	+18.465162	-067.141486	P	AGUADILLA	72	005
00606	+18.172947	-066.944111		MARICAO	72	093
00610	+18.288685	-067.139696		ANASCO	72	011
00611	+18.279531	-066.802170	P	ANGELES	72	141
00612	+18.450674	-066.698262		ARECIBO	72	013
00613	+18.458093	-066.732732	P	ARECIBO	72	013
00614	+18.429675	-066.674506	P	ARECIBO	72	013
00616	+18.444792	-066.640678		BAJADERO	72	013

图 4-1-10　邮政编码列表的副本文件格式

在信息时代，虽然数据无处不在，但是我们在可视化实践过程中常常发现缺少有效数据或适合可视化的数据，因此，通常获取数据是最困难、耗时最多的一步。只有在少数情况下可以获得那些符合格式要求的、可以轻松导入的数据。更多情况下，需要通过访问 API 接口从互联网爬取数据，或从已有的数据中挖掘需要的数据。

2. 数据解析

获取数据后，需要将其解析为一种合适的格式，以便对数据的每个部分进行标记。例如，在文件的每一行的各个数据间使用制表符分隔。完成数据解析步骤之后，数据将实现成功标记，便于后续的应用程序处理或可视化呈现。图 4-1-11 显示了对数据进行解析后的数据结构。

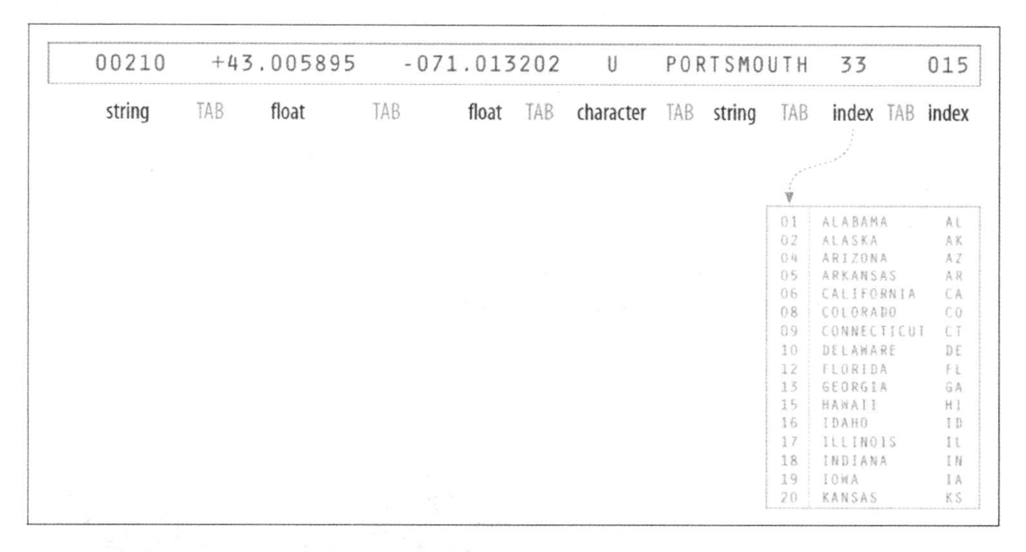

图 4-1-11 解析后的数据结构

3. 数据过滤

数据过滤是指删除不符合要求的数据，留下有用数据，以便更好地理解数据。不符合要求的数据主要包括不完整的数据、错误的数据、重复的数据、与分析无关的数据。

4. 数据挖掘

对数据的属性进行交叉分析，分析部分属性之间的关系，挖掘其背后潜在的意义，常使用的方法有数据挖掘、统计学方法、数学方法。完成挖掘的数据为接下来的步骤提供了有组织的数据结构。图 4-1-12 显示了根据原始数据得到经纬度的最大值和最小值的数据挖掘结果。

5. 数据表示

根据数据选取指标的维度、数据的表达效果等选取合适的数据可视化图集模型，进行数据表示。数据指标的纬度指的是一维、二维、三维以及多维等，表达效果有部分与整体、排序、展示等，数据表示是数据可视化图集的草图，决定了数据可视化效果的大概样式。数据可视化的关键步骤是数据表示。图 4-1-13 显示了邮政编码数据的基本表示形式。

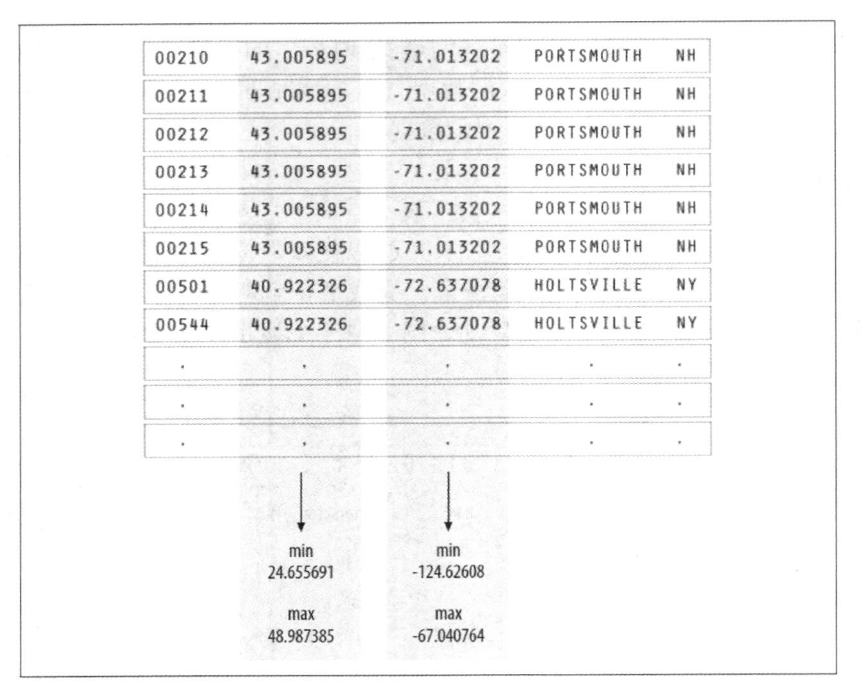

00210	43.005895	-71.013202	PORTSMOUTH	NH
00211	43.005895	-71.013202	PORTSMOUTH	NH
00212	43.005895	-71.013202	PORTSMOUTH	NH
00213	43.005895	-71.013202	PORTSMOUTH	NH
00214	43.005895	-71.013202	PORTSMOUTH	NH
00215	43.005895	-71.013202	PORTSMOUTH	NH
00501	40.922326	-72.637078	HOLTSVILLE	NY
00544	40.922326	-72.637078	HOLTSVILLE	NY
.	.	.	.	.
.	.	.	.	.
.	.	.	.	.

图 4-1-12　数据挖掘——找到数值数据的最大、最小值

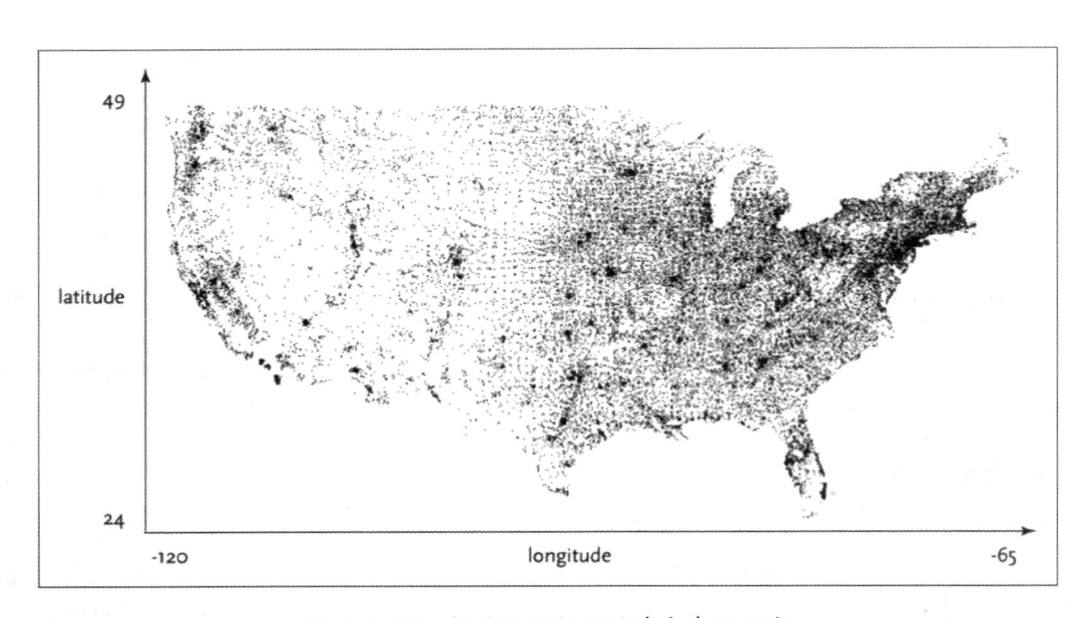

图 4-1-13　邮政编码数据的基本表示形式

6. 完善表示

使用图形设计方法，对数据表示过程中得到的草图进行改善，使其更加清晰形象。改善的元素有图集的层次结构、颜色、字体样式、符号排序、图集背景等，突出数据的重点，使数据的表达效果更为直观生动，实现实用与效果的完美结合。图 4-1-14 为完善后的数据表示效果。

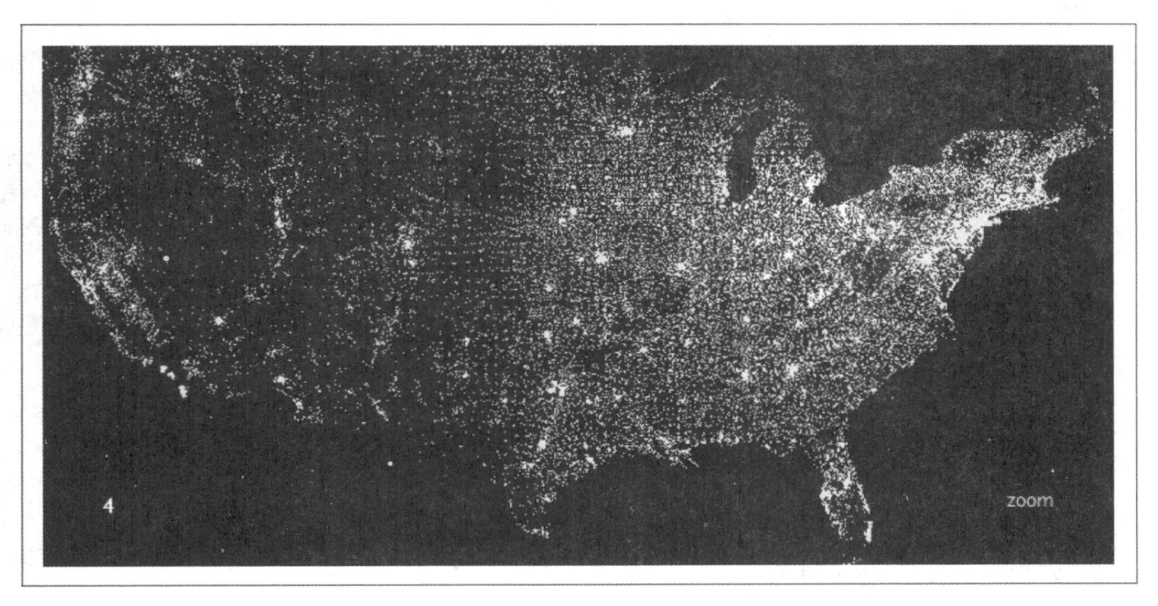

图 4-1-14 使用颜色改善数据表示的效果

7. 交互

交互是用户和计算机完成信息交换的途径，是为用户提供控制和探索数据的途径。交互包括选择数据子集或更改数据显示的视图。比如用户能够在一张图集中对多个指标中的任一指标进行研究，隐藏其他指标。交互能够增加用户对数据图集的内容研究，对数据认识得更加全面，操作途径更加方便。图 4-1-15 显示了用户通过选择邮政编码起始位数字改变数据显示的交互效果。

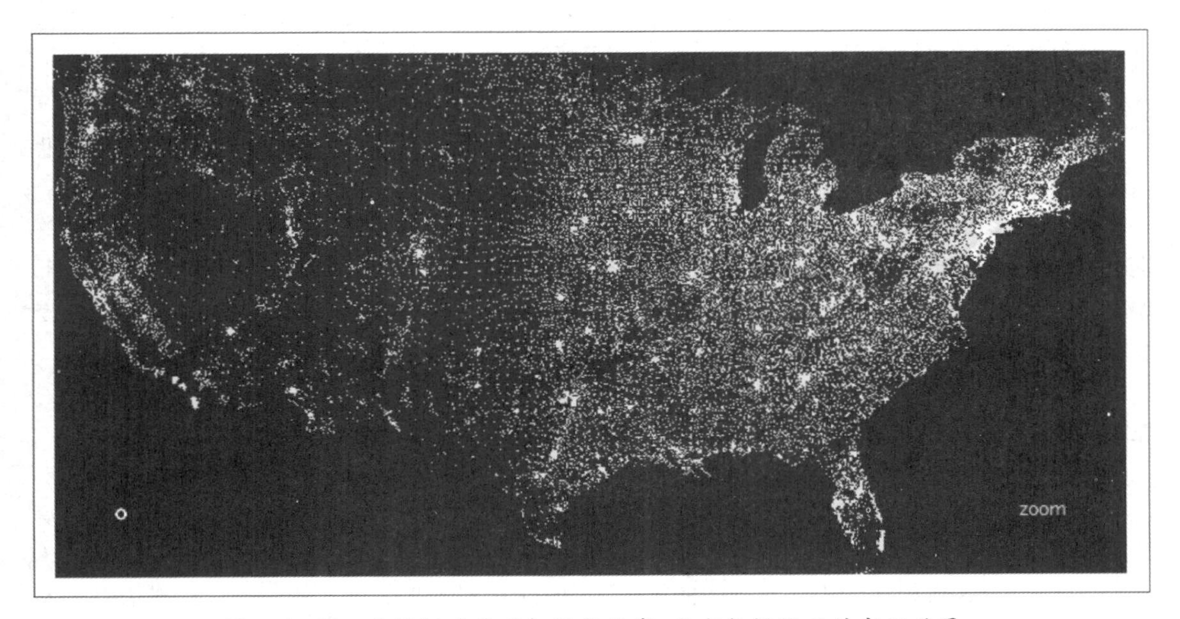

图 4-1-15 选择邮政编码起始位数字，改变数据显示的交互效果

数据可视化流程的前四个阶段主要是由计算机完成的，而在交互阶段，用户占主导地位，用户发现数据、思考数据，确定数据可视化表达的指标维度。交互将计算机和人的智慧结合起来，为用户提供了挖掘数据、分析数据的可能性。图 4-1-16 为数据可视化流程关系图，帮助我们对数据可视化的流程有个清晰的认识。

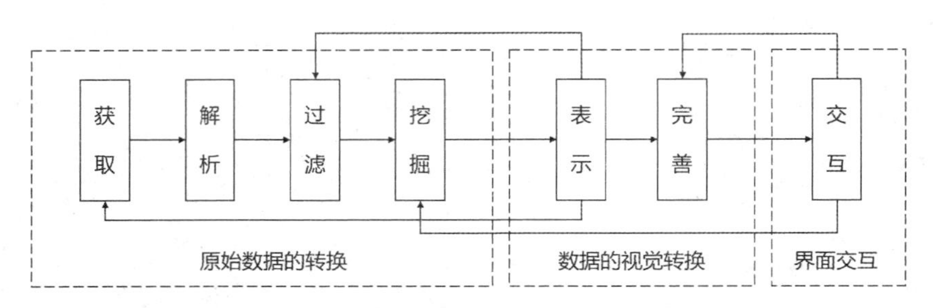

图 4-1-16　数据可视化流程关系图

4.1.3　常用数据可视化工具

1. ECharts

ECharts 是由百度开发的、国内非常优秀的一款数据可视化工具，可以在 PC 和移动设备端流畅运行。ECharts 的特点是：

① ECharts 具有丰富的可视化图表类型。ECharts 可视化工具中包含有基础的可视化图表类型，如柱状图、饼图、散点图、折线图、面积图，还提供了适用于地理位置统计的地图、热力图，适用于关联型数据的树状图、矩形树图、平行坐标图，同时还有漏斗图、k 线图、瀑布图、日历图等。图 4-1-17 显示了部分 Echarts 提供的可视化图表类型。

② ECharts 支持多个坐标。ECharts 3.0 以上版本支持的坐标系有：直角坐标系、地理坐标系和极坐标系，数据可视化图表可以存放在多个坐标系中。图 4-1-18 显示了 Echarts 中地理坐标系和平面坐标系示意图。

③ ECharts 移动端功能优化完善，并通过代码重构减小 ECharts 图表库体积，从而降低耗费的流量。

④ ECharts 拥有强大的搜索交互式数据的功能。ECharts 一直支持数据交互的功能，并且该功能随着系统开发技术的不断提高越来越强大。ECharts 为用户提供交互式组件的下载，除此之外，ECharts 的图表具有漫游、选取等功能。这些强大的功能为数据可视化图表提供了图片放大缩小、展示细节以及筛选数据等功能。

⑤ ECharts 能够展示的数据量十分庞大。ECharts 借助 Canvas 画布的能力，中国地图能够按省、市、县、乡对数据逐级展示，散点图能够展示的数据量也超过十万的数据。

⑥ ECharts 可视化工具支持多维度数据，视觉编码技术强大。

⑦ ECharts 支持动态数据的展示。只需要根据获取的数据、填入数据，ECharts 便能够发现两组数据之间的不同之处，并使用动画的方式来展示关于数据的变化情况。

⑧ ECharts 可视化图表含有绚丽的效果。ECharts 对地理数据独特的可视化展示引人入胜，吸引了越来越多的用户使用。

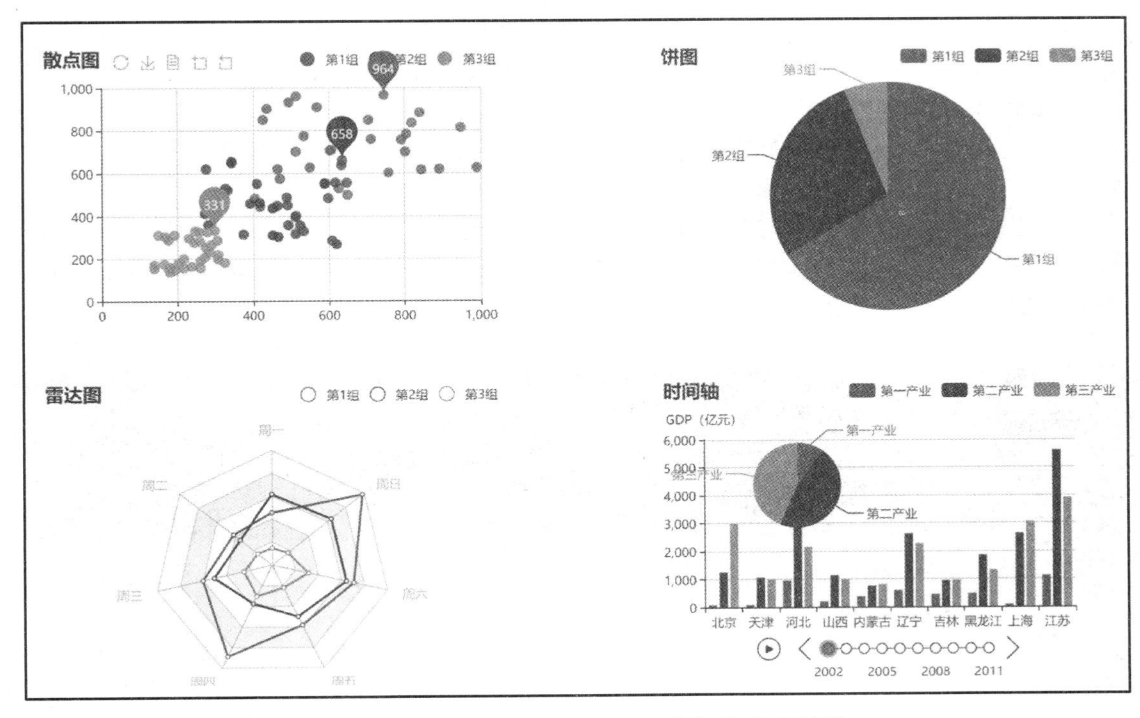

图 4-1-17 ECharts 的可视化图表类型示例图

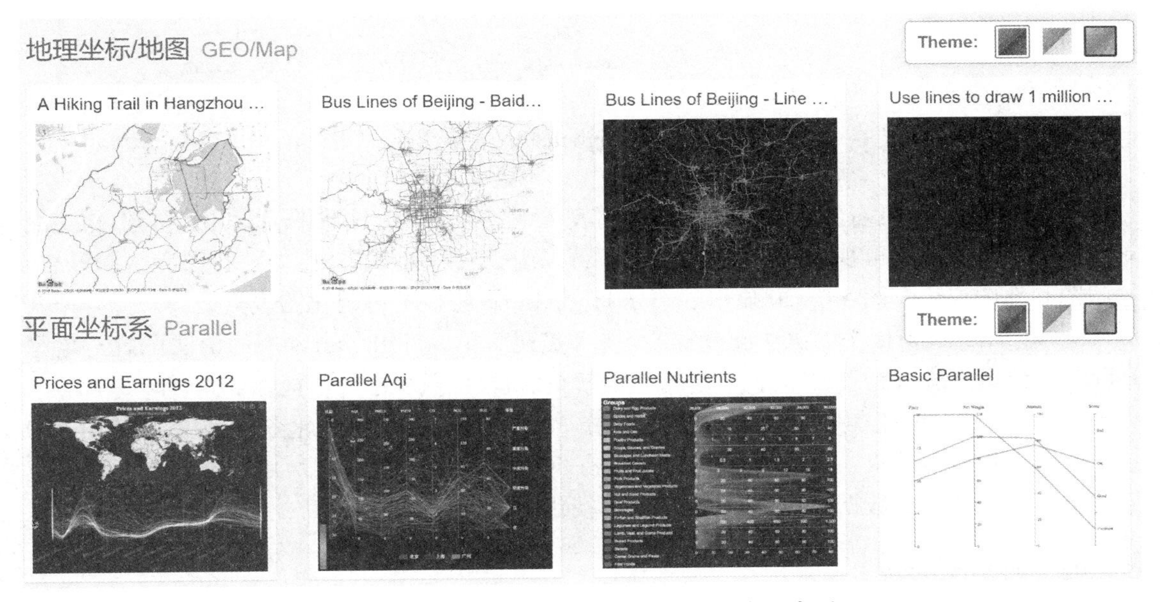

图 4-1-18 地理坐标系与平面坐标系示意图

2. Highcharts

Highcharts 是由 Highcharts 公司开发的开源的数据可视化图表库，由于仅使用 JavaScript 语言编写，用户无需安装插件就能够非常方便地在 Web 网页、Web 应用程序中运行制作数据可视化图表。Highcharts 的主要优点如下：

① Highcharts 具有很好的兼容性。Highcharts 不仅可以在不同系统的电脑上使用，同时还可以在各种操作系统的移动设备上使用。移动设备中的 Highcharts 具有多点触摸功能，能够带来精彩的用户体验。

② Highcharts 是一个开源的软件。Highcharts 软件的源代码对用户都是开源的，用户能够根据自己的需求下载源代码，对代码进行再修改、再使用。

③ Highcharts 软件只使用 JavaScript 语言编写。用户使用 Highcharts 可视化图表工具时，仅需通过运行两个 JS 文件，不需要安装 Java、Flash 等插件，也不需要配置 PHP、TOMCAT 等服务器，如图 4-1-19 所示。

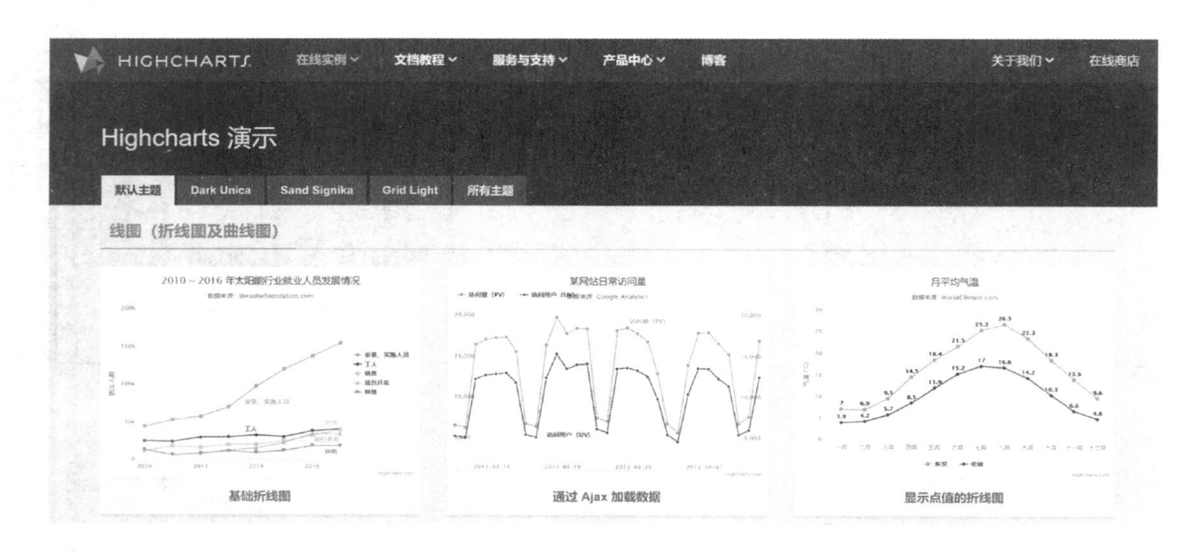

图 4-1-19 Highcharts 演示界面

④ Highcharts 具有丰富的数据可视化图表类型。常见的有柱状图、折线图、饼图、雷达图等二十几种基础数据可视化图表，这些图表还可以组合在一起使用，比如柱状图和饼图混合、柱状图和地图混合。图 4-1-20 显示了部分 Highcharts 提供的可视化图表类型。

⑤ 在 Highcharts 中的语法配置方便，技术实现简单。Highcharts 中的语法配置对象是 JSON，方便用户进行查看编写，同时进行机器解析、机器生成也十分便捷。

⑥ Highcharts 拥有强大的动态交互功能。用户在制作完成可视化图表后，能够使用 API 接口对图表进行再编辑。由于 Highcharts 拥有 JQuery 的 AJAX 技术，用户能够实时刷新更新数据可视化图表的数据，也能够手动修改可视化图表的数据。

3. FusionCharts

FusionCharts 是 InfoSoft Global 公司的一个产品，它最初使用 Flash 创建图表库，并结合使用 ASP 为数据提供支持，后来转而使用 JavaScript、SVG 和 VML 来渲染图表和地图，这允许其组件在所有移动设备和跨平台浏览器上使用。主要优势如下：

① 1 800+在线图表示例。使用 FusionCharts 数据可视化图表工具，用户可以不用从最初开始制作图集。FusionCharts 工具在 JSFiddle 中提供了详细的实例示例，其中包含带有完整源代码的图表和地图，能够帮助用户在短时间内创建 JavaScrip 图表，如图 4-1-21 所示。

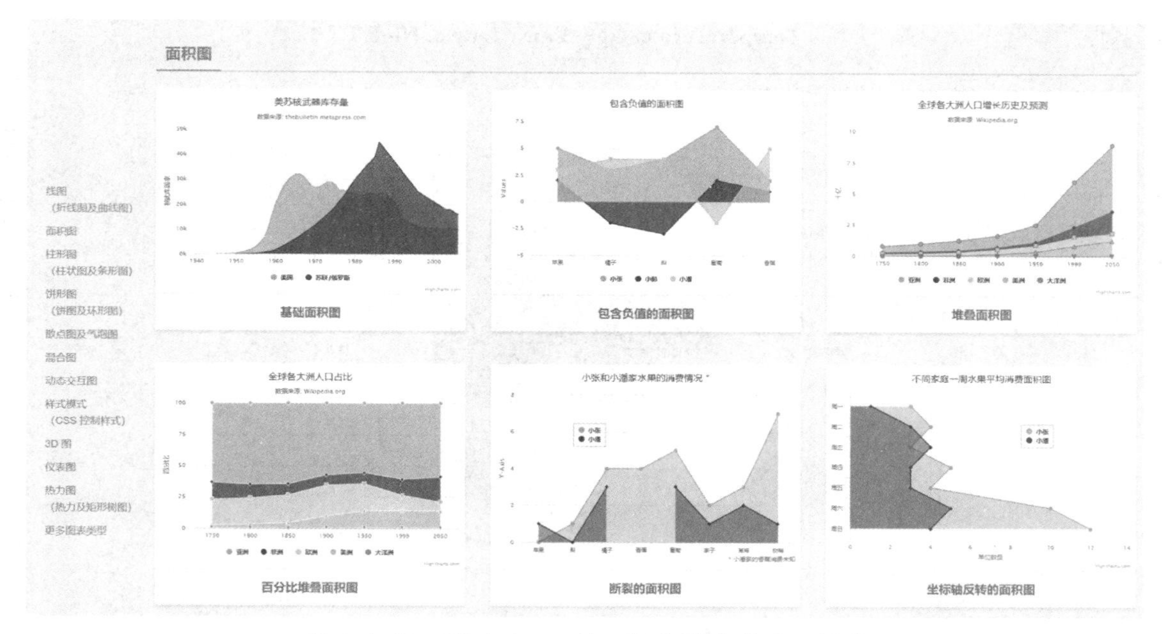

图 4-1-20　Highcharts 的可视化图表类型示例图

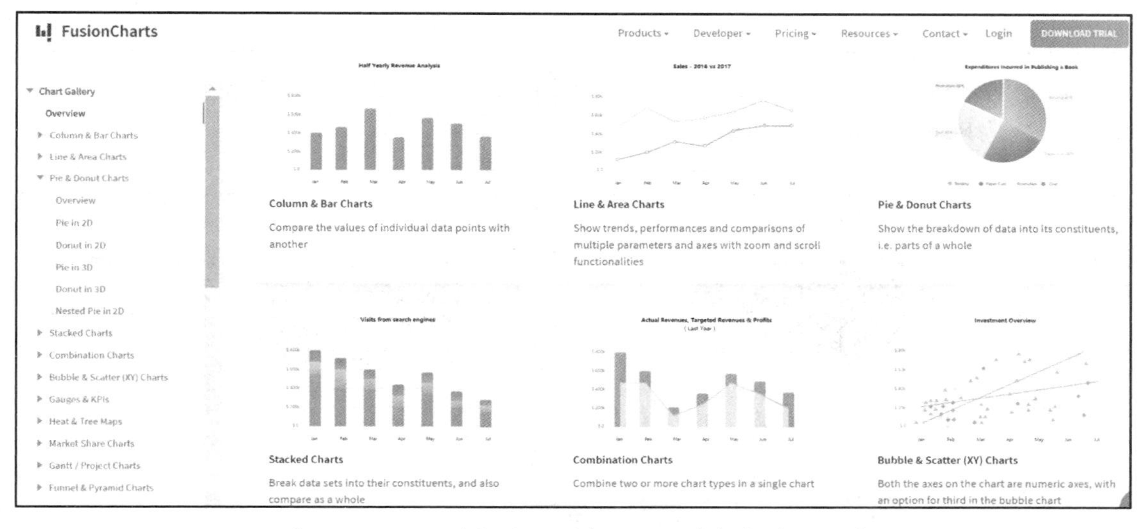

图 4-1-21　FusionCharts 的可视化图表类型示例图

② 轻松与其他库、框架和语言集成。FusionCharts 包含常见的 jQUery 库、框架 AngularJS&React 和语言 ASP. NET&PHP 的开源插件。这些扩展可以轻松地帮助用户将 FusionCharts 与所选择的技术进行整合。从 AngularJS 图表插件到 PHP 的封装，FusionCharts 工具都已经涵盖。

③ 拥有 90+种图表，1 400+张地图。FusionCharts 含有全面的 JavaScript 图表、小工具和地图，从基础的图表如折线图、柱状图、饼图等，二维、三维数据的图表到复杂的瀑布图、甘特图、k 线图等，是一个全能的图表解决方案。图 4-1-22 为 FusionCharts 提供的一个雷达图示例。

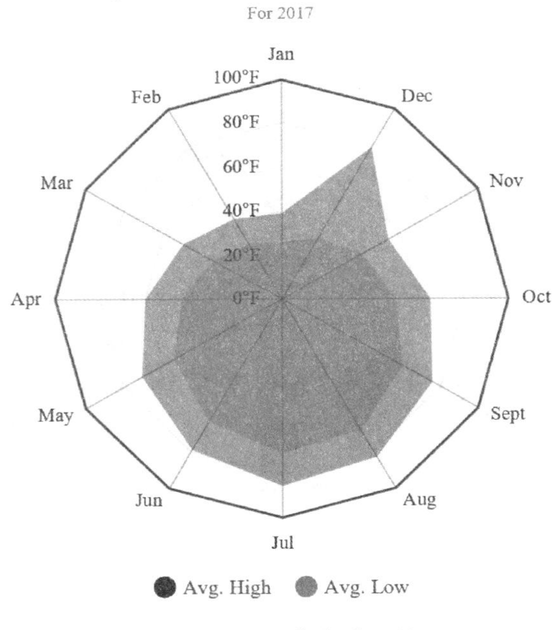

图 4-1-22 雷达图示例

④ 业务仪表板和现场示例。FusionCharts 能够广泛应用于商业仪表板中，可视化不同领域和功能的数据，包括销售、财务、市场营销、制造、医疗、教育、政府和互联网行业等。图 4-1-23 为FusionCharts 的仪表板示例。

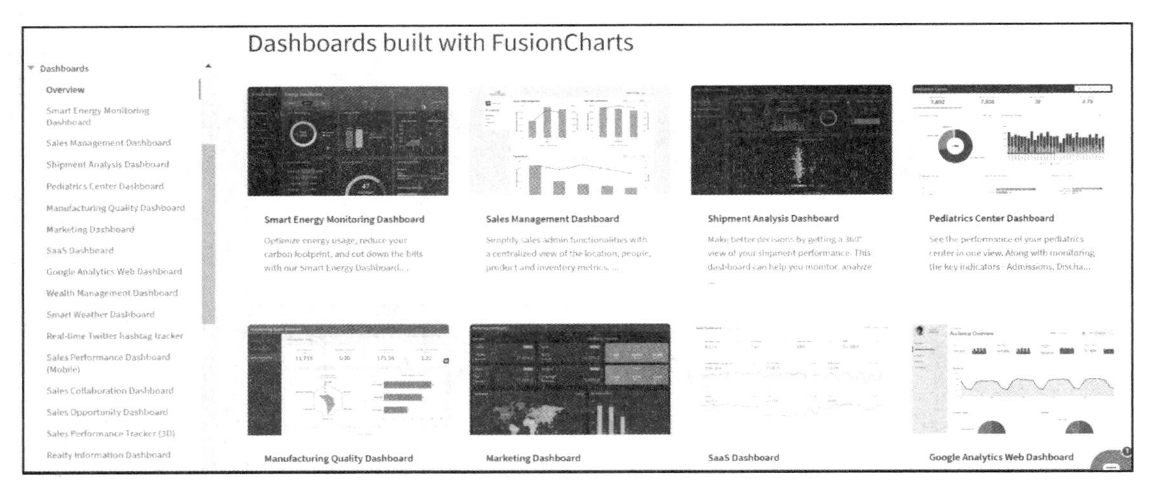

图 4-1-23 FusionCharts 的仪表板

⑤ 高级功能。巨大的高级功能是 FusionCharts 的显著特点。支持开箱即用的功能，如数据往下一级进一步钻取，按照用户的需求对可视化图表增加图表形状，能够实时刷新可视化图表的数据，管理可视化图表更加智能化，按照用户的喜好添加提醒功能，对可视化图表进行编辑，可视化图表有多种语言展示，可以给图表添加趋势线等。

4. QlikView

QlikView 起源于瑞典，是国际领先的内存商业智能解决方案提供商 QlikTech 的主导产品。该软件是一个完整的商业分析软件，开发者和分析者可以使用 QlikView 构建和部署强大的分析应用。QlikView 的运用可以使终端用户以一种创造性、视觉性的方式对信息进行查询与分析。图 4-1-24 显示了用 QlikView 构造的用户健身跑数据可视化效果。

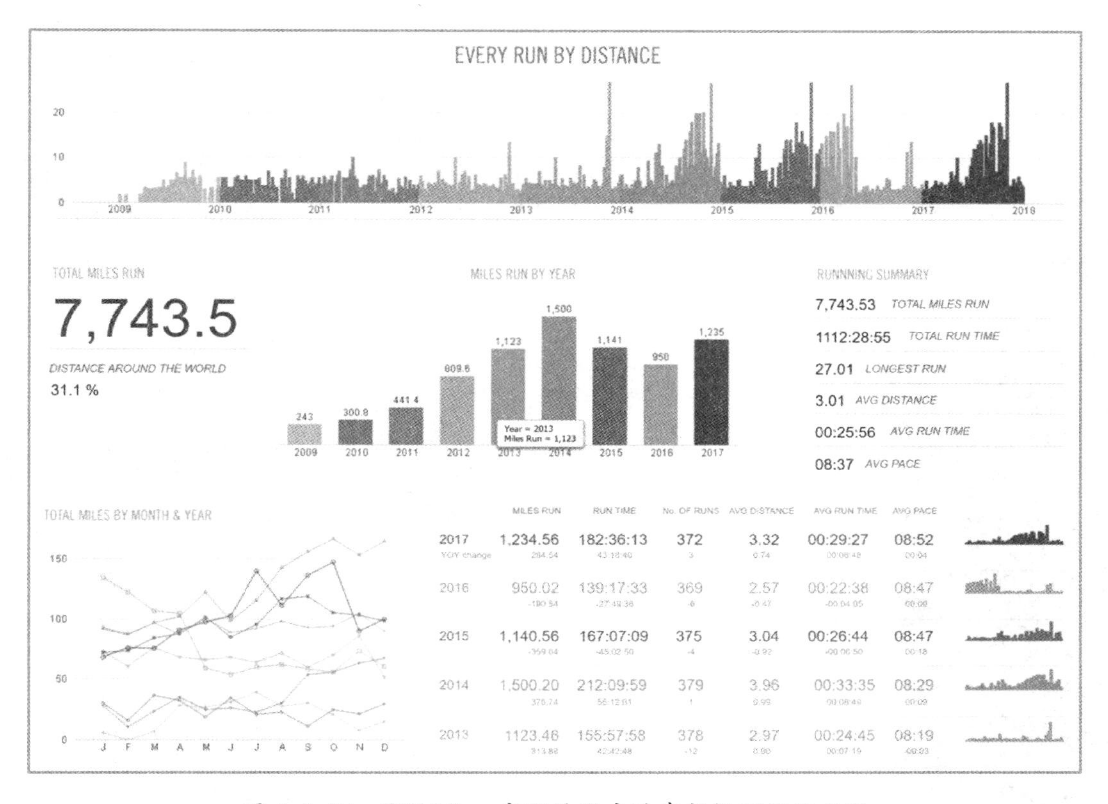

图 4-1-24 QlikView 实现的用户跑步数据可视化示例

QlikView 具有以下特点：

① QlikView 是内存的商业智能系统。QlikView 是商业智能系统革新的引导者，所有数据预先储存在内存当中，待客户发布指令后进行实时响应，具有极快的计算速度，每秒可输出四百万条查询结果。

② QlikView 提供完整的商业智能系统架构。QlikView 是一种将 ETL、OLAP 的分析技术与展现技术融合在一起的商业智能系统工具。

③ 实现点击驱动。QlikView 中点击驱动、可视化交互界面等功能支持终端用户对度量值的实时访问和查询，同时还允许用户对级别进行记录，将一些隐藏在系统中无法进行预测的属性设为可显示状态。

④ 灵活的数据访问。用户通过业务系统进行数据收集，再针对这些数据进行多维分析，但传统的商业智能系统必须通过数据库才能实现数据多维分析，而 QlikView 良好地解决了这一问题并得到了有效升级。

5. Tableau

Tableau 商业智能工具软件是美国软件公司 Tableau Software 的产品，该公司成立于 2003 年，是由斯坦福大学的三位校友 Christian Chabot（首席执行官）、Pat Hanrahan（首席科学家）和 Chris Stolte（开发总监）创办的。Tableau Software 致力于开发专注于商业智能的交互式数据可视化产品。很多企业运用 Tableau 授权的数据可视化软件对数据进行处理和展示。Tableau 产品不局限于企业，机构或个人都可以很好地运用 Tableau 软件进行数据分析工作。Tableau 在数据可视化细分市场具有优势，抢占了大数据处理末端的可视化市场，具有以下特点：

① 产品访问方式多样性。有六种方式可以访问 Tableau 产品，分别是 Tableau Desktop、Tableau Server、Tableau Online（可扩展以支持数千名用户）、Tableau Mobile、Tableau Prep 和 Tableau Public，其中最后一个产品是免费版本。图 4-1-25 为 Tableau Desktop 的显示界面。

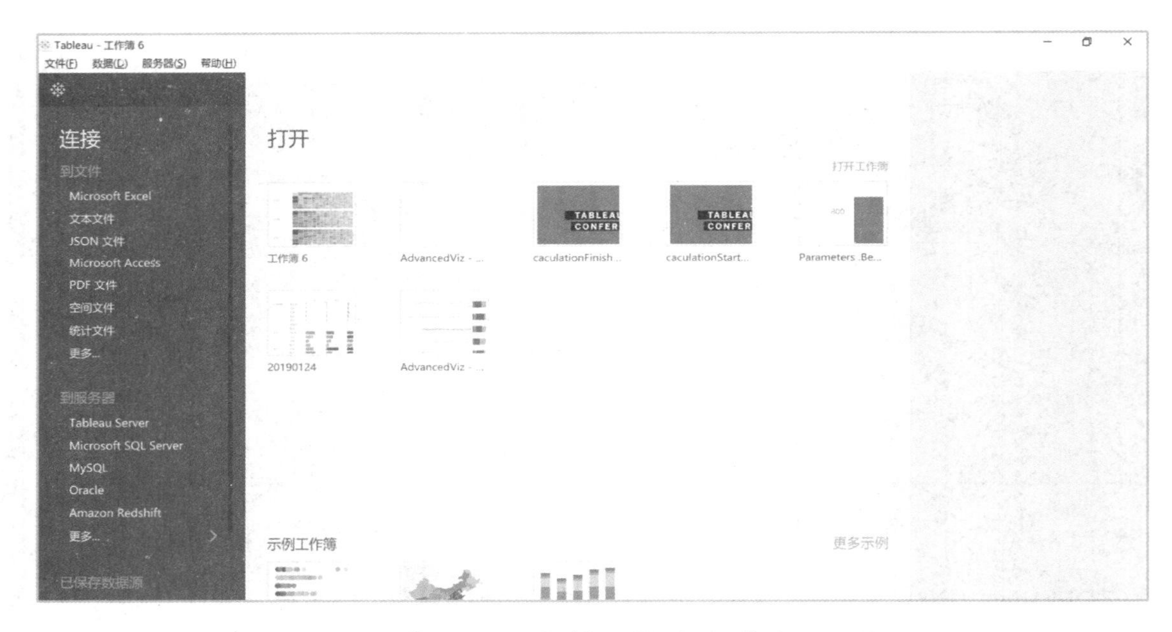

图 4-1-25 Tableau Desktop 界面

② 快速分析。可在数分钟内完成数据连接、情景构建和可视化呈现。Tableau 比现有的其他解决方案快 10 到 100 倍。

③ 简单易用。无需编程，通过对数据的简单拖放操作，就可以实现深入的数据分析。

④ 支持多源异构的数据来源。无论是电子表格、数据库还是 Hadoop 和云服务，任何数据都可以轻松接入系统，实现可视化分析。

⑤ 提供智能仪表板。集合多个数据视图，便于用户进行更丰富的深入分析。图 4-1-26 显示了 Tableau 的仪表板示例。

⑥ 自动更新。通过实时连接获取最新数据，或者根据制定的日程表获取自动更新。

⑦ 实时共享。只需数次点击，即可发布仪表板，在网络和移动设备上实现实时共享。

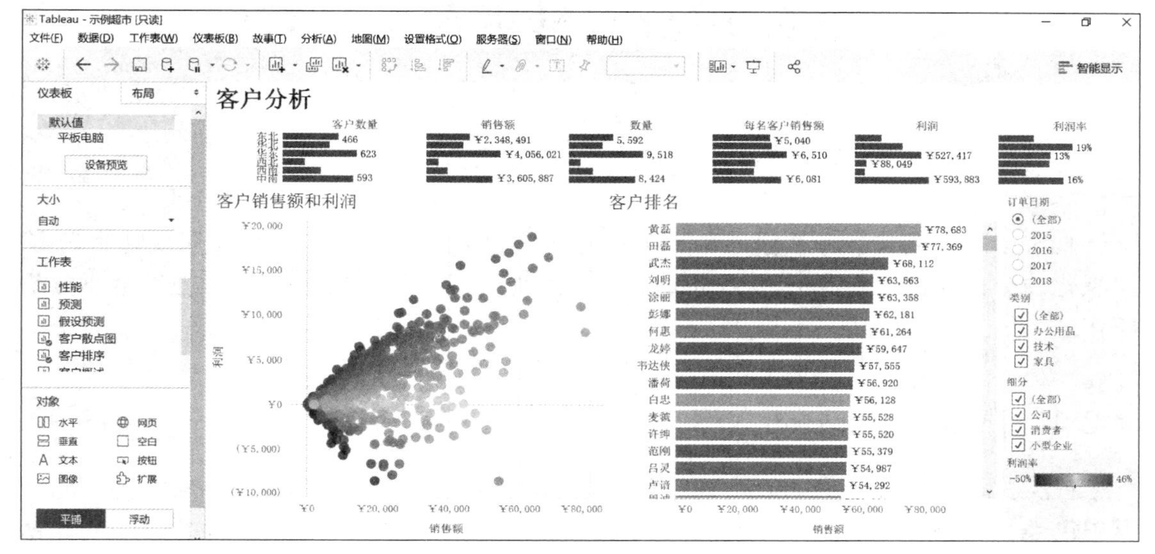

图 4-1-26　Tableau 仪表板示例

4.1.4　习题与实践

1. 简答题

（1）简述在大数据的驱动下，可视化分析呈现的发展趋势有哪些。

（2）简述 Tableau 可视化软件具有哪些主要的特点。

2. 实践题

请通过 Tableau 官网 https://www.tableau.com/zh-cn/academic/students 完成 Tableau 免费一年期许可证申请。

4.2 Tableau 数据可视化基础

Tableau 是一款定位于数据可视化敏捷开发和实现的商务智能展现工具，可实现交互式、可视化的分析和仪表板应用，从而帮助人们快速地认识和理解数据，更好地进行数据分析工作。

4.2.1 Tableau Desktop 入门

首次进入 Tableau 或 Tableau 还没有指定工作簿时，会显示开始界面，如图 4-2-1 所示。其中包含了最近使用的工作簿、已保存的数据连接、示例工作簿和其他一些入门资源。可以从中连接数据、访问最近使用的工作簿以及浏览 Tableau 社区的内容。

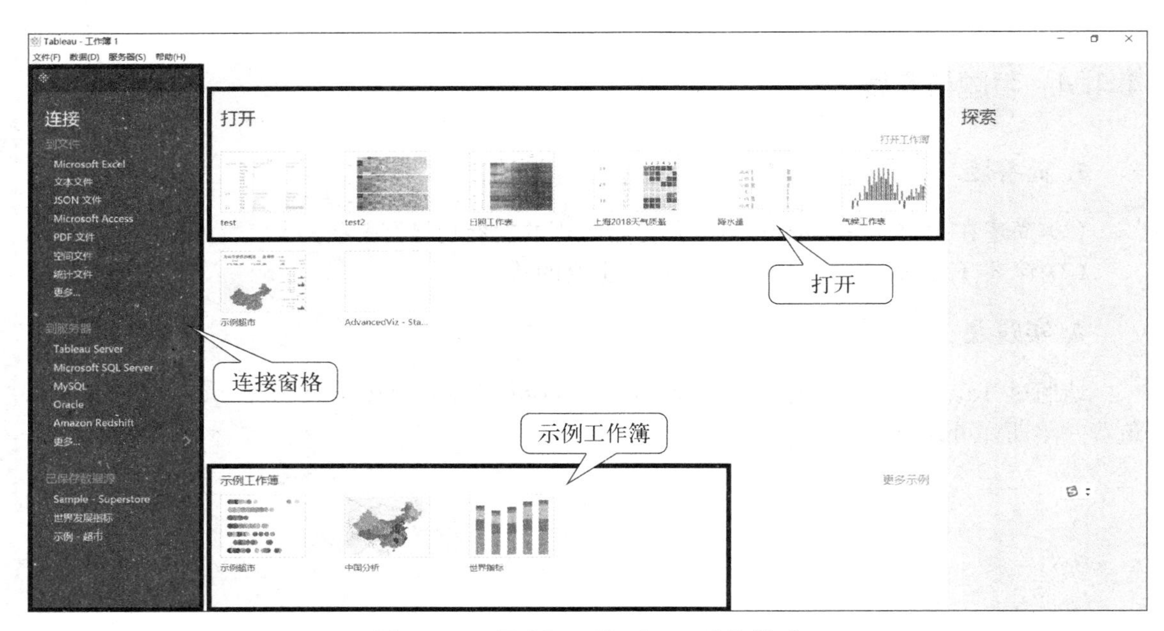

图 4-2-1　Tableau Desktop 开始界面

1. 开始界面简介

(1) 连接

连接窗格中有以下三个部分：

"到文件"：可以连接 Microsoft Excel 文件、文本文件、Microsoft Access 文件、PDF 文件、空间文件和统计文件等数据源。

"到服务器"：可以连接存储在数据库中的数据，如 Tableau Server、Microsoft SQL

Server、Oracle 和 MySQL 等。

"已保存数据源"：快速打开之前保存在"我的 Tableau 存储库"目录的数据源，默认情况下显示一些已保存数据源的示例。

(2) 打开

在"打开"窗格可以执行以下操作：

访问最近打开的工作簿：首次打开 Tableau Desktop 时，此窗格为空，随着创建和保存新工作簿，此处将显示最近打开的工作簿。

锁定工作簿：可通过单击工作簿缩略图左上角的锁定图标将工作簿锁定到开始界面。

(3) 示例工作簿

浏览示例工作簿：打开和浏览示例工作簿，有示例超市、中国分析和世界指标 3 个。

2. 数据源界面简介

在建立与数据的初始连接后，Tableau 将引导我们进入"数据源"界面。数据源界面外观和可用选项会根据连接的数据类型而异，"数据源"界面通常由 3 个主要区域组成：左侧窗格、画布和网格，如图 4-2-2 所示。

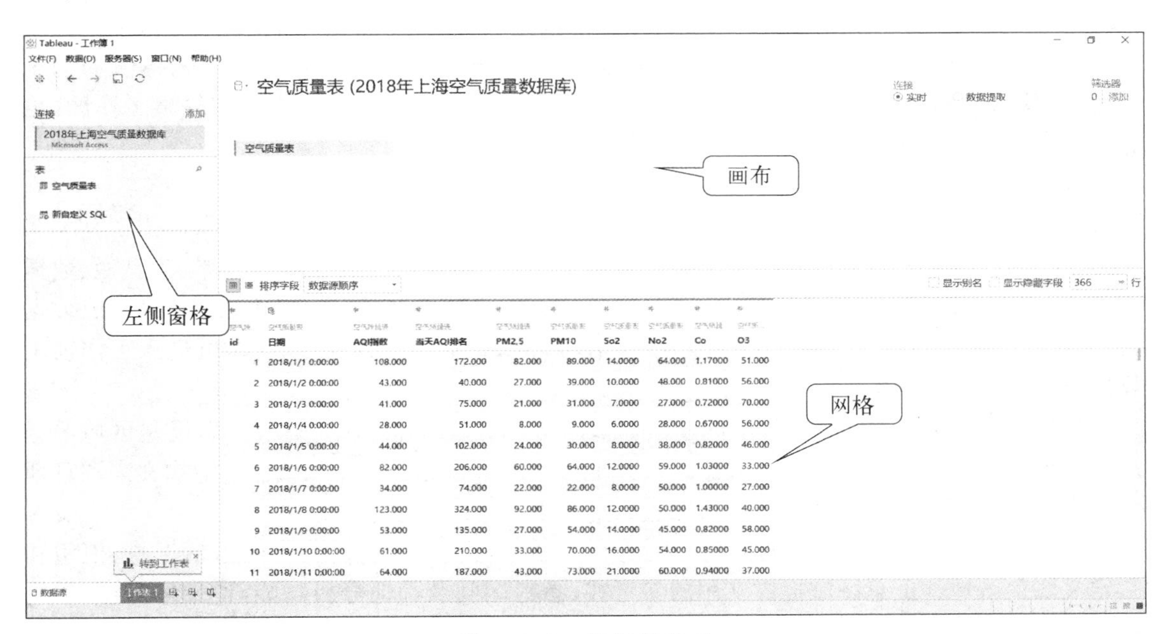

图 4-2-2 数据源界面

(1) 左侧窗格

"数据源"界面的左侧窗格显示有关 Tableau Desktop 连接数据的详细信息。对于基于文件的数据，左侧窗格可能显示文件名和文件中的工作表；对于关系数据，左侧窗格可能显示服务器、数据库或架构、数据库中的表。

（2）画布

连接到多数关系数据和基于文件的数据后，可以将一个或多个表拖到画布区域的顶部以设置 Tableau 数据源。当连接到多维数据集数据后，“数据源”页面的顶部会显示可用的目录或要从中进行选择的查询和多维数据集。

（3）网格

通过使用网格，我们可以查看数据源中的字段和前 1 000 行数据，还可以对 Tableau 数据源进行一般的修改，如排序/隐藏字段、重命名字段/重置字段名称、创建计算、更改列/行排序或添加别名等。

Tableau 对数据的连接可以分为两类：实时和数据提取。这是 Tableau 加载数据的两种基本方式。实时连接即 Tableau 从数据源获取查询结果，本身不存储源数据。数据提取是将数据提取到 Tableau 的数据引擎中，由 Tableau 进行管理。如果源数据库性能优越，对数据的实时性要求高或者数据的保密性要求高，建议选择实时方式。反之，如果源数据库的性能不佳，需要脱机访问数据或者减轻源系统压力，则推荐使用数据提取的方式。

3. 工作区界面简介

数据连接成功后，转入 Tableau 的工作区。Tableau 工作区是制作视图、设计仪表板、生成故事、发布和共享工作簿的工作环境。工作簿包含一个或多个工作表，以及零个或多个仪表板和故事，是用户在 Tableau 中工作成果的容器。用户可以把工作成果组织、保存或发布为工作簿，以便共享和存储。Tableau 工作区包括工作表工作区、仪表板工作区和故事工作区，也包括公共菜单栏和工具栏。

（1）工作表工作区

工作表，又称为视图，是可视化分析的最基本单元。工作表工作区包含菜单、工具栏、数据窗口、含有功能区和图例的卡，可以在工作表工作区中通过将字段拖放到功能区上来生成数据视图（工作表工作区仅用于创建单个视图）。在 Tableau 中连接数据之后，即可进入工作表工作区，如图 4-2-3 所示。

数据窗格：位于工作表工作区的左侧。数据窗格由数据源区域、维度区域、度量区域等组成。数据源区域包括当前使用的数据源及其他可用的数据源。维度区域包含诸如文本和日期等类别数据的字段。度量区域包含可以进行加减乘除运算的数字字段。

分析窗格：将菜单中常用的分析功能进行了整合，方便快速使用，主要包括汇总、模型和自定义 3 个区域。汇总区域提供常用的参考线、参考区间及其他分析功能，包括常量线、平均线、含四分位点的中值、盒须图和合计等，可直接拖放到视图中应用；模型区域提供常用的分析模型，包括含 95% CI 的平均值、趋势线和预测；自定义区域提供参考线 、参考区间、分布区间和盒须图的快捷使用。

页面功能区：可在此功能区上基于某个维度的成员或某个度量的值将一个视图拆分为多个视图。

筛选器功能区：指定要包含和排除的数据，所有经过筛选的字段都显示在筛选器功能区。

标记卡：控制视图中的标记属性，包括一个标记类型选择器，可以在其中指定标记类型

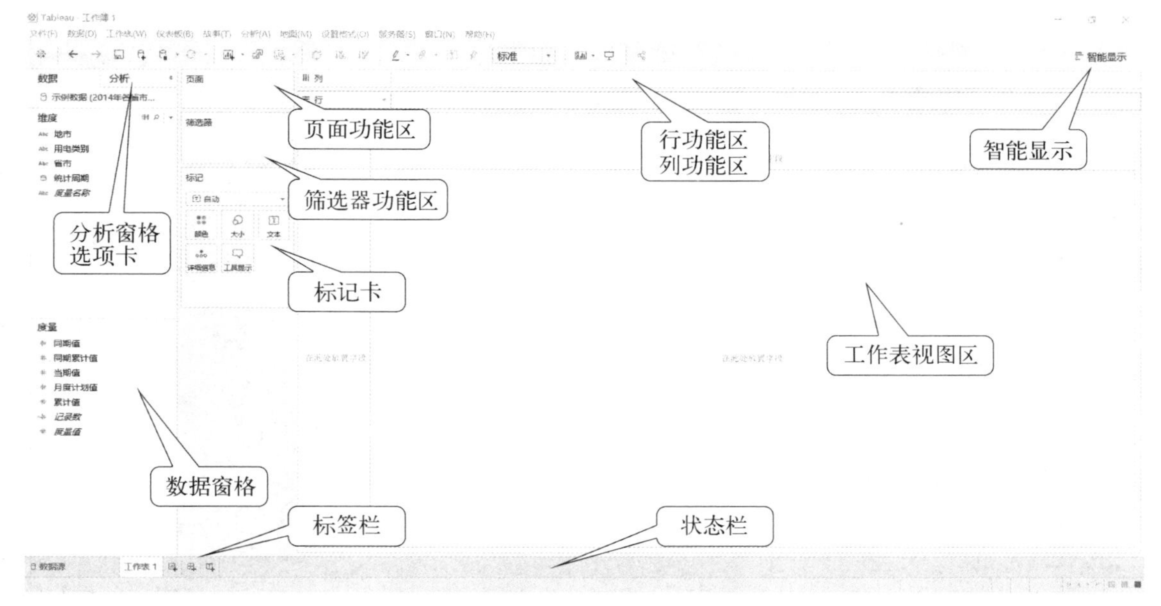

图 4-2-3 工作表工作区

（如条、线、区域等）。此外，还包含颜色、大小、标签、文本、详细信息、工具提示、形状、路径和角度等控件，这些控件的可用性取决于视图中的字段和标记类型。

颜色图例：包含视图中颜色的图例，仅当颜色上至少有一个字段时才可用。同理，也可以添加形状图例、尺寸图例和地图图例。

行功能区和列功能区：行功能区用于创建行，列功能区用于创建列，可以将任意数量的字段放置在这两个功能区上。

工作表视图区：创建和显示视图的区域，一个视图就是行和列的集合，由以下组件组成：标题、轴、区、单元格和标记。除这些内容外，还可以选择显示标题、说明、字段标签、摘要和图例等。

智能显示：通过智能显示，可以基于视图中已经使用的字段以及在数据窗格中选择的任何字段来创建视图。Tableau 会自动评估选定的字段，然后在智能显示中突出显示与数据最相符的可视化图表类型。

标签栏：显示已经被创建的工作表、仪表板和故事的标签，或者通过标签栏上的“新建工作表”图标创建新工作表，或者通过标签栏上的“新建仪表板”图标创建新仪表板。

状态栏：位于 Tableau 工作簿的底部。它显示菜单项说明以及有关当前视图的信息。

（2）仪表板工作区

仪表板，是多个工作表和一些对象（如图像、文本、网页和空白等）的组合，可以按照一定方式对其进行组织和布局，以便揭示数据关系和内涵。仪表板工作区使用布局容器把工作表和一些像图片、文本、网页类型的对象按一定的布局方式组织在一起，如图 4-2-4 所示。

仪表板工作区中的主要部件如下：

仪表板窗格：列出了在当前工作簿中创建的所有工作表视图，可以选中工作表并将其从仪表板窗格拖至右侧的仪表板视图区中，一个灰色阴影区域将指示出可以放置该工作表的各

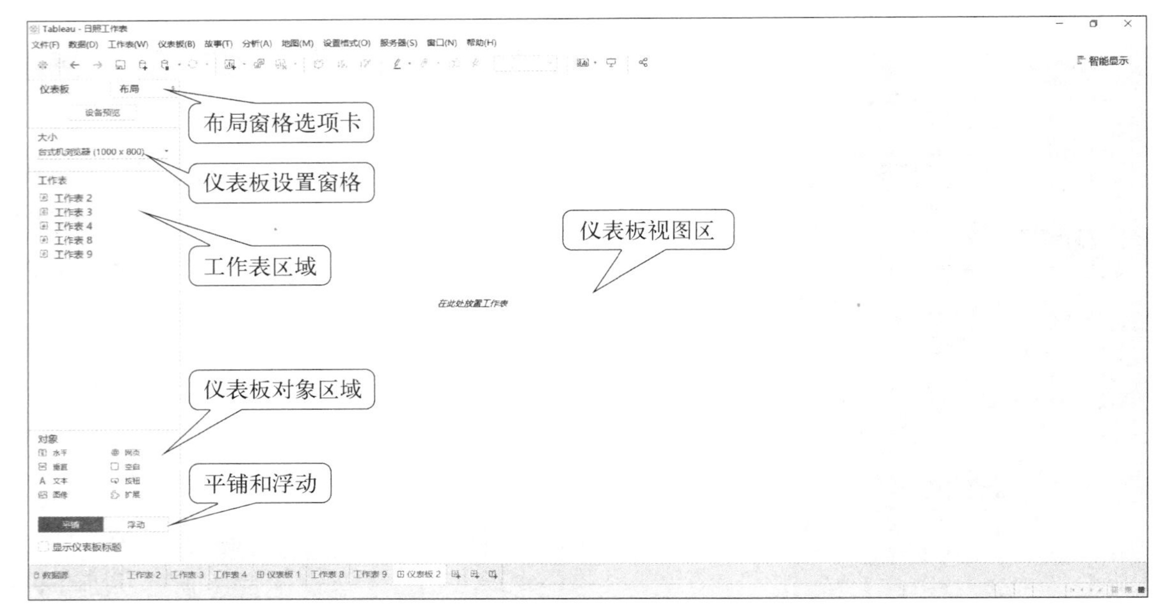

图 4-2-4　仪表板工作区

个位置。在将工作表添加至仪表板后，仪表板窗格中会用复选标记来标记该工作表。

仪表板对象区域：包含仪表板支持的对象，如文本、图像、网页和空白区域。从仪表板对象区域拖放所需对象至右侧的仪表板视图区中，可以添加仪表板对象。

平铺和浮动：决定了工作表和对象被拖放到仪表板后的效果和布局方式。默认情况下，仪表板使用平铺布局，这意味着每个工作表和对象都排列到一个分层网格中。此外，还可以将布局更改为浮动以允许视图和对象重叠。

布局窗格：以树形结构显示当前仪表板中用到的所有工作表及对象的布局方式。

仪表板设置窗格：设置创建的仪表板的大小，也可以设置是否显示仪表板标题。仪表板的大小可以从预定义的大小中选择一个，或以像素为单位设置自定义大小。

仪表板视图区：是创建和调整仪表板的工作区域，可以添加工作表及各类对象。

（3）故事工作区

故事是按顺序排列的工作表或仪表板的集合，故事中各个单独的工作表或仪表板称为“故事点”。可以使用创建的故事，向用户叙述某些事实，或者以故事方式揭示各种事实之间的上下文或事件发展的关系。故事用作演示工具，按顺序排列视图或仪表板，如图 4-2-5 所示。

故事工作区中的主要部件如下：

仪表板和工作表区域：显示在当前工作簿中创建的视图和仪表板的列表，将其中的一个视图或仪表板拖到故事区域（导航框下方），即可创建故事点，单击可快速跳转至所在的视图或仪表板。

说明：可以添加到故事点中的一种特殊类型的注释。若要添加说明，只需双击此处。可以向一个故事点添加任何数量的说明，放置在故事中的任意所需位置上。

导航器设置：设置是否显示导航框中的后退/前进按钮。

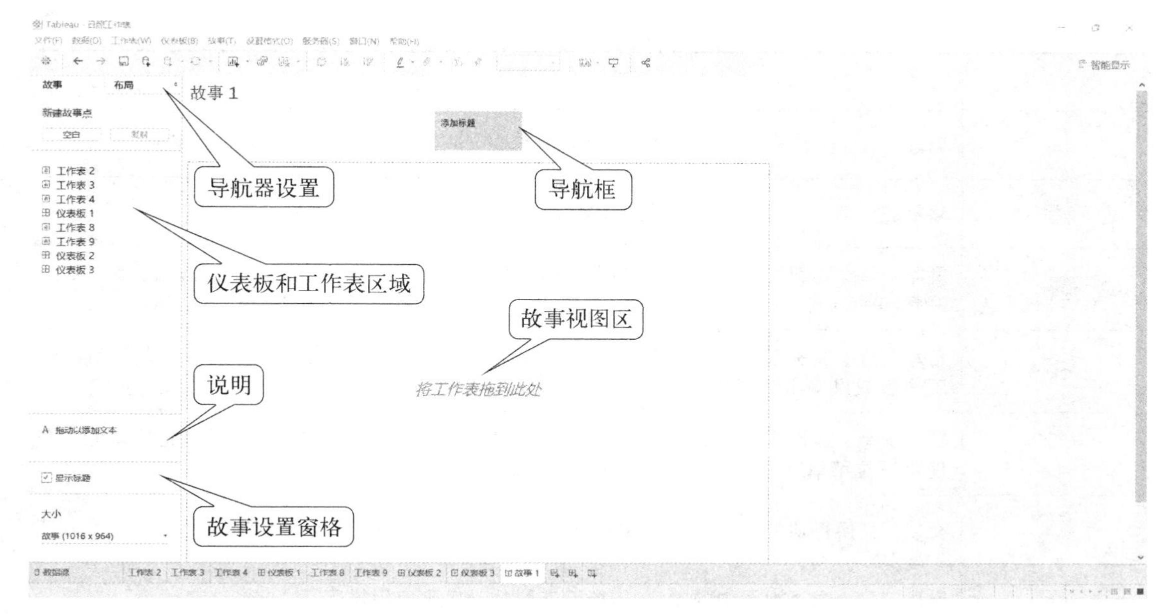

图 4-2-5 故事工作区

故事设置窗格：设置创建的故事的大小，也可以设置是否显示故事标题。故事的大小可以从预定义的大小中选择一个，或以像素为单位设置自定义大小。

导航框：用户进行故事点导航的窗口，可以利用左侧或右侧的按钮顺序切换故事点，也可以直接单击故事点进行切换。

“空白”按钮：单击此按钮可以创建新故事点，使其与原来的故事点有所不同。

“复制”按钮：可以将当前故事点用作新故事点的起点。

说明框：通过说明为故事点或者故事点中的视图或仪表板添加的注释文本框。

故事视图区：是创建故事的工作区域，可以添加工作表、仪表板或者说明框对象。

（4）菜单栏和工具栏

菜单栏包括文件、数据、工作表和仪表板等菜单。工具栏包含“新建数据源”、“新建工作表”和“保存”等命令。另外，工具栏还包含“排序”、“分组”和“突出显示”等分析和导航工具。如表 4－2－1 所示。

表 4-2-1 工具栏说明表

图　　标	说　　　　　　明
←	撤销：反转工作簿中的最新操作，可以无限次撤销，返回到上次打开的工作簿，即使是在保存之后也可撤销
→	重做：重复使用“撤销”按钮反转的最后一个操作，可以重做无限次
	保存：保存对工作簿进行的更改
	新建数据源：打开“新建数据源”页，可以在其中创建新连接，或者从存储库中打开已保存的连接

（续表）

图　　标	说　　　　明
	新建工作表：新建空白工作表，使用下拉菜单可创建新工作表、仪表板或故事
	复制工作表：创建含有与当前工作表完全相同的视图的新工作表
	清除：清除当前工作表，使用下拉菜单可清除视图的特定部分，如筛选器、格式设置、大小调整和轴范围
	自动更新：控制进行更改后 Tableau 是否自动更新视图，可使用下拉列表来自动更新整个工作表或只使用快速筛选器
	运行更新：运行手动数据查询，以便在关闭自动更新后用所做的更改对视图进行更新，可使用下拉菜单来更新整个工作表或只使用快速筛选器
	交换：交换行功能区和列功能区上的字段，每次按此按钮，交换行和列
	升序排序：根据视图中的度量，以所选字段的升序来应用排序
	降序排序：根据视图中的度量，以所选字段的降序来应用排序
	成员分组：通过组合所选值来创建组，选择多个维度时，可使用下拉菜单指定是对特定维度进行分组，还是对所有维度进行分组
T	显示标记标签：在显示和隐藏当前工作表的标记标签之间切换
	演示模式：在显示和隐藏视图（即功能区、工具栏、数据窗口）之外的所有内容之间切换
	查看卡：显示和隐藏工作表中的特定卡，在下拉菜单上选择要隐藏或显示的每个卡
标准	适合选择器：指定在应用程序窗口中调整视图大小的方式，可选择“标准适合”、“适合宽度”、“适合高度”或“整个视图”
	固定轴：在仅显示特定范围的锁定轴以及基于视图中的最小值和最大值调整范围的动态轴之间切换
	突出显示：启用所选工作表的突出显示，可使用下拉菜单中的选项定义突出显示值的方式

4. 文件管理

可以使用多种不同的 Tableau 专用文件类型保存文件，有工作簿、书签、打包数据文件、数据提取和数据连接文件。

工作簿(. twb)：Tableau 工作簿文件具有“. twb”文件扩展名，工作簿中含有一个或多个工作表，有零个或多个仪表板和故事。

书签(. tbm)：Tableau 书签文件具有“. tbm”文件扩展名，书签包含单个工作表，是快速分享所做工作的简便方式。

打包工作簿(. twbx)：Tableau 打包工作簿具有“. twbx”文件扩展名，是一个 zip 文件，包含一个工作簿以及任何提供支持的本地文件数据源和背景图像,适合对不能访问该数据的其他人共享。

数据提取(. hyper):Tableau 数据提取文件具有“. hyper”文件扩展名,提取文件是部分或整个数据源的一个本地副本,可用于共享数据、脱机工作和提高性能。

数据源(. tds):Tableau 数据源文件具有“. tds”文件扩展名,是连接经常使用的数据源的快捷方式,不包含实际数据,只包含连接到数据源所必需的信息和在“数据”窗格中所做的修改。

打包数据源(. tdsx):Tableau 打包数据源文件具有“. tdsx”文件扩展名,是一个 zip 文件,包含数据源文件(. tds)和本地文件数据源,可使用此格式创建一个文件,以便给无法访问计算机上本地存储的原始数据的其他人分享。

4.2.2 Tableau 数据可视化组件

Tableau 的可视化组件在各种不同的卡中,卡是功能区、图例和其他控件的容器。例如,“标记”卡用于控制标记属性的位置,包含标记类型选择器以及“颜色”、“大小”、“文本”、“详细信息”、“工具提示”,有时还会出现“形状”和“角度”等,这些属性是否可用取决于标记类型。

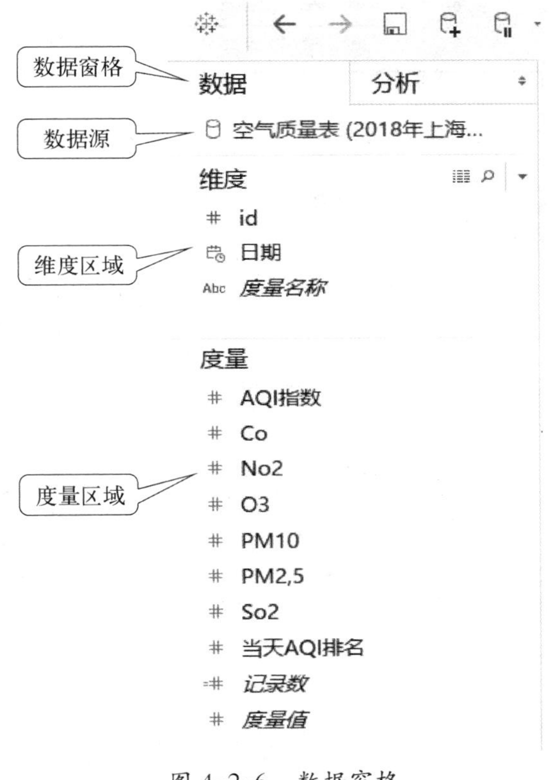

图 4-2-6 数据窗格

1. 数据角色

Tableau 连接新数据源时会将该数据源中的每个字段分配给“数据”窗格的“维度”区域或“度量”区域,具体情况视字段包含的数据类型而定。如果字段包含分类数据(如名称、日期或地理数据),Tableau 就会将其分配给“维度”区域;如果字段包含数字,Tableau 就会将其分配给“度量”区域,如图 4-2-6 所示。维度字段可以转换为度量字段。作为度量处理时,需要在“列”功能区右键单击该字段,并选择度量,然后选择需要的聚合方式。Tableau 不会对维度进行聚合,如果要对字段的值进行聚合,该字段必须为度量。将维度字段转换为度量时,Tableau 将提示为其分配聚合(计数、平均值等),聚合表示将多个值聚集为一个数字,如通过对单独值进行计数、求平均值或显示数据源中任何行的最小单独值实现。

维度和度量是 Tableau 的一种数据角色划分,离散和连续是另一种划分方式。连续是指“构成一个不间断的整体,没有中断”,离散是指“各自分离且不同”。在 Tableau 中,字段可以为连续或离散。当将字段从“数据”窗格的“维度”区域拖到“列”或“行”时,值默认情况下为离散,并且 Tableau 会创建列或行标题;当单击并将字段从“度量”区域拖到“列”或“行”时,值默认情况下为连续,并且 Tableau 会创建轴。

Tableau 支持的数据类型见表 4-2-2。

表 4-2-2　Tableau 支持的数据类型

显示的窗口	字段图标	字段类型	示　例	说　　明
维度	Abc	文本	A,B,华北	
	📅	日期	1/31/2019	日期的图标像日历
	📅🕒	日期和时间	1/31/2019 09:30:12AM	日期和时间的图标是日历加一个小时钟
	🌐	地理值	上海,江苏	用于地图
	T|F	布尔值	True/False	只有这两类值,仅限关系型数据源
度量	#	数字	1,13.2,5%	
	🌐 经度(生成)	地理编码		当数据中有地理类型名称时自动出现在度量中
	🌐 纬度(生成)			

2. 标记卡

标记卡用来创建视图时,定义形状、颜色、大小、文本(标签)等属性。标记卡样式如图 4-2-7 所示。

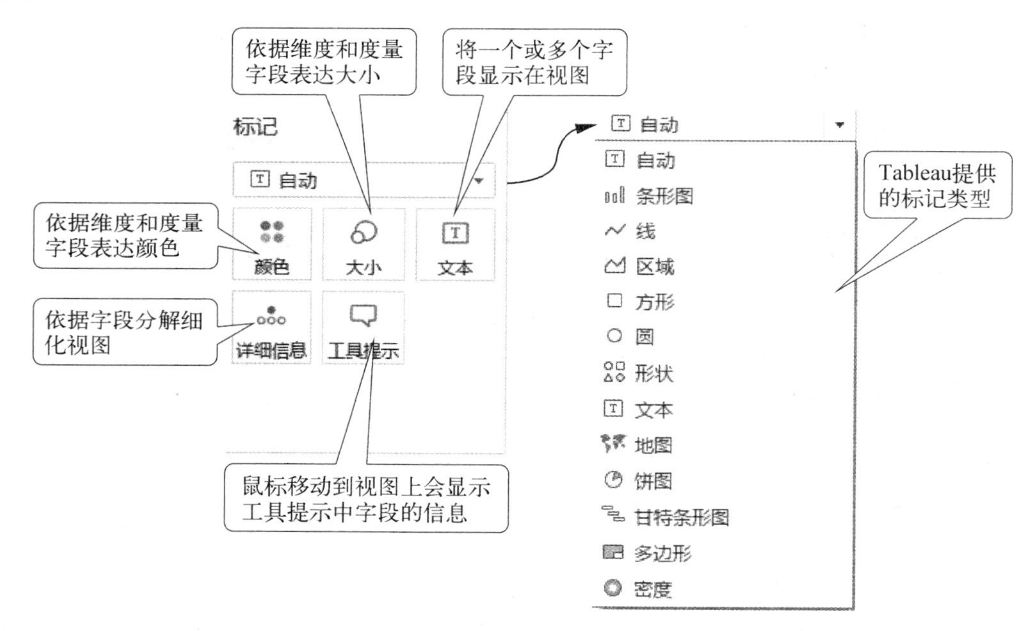

图 4-2-7　标记卡和标记类型

其上部为标记类型,用以定义图形的形状。Tableau 提供了多种类型的图形以供选择,缺省状态下为条形图。标记类型下方有 5 个像按钮一样的图标,分别为"颜色"、"大小"、"文本"、"详细信息"和"工具提示"。这些按钮的使用非常简单,只需把相关的字段拖放到按钮中即可,同时单击按钮还可以对细节、方式、格式等进行调整。此外还有 3 个特殊按钮,特殊按钮只有在选择了对应的标记类型时,才会显示出来。这 3 个特殊按钮分别是线图对应的"路径"、形状对应的"形状"、饼图对应的"角度",如图 4-2-8 所示。

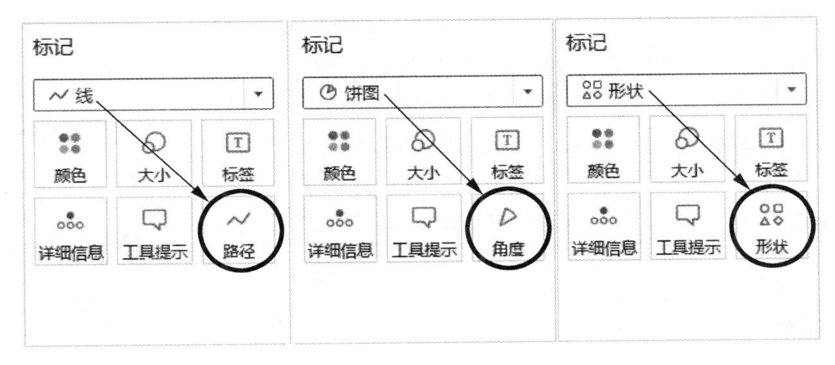

图 4-2-8　特殊标记按钮

3. 筛选器

使用"筛选器"功能区可以指定要包含和排除的数据。例如，对每个客户分区的利润进行分析，但希望只限于某个城市。通过将字段放在"筛选器"功能区上，即可创建这样的视图。可以使用度量、维度或同时使用这两者来筛选数据。此外，还可以根据构成表列和表行的字段来筛选数据，这称为内部筛选。也可以使用不属于表的标题或轴的字段来筛选数据，这称为外部筛选。所有经过筛选的字段都显示在"筛选器"功能区上，如图 4-2-9 所示。

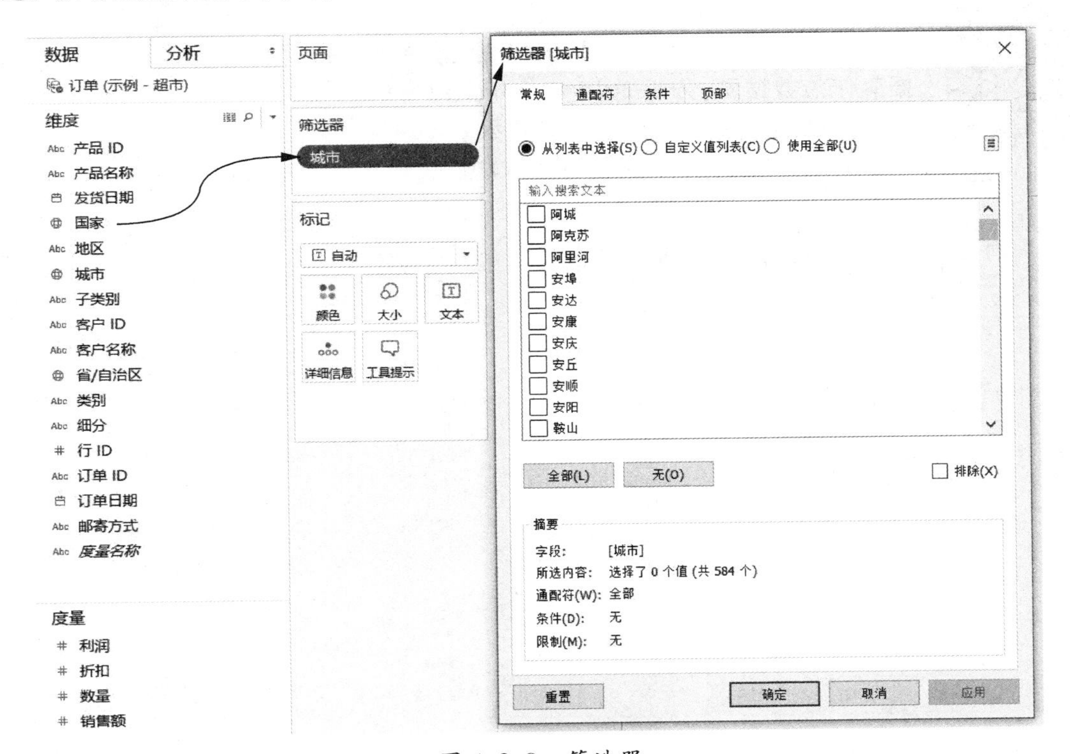

图 4-2-9　筛选器

4. 度量名称和度量值

度量名称和度量值都是成对使用的，目的是将处于不同列的数据用一个轴展示出来。

“度量值”字段始终显示在“数据”窗格“度量”区域的底部，并包含数据中收集到一个具有连续值的字段中的所有度量。

“度量名称”字段始终显示在“数据”窗格的“维度”区域的底部，并包含数据中收集到一个具有离散值的字段中的所有度量的名称。

通过“度量值”和“度量名称”，可以使用默认聚合同时显示数据源中所有度量的值。

5. 智能显示

在 Tableau 的右端有一个智能显示的按钮，单击展开，如图 4-2-10 所示，显示了 24 种可以快速创建的基本图形。将鼠标移动到任意图形上，下方都会显示做该图需要的字段要求。

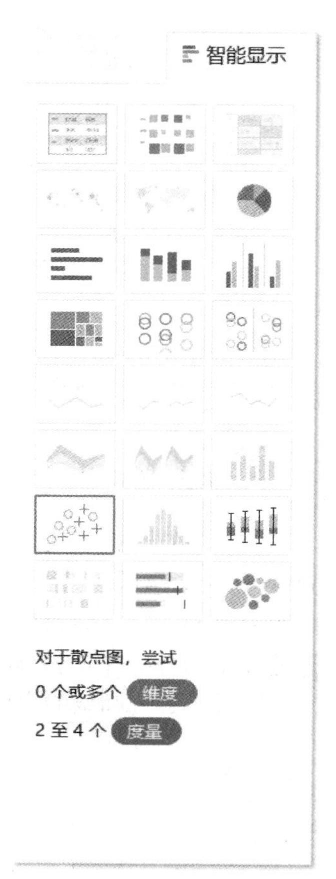

图 4-2-10 智能显示

4.2.3 Tableau 数据可视化

本节对 2018 年上海市空气质量数据和 2017 年全国天气情况进行数据分析，创建可视化视图。

微课视频

例 4-1：以“2018 年上海市空气质量”Access 数据库作为数据源，分析 2018 年全年上海市的空气质量情况，主要数据指标是 AQI 指数。

原始数据库表结构如图 4-2-11 所示。

空气质量表

id	日期	AQI指数	当天AQI排名	PM2,5	PM10	So2	No2	Co	03
1	2018/1/1	108	172	82	89	14	64	1.17	51
2	2018/1/2	43	40	27	39	10	48	0.81	56
3	2018/1/3	41	75	21	31	7	27	0.72	70
4	2018/1/4	28	51	8	9	6	28	0.67	56
5	2018/1/5	44	102	24	30	8	38	0.82	46
6	2018/1/6	82	206	60	64	12	59	1.03	33
7	2018/1/7	34	74	22	22	8	50	1	27
8	2018/1/8	123	324	92	86	12	50	1.43	40
9	2018/1/9	53	135	27	54	14	45	0.82	58
10	2018/1/10	61	210	33	70	16	54	0.85	45
11	2018/1/11	64	187	43	73	21	60	0.94	37
12	2018/1/12	49	57	31	51	18	54	0.91	31
13	2018/1/13	73	101	53	73	21	88	1.21	18
14	2018/1/14	48	28	31	42	13	64	0.72	32
15	2018/1/15	57	51	40	50	15	76	0.93	22
16	2018/1/16	95	149	70	62	11	75	0.97	16
17	2018/1/17	144	246	109	77	12	70	1.28	24
18	2018/1/18	109	175	81	57	10	59	0.9	48
19	2018/1/19	166	257	126	118	14	80	1.25	40
20	2018/1/20	118	200	89	101	14	78	1.09	39
21	2018/1/21	61	101	41	53	12	61	0.77	55
22	2018/1/22	65	142	44	48	10	66	0.93	47
23	2018/1/23	114	288	86	79	9	39	1.01	51
24	2018/1/24	38	31	19	31	8	23	0.6	73
25	2018/1/25	29	39	11	13	6	32	0.51	57
26	2018/1/26	34	48	13	21	7	22	0.47	66
27	2018/1/27	29	17	16	22	7	40	0.53	45
28	2018/1/28	35	49	20	19	7	33	0.57	53
29	2018/1/29	125	292	94	78	20	47	1.2	68
30	2018/1/30	234	352	183	156	29	98	1.92	55

图 4-2-11 2018 年上海市空气质量原始数据

打开 Tableau Desktop，连接 Access 数据库，选择“配套资源\第 4 章\2018 年上海空气质量数据库 .accdb”文件，如图 4-2-12 所示。

图 4-2-12　选择 Access 数据库文件对话框

打开数据库文件后，进入数据连接界面，显示数据文件中的内容，如图 4-2-13 所示。

空气质量表 (2018年上海空气质量数据库)

连接 ⦿ 实时　数据提取　筛选器 0 添加

空气质量表

排序字段 数据源顺序　显示别名　显示隐藏字段 366 行

id	日期	AQI指数	当天AQI排名	PM2,5	PM10	So2	No2	Co	O3
1	2018/1/1 0:00:00	108.000	172.000	82.000	89.000	14.0000	64.000	1.17000	51.000
2	2018/1/2 0:00:00	43.000	40.000	27.000	39.000	10.0000	48.000	0.81000	56.000
3	2018/1/3 0:00:00	41.000	75.000	21.000	31.000	7.0000	27.000	0.72000	70.000
4	2018/1/4 0:00:00	28.000	51.000	8.000	9.000	6.0000	28.000	0.67000	56.000
5	2018/1/5 0:00:00	44.000	102.000	24.000	30.000	8.0000	38.000	0.82000	46.000
6	2018/1/6 0:00:00	82.000	206.000	60.000	64.000	12.0000	59.000	1.03000	33.000
7	2018/1/7 0:00:00	34.000	74.000	22.000	22.000	8.0000	50.000	1.00000	27.000
8	2018/1/8 0:00:00	123.000	324.000	92.000	86.000	12.0000	50.000	1.43000	40.000
9	2018/1/9 0:00:00	53.000	135.000	27.000	54.000	14.0000	45.000	0.82000	58.000
10	2018/1/10 0:00:00	61.000	210.000	33.000	70.000	16.0000	54.000	0.85000	45.000
11	2018/1/11 0:00:00	64.000	187.000	43.000	73.000	21.0000	60.000	0.94000	37.000
12	2018/1/12 0:00:00	49.000	57.000	31.000	51.000	18.0000	54.000	0.91000	31.000
13	2018/1/13 0:00:00	73.000	101.000	53.000	73.000	21.0000	88.000	1.21000	18.000
14	2018/1/14 0:00:00	48.000	28.000	31.000	42.000	13.0000	64.000	0.72000	32.000
15	2018/1/15 0:00:00	57.000	51.000	40.000	50.000	15.0000	76.000	0.93000	22.000

图 4-2-13　数据源界面

(1) 通过双轴折线图实现 2018 年上海空气质量趋势图

在确认表中数据信息无误后单击工作表 1，随即转入工作表工作区界面，将日期拖放到列功能区，通过右击将其日期级别设为离散“月”，单击“月(日期)”前的“+”号，出现“天(日期)”。将“AQI 指数”拖至行功能区，选择折线图，如图 4-2-14 所示。

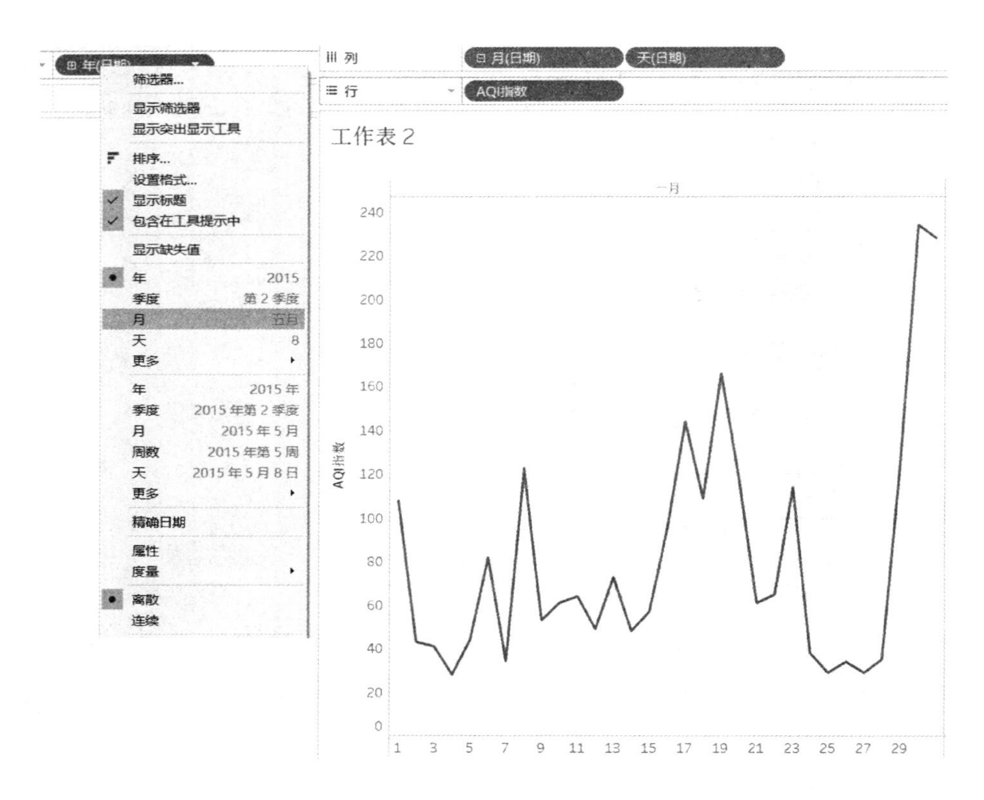

图 4-2-14　2018 年上海空气质量趋势图

单击“标记”卡处的颜色，在弹出对话框的“标记”处选择中间的“全部”，这时视图中的线段上将出现小圆的标记符号，如图 4-2-15 所示。

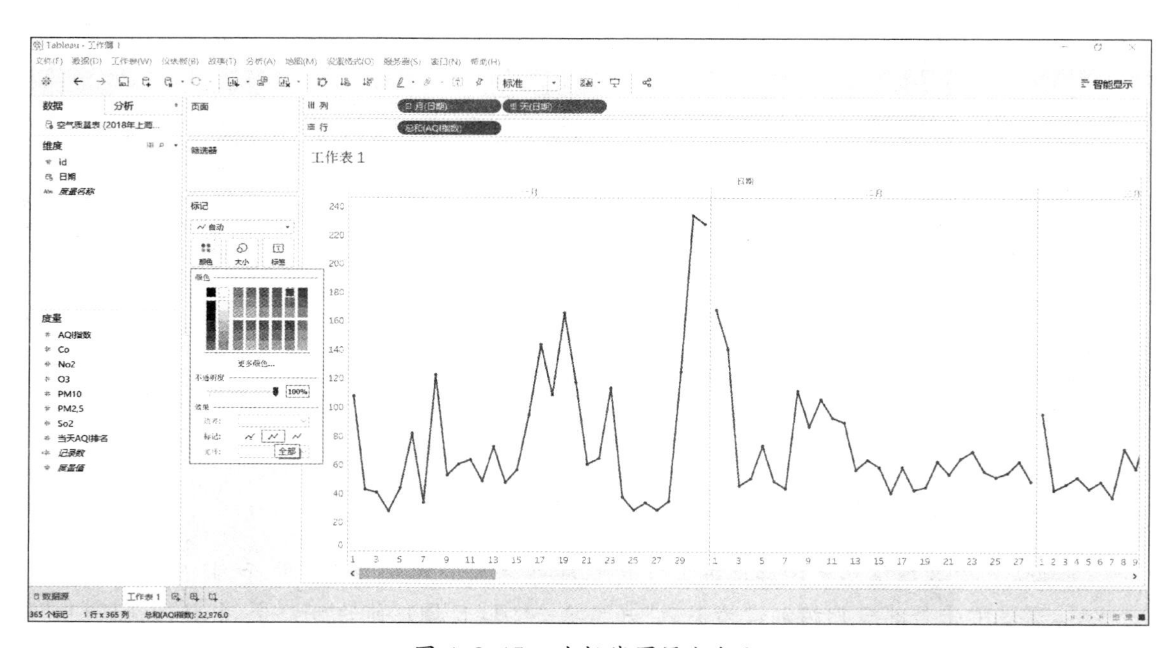

图 4-2-15　为折线图添加标记

通过双轴可以自定义标记符号，将圆形标记改为方形。步骤如下：

① 再次拖放字段“AQI 指数”到行功能区，这时会出现两个折线图，在“标记”卡处选择其中一个折线图，将标记类型改为形状，如图 4-2-16 所示。

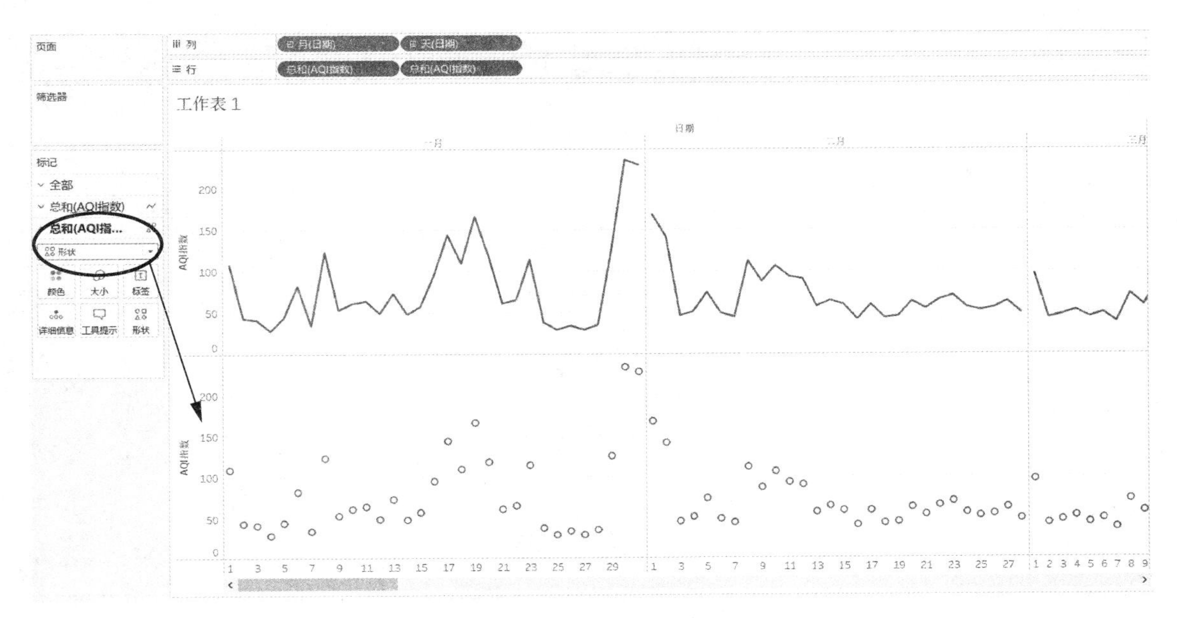

图 4-2-16 创建一个折线图和一个形状图

② 单击“标记”卡处的“形状”，选择方形，还可单击“标记”卡中的“大小”对方形大小进行调整，如图 4-2-17 所示。

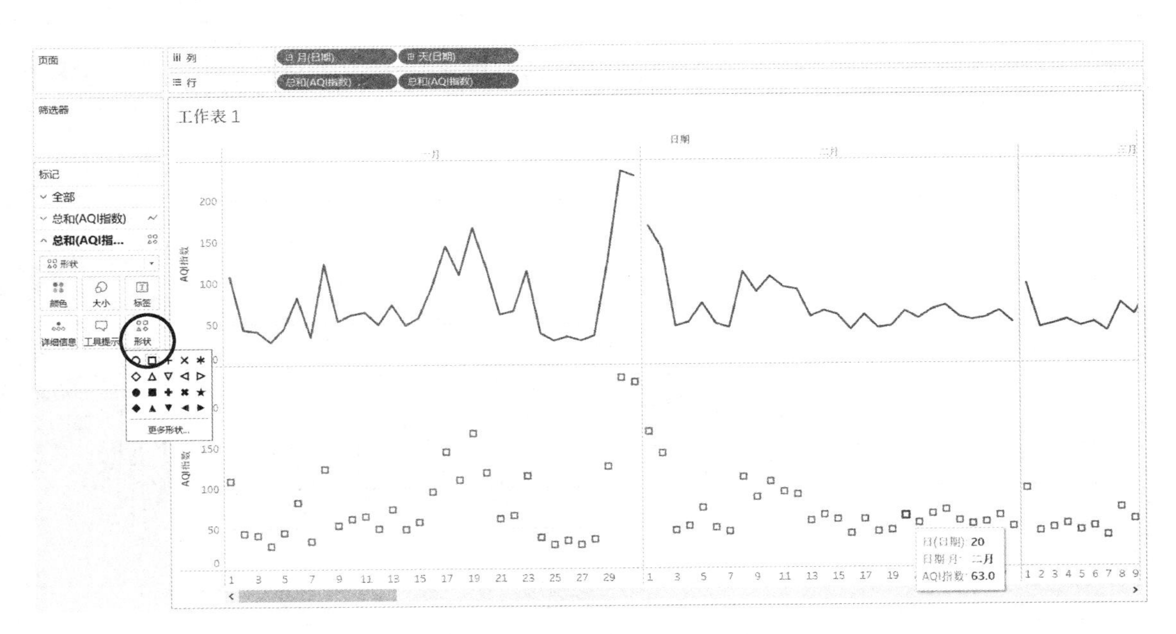

图 4-2-17 定义形状为方形

③ 右击行功能区右端的“AQI 指数”，在弹出的对话框中选择“双轴”，完成双轴视图，如图 4-2-18 所示。

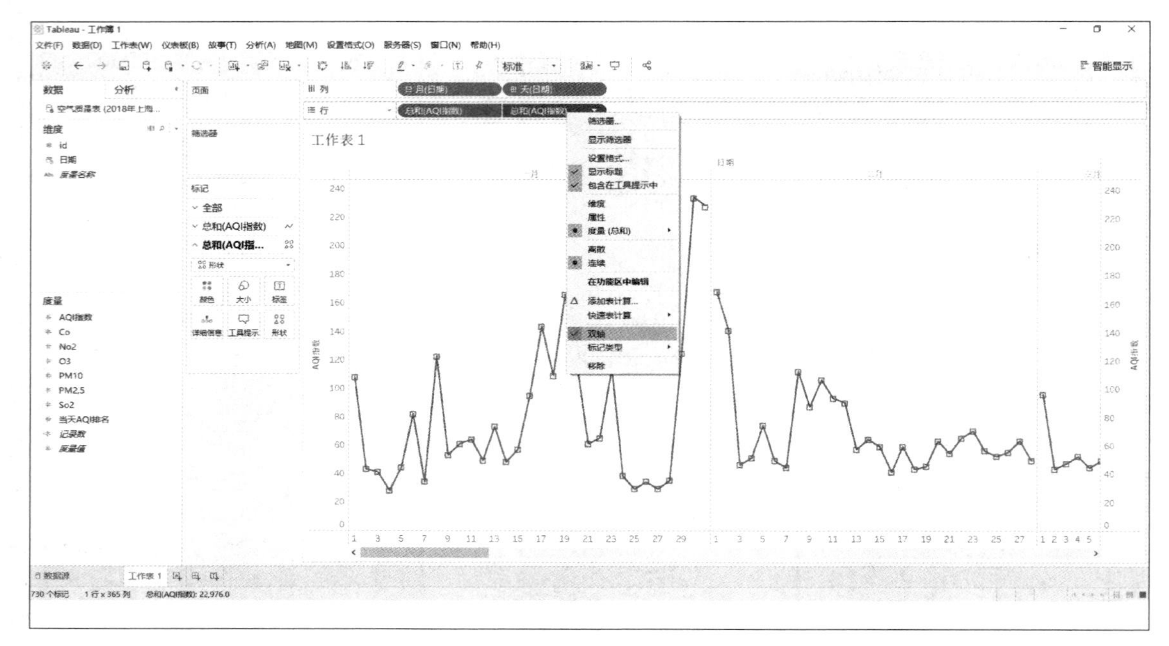

图 4-2-18　双轴视图

④ 修改视图标题，并利用菜单“工作表/导出/图像”，生成“2018 年上海市空气质量趋势图”，如图 4-2-19 所示。

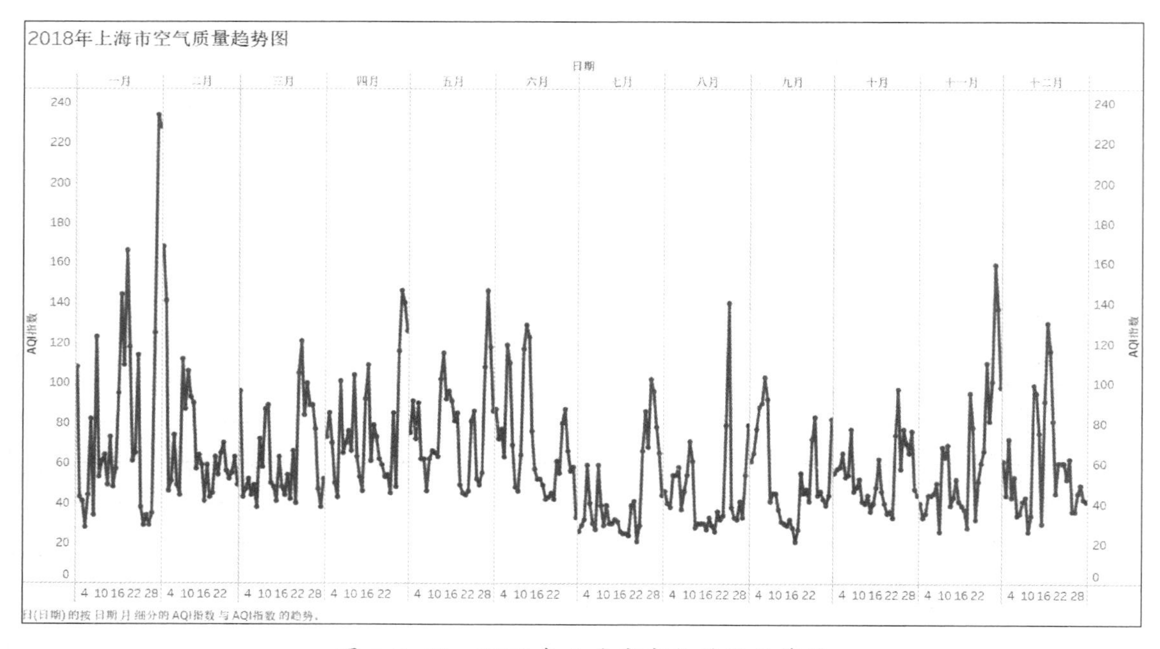

图 4-2-19　2018 年上海市空气质量趋势图

通过折线图可以看出2018年上海的空气质量基本维持在良好水平，只有在一月份的时候，有一次明显的空气污染过程。

（2）通过度量值和度量名称建立上海一月份主要污染物统计视图

利用度量名称和度量值可以构建涉及多个度量的特定视图类型。度量值，是多个度量构成的集合，在度量区域最底部；度量名称，是多个度量名构成的集合（或维度），在维度区域最底部；度量名称和度量值在应用中必须同时出现。简单一句话总结，度量值是多组数值合集；度量名称是以度量名字为元素的多个元素构成的维度。

打开新的工作表并命名为“1月影响空气质量的主要污染物”。在上面的例子中可以看出2018年1月上海有一次明显的空气污染过程，那在这个污染过程中，哪些污染物影响最大呢？空气质量评价的AQI指数是根据CO、PM2.5、PM10、SO_2、NO_2、O_3等指标来计算的。通过比较这些指标的数值变化，来确定哪些指标最能影响AQI指数。

将“日期”拖入筛选器，选择“月”，单击“下一步”，选择“一月”，如图4-2-20所示。

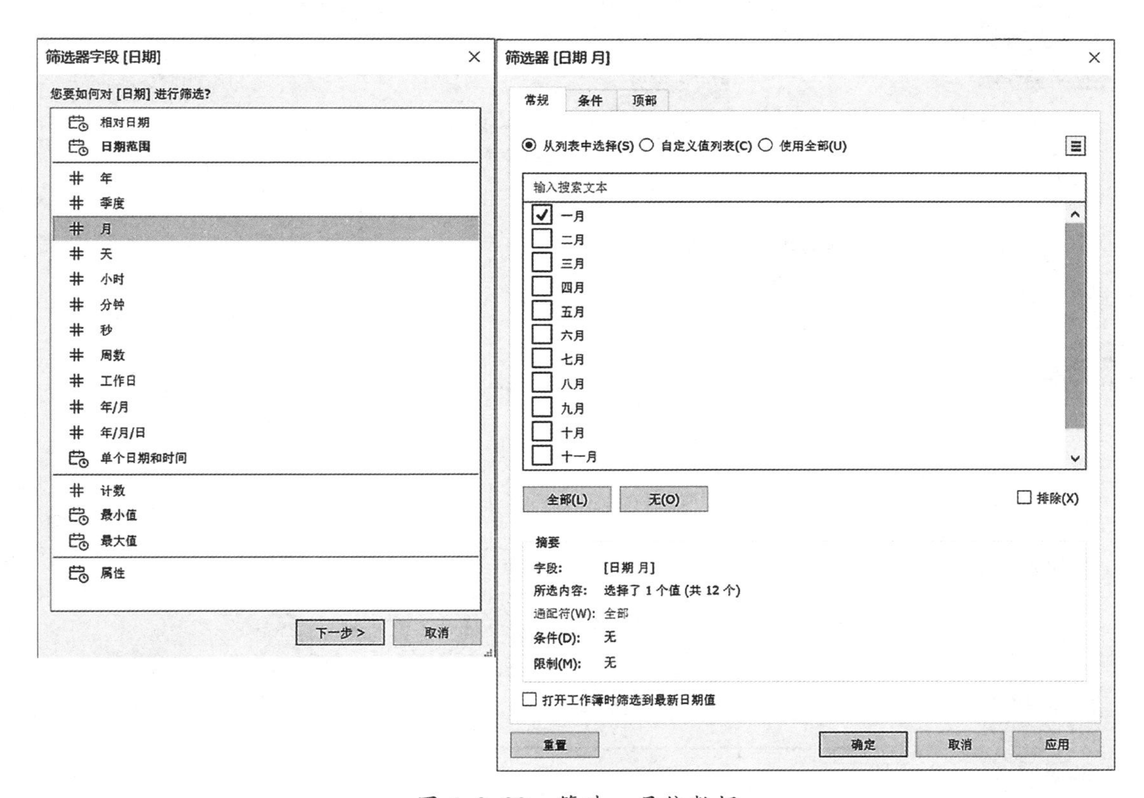

图4-2-20　筛选一月份数据

将“日期”拖入列功能区，点击下拉箭头选择离散“天”，将度量值拖入行功能区，将度量名称拖至标记卡的“颜色”，如图4-2-21所示。

其中，“AQI指数”、“当天AQI排名”和“记录数”不是考察对象，将这3个项目从度量值中移除，如图4-2-22所示。

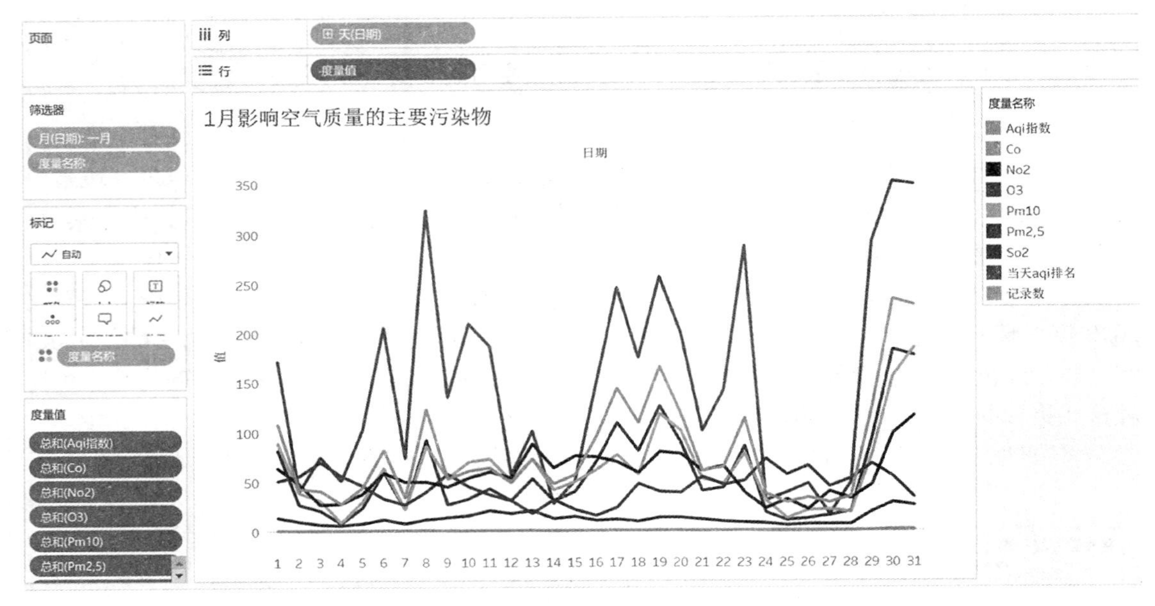

图 4-2-21 利用度量值显示多个度量区域的对应值

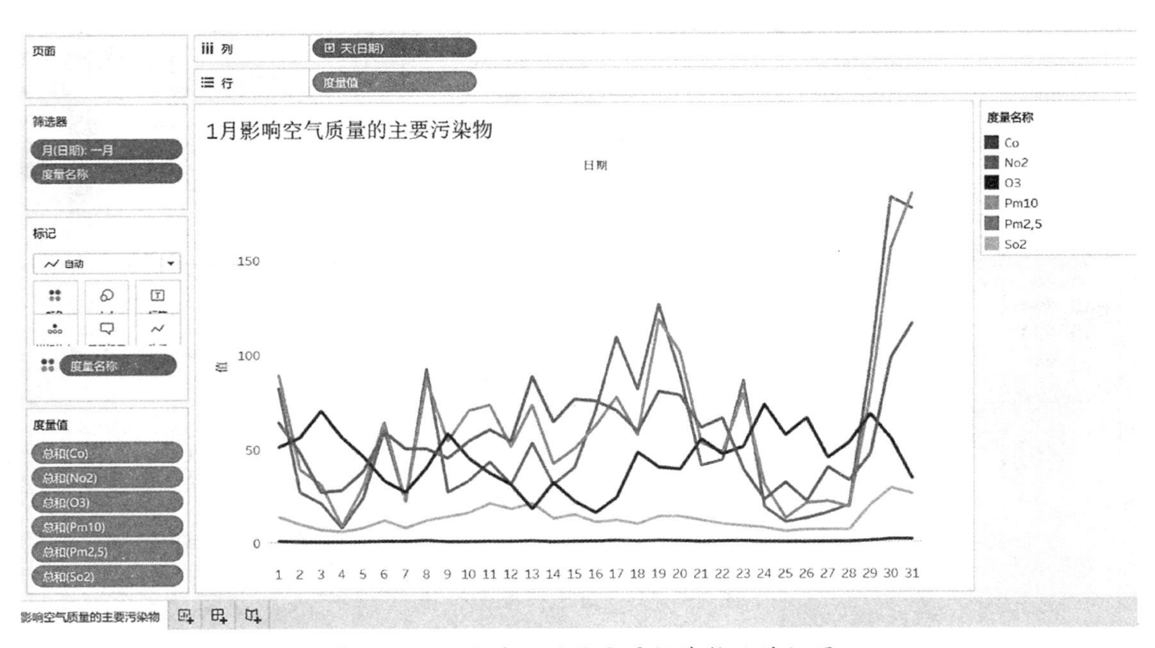

图 4-2-22 上海一月份主要污染物统计视图

由此可以看到，1 月 29 日到 1 月 31 日有一个很明显的污染过程，其中 PM2.5 和 PM10 对这次污染带来的影响最大。

例 4-2：以“2017 年全国天气月值数据表”Excel 文件作为数据源，分析全国各个地区的平均气温、降水量、日照时数、温差等天气情况。

微课视频

原始数据表文件如图 4-2-23 所示。

	区站号(字	地区	省份	站名	年月	最低气温	最高气温	20-20时降水量	平均气温	平均最低气温	平均最高气温	日照时数	纬度	经度	海拔（米）
1547	58354	华东	江苏	无锡	2017/10	5.8	32.4	71.6	18.1	15	22.1	119.5	120.21	31.37	3.2
1548	58354	华东	江苏	无锡	2017/11	1.5	24.1	34.5	12.7	8.8	17.2	142.2	120.21	31.37	3.2
1549	58354	华东	江苏	无锡	2017/12	-4.3	17.5	15.9	5.9	2.1	10.8	159.5	120.21	31.37	3.2
1550	58356	华东	江苏	昆山	2017/1	-3.7	19.8	56.5	6.47	3.46	10.17	98.1	121	31.24	3.2
1551	58356	华东	江苏	昆山	2017/2	-1.6	19	22.2	6.9	2.9	11.8	112.1	121	31.24	3.2
1552	58356	华东	江苏	昆山	2017/3	2.3	21.5	81.5	10.6	7	14.7	122.7	121	31.24	3.2
1553	58356	华东	江苏	昆山	2017/4	5.8	31.3	94.5	17.65	13.55	22.52	183.2	121	31.24	3.2
1554	58356	华东	江苏	昆山	2017/5	14.4	33.4	61.3	22.54	18.58	27.48	211.9	121	31.24	3.2
1555	58356	华东	江苏	昆山	2017/6	18	32.4	134.8	24.5	21.7	28	109.2	121	31.24	3.2
1556	58356	华东	江苏	昆山	2017/7	23.8	40.3	42.3	32.2	28.7	36.4	227.6	121	31.24	3.2
1557	58356	华东	江苏	昆山	2017/8	23	37.9	195.2	29.7	26.9	33.8	173.7	121	31.24	3.2
1558	58356	华东	江苏	昆山	2017/9	15.5	34.4	236.8	24.5	21.7	28	102.5	121	31.24	3.2
1559	58356	华东	江苏	昆山	2017/10	7.8	31.3	56.6	18.8	16	22.4	121.2	121	31.24	3.2
1560	58356	华东	江苏	昆山	2017/11	3.8	23.8	53.1	13.5	10.3	17.3	113.7	121	31.24	3.2
1561	58356	华东	江苏	昆山	2017/12	-2.8	17.9	18.2	6.8	3.4	10.9	143.8	121	31.24	3.2
1562	58362	华东	上海	宝山	2017/1	-3.5	22.1	63	6.78	4	10.09	100.8	121.27	31.24	5.5
1563	58362	华东	上海	宝山	2017/2	-3.4	19.9	20.3	6.8	2.8	11.3	110.1	121.27	31.24	5.5
1564	58362	华东	上海	宝山	2017/3	0.8	22.2	85.1	10.3	6.6	14.3	133.9	121.27	31.24	5.5
1565	58362	华东	上海	宝山	2017/4	5.7	30.1	95.9999	17.08	12.67	22.01	195.8	121.27	31.24	5.5
1566	58362	华东	上海	宝山	2017/5	12.4	32.9	72.8	21.9	17.91	26.48	207.7	121.27	31.24	5.5
1567	58362	华东	上海	宝山	2017/6	17	32.9	158.5	24	21.2	27.4	106.9	121.27	31.24	5.5
1568	58362	华东	上海	宝山	2017/7	24	39.1	37.6	31.9	28.2	36.1	230.8	121.27	31.24	5.5
1569	58362	华东	上海	宝山	2017/8	22.1	37.7	319.6	29.4	26.5	33.6	157.2	121.27	31.24	5.5
1570	58362	华东	上海	宝山	2017/9	14.7	33.9	351.6	24.6	22.1	27.7	111	121.27	31.24	5.5
1571	58362	华东	上海	宝山	2017/10	6.9	31.9	97	19.3	16.5	22.4	126.5	121.27	31.24	5.5
1572	58362	华东	上海	宝山	2017/11	2.1	23.3	79.6	13.6	10.3	17.3	115.8	121.27	31.24	5.5

图 4-2-23 2017 年全国天气月值数据表

打开 Tableau Desktop，连接“Microsoft Excel”，选择“配套资源\第 4 章\2017 年全国天气月值数据 . xlsx”文件，如图 4-2-24 所示。

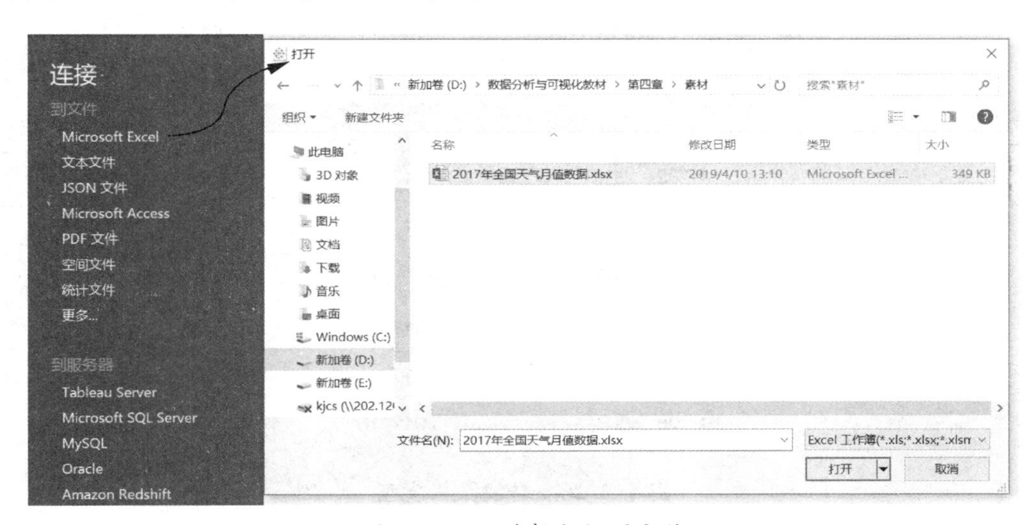

图 4-2-24 选择数据源文件

文件数据导入后，选择“月值数据”工作表作为数据源，如图 4-2-25 所示。

观察数据自动分类后，需要对数据类型进行修改。“年月”应该是日期类型，Tableau 将它归为了字符型，“区站号”应该是字符串类型，Tableau 将它归为了数字型。单击数据列上的数据类型图表，选择需要转换的数据类型，如图 4-2-26 所示。

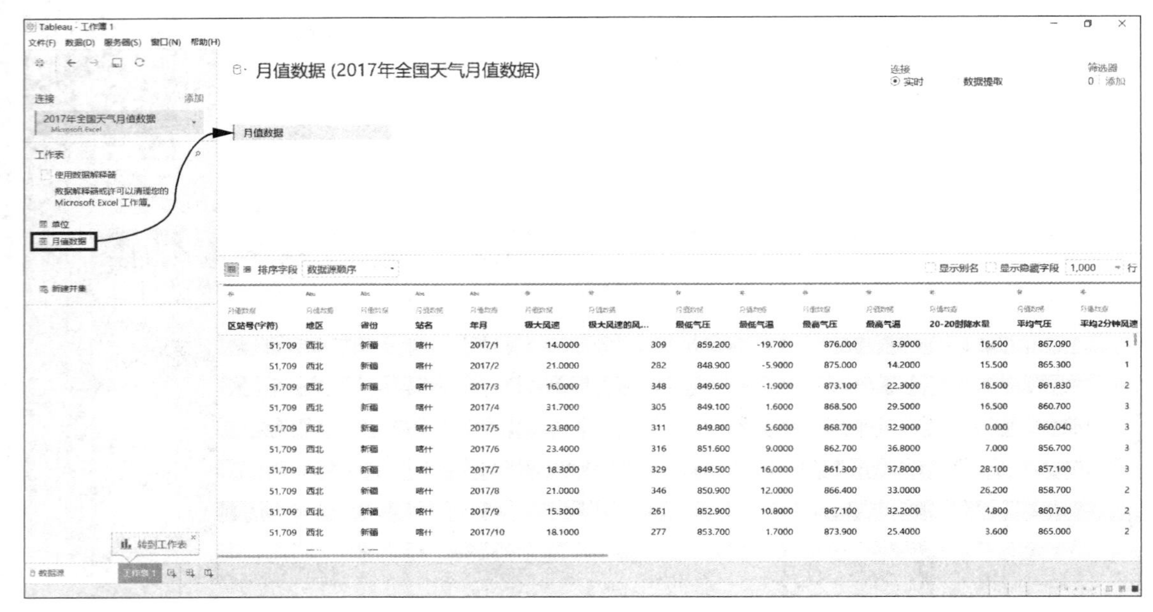

图 4-2-25　选择工作表作为数据源

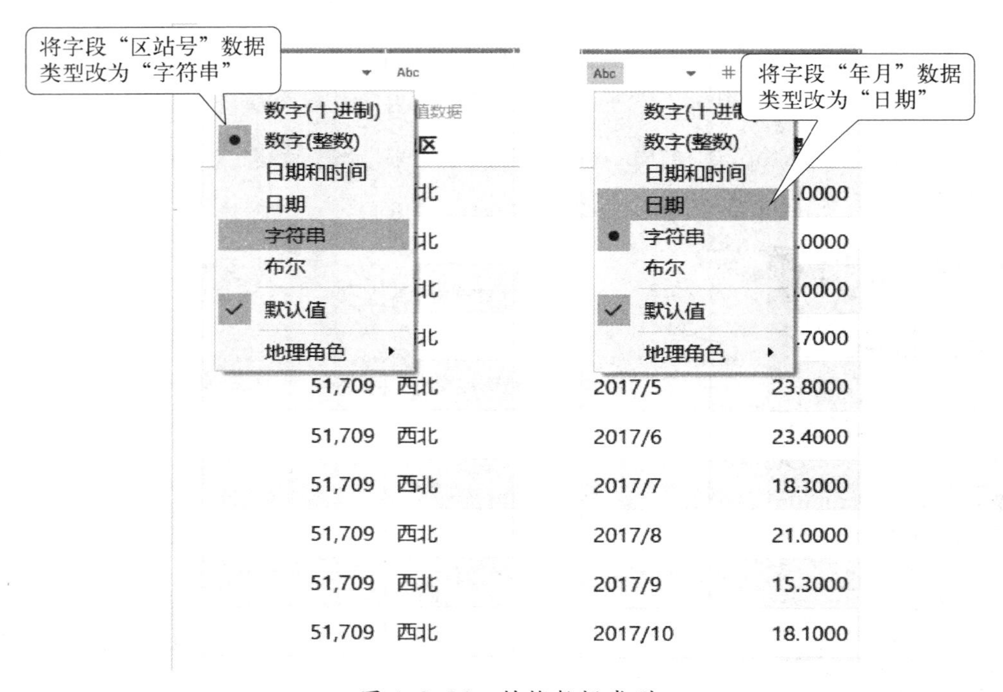

图 4-2-26　转换数据类型

（1）通过创建分层结构实现 2017 年全国各省市最高气温的统计视图

分层结构(hierarchy)是一种维度之间自上而下的组织形式。Tableau 默认包含了对某些字段的分层结构，比如日期、日期/时间、地理角色。以日期维度为例，日期字段本身包含了“年—季度—月—日”的分层结构。将字段“年月”拖入列功能区，显示“＋年(年月)”，点击“年”

前面的“+”号，出现“季度(年月)”，继续点击季度的“+”号，出现“月(年月)”，如图 4-2-27 所示。

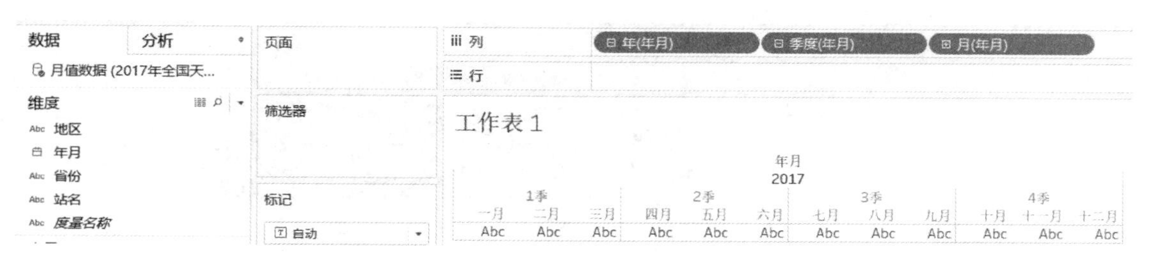

图 4-2-27 日期的分层结构

分层结构对维度之间的重新组合有重要作用，上钻(drill up/roll up)和下钻(drill down)是导航分层结构的最有效方法。

除了 Tableau 默认内置的分层结构外，针对多维数据源，由于其本身包含了维度的分层结构，所以 Tableau 直接使用数据源的分层结构。针对关系数据源，Tableau 允许用户针对维度字段自定义分层结构，在创建分层结构后，将显示在维度窗口中，其字段图标为品。

查看不同地区以及其包含省份下各个站点的最高气温，依据已有的维度字段“地区”、“省份”、“站点”创建分层结构实现。

在“维度区域”中，单选或复选目标字段，右键选择“分层结构/创建分层结构”，出现命名提示后，为该分层结构键入名称“区域”，单击“确定”，如图 4-2-28 所示。

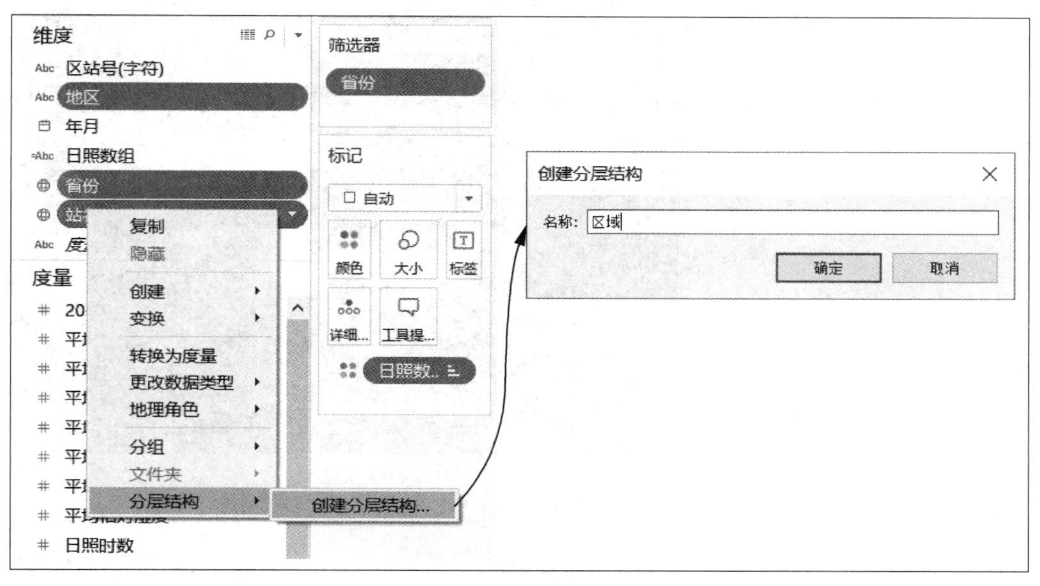

图 4-2-28 创建“区域”分层结构

打开新的工作表，并命名为“最高气温”。将“年月”、“区域”分别拖至列、行功能区，将“最高气温”分别拖至标记卡的“颜色”和“标签”，并将“度量”改为“最大值”，创建突显表，如图 4-2-29 所示。

通过单击分层结构上的“+/-”符号可以轻松完成钻取工作。不论在哪里使用分层结构(行功能区、列功能区或“标记”卡)，一般而言遇到“+/-”即可进行钻取操作(+和-分别对应下钻和上钻)，如图 4-2-30 所示。

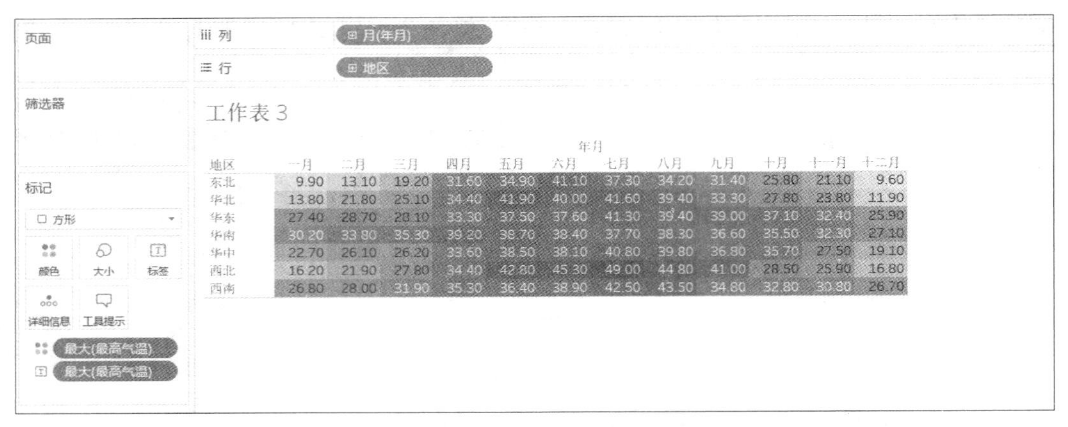

地区	一月	二月	三月	四月	五月	六月	七月	八月	九月	十月	十一月	十二月
东北	9.90	13.10	19.20	31.60	34.90	41.10	37.30	34.20	31.40	25.80	21.10	9.60
华北	13.80	21.80	25.10	34.40	41.90	40.00	41.60	39.40	33.30	27.80	23.80	11.90
华东	27.40	28.70	28.10	33.30	37.50	37.60	41.30	39.40	39.00	37.10	32.40	25.90
华南	30.20	33.80	35.30	39.20	38.70	38.40	37.70	38.30	36.60	35.50	32.30	27.10
华中	22.70	26.10	26.20	33.60	38.50	38.10	40.80	39.80	36.80	35.70	27.50	19.10
西北	16.20	21.90	27.80	34.40	42.80	45.30	49.00	44.80	41.00	28.50	25.90	16.80
西南	26.80	28.00	31.90	35.30	36.40	38.90	42.50	43.50	34.80	32.80	30.80	26.70

图 4-2-29　最高气温突显表

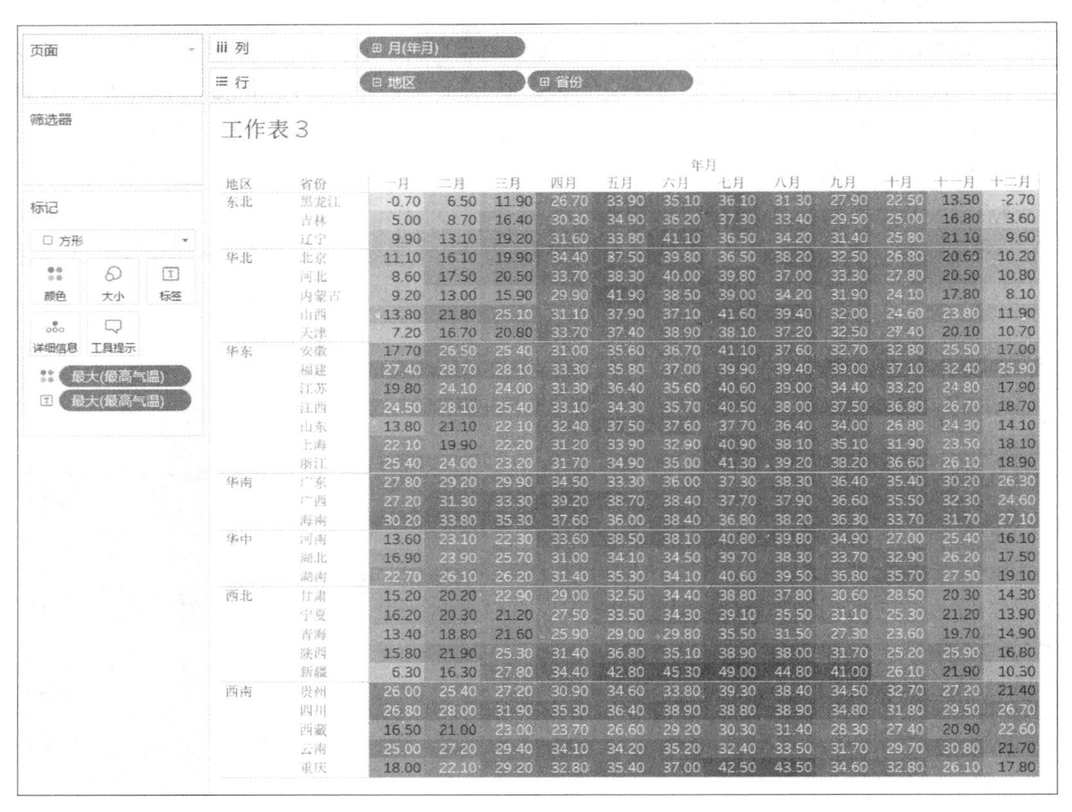

地区	省份	一月	二月	三月	四月	五月	六月	七月	八月	九月	十月	十一月	十二月
东北	黑龙江	-0.70	6.50	11.90	26.70	33.90	35.10	36.10	31.30	27.90	22.50	13.50	-2.70
	吉林	5.00	8.70	16.40	30.30	34.90	36.20	37.30	33.40	29.50	25.00	16.80	3.60
	辽宁	9.90	13.10	19.20	31.60	33.80	41.10	36.50	34.20	31.40	25.80	21.10	9.60
华北	北京	11.10	16.10	19.90	34.40	87.50	39.80	36.50	38.20	32.50	26.80	20.60	10.20
	河北	8.60	17.50	20.50	33.70	38.30	40.00	39.80	37.00	33.30	27.80	20.50	10.80
	内蒙古	9.20	13.00	15.90	29.90	41.90	38.50	39.00	34.20	31.90	24.10	17.80	8.10
	山西	13.80	21.80	25.10	31.10	37.90	37.10	41.60	39.40	32.00	24.60	23.80	11.90
	天津	7.20	16.70	20.80	33.70	37.40	38.90	38.10	37.20	32.50	27.40	20.10	10.70
华东	安徽	17.70	26.50	25.40	31.00	35.60	36.70	41.10	37.60	32.70	32.80	25.50	17.00
	福建	27.40	28.70	28.10	33.30	35.80	37.00	39.90	39.40	39.00	37.10	32.40	25.90
	江苏	19.80	24.10	24.00	31.30	36.40	35.60	40.60	39.00	34.40	33.20	24.80	17.90
	江西	24.50	28.10	25.40	33.10	34.30	35.70	40.50	38.00	37.50	36.80	26.70	18.70
	山东	13.80	21.10	22.10	32.40	37.50	37.60	37.70	36.40	34.00	26.80	24.30	14.10
	上海	22.10	19.90	22.20	31.20	33.90	32.90	40.90	38.10	35.10	31.90	23.50	18.10
	浙江	25.40	24.00	23.20	31.70	34.90	35.00	41.30	39.20	38.20	36.60	26.10	18.90
华南	广东	27.80	29.20	29.90	34.50	33.30	36.00	37.30	38.30	36.40	35.40	30.20	26.30
	广西	27.20	31.30	33.30	39.20	38.70	38.40	37.70	37.90	36.60	35.50	32.30	24.60
	海南	30.20	33.80	35.30	37.60	36.00	38.40	36.80	38.20	36.30	33.70	31.70	27.10
华中	河南	13.60	23.10	22.30	33.60	38.50	38.10	40.80	39.80	34.90	27.00	25.40	16.10
	湖北	16.90	23.90	25.70	31.00	34.10	34.50	39.70	38.30	33.70	32.90	26.20	17.50
	湖南	22.70	26.10	26.20	31.40	35.30	34.10	40.60	39.50	36.80	35.70	27.50	19.10
西北	甘肃	15.20	20.20	22.90	29.00	32.50	34.40	38.80	37.80	30.60	28.50	20.30	14.30
	宁夏	16.20	20.30	21.20	27.50	33.50	34.30	39.10	35.50	31.10	25.30	21.20	13.90
	青海	13.40	18.80	21.60	25.90	29.00	29.80	35.50	31.50	27.30	23.60	19.70	14.90
	陕西	15.80	21.90	25.30	31.40	36.80	35.10	38.90	38.00	31.70	25.20	25.90	16.80
	新疆	6.30	16.30	27.80	34.40	42.80	45.30	49.00	44.80	41.00	26.10	21.90	10.30
西南	贵州	26.00	25.40	27.20	30.90	34.60	33.80	39.30	38.40	34.50	32.70	27.20	21.40
	四川	26.80	28.00	31.90	35.30	36.40	38.90	38.80	38.90	34.80	31.80	29.50	26.70
	西藏	16.50	21.00	23.00	23.70	26.60	29.20	30.30	31.40	28.30	27.40	20.90	22.60
	云南	25.00	27.20	29.40	34.10	34.20	35.20	32.40	33.50	31.70	29.70	30.80	21.70
	重庆	18.00	22.10	29.20	32.80	35.40	37.00	42.50	43.50	34.60	32.80	26.10	17.80

图 4-2-30　使用行功能区上的"+/-"进行钻取

通过上面的视图可以了解到各地区，各省市站点每月的最高气温情况，根据颜色的深浅直观的显示高温天气分布的省市和时间。

（2）创建 2017 年各省日照时数的词云图

打开新的工作表，并命名为"日照词云图"。将维度区域的"省份"字段分别拖至"标记"卡的"颜色"和"标签"，将度量区域的"日照时数"字段拖至"标记"卡的"大小"，并更改标记类型为"圆"，创建气泡图，如图 4-2-31 所示。

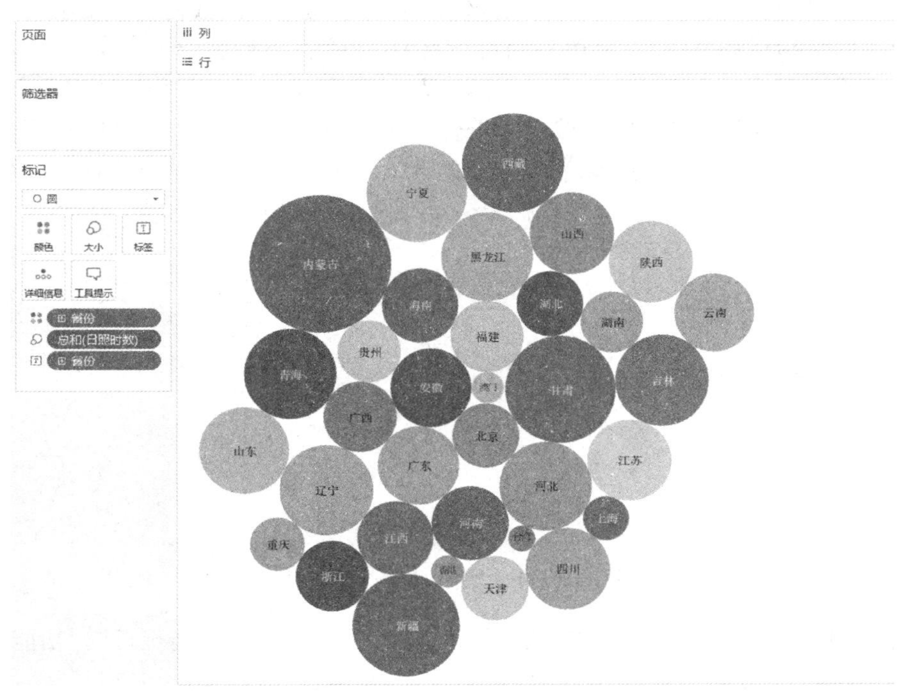

图 4-2-31　气泡图——2017 年各省日照时数

将填充气泡图的“标记”由“圆”改为“文本”时，视图将由填充气泡图变为词云图，如图 4-2-32 所示。

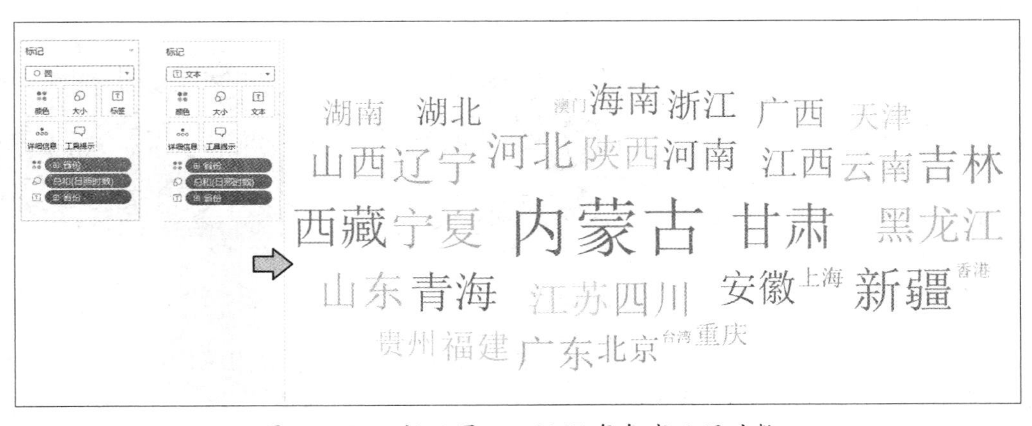

图 4-2-32　词云图——2017 年各省日照时数

日照的词云图通过文字的大小表示数据的大小。文字的颜色和大小可以让人迅速感知日照时长最大的省市是“内蒙古”。

(3) 通过创建计算字段或组实现 2017 年各省日照时数分组统计视图

计算字段(calculated field)是根据数据源字段(包括维度、度量、参数等)使用函数和运算符构造公式来定义的字段。同其他字段一样，计算字段也能拖放到各功能区来构建视图，还能用于创建新的计算字段，而且其返回值也有数值型、字符型等的区分。

计算字段的创建界面如图 4-2-33 所示，包括了输入窗口和函数窗口。在输入窗口中，可输入计算公式，包括运算符、计算字段和函数。其中，运算符支持加（+）、减（-）、乘（*）、除（/）等所有标准运算符。字符、数字、日期/时间、集、参数等字段均可作为计算字段。

在 Tableau 中，“组”是维度字段成员的组合。通过分组，可以对维度字段成员重新组合。假设维度区域有一个“学科”字段，该字段有语文、数学、化学、物理、英语五个成员，可以通过分组，将数学、化学、物理归为“理科”，这样就能够对理科情况进行分析。

图 4-2-33　计算字段创建界面

打开新的工作表，并命名为“平均日照”。将“年月”、“区域”分别拖至行、列功能区，将“日照时数”拖至标记卡的“颜色”，将“省份”拖入筛选器，选择黑龙江、安徽、甘肃三省，创建视图，如图 4-2-34 所示。

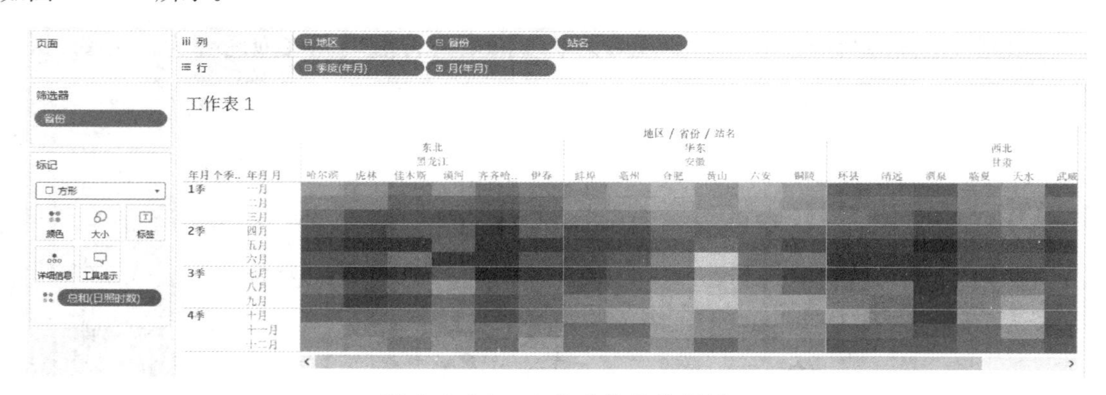

图 4-2-34　日照时数统计视图

此视图对日照时数统计区别不明显，可以将日照时数按范围来分类统计，明显区分各地不同月份的日照时长。如图 4-2-35 所示，右击度量区域的“日照时数”字段，弹出菜单，选择“创建/计算字段”，进行计算字段创建，在输入窗口输入名称“日照时数分组”，内容如下：

```
if [日照时数] < 50 then '50 以下'
Elseif [日照时数] < 110 then '50～110'
Elseif [日照时数] < 160 then '110～160'
Elseif [日照时数] < 210 then '160～210'
Else '210 以上'
End
```

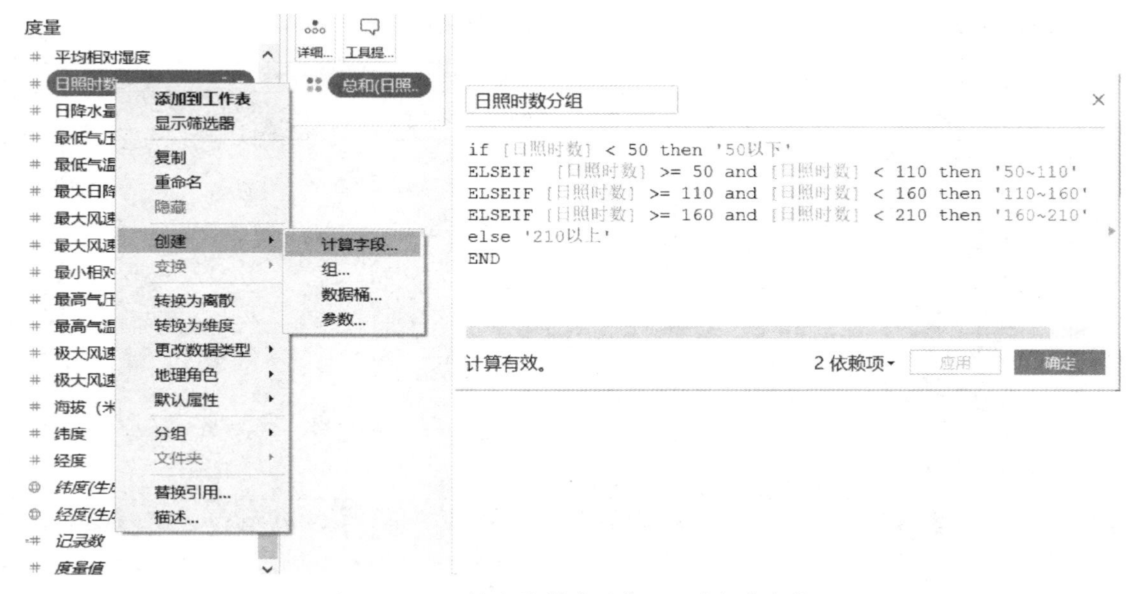

图 4-2-35　创建计算字段"日照时数分组"

通过计算字段将日照时数进行了分类，同样也可以通过"组"来完成相同功能。

在度量区域，点击"日照时数"字段，在弹出菜单中选择"创建/组"，将字段名称命名为"日照时数(组)"，在弹出的对话框中点中"0"，然后点击"分组"，将组命名为"50 以下"，如图 4-3-36 所示。

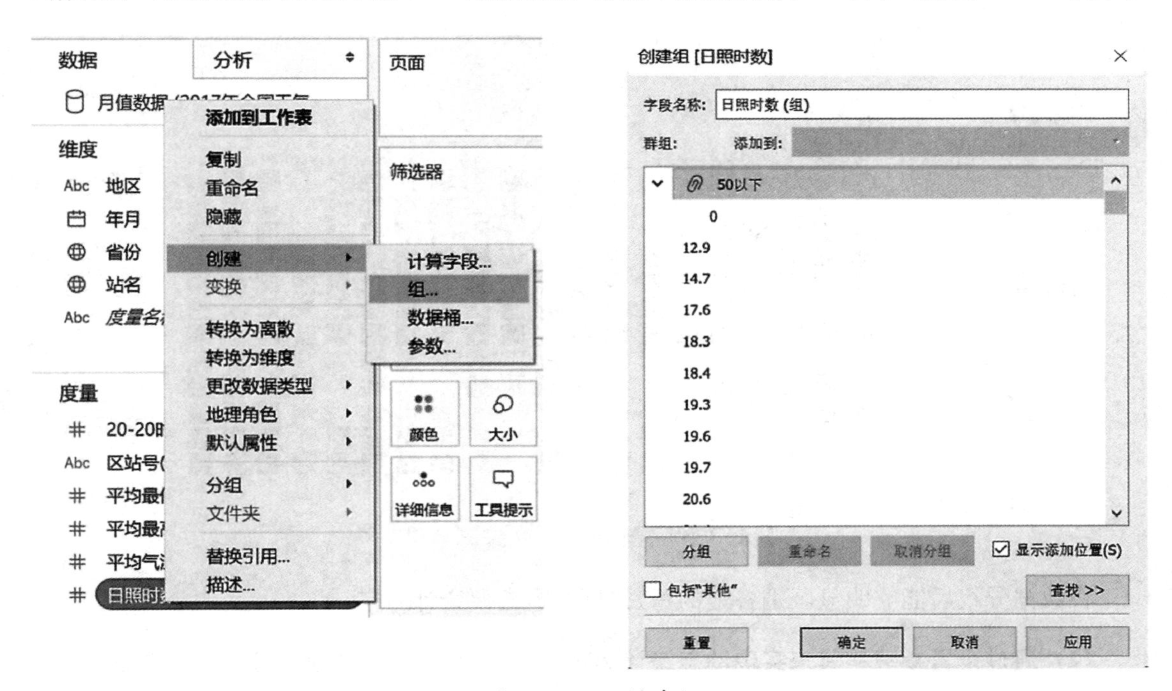

图 4-3-36　创建组

将日照时数中小于等于 50 的数据拖至"50 以下"分组内，如图 4-3-37 所示。

使用同样的方法创建分组"50—110"、"110—160"、"160—210"和"210 以上"。这时在维度区域会出现一个新的维度，名字为"日照时数组"。

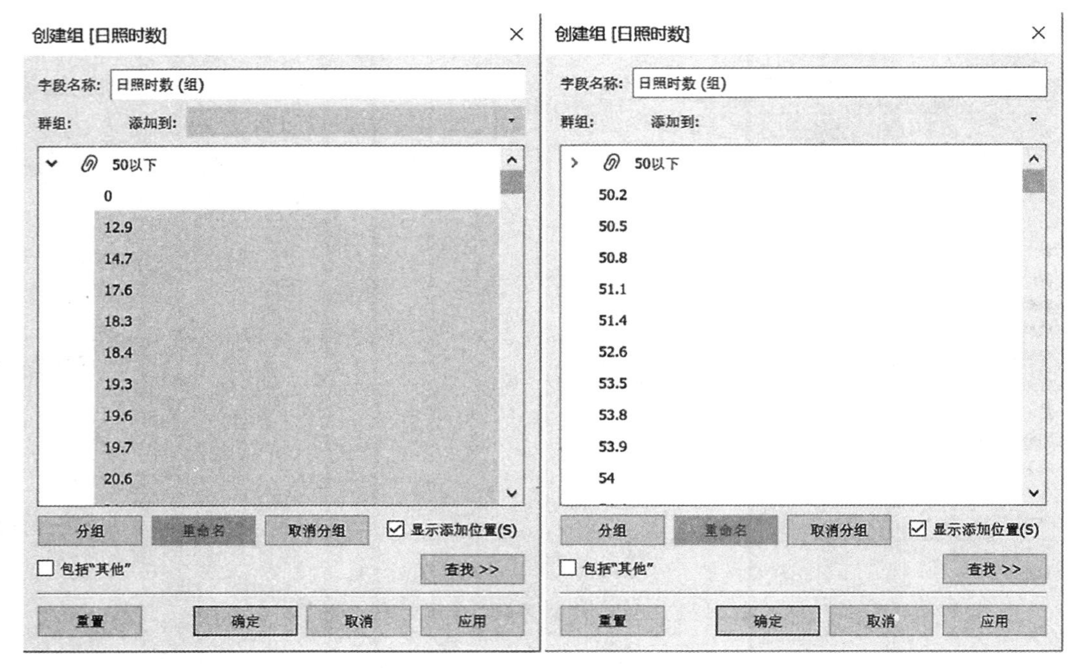

图 4-3-37　日照时数组

将创建好的“日照时数分组”替换标记卡内的“总和(日照时数)”,创建新视图如图 4-3-38 所示。

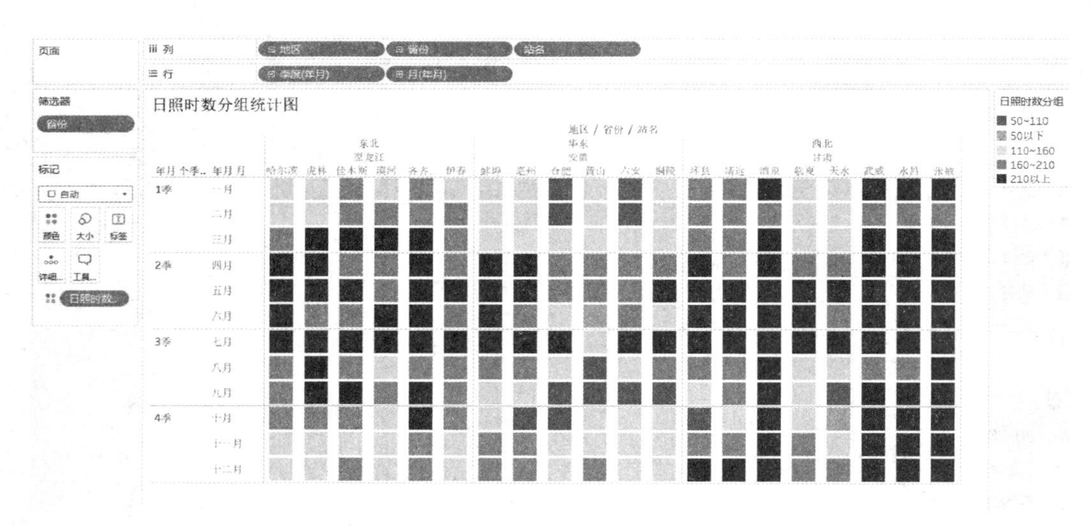

图 4-2-38　日照时数分组统计图

将数据分组后能够明显区别各地的每月日照数,方便统计,一目了然。

(4) 通过设置参数和集来实现动态统计 2017 年全国各地的降水量排序情况的视图

参数(parameter)是一种可用于交互的动态值。参数是由用户自定义的动态值,是实现控制与交互的最常见、最方便的方法,被广泛地运用在可动态交互的字段(计算集、自定义计算字段等)、筛选器及参考线(包括参考区间等),分析人员可以轻松地通过控制参数来与工作表视图进行交互。

集(set)是根据某些条件定义数据子集的自定义字段,可以理解为维度的部分成员。Tableau 在数据窗格底部显示集。集能够用于计算,参与计算字段的编辑。集主要用于筛选,通过选取维度的部分成员作为数据子集,以实现对不同对象的选取。

打开新的工作表,并命名为“降水量情况”。对维度成员“省份”创建集,在维度区域右击“省份”字段,在弹出菜单中选择“创建/集”,在弹出的对话框中进行如下设置,输入名称“降水量排名”,在“常规”选项卡中选择“使用全部”,如图 4-2-39 所示。

在“顶部”选项卡选择“按字段”、“顶部”、“创建新参数”,输入参数设置,“依据”设置“20-20 时降水量”、“总和”,如图 4-2-40 所示。

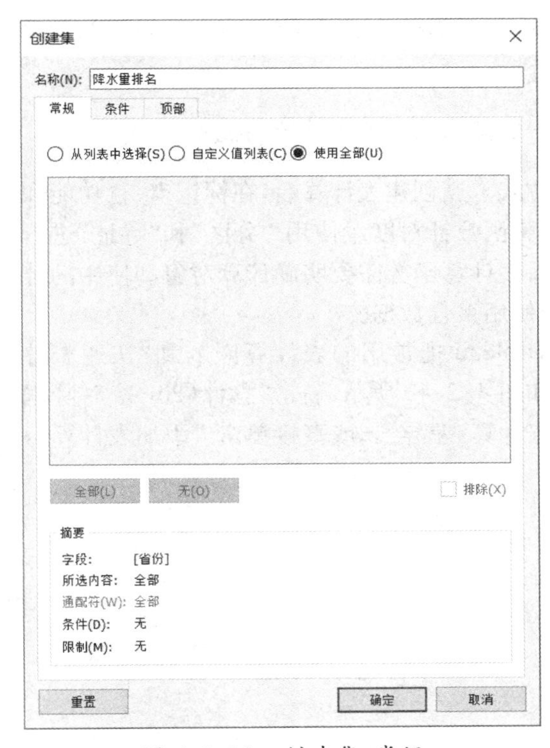

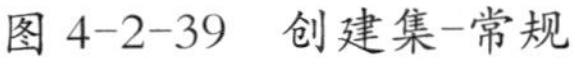
图 4-2-39 创建集-常规

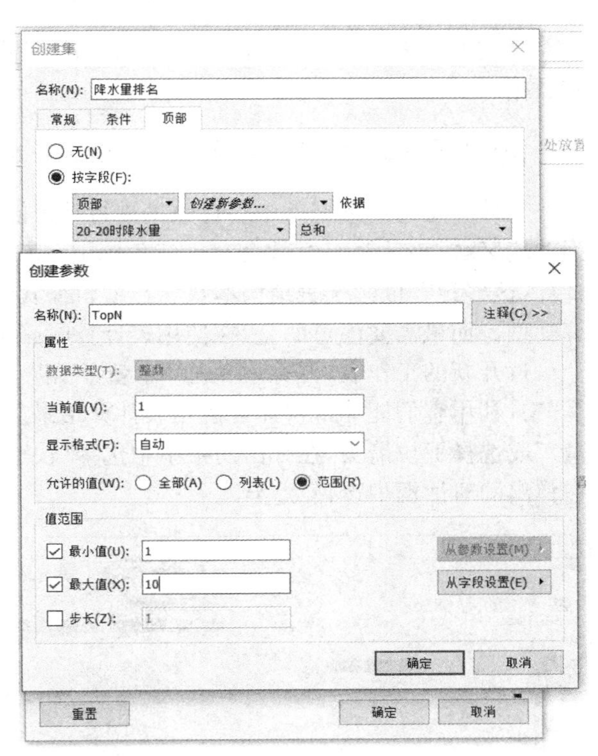

图 4-2-40 创建集-顶部

点击“确定”后,在数据窗格底部显示集 “降水量排名”和参数“TopN”,如图 4-2-41 所示。

图 4-2-41 集和参数

打开新的工作表,并命名为“降水量情况”。将“年月”、“20-20 降水量”依次拖入列功能区,将“省份”拖入行功能区。将“20-20 降水量”拖至“颜色”标记卡,将“降水量排名”集拖入筛选器功能区。右击参数“TopN”,在弹出菜单中选择“显示参数控件”,工作表区右侧显示参数控件。通过调节参数控件可以动态显示 1—12 月降水量排名前 N 位的省份,如图 4-2-42 所示。

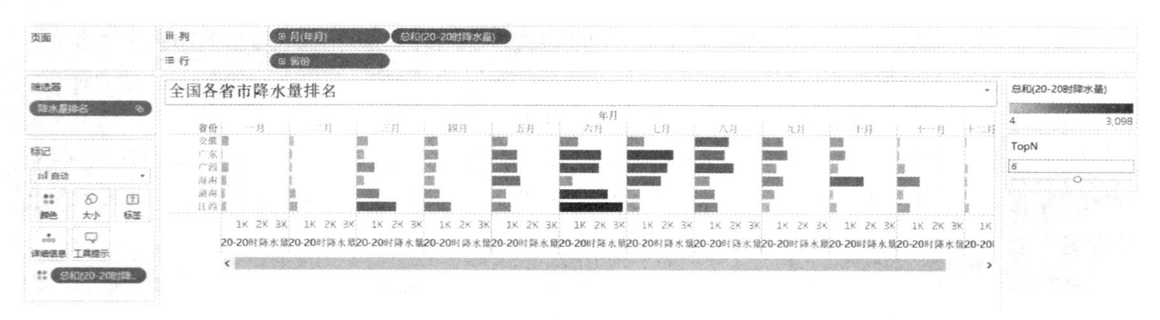

图 4-2-42　各省市降水量排名情况视图

通过调节参数可以动态的显示降水量排名情况，根据需要显示 1-10 位省市的月降水量总和数据。

（5）利用快速表计算，实现 2017 年全国各省份的降水量月差异情况的视图

表计算是针对数据库中多行数据进行计算的方式。当创建表计算后，在标记卡、行功能和列功能区域，该计算字段就会有正三角标记。表计算函数针对度量使用“分区”和“寻址”进行计算，这些计算依赖于表结构本身。在编辑公式时，表计算函数需要明确计算对象和使用的计算类型。而最需要注意的是，在使用表计算时必须使用聚合数据。

打开新的工作表，并命名为“降水量差异”。Tableau 把常用的表计算嵌入到“快速表计算”中，利用它们能非常快速地使用表计算结果。如图 4-2-43 所示，右击“总计(20-20 时降水量)”或选择下拉箭头，在弹出的菜单中选择“快速表计算/差异”。或直接单击“添加表计算”，在弹出的对话框中选择“差异”。

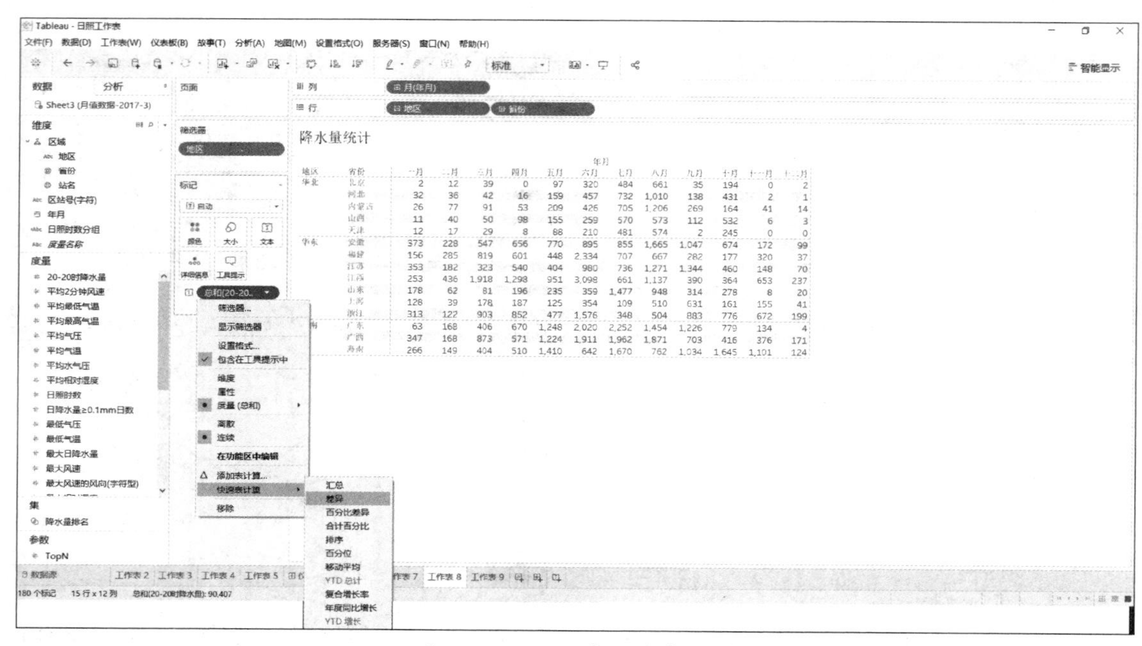

图 4-2-43　创建快速表计算

此时，默认表计算的逻辑是沿着“表(横穿)”相对于“上一个”顺次计算差值，如“12-2”得到 10，“39-12”得到 27，以此类推。双击该字段，可看到快速表计算的公式为 ZN(SUM([20-20

时降水量]))－LOOKUP(ZN(SUM([20-20 时降水量])), －1),如图 4-2-44 所示。

如果希望获得与“第一个”值(即与一月数据)的差异,单击“编辑表计算”在“将值显示为以下项的差异”下拉列表中选择“第一个”,如图 4-2-45 所示。

页面
筛选器
地区
标记
自动
颜色 大小 文本
详细信息 工具提示
总和(20-20时降..
列 月(年月)
行 地区 省份

降水量统计

地区	省份	一月	二月	三月	四月	五月	六月	七月	八月	九月	十月	十一月	十二月
华北	北京	2	12	39	0	97	320	484	661	35	194	0	2
	河北	32	36	42	16	159	457	732	1,010	138	431	2	1
	内蒙古	26	77	91	53	209	426	705	1,206	269	164	41	14
	山西	11	40	50	98	155	259	570	573	112	532	6	3
	天津	12	17	29	8	88	210	481	574	2	245	0	0
华东	安徽	373	228	547	656	770	895	855	1,665	1,047	674	172	99
	福建	156	285	819	601	448	2,334	707	667	282	177	320	37
	江苏	353	182	323	540	404	980	736	1,271	1,344	460	148	70
	江西	253	436	1,918	1,298	[illegible]	[illegible]	[illegible]	[illegible]	[illegible]	[illegible]	653	237
	山东	178	62	81	196	[illegible]	[illegible]	[illegible]	[illegible]	[illegible]	[illegible]	8	20
	上海	128	39	178	187	[illegible]	[illegible]	[illegible]	[illegible]	[illegible]	[illegible]	155	41
	浙江	313	122	903	852	[illegible]	[illegible]	[illegible]	[illegible]	[illegible]	[illegible]	672	199
华南	广东	63	168	406	670	[illegible]	[illegible]	[illegible]	[illegible]	[illegible]	[illegible]	134	4
	广西	347	168	873	571	[illegible]	[illegible]	[illegible]	[illegible]	[illegible]	[illegible]	376	171
	海南	266	149	404	510	1.410	[illegible]	1.670	762	1.034	1.645	1.101	124

地区	省份	一月	二月	三月	四月	五月	六月	七月	八月	九月	十月	十一月	十二月
华北	北京		10	27	-39	97	223	164	177	-626	159	-194	2
	河北		4	6	-26	143	299	274	279	-872	292	-429	-1
	内蒙古		51	14	-38	156	217	279	501	-937	-106	-123	-27
	山西		29	10	48	57	103	312	3	-460	420	-526	-3
	天津		4	12	-21	80	122	272	92	-572	243	-245	0
华东	安徽		-144	319	109	114	125	-40	810	-618	-373	-502	-74
	福建		129	534	-217	-154	1,886	-1,627	-41	-385	-105	143	-284
	江苏		-171	141	217	-136	575	-243	534	73	-884	-312	-78
	江西		182	1,482	-621	-347	2,147	-2,437	477	-747	-26	289	-416
	山东		-116	19	114	39	124	1,118	-529	-634	-36	-270	12
	上海		-89	139	8	-62	229	-245	401	122	-471	-6	-114
	浙江		-191	781	-51	-375	1,099	-1,228	156	380	-108	-104	-472
华南	广东		105	238	263	579	772	231	-797	-228	-448	-644	-131
	广西		-179	706	-302	653	687	51	-91	-1,168	-288	-40	-205
	海南		-117	255	106	900	-768	1,028	-908	272	611	-545	-976

使用总计(20-20时降水量)。将当前值计算为上一值的差异,结果计算为沿着年月(月)对于每个地区、省份

图 4-2-44 快速表计算(差异)(按时间递延计算相邻降水量的差异)

图 4-2-45 编辑表计算

或直接单击菜单中的“相对于”，将其修改为“第一个”即可。双击该字段，可看到快速表计算的公式为 ZN(SUM([20-20 时降水量])) - LOOKUP(ZN(SUM([20-20时降水量])), FIRST())。这样就可以获得每一个值与第一个值的差值，如图4-2-46所示。

地区	省份	一月	二月	三月	四月	五月	六月	七月	八月	九月	十月	十一月	十二月
华北	北京	0	10	37	-2	94	317	482	659	33	192	-2	0
	河北	0	4	10	-16	127	425	699	978	106	398	-30	-32
	内蒙古	0	51	65	27	183	400	680	1,180	244	138	15	-12
	山西	0	29	39	87	144	248	559	562	101	521	-5	-8
	天津	0	4	16	-5	76	197	469	561	-10	233	-12	-12
华东	安徽	0	-144	174	283	397	522	482	1,292	674	301	-200	-274
	福建	0	129	662	445	292	2,178	551	511	126	21	164	-119
	江苏	0	-171	-29	188	51	627	384	918	991	107	-205	-283
	江西	0	182	1,665	1,044	697	2,844	407	884	137	111	400	-16
	山东	0	-116	-97	17	57	180	1,299	770	136	100	-170	-159
	上海	0	-89	50	59	-3	226	-19	382	504	33	27	-87
	浙江	0	-191	590	539	164	1,263	35	191	571	463	359	-113
华南	广东	0	105	343	606	1,185	1,957	2,188	1,391	1,163	716	71	-59
	广西	0	-179	526	224	877	1,564	1,615	1,524	357	69	29	-176
	海南	0	-117	137	244	1,144	376	1,404	496	767	1,379	834	-142

图 4-2-46　编辑表计算(沿着月对每个“地区-省份”下降水量计算其与第一个的差异)

对每月的降水量总和进行了“快速表计算”的“差异”计算后，了解到各省市月与月之间的降水量差别，可以了解各省市降水量主要集中在哪个时间段以及降水量的趋势。

在高级分析中，“快速表计算”是比较常用的方式。Tableau 共嵌入了包括汇总、差异、百分比差异、总额百分比、排序、百分位、移动平均、YTD 总计(本年迄今总计)、复合增长率、年同比增长和 YTD 增长(本年迄今增长)共计 11 个快速表计算，可实现对表中一组数据的快速计算总计、差异、移动平均等。

4.2.4　习题与实践

1. 简答题

(1) Tableau 的数据角色和字段类型有哪些?

(2) Tableau 的工作区有哪些?

(3) Tableau 可以连接哪些数据源?

(4) Tableau 数据可视化主要包括哪些组件?

2. 实践题

对 Tableau 自带的数据文件“文档\我的 Tableau 存储库\数据源\2018. 3\zh_CN-China\示例-超市 .xls”分析实现数据可视化。

（1）分析各类别产品的销售额和利润。用条形图表示各类产品的销售额，设置颜色的依据为利润总和。

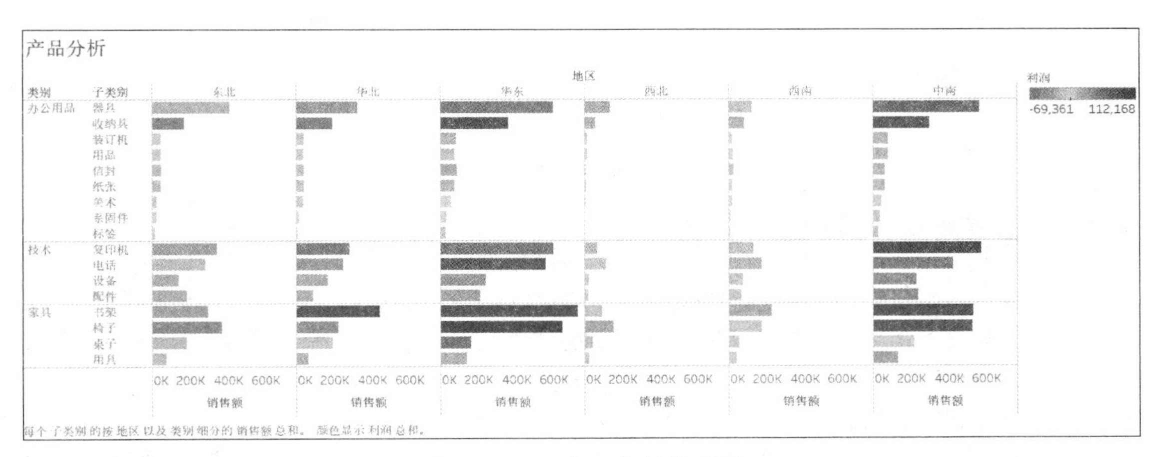

图 4-2-47　产品分析条形图

（2）分析各类别产品的销售额和利润。用词云图表示，设置颜色的依据为销售额总和，设置大小的依据为利润总和。

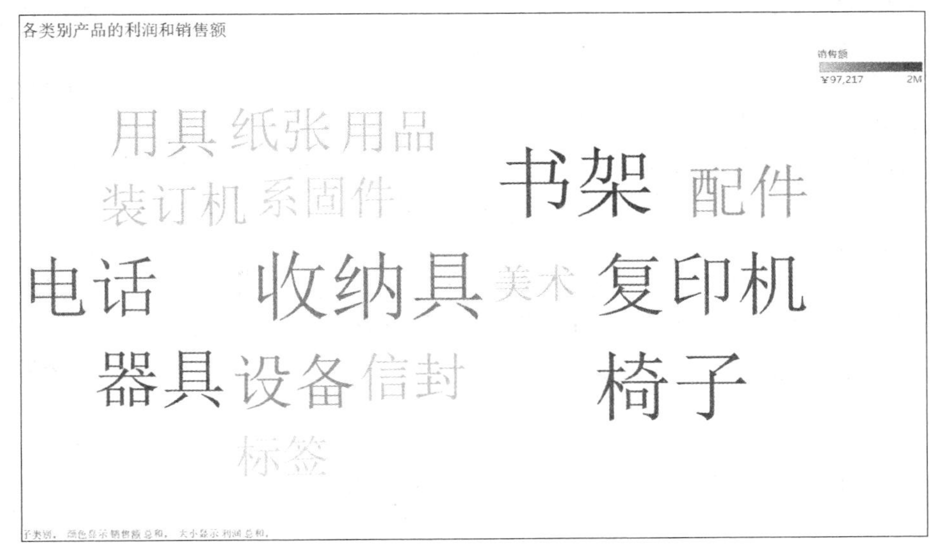

图 4-2-48　产品分析词云图

4.3 数据可视化实战

4.3.1 地图绘制与分析

Tableau 地图功能十分强大，可实现省市、地市级的地图展示，并可编辑经纬度信息，实现对地理位置的定制化功能。将 Tableau 连接到包含地理信息的数据源，并分配对应的“地理角色”后，Tableau 可通过简单的拖放和单击生成地图。Tableau 包含两种地图类型：符号地图和填充地图，同时也可制作包含两者的混合地图以及多维度地图。

以“2017 年全国天气月值数据表”Excel 文件作为数据源，分别以符号地图和填充地图的形式呈现全国各个省自治区直辖市的全年日照时数和 7 月平均气温。

1. 分配地理角色

Tableau 能够自动识别国家、省/直辖市、地市级别的地理信息，并能识别名称、拼音或缩写。Tableau 将每一级地理位置信息定义为“地理角色”，“地理角色”包括“国家/地区”、“省/市/自治区”、“城市”、“区号”、“CBSA/MSA”、“国会选区”、“县”、“邮政编码”，其中只有“国家/地区”、“省/市/自治区”和“城市”对中国区域有效。

一般情况下，Tableau 会将“数据源”中包含地理信息的字段自动分配给相应的地理角色，此时，该字段在“维度窗口”中的字段图标为 🌐 ，表示 Tableau 已自动对该字段中的信息进行地理编码，并将每个值与纬度、经度值进行关联，两个字段“纬度(生成)”和“经度(生成)”将自动添加到 “度量窗口”，在创建地图时，可以拖放这两个字段进行展示。有时，Tableau 会把地理信息字段识别为字符串字段，这种情况下，我们需要手动为其分配地理角色。可以在维度窗口中右击该字段，然后选择“地理角色”，为其分配对应的地理角色，之后该字段的图标将由 Abc 变为 🌐 。

2. 创建符号地图

符号地图即以地图为背景，在对应的地理位置上以多种形状展示信息。创建符号地图步骤如下：

① 连接数据源，将省份、城市的地理角色进行转换，形成经纬度坐标。

打开 Tableau Desktop，连接“Microsoft Excel”。选择“配套资源\第 4 章\2017 年全国天气月值数据 . xlsx”文件，文件数据导入后，选择“月值数据”工作表作为数据源。创建工作表，在维度区域中，右击“省份”字段，设置地理角色为“省/市/自治区”；右击“站名”字段，设置地理角色为“城市”。如图 4-3-1 所示。

设置完成，在度量区域中自动生成两个新的度量值“维度(生成)”和“经度(生成)”。

② 双击“省份”字段，一般情况下，Tableau 将自动调出地图视图，如未出现地图视图，则在“菜单栏”中选择“地图/背景地图”，将“背景地图”设置为 “Tableau”即可。将度量区域中“日照时数”拖至“标记”卡中的“大小”生成符号地图。

查看“站名”级别的信息，只需双击维度区域中的“站名”字段，或拖动“站点” 字段到“标记”卡中的“详细信息”即可，调整“标记”卡的相应内容。

视图中若显示“未知”表示站点的地理信息未识别，对于这些未识别的地理信息可以进行信息编辑。单击视图中的“未知”，会弹出“[站名]的特殊值”对话框，在本对话框中有 3 个选项，单击“编辑位置...”，或在“菜单栏”中选择“地图/编辑位置”，此时弹出“编辑位置”对话框，如图 4-3-2 所示。

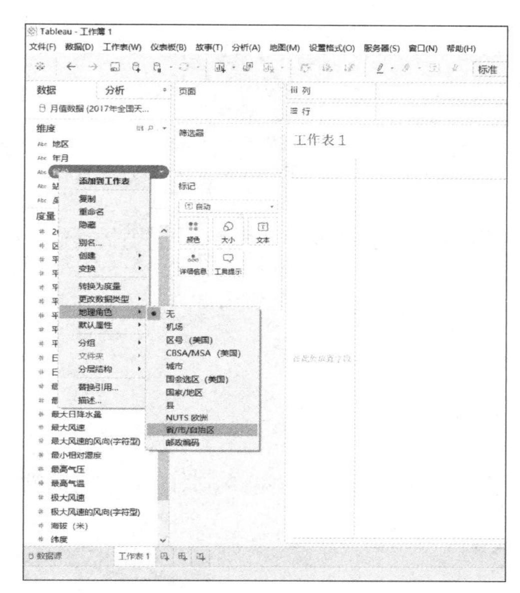

图 4-3-1　分配地理角色

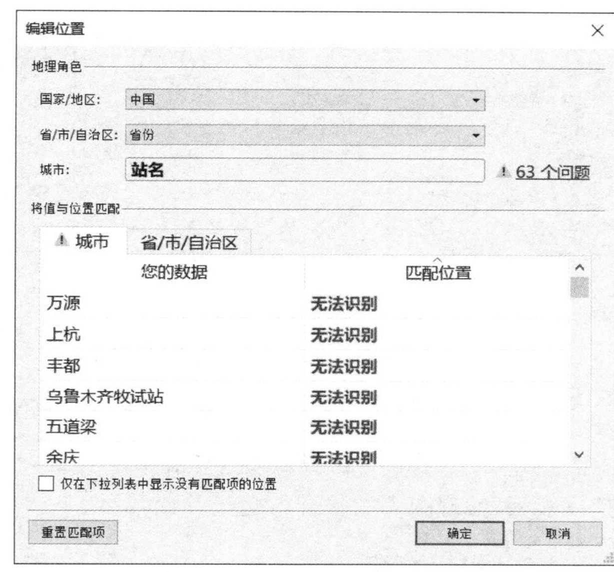

图 4-3-2　编辑位置

地理信息未识别有两种类型：一是不明确，表示该数据所代表的地理位置有两个或以上，Tableau 不知道该为其分配哪个位置；二是无法识别，表示其不在 Tableau 的地理库中。在“城市”的标签页下，对“无法识别”的数据，可在“匹配位置”中选择一个“匹配项”，如“乌鲁木齐牧试站” 是 Tableau 无法识别的名称，可选择 “乌鲁木齐”将其映射到正确位置，如图 4-3-3 所示。

对于不在 Tableau 的地理库中的城市可以直接输入经纬度精确定位，在下拉列表中选择“输入纬度和经度”，在弹出的对话框中输入经纬度信息即可，如图 4-3-4 所示。

3. 创建填充地图

填充地图即将地理信息作为面积进行填充，填充地图只能识别到“省/市/自治区”，不能识别“城市”一级的地理角色。填充地图创建方法如下：

双击维度区域中的“省份”字段，生成符号地图后，将度量区域中“平均气温”(度量选择平均值)拖至 “标记”卡中的“颜色”，或者按住 Ctrl，同时选中维度区域中的“省份”和度量区域中的“平均气温”，单击“智能显示”，选中“填充地图”，Tableau 默认将“当期值”作为“颜色”在地图上进行展示。将维度区域中的“年月”拖至筛选器，选择“月”，然后选择“7 月”多选框。通过编辑“标记”卡中的“颜色”参数，改变填充颜色。

地图可视化是用来分析和展示与地理位置相关的数据，并以实际地图的形式呈现，这种数据表达方式更为明确和直观，让人一目了然，方便挖掘深层信息，更好地辅助决策。

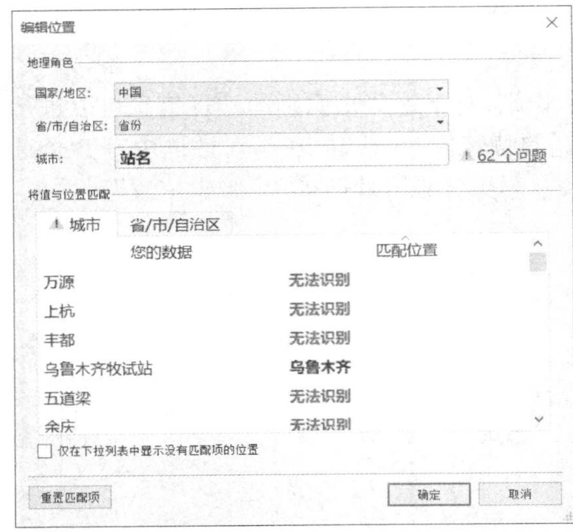

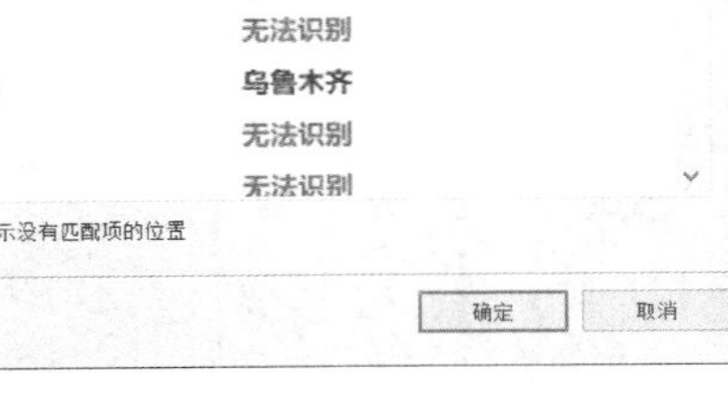

图 4-3-3　匹配位置

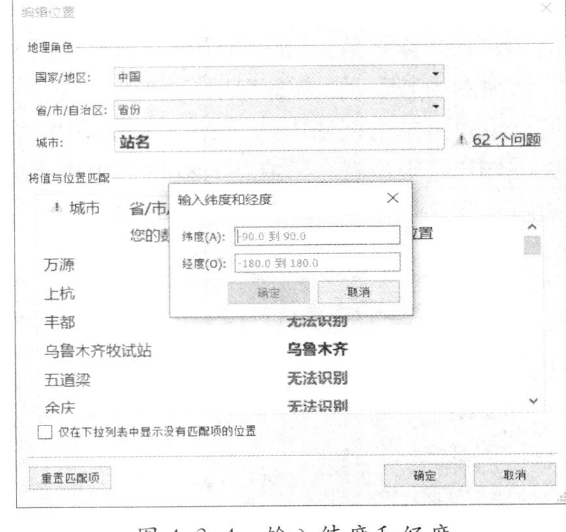

图 4-3-4　输入纬度和经度

4.3.2　图表整合与交互

在 4.2 中，我们详细地讲解了工作表的设计。下面我们将利用 4.2 章节制作的工作表创建仪表板，实现图表的整合与交互。

1. 认识仪表板

仪表板是若干视图的集合，方便同时比较各种数据。举例来说，如果有一组需要每天审阅的数据，可以创建一个一次性显示所有视图的仪表板，而不是导航到单独的工作表。像工作表一样，可以通过工作簿底部的标签访问仪表板。工作表和仪表板中的数据是相连的，当修改工作表时，包含该工作表的任何仪表板也会更改，反之亦然。工作表和仪表板都会随着数据源中的最新可用数据一起更新。

仪表板的工作区环境除了菜单和工具栏区域之外，还包括窗格区、视图区和标签区。窗格区位于仪表板工作区环境的左边，包括仪表板窗格、布局窗格、工作表区域、对象区域。视图区是创建和调整仪表板的主要操作区域，用于添加及调整仪表板上的各种对象。图 4-3-5 显示了仪表板工作区的环境。

2. 工作表区域

工作表区域中列出了当前在工作表标签中显示的所有工作表。当创建或打开新的工作表时，该工作表会同时出现在工作表区域，以便添加至仪表板。同时，若删除某个工作表，该工作表也将从工作表区域中删除。工作表区域中的所有工作表都可以放置在仪表板的视图区。

3. 对象区域

对象区域包括布局容器、除工作表外其他所有可以添加至仪表板的对象和布局方式。

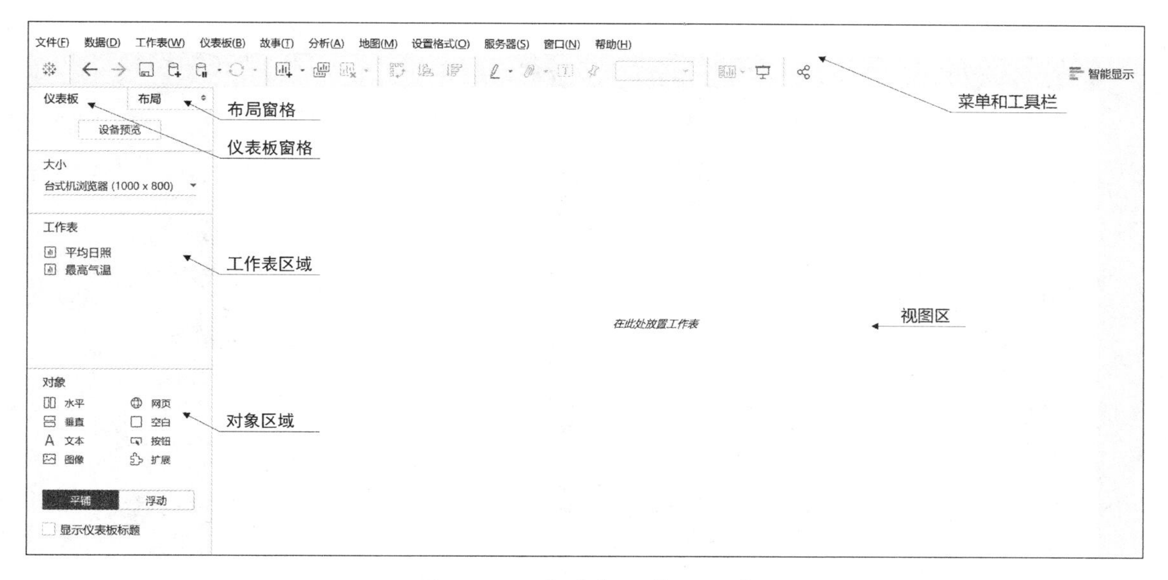

图 4-3-5 仪表板工作区环境

(1) 布局容器类型

布局容器的布局设定决定了仪表板布局的框架,它分为水平容器和垂直容器。水平布局容器调整它所包含的视图和对象的宽度,垂直布局容器调整高度。工作表和对象放置在设置好的布局区域内。

① 水平布局容器。水平布局容器按从左向右方式设置视图区的布局。可以通过拖放的方式将工作表或对象添加到各个区域中。图 4-3-6 所示的两个视图排列在水平布局容器中。

② 垂直布局容器。垂直布局容器按从上至下的方式设置视图区的布局,图 4-3-7 所示的三个视图在垂直布局容器中堆叠显示。

③ 添加布局容器。在"仪表板"窗格上的"对象"下,选择"水平"或"垂直",如图 4-3-8所示。将容器拖到仪表板上。再向布局容器中添加视图和对象,如图 4-3-9 所示。

④ 均匀分布布局容器项。选择布局容器。如果执行此操作有困难,请选择容器内的单个项,然后从其快捷菜单中选择"选择容器"。选择布局容器后,从其快捷菜单中选择"均匀分布",如图 4-3-10 所示。已在布局容器内的项目将自动均匀排列,所添加的任何项目同样也会如此。

(2) 对象包括可放置在仪表板区域的文本、图像、网页、空白等要素

① 文本对象通常用于向仪表板添加标题、说明等文字,如图 4-3-11 所示。通过拖拽,将文本对象放置到合适的位置,并且通过属性可以设置文本的格式。

② 网页对象允许通过输入 URL 将网页嵌入到仪表板中。添加网页的 URL 之后,将自动在仪表板中打开网页,如图 4-3-12 所示。

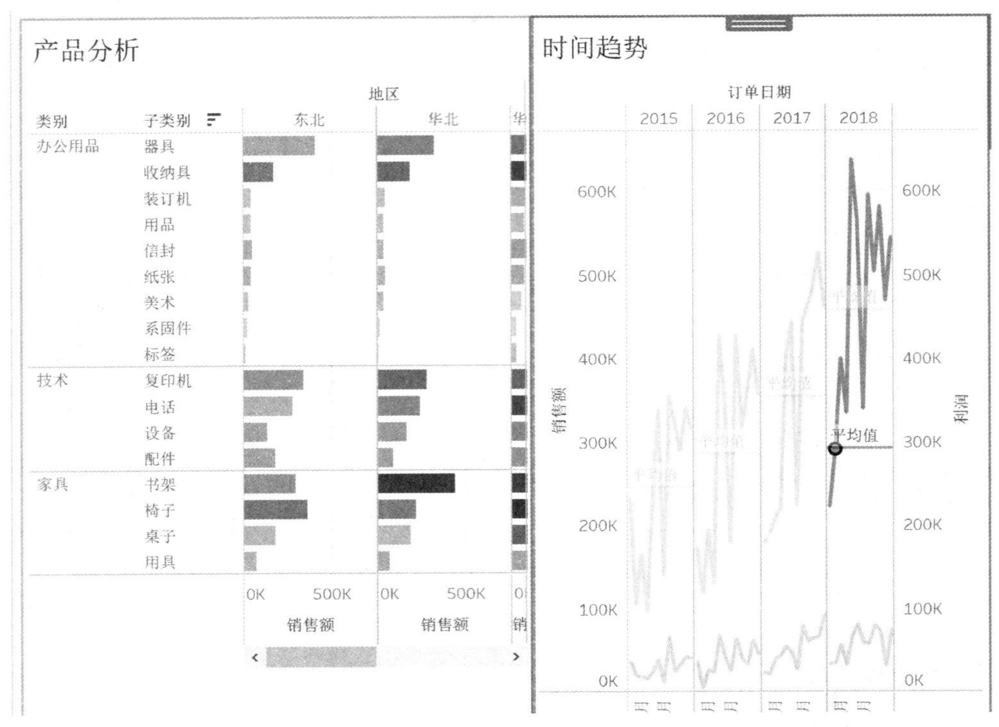

图 4-3-6　水平布局容器

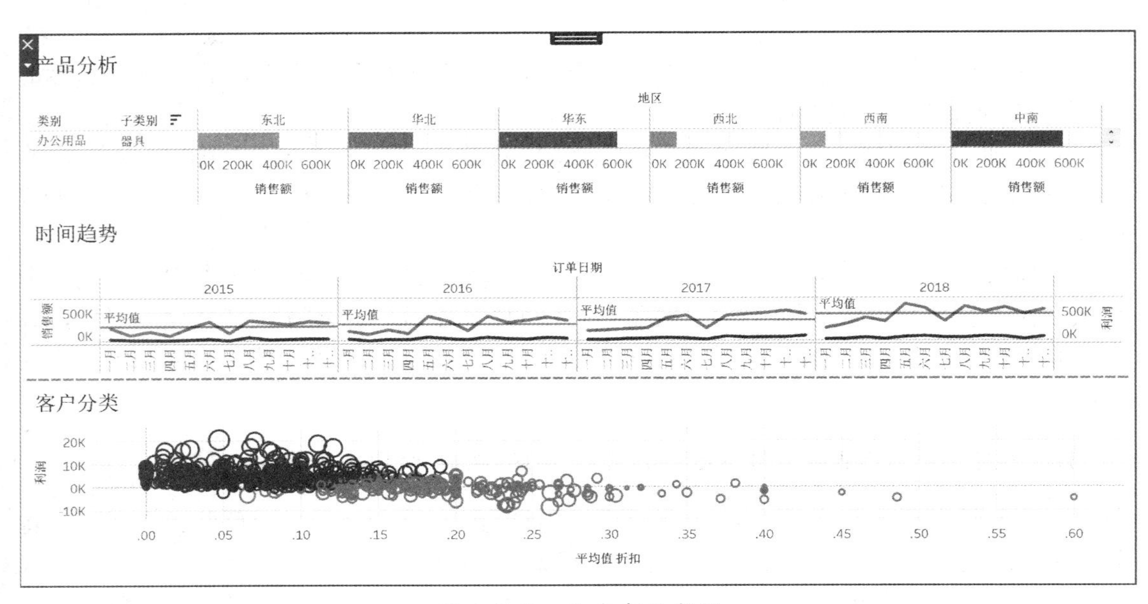

图 4-3-7　垂直布局容器

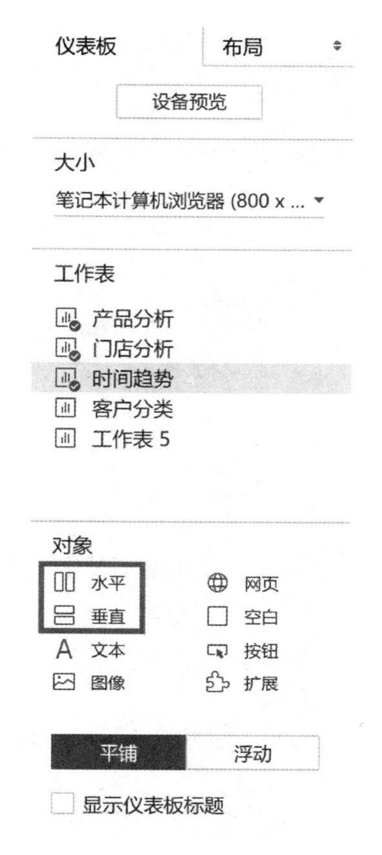

图 4-3-8 水平或垂直布局容器

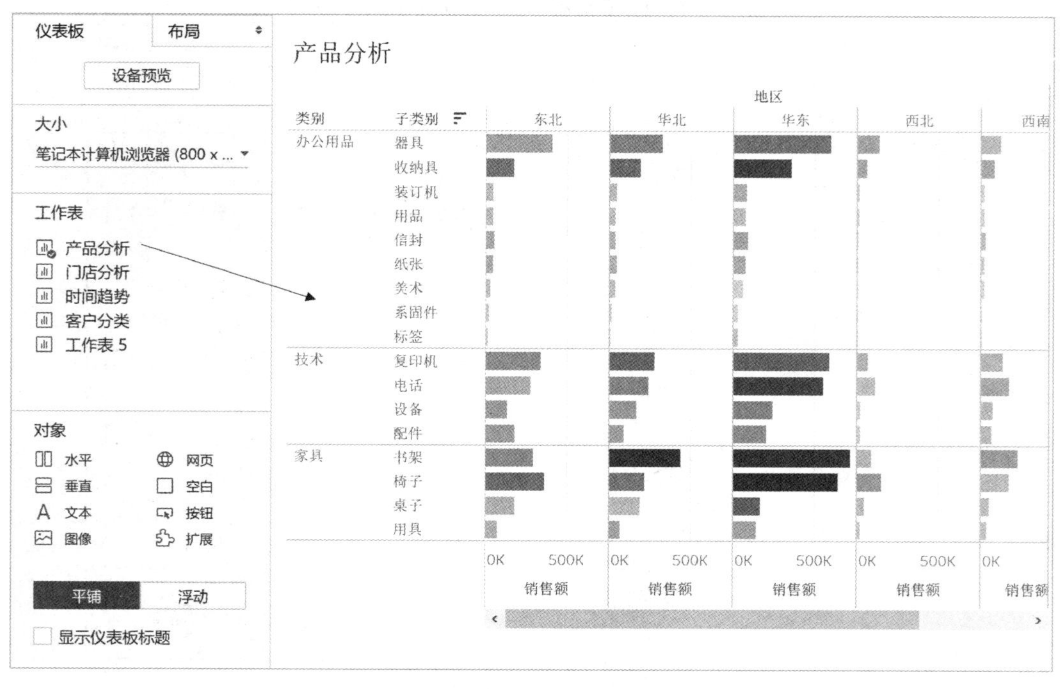

图 4-3-9 向布局容器中添加工作表

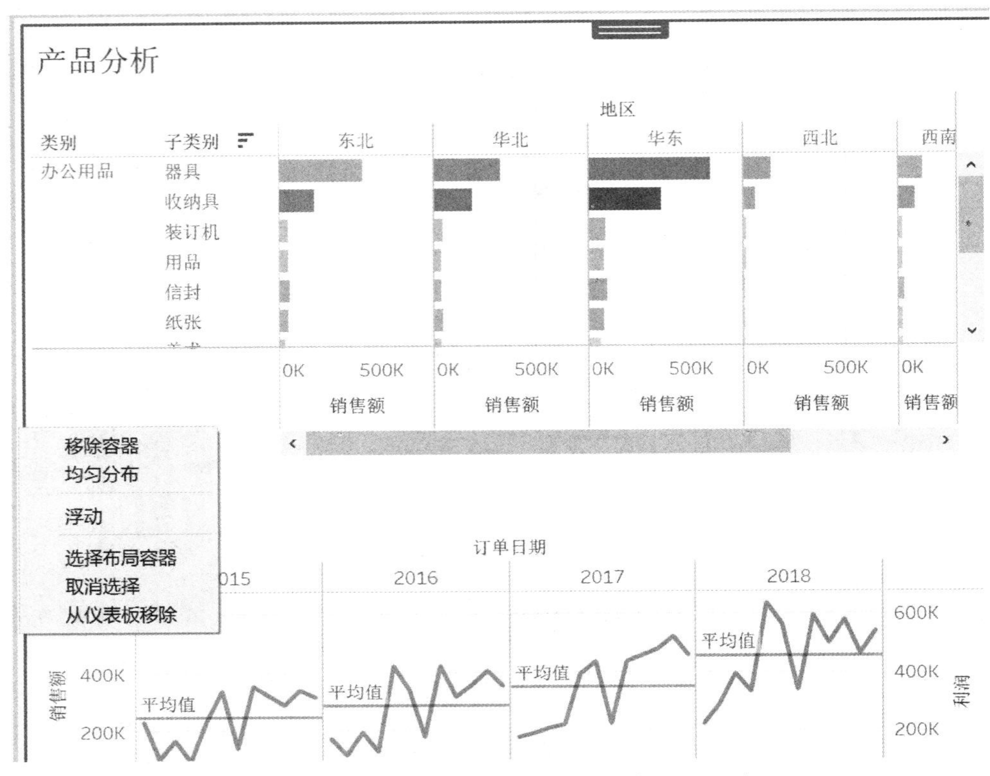

图 4-3-10　设定布局容器内的对象均匀分布

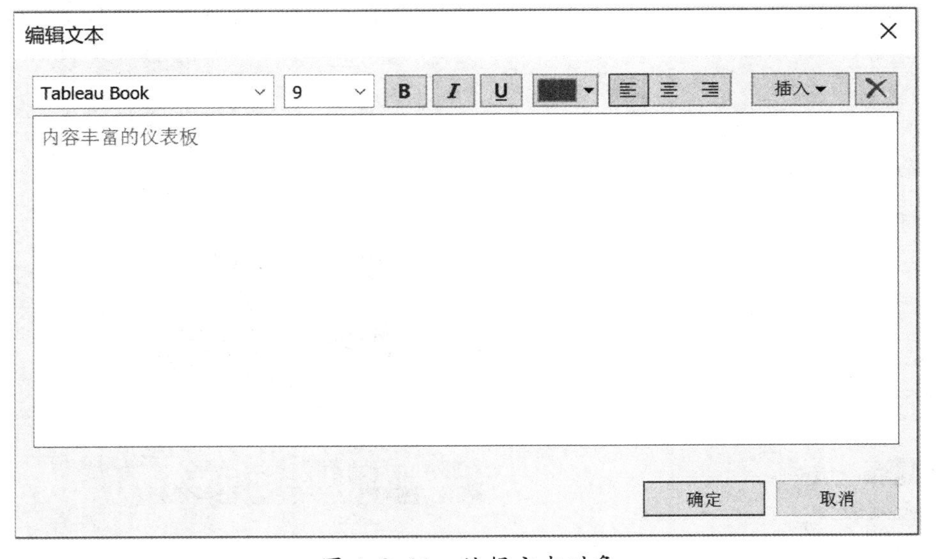

图 4-3-11　编辑文本对象

图 4-3-12 输入 URL 后打开网页

③ 图像对象通常用于显示 Logo、相关图片等静态图像文件。通过从存储设备中选择图像实现添加。可以调整图像的显示方式,也可以为图像添加网页链接,如图 4-3-13 所示。

图 4-3-13 设置图像的网页链接

④ 通过空白对象可以向仪表板添加空白区域,便于对仪表板的显示区域进行合理调整。

(3) 布局方式

布局方式是指仪表板中各容器、工作表及图片等对象的放置方式，分为平铺和浮动两种。

平铺方式是仪表板默认的布局方式，是指仪表板区域的工作表、对象等元素互不覆盖地分布在视图区；而浮动方式是指所选工作表或对象浮动显示并覆盖背景视图中的元素，如图4-3-14所示。

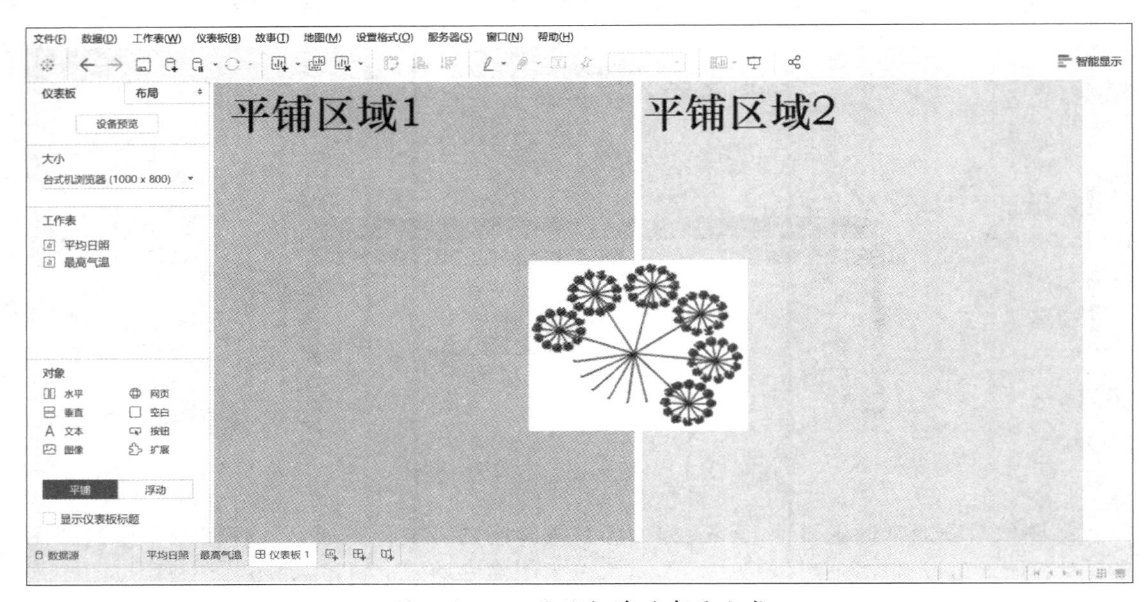

图 4-3-14　平铺与浮动布局方式

4. 创建仪表板

在了解了仪表板的主要元素之后，下面开始创建自己的仪表板。首先需要准备创建仪表板的主要元素——工作表，将使用在例4-2中创建"平均日照"和"最高气温"。本节中，利用基于2017年全国天气月值数据的平均日照工作表和最高气温工作表，实现图表的整合，最终为用户呈现一种交互式的工作成果展示方式。

例4-3：以"平均日照"和"最高气温"工作表主要对象创建仪表板，分析全国各个地区的日照与气温之间的关系。

(1) 新建仪表板

微课视频

可以通过两种方式新建仪表板，选择菜单栏的"仪表板/新建仪表板"，或单击窗口底部的"新建仪表板"标签来创建一个新的仪表板，如图4-3-15所示。右击新建的仪表板标签，选择"重命名"，可以设定仪表板的名称，也可以双击仪表板标签键入新名称。

(2) 确定仪表板布局

根据工作表视图，分析想要通过仪表板得到的最终呈现视图的内容。比如，希望利用平均日照工作表和最高气温工作表，分析各个省份的日照时间和最高气温之间的关联和变化，并可以实时查询全国天气情况，仪表板布局设计就可如图4-3-16所示。

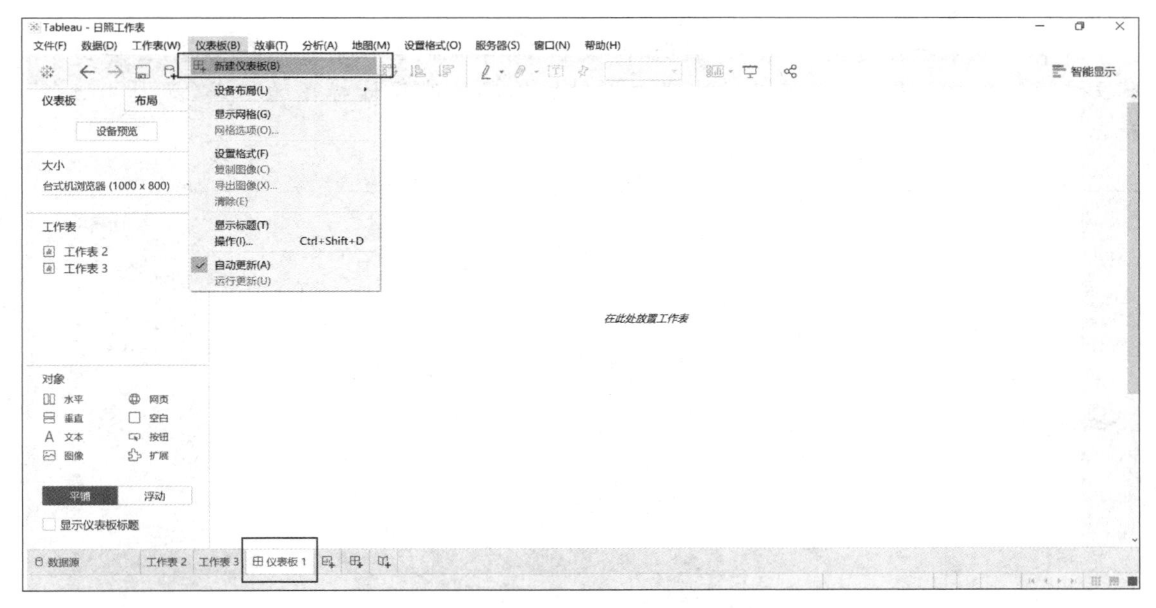

图 4-3-15 新建仪表板

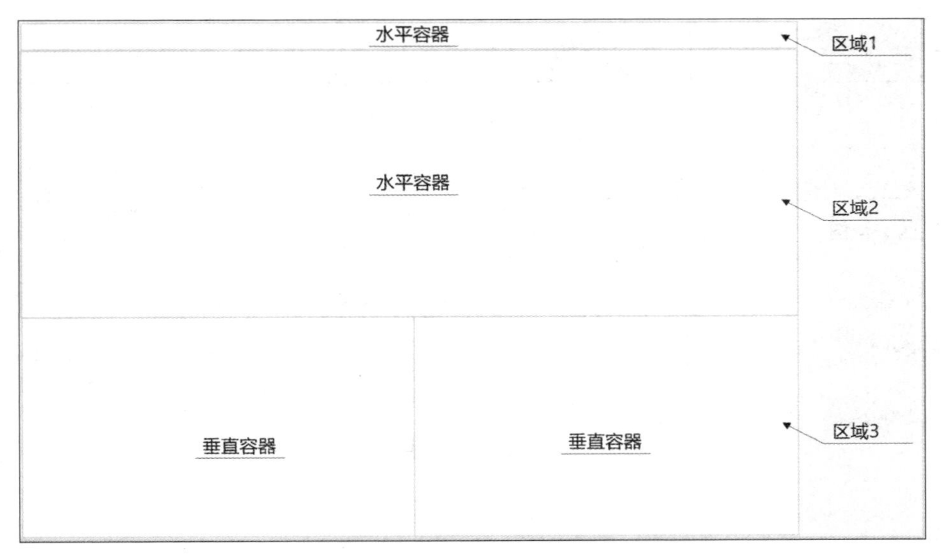

图 4-3-16 仪表板布局设计

在 Tableau 中，仪表板布局和添加内容需要遵循以下顺序：在水平容器中添加内容；在最右侧添加垂直容器；在垂直容器中添加内容。

如果按照图 4-3-16 设计的布局，先添加了所有容器，再分别向各容器中添加内容时，会发现后添加的水平容器内容会覆盖先添加的内容，水平容器会被平铺的垂直容器所覆盖，导致添加的内容不能按照我们设计的布局呈现。因此，我们在后续的操作中将严格按照上述顺序进行。

(3) 添加仪表板内容

接下来，根据设计的仪表板布局，遵循 Tableau 仪表板添加布局和内容的顺序，实现日照

气温分析仪表板的制作。

① 添加仪表板标题。从“对象”区域将“文本”对象拖放至仪表板的视图区，会弹出“编辑文本”窗口，输入标题，并可以通过窗口提供的编辑功能设计标题的格式，如图 4-3-17 所示。

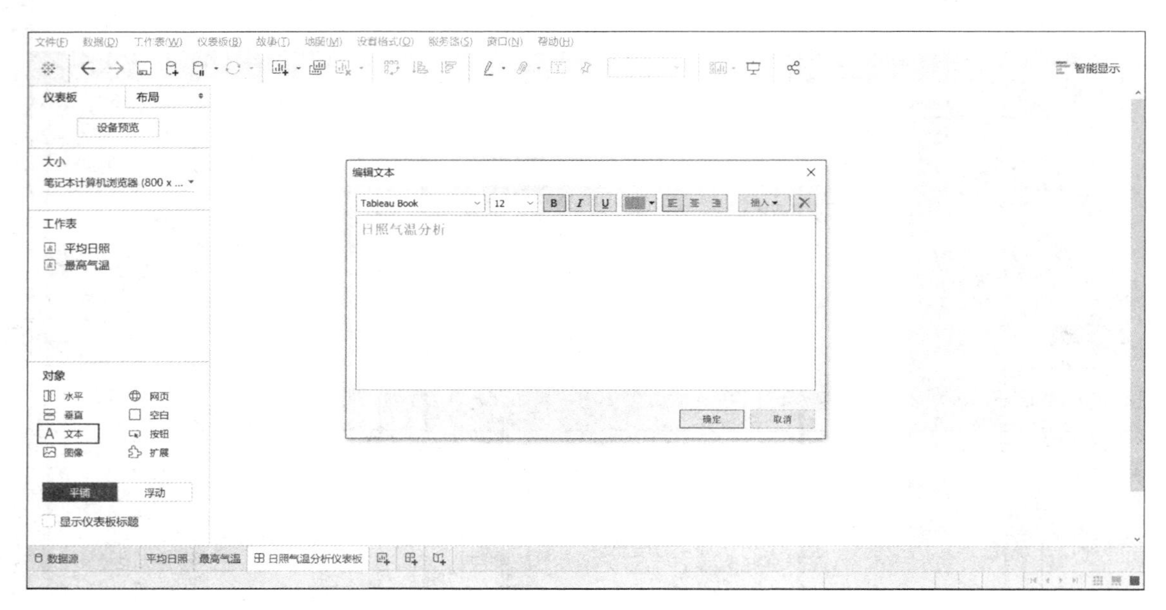

图 4-3-17　添加仪表板标题

确定之后，在视图区显示标题文本。由于此时仅有仪表板一个水平布局，因此标题显示在整个视图区，如图 4-3-18 所示。

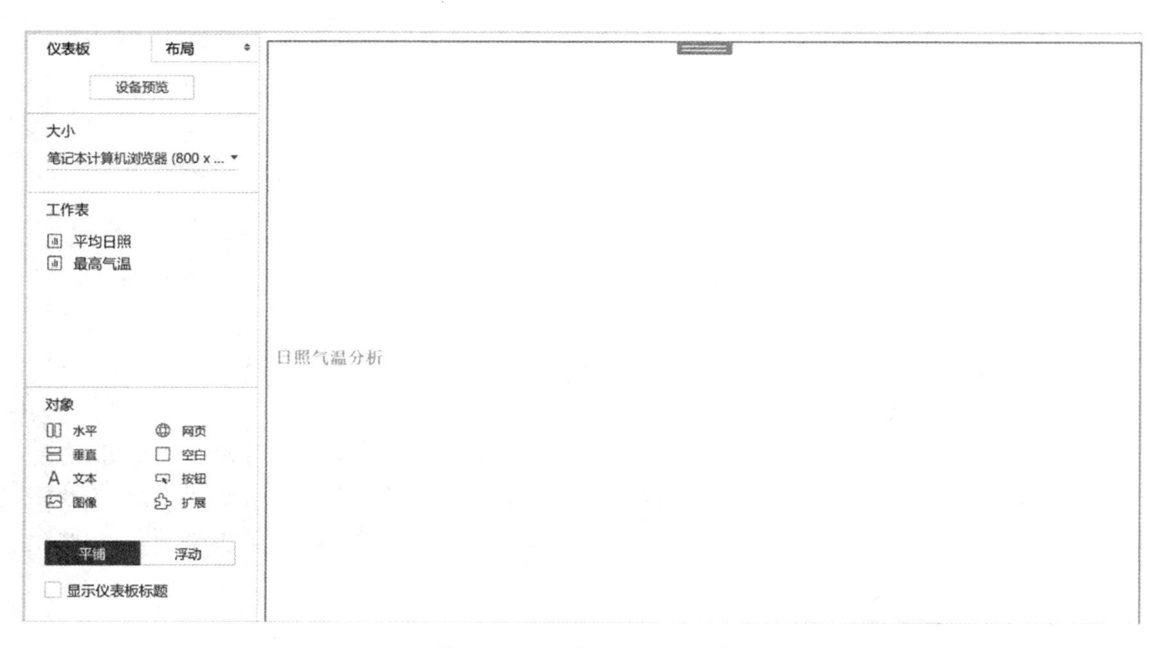

图 4-3-18　标题显示效果

② 添加最高气温工作表。我们将最高气温工作表放置在布局2的水平容器中。首先从“对象”窗口将水平容器拖放至视图区的下半部出现阴影的区域。初始状态时，布局1和布局2上下平分视图区，如图4-3-19所示。

图4-3-19 区域2水平容器的初始状态

选中区域2水平容器，鼠标拖动上方边缘调整区域2的高度，调整后的状态如图4-3-20所示。

图4-3-20 高度调整后的视图区

从工作表区域将“最高气温”工作表拖放至区域2的水平容器，如图4-3-21所示，工作表图例的默认显示位置在仪表板的最右边。工作表区域中已经呈现在视图区的工作表显示被选择标记。

仪表板 布局
设备预览
大小
笔记本计算机浏览器 (800 x ...
工作表
平均日照
最高气温
对象
水平 网页
垂直 空白
文本 按钮
图像 扩展
平铺 浮动
显示仪表板标题

日照气温分析

最高气温

最大值 最高气温
-13.40 49.00

省份	站名	一月	二月	三月	四月	五月	六月	七月
安徽	蚌埠	14.60	23.80	24.40	30.50	35.40	35.20	38.80
	亳州	14.70	21.10	21.40	30.50	35.60	36.70	38.60
	合肥	16.10	23.70	24.40	30.40	34.60	34.70	41.10
	黄山	11.80	12.00	11.50	19.40	22.20	21.10	27.00
	六安	16.70	26.50	25.40	31.00	34.50	33.90	40.60
	铜陵	17.70	22.60	21.90	29.10	34.00	32.20	39.90
北京	北京	9.50	16.10	19.90	33.50	36.80	38.50	36.50
	密云	10.40	15.70	19.90	34.40	37.50	39.80	36.50
	延庆	11.10	13.00	19.00	31.70	34.70	36.20	34.90
福建	福鼎	24.80	25.30	24.60	31.10	32.80	37.00	39.90
	福州	26.20	27.10	25.30	31.00	33.70	36.70	39.30
	上杭	26.20	28.30	27.60	31.00	33.50	35.40	37.90
	厦门	25.80	26.50	25.40	32.80	32.20	34.20	35.20
	漳平	27.40	28.70	28.10	33.30	35.80	36.90	39.00
甘肃	环县	9.40	17.00	20.80	27.10	32.50	32.70	38.50
	靖远	10.40	18.70	19.90	27.70	31.80	33.10	38.10
	酒泉	9.00	16.80	17.70	22.70	31.10	33.10	36.90
	临夏	13.60	18.60	21.50	24.40	28.50	29.40	35.70
	天水	11.90	17.10	22.90	29.00	31.00	32.20	37.10
	武威	10.60	20.20	18.00	23.40	30.90	33.00	38.80
	永昌	9.20	16.70	13.60	19.30	27.40	27.30	33.60

图4-3-21 添加“最高气温”工作表后的仪表板

③ 添加平均日照工作表。首先从“对象”窗口将水平容器拖放至区域2的下半部出现阴影的区域，如图4-3-22所示。

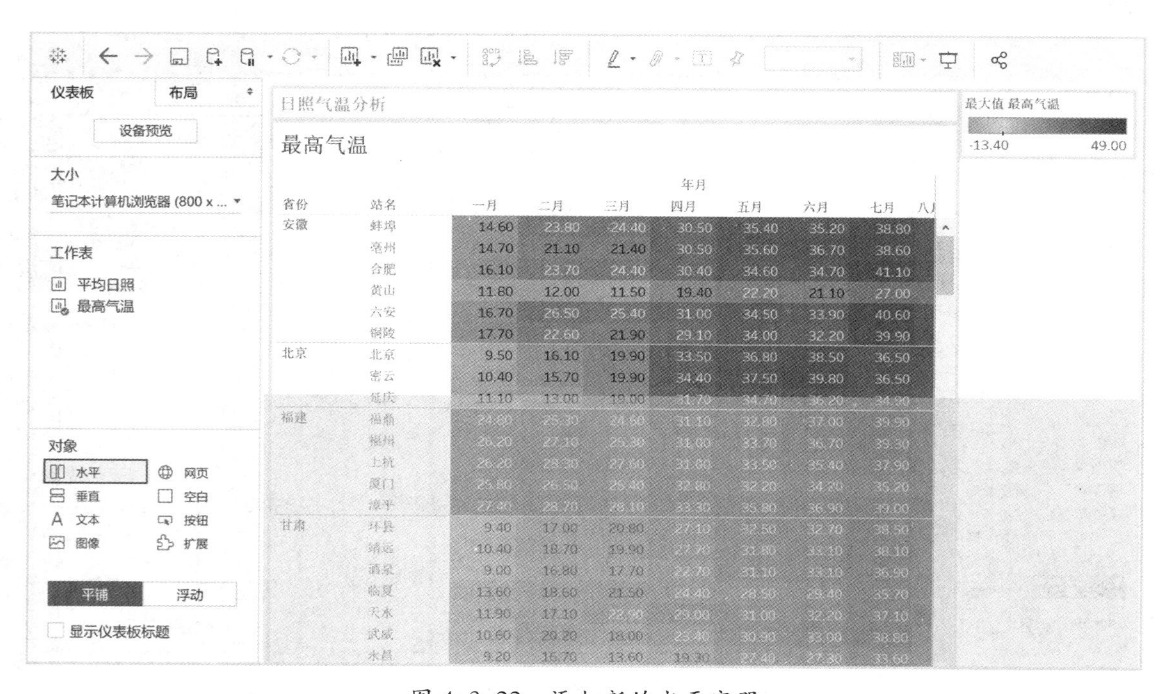

省份	站名	一月	二月	三月	四月	五月	六月	七月
安徽	蚌埠	14.60	23.80	24.40	30.50	35.40	35.20	38.80
	亳州	14.70	21.10	21.40	30.50	35.60	36.70	38.60
	合肥	16.10	23.70	24.40	30.40	34.60	34.70	41.10
	黄山	11.80	12.00	11.50	19.40	22.20	21.10	27.00
	六安	16.70	26.50	25.40	31.00	34.50	33.90	40.60
	铜陵	17.70	22.60	21.90	29.10	34.00	32.20	39.90
北京	北京	9.50	16.10	19.90	33.50	36.80	38.50	36.50
	密云	10.40	15.70	19.90	34.40	37.50	39.80	36.50
	延庆	11.10	13.00	19.00	31.70	34.70	36.20	34.90
福建	福鼎	24.80	25.30	24.60	31.10	32.80	37.00	39.90
	福州	26.20	27.10	25.30	31.00	33.70	36.70	39.30
	上杭	26.20	28.30	27.60	31.00	33.50	35.40	37.90
	厦门	25.80	26.50	25.40	32.80	32.20	34.20	35.20
	漳平	27.40	28.70	28.10	33.30	35.80	36.90	39.00
甘肃	环县	9.40	17.00	20.80	27.10	32.50	32.70	38.50
	靖远	10.40	18.70	19.90	27.70	31.80	33.10	38.10
	酒泉	9.00	16.80	17.70	22.70	31.10	33.10	36.90
	临夏	13.60	18.60	21.50	24.40	28.50	29.40	35.70
	天水	11.90	17.10	22.90	29.00	31.00	32.20	37.10
	武威	10.60	20.20	18.00	23.40	30.90	33.00	38.80
	永昌	9.20	16.70	13.60	19.30	27.40	27.30	33.60

图4-3-22 添加新的水平容器

添加后的区域3的水平容器将区域2上下平分，如图4-3-23所示。

图4-3-23 区域3的水平容器

从工作表区域将“平均日照”工作表拖放至区域3的水平容器，添加了内容后的仪表板如图4-3-24所示。

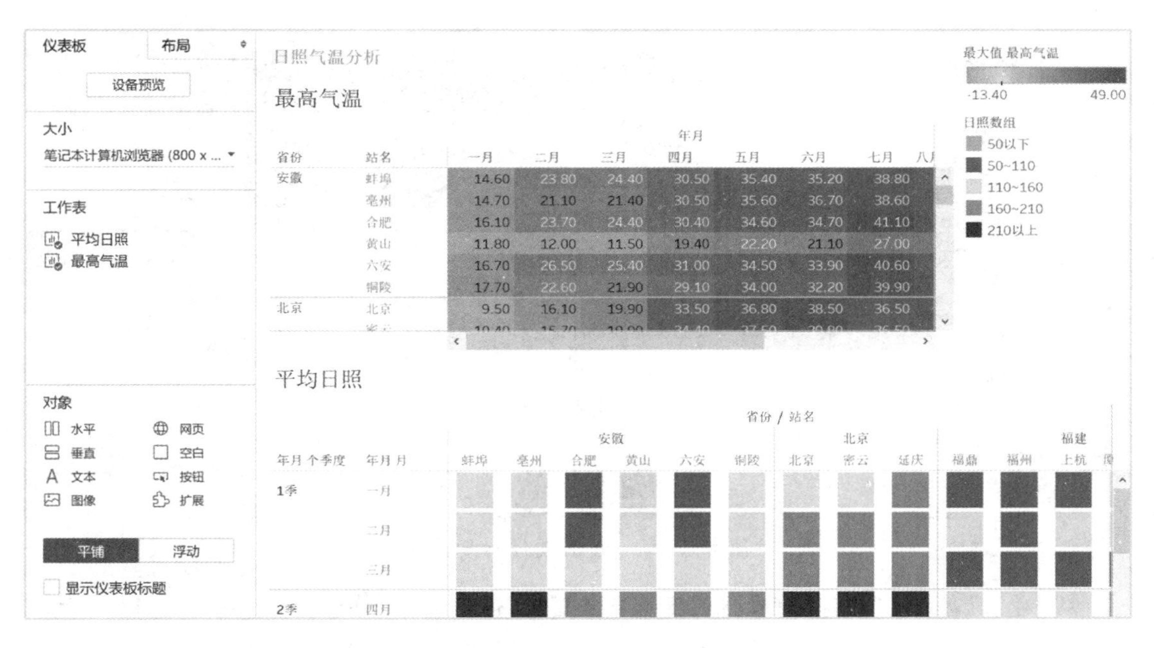

图4-3-24 添加“平均日照”工作表后的仪表板

④ 添加图像和链接。从“对象”窗口将“垂直容器”拖放至区域 3 的右半部出现阴影的区域。添加垂直容器后的仪表板布局如图 4-3-25 所示。

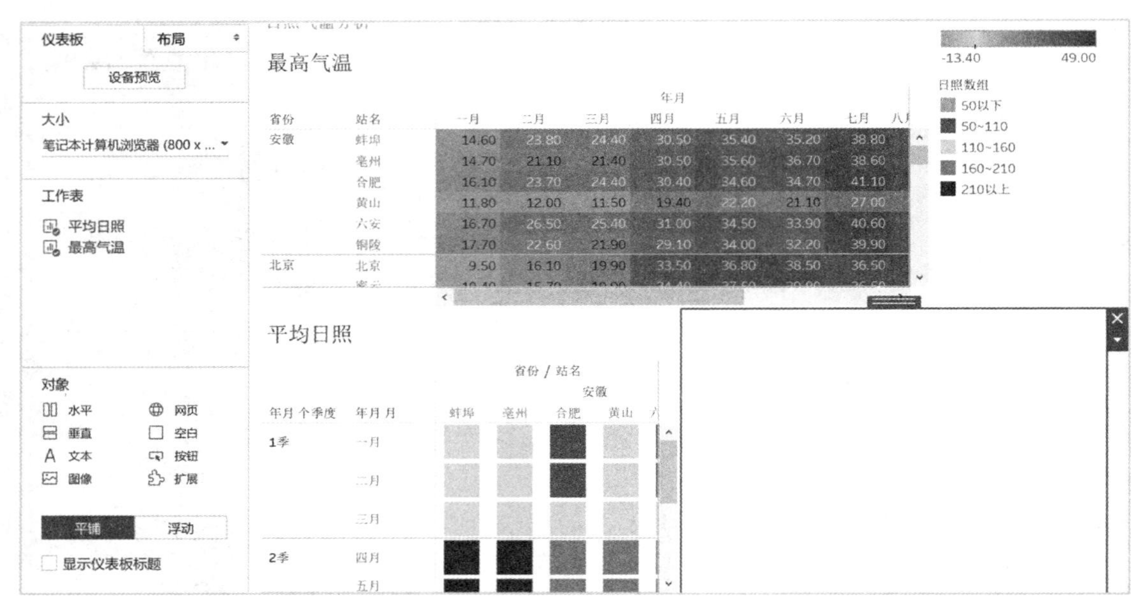

图 4-3-25　区域 3 添加垂直容器后的布局

从“对象”窗口将“文本”对象拖放至区域 3 的垂直容器，输入图像标题，方法参照“添加仪表板标题”。完成编辑并调整图像标题的高度后的仪表板状态如图 4-3-26 所示。

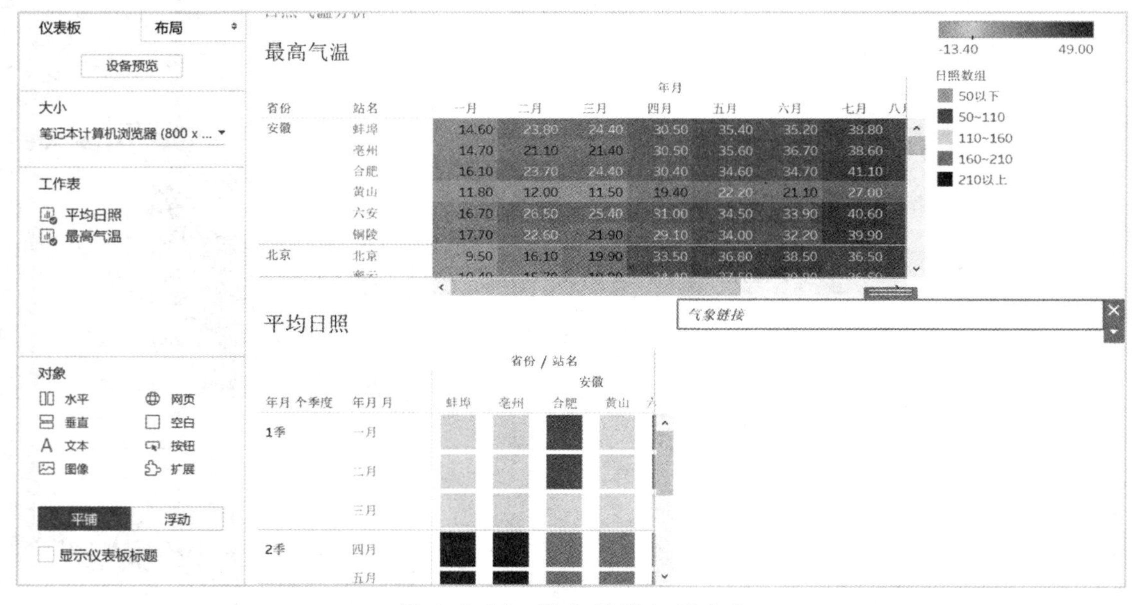

图 4-3-26　添加图像标题文本

从“对象”窗口将“图像”对象拖放至垂直容器中，弹出文件选择窗口，如图 4-3-27 所示。

定位到目标文件目录，选中图像文件后，单击“打开”，图像就显示在仪表板中了，如图 4-3-28 所示。

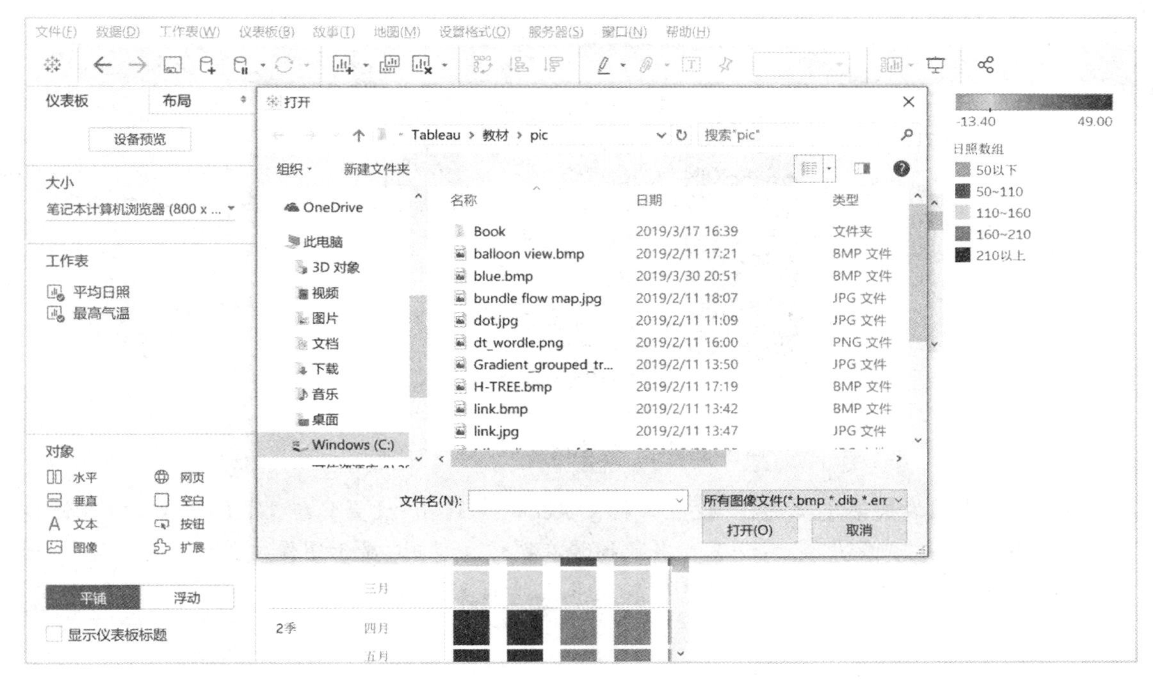

图 4-3-27 添加图像弹出的文件选择窗口

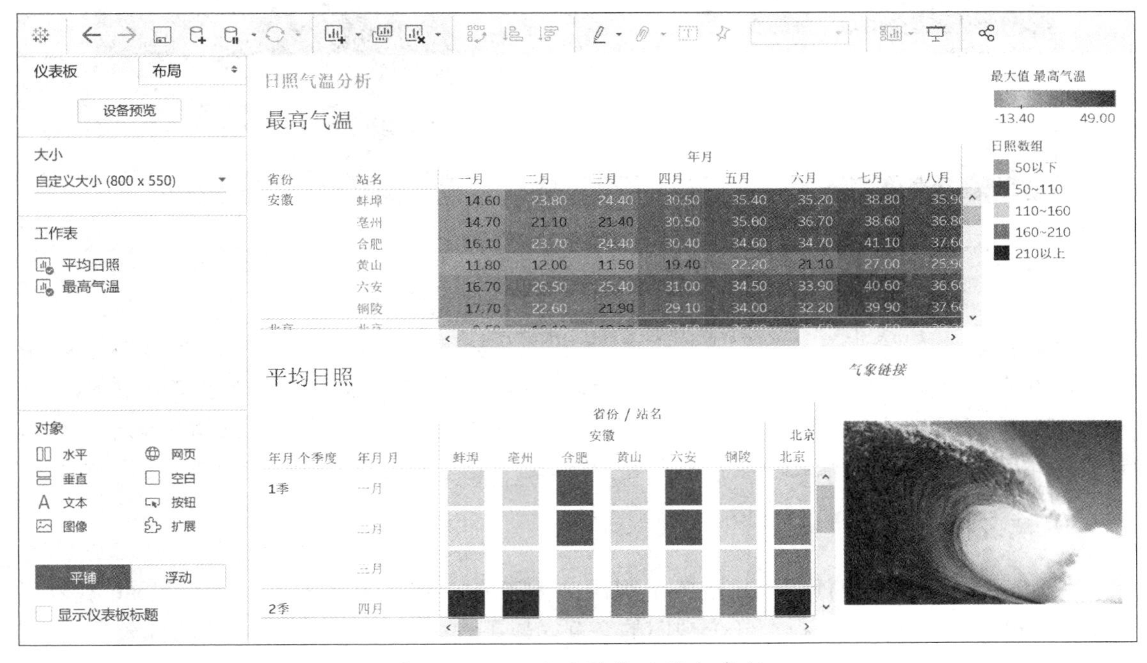

图 4-3-28 显示图像后的仪表板

如果图像的尺寸与仪表板容器的尺寸不能很好地匹配，选中图像，点击右键菜单的“适合图像”，图像便能以最适合的尺寸显示在仪表板中。同时，也可以通过右键菜单调整图像在容器中居中显示。如图 4-3-29 所示。

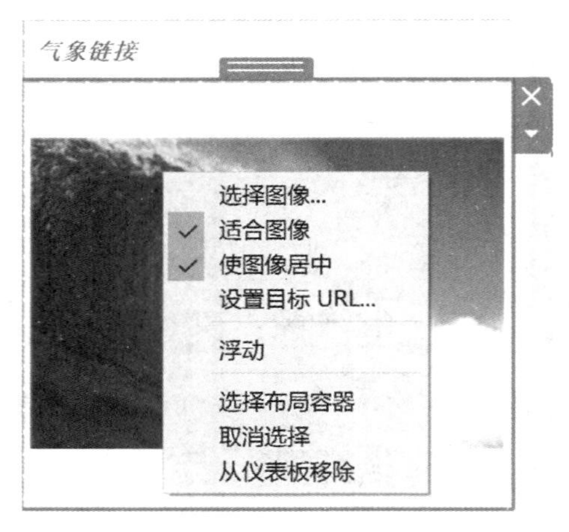

图 4-3-29 调整图像显示的菜单

选中图像，从右键菜单上选择“设置目标 URL...”，弹出“设置目标 URL”窗口，输入链接网页的 URL，点击“确定”，完成设置。当鼠标停在图像文件时，显示图像文件的链接 URL，如图 4-3-30 所示。点击该图像可以打开中国天气网站的主页。

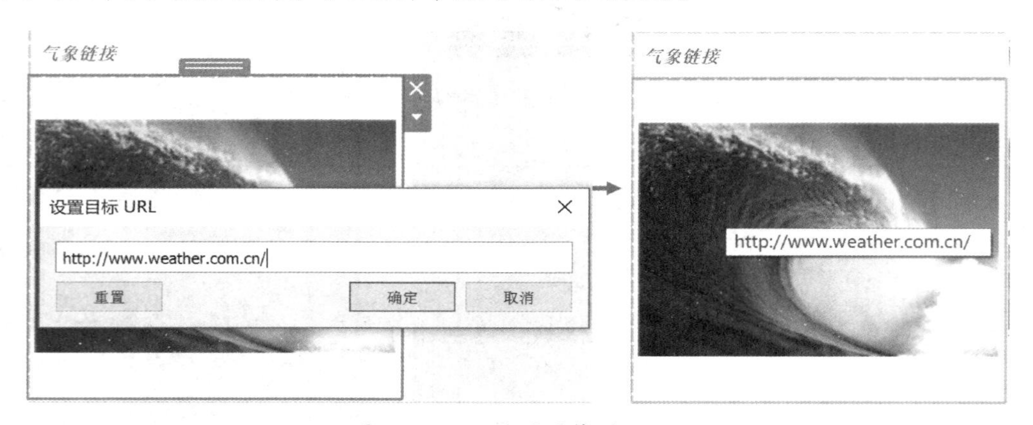

图 4-3-30 设置图像的 URL

对比仪表板上“最高气温”和“平均日照”工作表的数据可以发现，随着日照时间的增加，最高气温有显著升高。另外观察到合肥、六安两城市的日照时间明显小于安徽省其他城市，但是最高气温没有明显差距，而黄山的日照时长与其他城市类似，但是最高气温明显低于其他城市。因此推测，最高气温除了受日照时长的影响，还可能与其他因素（如海拔、湿度）等相关。

5. 仪表板交互

仪表板呈现了视图的集合，通常各个视图之间存在着相互关联的关系。Tableau 提供了便捷的操作方式，实现仪表板上各个视图的交互。以下内容将通过上一节创建的仪表板，实现工作表间筛选和突出显示交互功能。

(1) 工作表间筛选

通过加入筛选器，可以实现工作表之间的关联展示及下钻查询。为了添加筛选器，需要将选择数据的工作表设定为“源工作表”，将其他需要与该表联动的工作表设定为“目标工作表”。

添加筛选器之后，当选择“源工作表”的某些数据时，其他的“目标工作表”将仅显示与这些数据相关的内容。

① 利用菜单添加筛选器。在仪表板菜单中点击“仪表板/操作”，弹出“操作”对话框，如图4-3-31 所示。

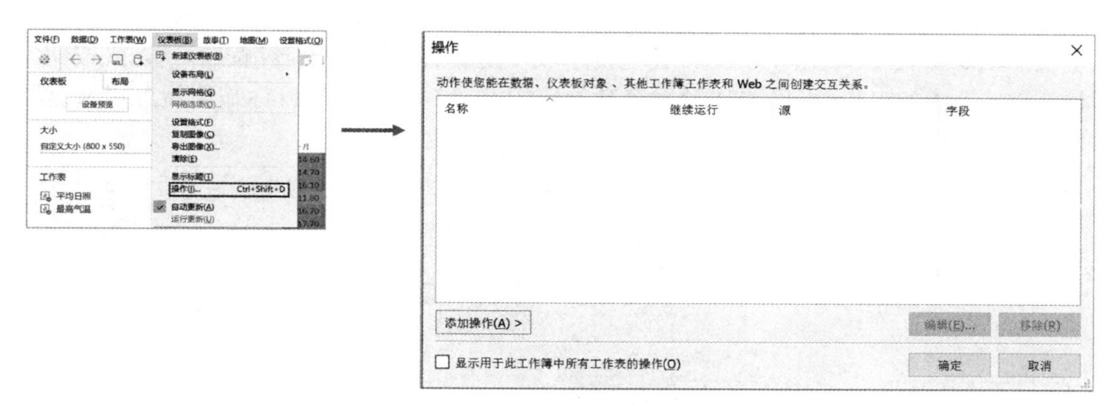

图 4-3-31　添加操作

点击“添加操作”按钮，在出现的可添加操作中选择“筛选器”后弹出“添加筛选器操作”对话框，如图 4-3-32 所示。

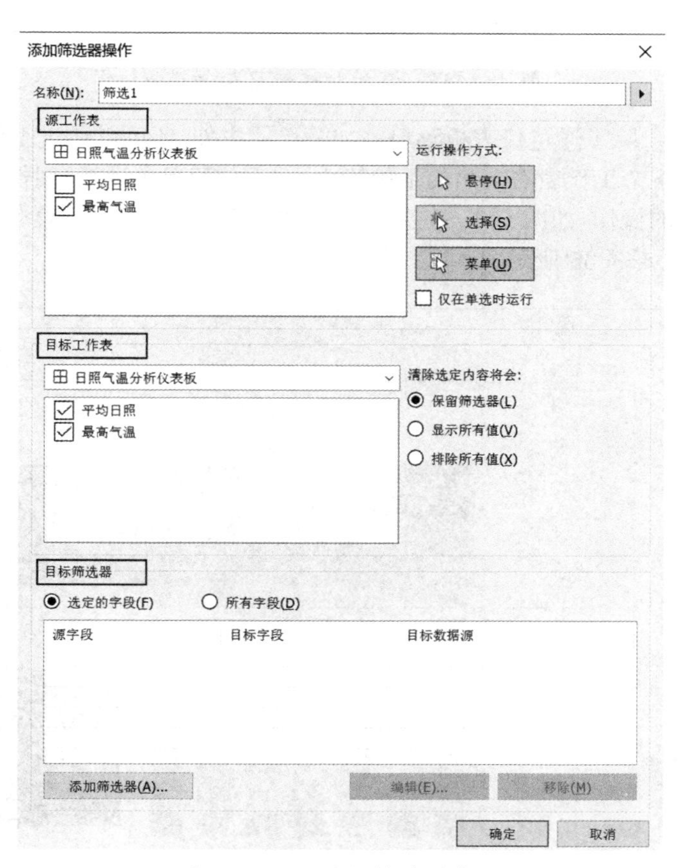

图 4-3-32　添加筛选器窗口

在该对话框中，可以设置源工作表、目标工作表及目标筛选器。源工作表相当于筛选数据的主工作表，在该工作表上选择显示的数据或数据组；目标工作表根据源工作表筛选的结果，仅显示相应的数据。在这个仪表板中，设定位于视图区上半部的“最高气温”工作表为源工作表，而位于下半部左侧的“平均日照”工作表为目标工作表。

“目标筛选器”决定了影响筛选的字段范围。若选择“所有字段”，则选择源工作表中的任意字段都可以触发交互操作；若选择“选定的字段”，则激活“添加筛选器”按钮，点击该按钮，弹出目标筛选器添加窗口，可以添加触发交互操作的字段。添加过的目标筛选器可以通过“编辑”按钮进行编辑，如图 4-3-33 所示。

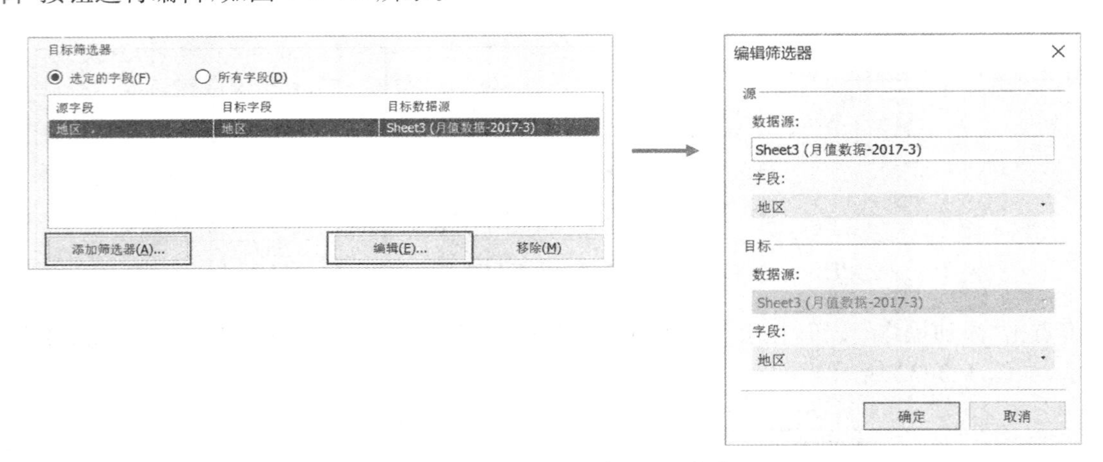

图 4-3-33 添加和编辑目标筛选器

② 用作筛选器。除了通过仪表板菜单添加筛选器之外，还可以通过工作表右上角的下拉箭头来设定。单击某个工作表右上角的下拉箭头，在下拉菜单中选择“用作筛选器”，则可以快速完成添加筛选器的操作，如图 4-3-34 所示。然后可以通过“仪表板”菜单确认已经添加的筛选器，确认结果如图 4-3-35 所示。

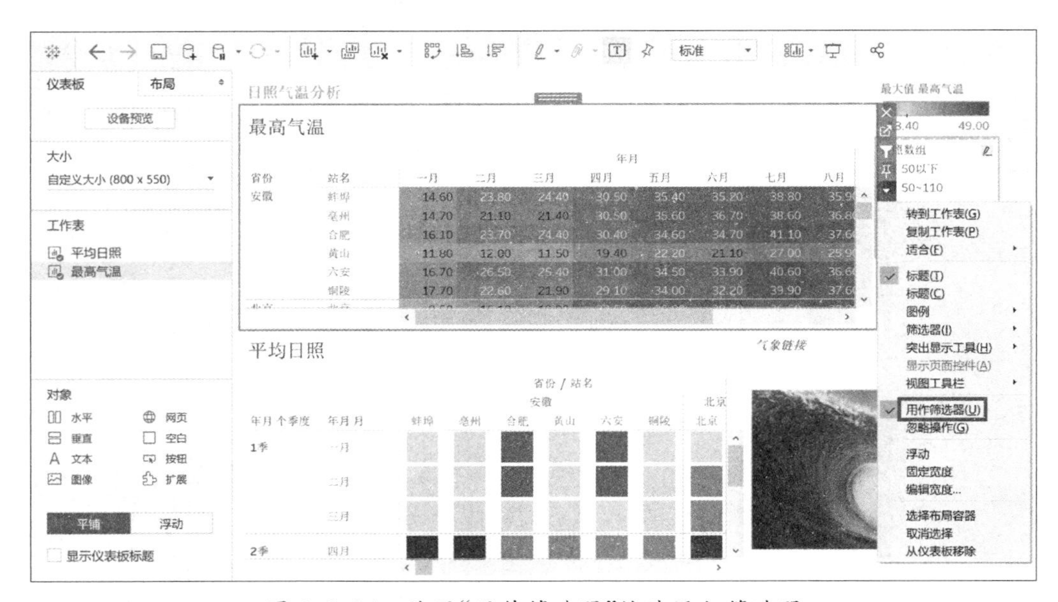

图 4-3-34 使用“用作筛选器”快速添加筛选器

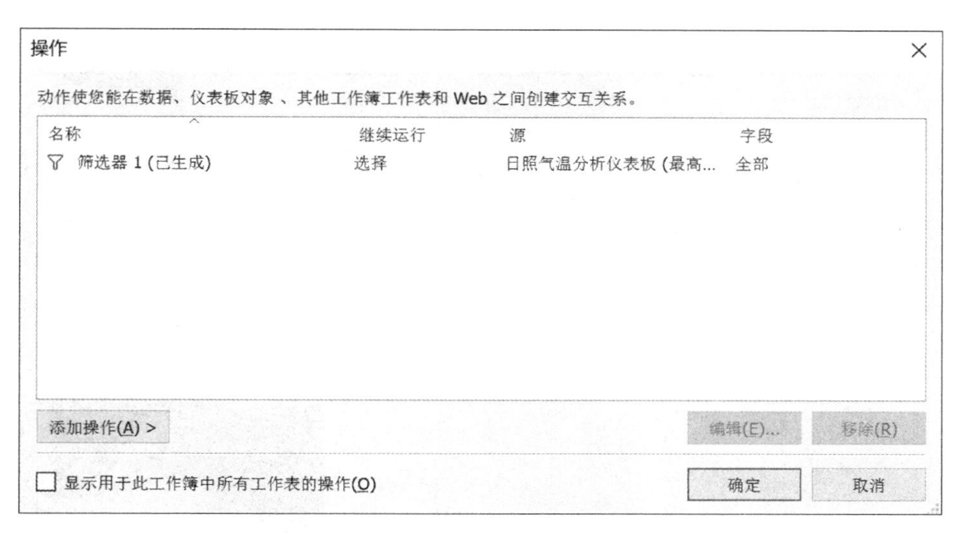

图 4-3-35 自动生成的筛选器

③ 筛选交互与下钻。根据添加的“气象下钻查询”筛选器进行筛选。选择源工作表“最高气温”的某一列,则根据该列字段,目标工作表“平均日照”仅展示与该字段相关的数据。如图 4-3-36 所示,点击“最高气温”工作表的八月的列标题,则“平均日照”工作表根据“年月”字段仅显示八月份的平均日照数据。

在筛选状态下,再次点击源工作表“最高气温”八月一列,可以取消筛选,显示所有数据。

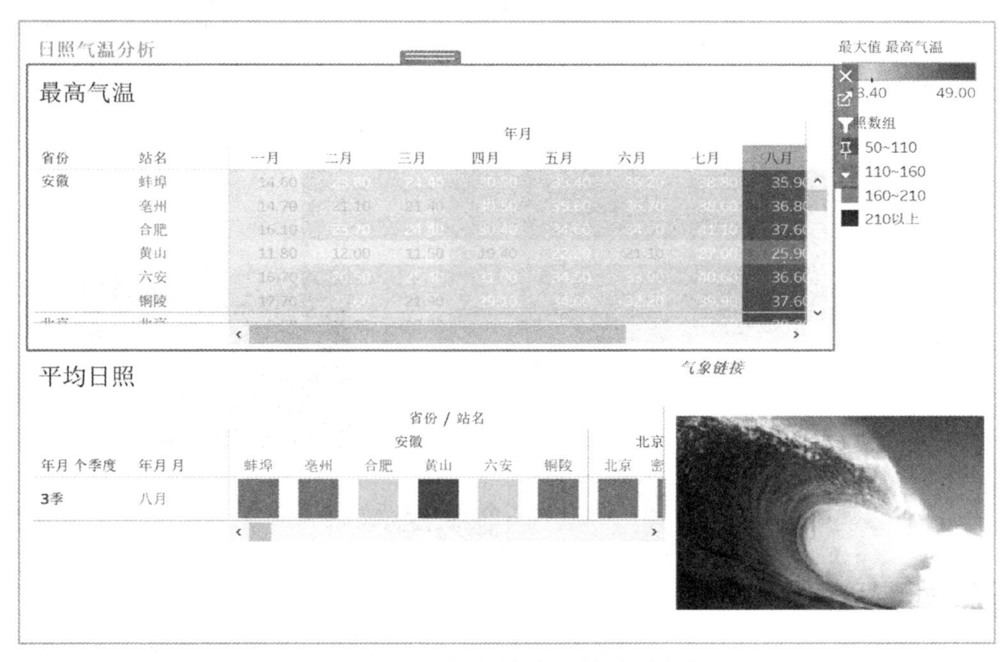

图 4-3-36 根据筛选器筛选列数据

点击源工作表“最高气温”的某一个数据,如图 4-3-37 所示,点击三月份安徽亳州的数据,则“平均日照”工作表中也仅展示三月份安徽亳州的数据。若点击悬浮菜单的“只保留”,则源工作表“最高气温”上也仅显示三月份安徽亳州的最高气温数据,如图 4-3-38 所示。

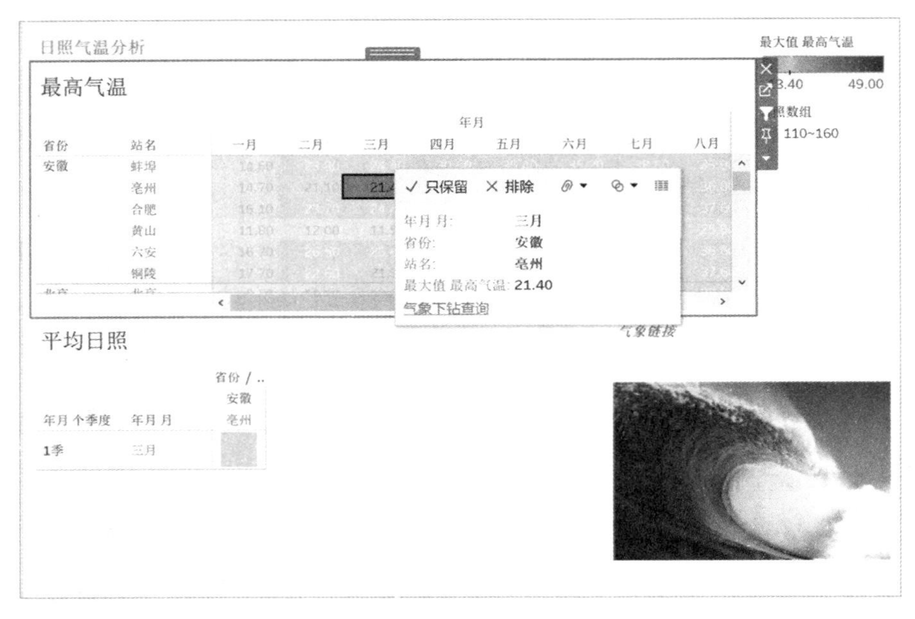

图 4-3-37　根据筛选器筛选单个数据

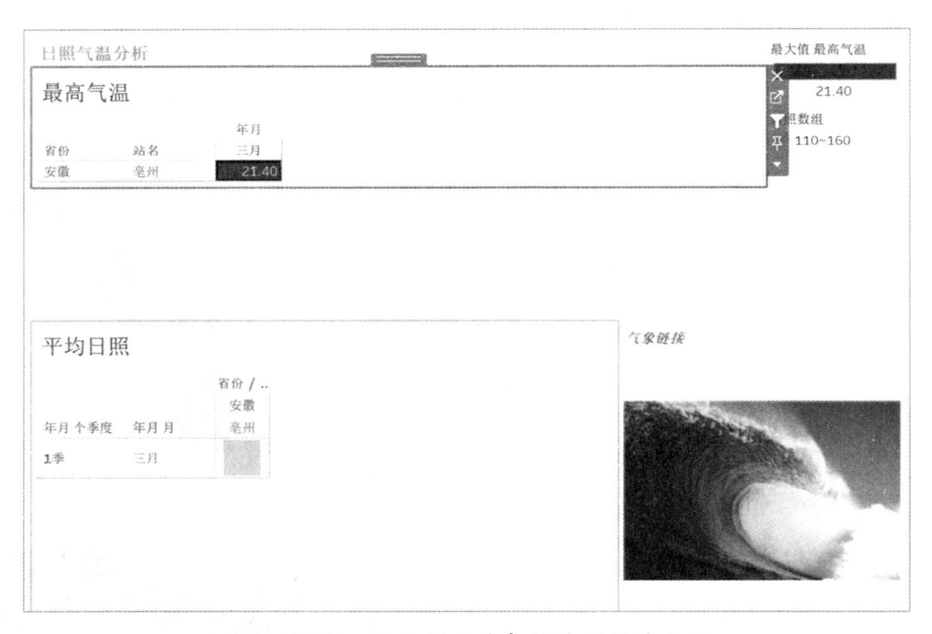

图 4-3-38　源目标工作表仅展示所选数据

（2）突出显示

突出显示是源工作表与目标工作表交互的另一种表现形式，即当源工作表的某些数据被选中时，目标工作表与之相关的数据高亮显示。

和添加筛选器类似，从仪表板菜单的“仪表板/操作”打开“操作”窗口，单击“添加操作”按钮，在出现的可添加操作中选择“突出显示”，弹出“添加突出显示操作”对话框，如图4-3-39和4-3-40 所示。

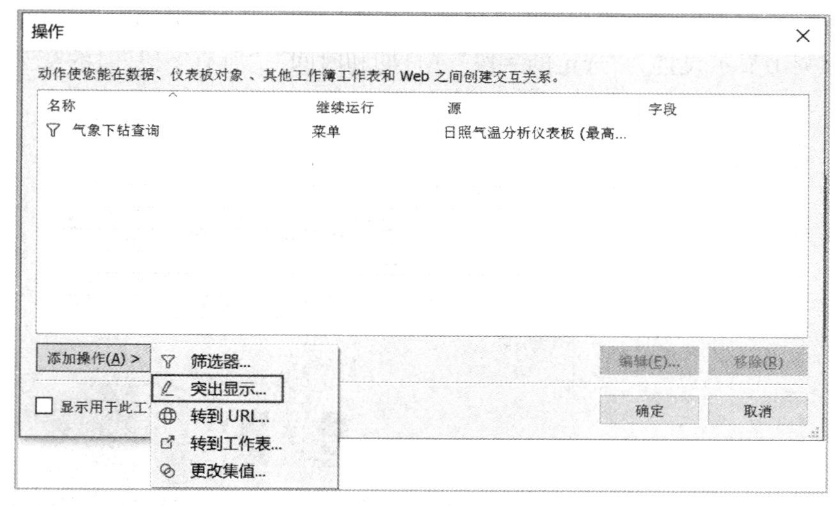

图 4-3-39　从添加操作中选择突出显示

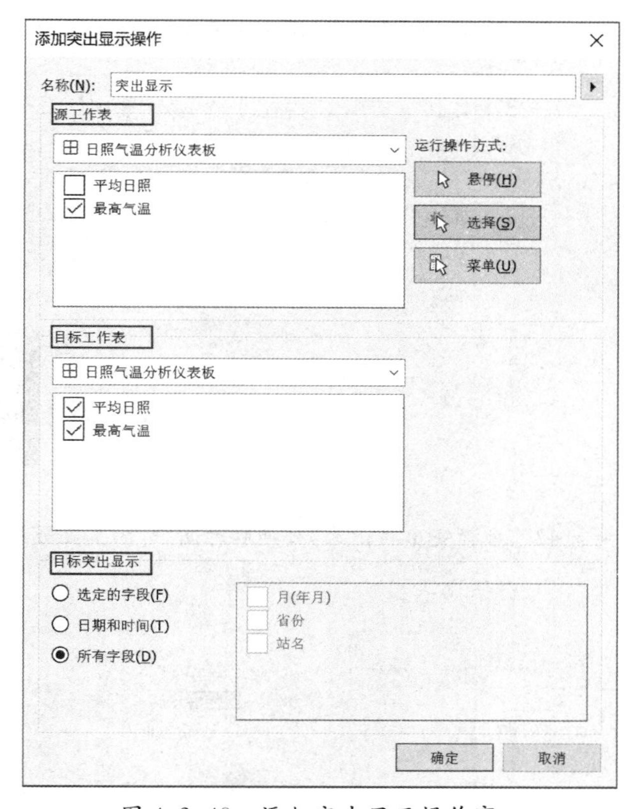

图 4-3-40　添加突出显示操作窗口

与添加筛选器操作窗口类似，需要设置源工作表、目标工作表及目标突出显示范围。目标工作表根据源工作表筛选的结果，高亮显示相应的数据。

"目标突出显示"决定了影响筛选的字段范围。若选择"选定的字段"，则激活右侧各个字段前的复选框，选择相应的字段，则在突出显示时，仅被选中的字段高亮显示；若选择"日期和时间"，则工作表中仅有日期或时间数据会高亮显示；若选择"所有字段"，则选择源工作表中的任意字段都可以触发目标工作表相应数据高亮显示的交互操作。图 4-3-41、图 4-3-42 和图 4-3-43 分别展示了目标突出显示设置为“选定的字段”、“日期和时间”、“所有字段”时的交互效果。

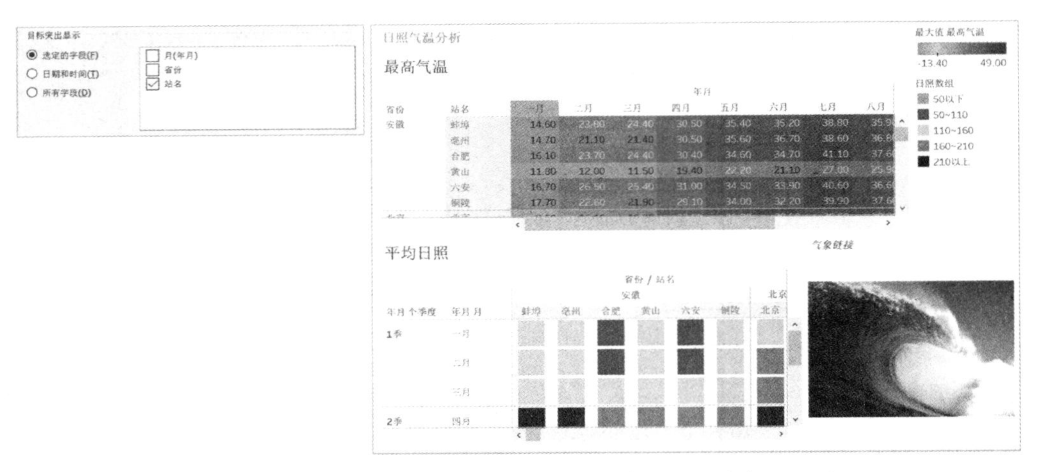

图 4-3-41　目标突出显示为“选定的字段”时的交互效果

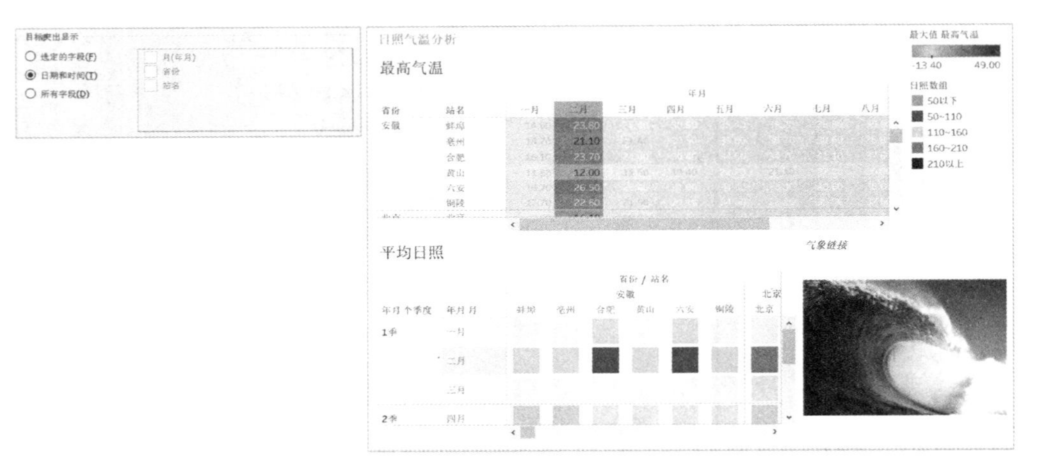

图 4-3-42　目标突出显示为“日期和时间”时的交互效果

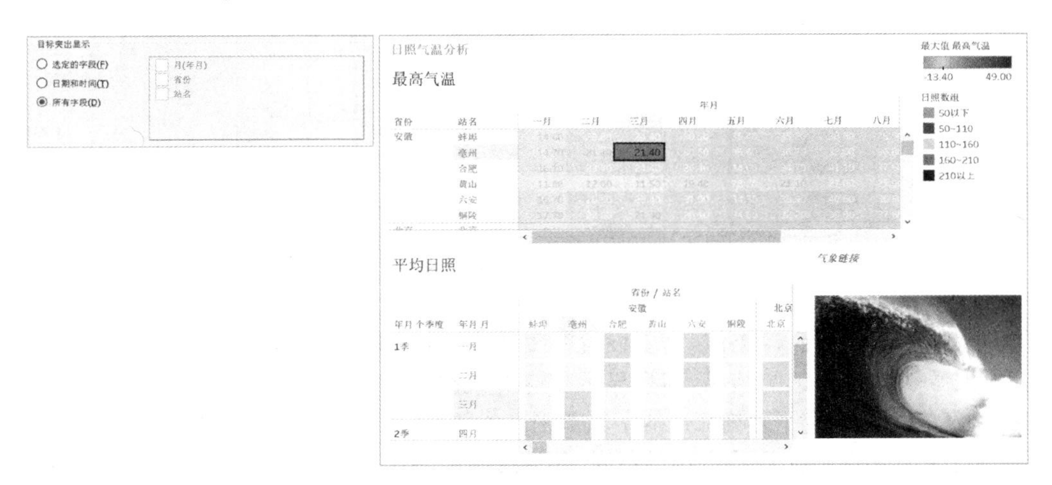

图 4-3-43　目标突出显示为“所有字段”时的交互效果

4.3.3　习题与实践

1. 简答题

（1）Tableau 如何分配地理角色？

（2）Tableau 的地图视图有哪几种基本类型？

（3）Tableau 仪表板的布局容器包括哪几种类型？

（4）在 Tableau 中，仪表板布局和添加内容需要遵循的顺序是什么？

2. 实践题

对 Tableau 自带的数据文件“文档\我的 Tableau 存储库\数据源\2018.3\zh_CN-China\示例-超市.xls”分析实现数据可视化。

（1）创建各门店的销售额和利润的地图视图。

（2）根据产品分析工作表和产品的销售额和利润工作表创建仪表板，如图 4-3-44 所示。具体要求如下：

① 产品分析工作表位于仪表板上半部。

② 产品的销售额和利润工作表位于仪表板下半部的左半边。

③ 仪表板的下半部的右半边为某超市图片，并在该图片的上方设定图片名为“超市入口”。

④ 为该图片设定目标 URL 为某超市的 URL。

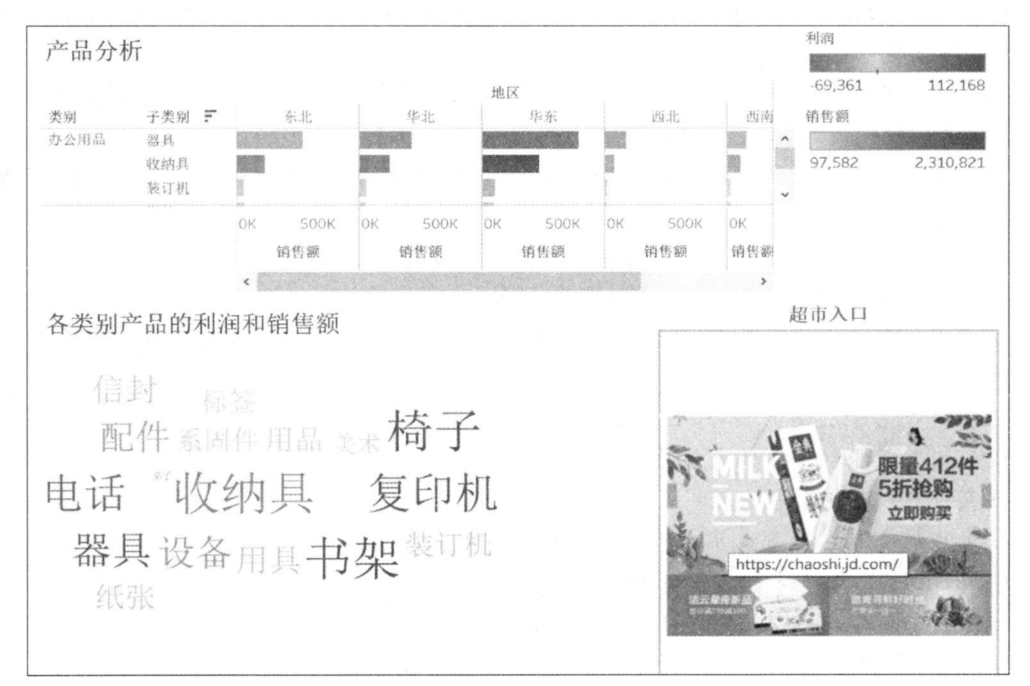

图 4-3-44　产品分析仪表板

4.4 综合练习

4.4.1 选择题

1. 美国计算机科学家本·施奈德曼将数据类型分为七类,其中不包括________。

   A. 一维数据　　B. 多维数据　　C. 时态数据　　D. 空间数据

2. 关于数据可视化,叙述错误的是________。

   A. 数据可视化,是关于数据视觉表现形式的科学技术研究。

   B. 数据可视化涉及计算机图形学、图像处理、计算机视觉、计算机辅助设计等多个领域。

   C. 数据可视化对于数据解释没有帮助。

   D. 数据可视化有利于人们更好地发现和利用数据的价值。

3. 在数据可视化中,获取数据后,需要将其解析为一种合适的格式,以便对数据的每个部分进行标记的过程属于________。

   A. 获取数据　　B. 数据解析　　C. 数据过滤　　D. 数据挖掘

4. ________过程不属于可视化流程中的处理。

   A. 数据获取　　B. 数据存储　　C. 数据解析　　D. 数据表示

5. 数据过滤是指删除不符合要求的数据,留下有用数据,以便更好地理解数据。不符合要求的数据不包括________。

   A. 不完整的数据　　B. 错误的数据　　C. 重复的数据　　D. 长度很长的数据

6. 关于数据可视化流程,叙述错误的是________。

   A. 可视化流程分为数据获取、数据解析、数据过滤、数据挖掘、数据表示、完善表示、交互七个步骤。

   B. 数据可视化流程的前四个阶段主要是由用户完成的。

   C. 在数据可视化的交互阶段,用户占主导地位。

   D. 交互将计算机和人的智慧结合起来,为用户提供了挖掘数据、分析数据的可能性。

7. 关于仪表板,叙述错误的是________。

   A. 仪表板是若干视图的集合,让您能同时比较各种数据。

   B. 仪表板上只能包含工作表对象。

   C. 仪表板可以实现数据交互。

   D. 仪表板的布局容器分为水平布局容器和垂直布局容器两种。

8. 不属于 Tableau 数据角色划分的是________。

   A. 维度　　B. 度量　　C. 离散　　D. 文本

9. 不属于标记卡定义属性的是________。

   A. 大小　　B. 颜色　　C. 形状　　D. 计算字段

10. 关于 Tableau 的分层结构,叙述不正确的是________。

A. 年—季度—月—天就是一种分层结构

B. 分层结构是一种维度之间自上而下的组织形式

C. Tableau 默认包含对某些字段的分层结构,比如日期

D. Tableau 不允许用户针对维度字段自定义分层结构

4.4.2 填空题

1. 文本可视化分为________、________、________三类。
2. 除了工作表之外,仪表板对象还包括________、________、________等要素。
3. 仪表板布局容器分为________和________。
4. 创建视图时通过________操作来完成定义形状、颜色、大小、标签等属性。
5. ________是根据数据源字段(包括维度、度量、参数等)使用函数和运算符构造公式来定义的字段。

4.4.3 综合实践

简便、快速地创建视图和仪表板是 Tableau 的最大优点之一,通过实践掌握 Tableau 创建、设计、保存视图和仪表板的基本方法和主要操作步骤,理解 Tableau 支持的数据角色和字段类型,掌握 Tableau 工作区中的各功能区的使用方法和操作技巧,最终利用 Tableau 快速创建基本的视图。

实践分析的样本数据为 2014 年各省市售电量明细表,其中指标为售电量,统计周期为 2014 年 1 月～2014 年 6 月,数据存储为 Excel 文件,如图 4-4-1 所示。Excel 表中共有 9 列变量,用电类别是对用电量市场的进一步细分,包括大工业、居民、非居民、商业等 9 类;当期值为统计周期对应时间的用电量;同期值为上一年相同月份的用电量;月度计划值为当月的计划值。

	A	B	C	D	E	F	G	H	I
1	省市	地市	统计周期	用电类别	当期值	累计值	同期值	同期累计值	月度计划值
2	安徽		2014年1月	大工业	44298.59	44298.59	52272.34	52272.34	57588.17
3	安徽		2014年1月	非居民	6283.60	6283.60	7414.65	7414.65	8168.68
4	安徽		2014年1月	非普工业	8159.32	8159.32	9628.00	9628.00	10607.12
5	安徽		2014年1月	汇总	76419.14	76419.14	90174.59	90174.59	99344.89
6	安徽		2014年1月	居民	16845.20	16845.20	19877.34	19877.34	21898.76
7	安徽		2014年1月	农业	2214.41	2214.41	2613.00	2613.00	2878.73
8	安徽		2014年1月	其他	1753.48	1753.48	2069.11	2069.11	2279.52
9	安徽		2014年1月	商业	5549.77	5549.77	6548.73	6548.73	7214.70
10	北京	昌平	2014/5/1	大工业	2181.30	870.29	2573.93	12869.67	1131.37
11	北京	昌平	2014/5/1	非居民	1703.19	392.21	2009.77	10048.84	509.88
12	北京	昌平	2014/5/1	非普工业	1853.54	542.57	2187.18	10935.91	705.34
13	北京	昌平	2014/5/1	汇总	4263.66	2952.64	5031.11	25155.57	3838.44
14	北京	昌平	2014/5/1	居民	2342.19	1031.21	2763.79	13818.94	1340.58
15	北京	昌平	2014/5/1	农业	1579.96	268.93	1864.35	9321.76	349.61
16	北京	昌平	2014/5/1	商业	1883.47	572.50	2222.49	11112.45	744.25
17	北京	朝阳（京）	2014/5/1	大工业	2227.87	916.86	2628.88	13144.42	1191.91
18	北京	朝阳（京）	2014/5/1	非居民	2098.40	787.43	2476.11	12380.53	1023.66
19	北京	朝阳（京）	2014/5/1	非普工业	2179.70	868.71	2572.04	12860.20	1129.33
20	北京	朝阳（京）	2014/2/1	汇总	20893.57	19582.57	24654.41	49308.81	25457.34
21	北京	朝阳（京）	2014/5/1	汇总	8994.74	27121.29	10613.79	53068.97	35257.67
22	北京	朝阳（京）	2014/5/1	居民	3863.79	2552.79	4559.27	22796.35	3318.62
23	北京	朝阳（京）	2014/5/1	农业	1479.32	168.29	1745.60	8727.99	218.77
24	北京	朝阳（京）	2014/5/1	商业	4425.67	3114.64	5222.29	26111.47	4049.04
25	北京	城区	2014/5/1	大工业	1521.35	210.36	1795.19	8975.94	273.46
26	北京	城区	2014/5/1	非居民	2288.25	977.21	2700.13	13500.67	1270.38

图 4-4-1 2014 年各省市用电量明细表

1. 连接数据源

打开 Tableau Dasktop，在 Tableau 开始页面中的“连接/到文件”栏中单击“Microsoft Excel”，选择“配套资源\第 4 章\ 2014 年各省市用电量明细表 . xlsx”文件导入到 Tableau 中，如图 4-4-2 所示。

在界面的左下方单击“工作表 1”按钮，进入 Tableau 工作表工作区。

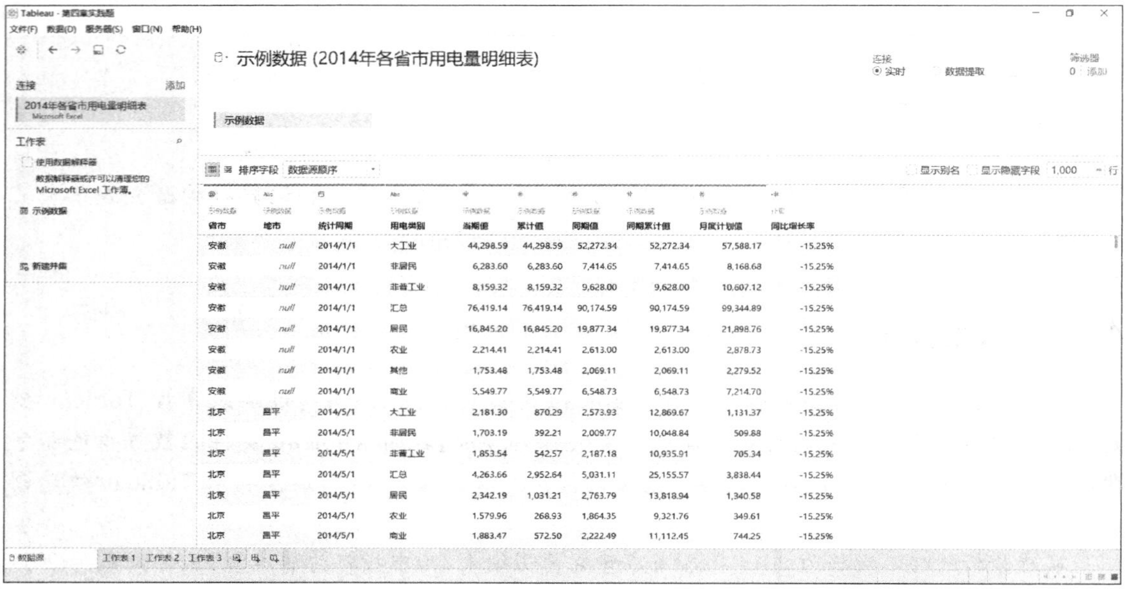

Tableau - 第四章实践题
文件(F) 数据(D) 服务器(S) 窗口(N) 帮助(H)
示例数据 (2014年各省市用电量明细表)
连接 添加
2014年各省市用电量明细表
Microsoft Excel
工作表
使用数据解释器
数据解释器或许可以清理您的 Microsoft Excel 工作簿。
示例数据
新建并集
连接
实时
数据提取
筛选器
0 添加
排序字段 数据源顺序
显示别名 显示隐藏字段 1,000 行
省市 地市 统计周期 用电类别 当期值 累计值 同期值 同期累计值 月度计划值 同比增长率
安徽 null 2014/1/1 大工业 44,298.59 44,298.59 52,272.34 52,272.34 57,588.17 -15.25%
安徽 null 2014/1/1 非居民 6,283.60 6,283.60 7,414.65 7,414.65 8,168.68 -15.25%
安徽 null 2014/1/1 非普工业 8,159.32 8,159.32 9,628.00 9,628.00 10,607.12 -15.25%
安徽 null 2014/1/1 汇总 76,419.14 76,419.14 90,174.59 90,174.59 99,344.89 -15.25%
安徽 null 2014/1/1 居民 16,845.20 16,845.20 19,877.34 19,877.34 21,898.76 -15.25%
安徽 null 2014/1/1 农业 2,214.41 2,214.41 2,613.00 2,613.00 2,878.73 -15.25%
安徽 null 2014/1/1 其他 1,753.48 1,753.48 2,069.11 2,069.11 2,279.52 -15.25%
安徽 null 2014/1/1 商业 5,549.77 5,549.77 6,548.73 6,548.73 7,214.70 -15.25%
北京 昌平 2014/5/1 大工业 2,181.30 870.29 2,573.93 12,869.67 1,131.37 -15.25%
北京 昌平 2014/5/1 非居民 1,703.19 392.21 2,009.77 10,048.84 509.88 -15.25%
北京 昌平 2014/5/1 非普工业 1,853.54 542.57 2,187.18 10,935.91 705.34 -15.25%
北京 昌平 2014/5/1 汇总 4,263.66 2,952.64 5,031.11 25,155.57 3,838.44 -15.25%
北京 昌平 2014/5/1 居民 2,342.19 1,031.21 2,763.79 13,818.94 1,340.58 -15.25%
北京 昌平 2014/5/1 农业 1,579.96 268.93 1,864.35 9,321.76 349.61 -15.25%
北京 昌平 2014/5/1 商业 1,883.47 572.50 2,222.49 11,112.45 744.25 -15.25%
数据源
工作表 1 工作表 2 工作表 3

图 4-4-2 数据源连接

2. 创建 2014 年 6 月用电量按用电类型占比图

将维度“统计周期”拖放到筛选器，选择“2014 年 6 月”，将维度“用电类别”拖至“标记”卡的“颜色”，设置工作表视图区为“整个视图”，并设置标记类型为“饼图”，“标记”卡中出现“角度”选项。将度量“当期值”拖至“角度”，视图区显示用电量按用电类型占比饼图，将维度“用电类别”及度量“当期值”拖至“标记”卡中的“标签”，并对标签“当期值”设置“快速表计算/合计百分比”。最后按照当期值大小升序排序，在视图区创建视图如图 4-4-3 所示。

3. 创建 2014 年上半年用电量同比增长情况基本表

(1) 创建计算字段“同比增长率”，如图 4-4-4 所示。右击该字段，在“默认属性/数字格式”中将其设置为百分比，小数位数为两位。

(2) 将维度“省市”拖至行功能区，将“度量名称”拖至列功能区，并将度量值拖至“标记”卡上的“文本”，将度量名称拖至筛选器，选择“当期值”、“同期值”、“同比增长率”，将“统计周期”拖至筛选器，选择“2014 年”，当期值，同期值将自动汇总为 2014 年上半年累计值，选择菜单栏的“分析/合计/显示列合计”，为基本表添加列总计，创建视图如图 4-4-5 所示。

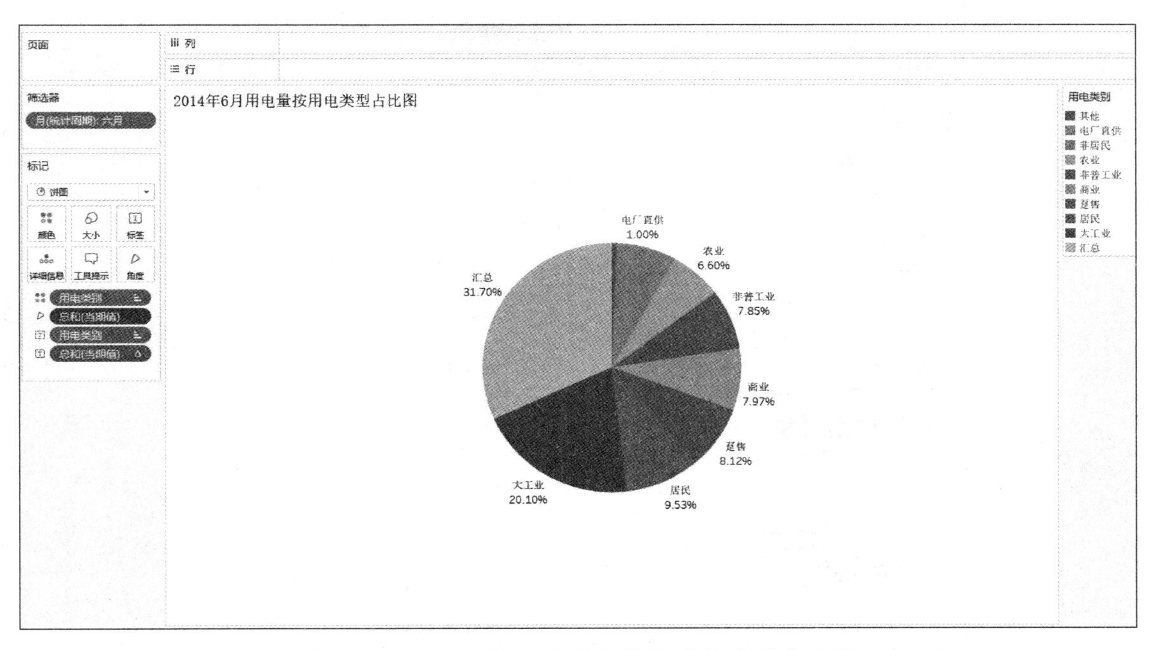

图 4-4-3　2014 年 6 月用电量按用电类型占比图

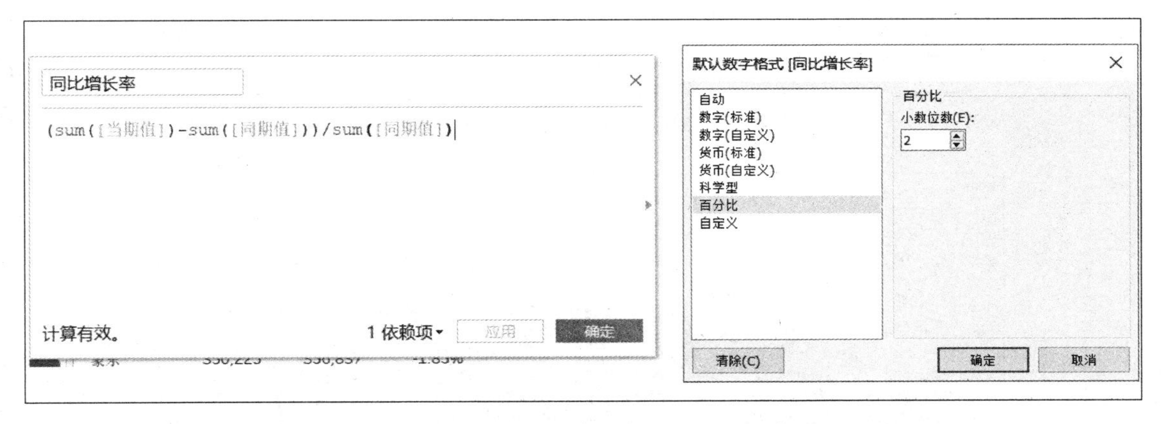

图 4-4-4　创建计算字段“同比增长率”

4. 创建词云图

(1) 将维度区域的“省市”字段分别拖至“标记”卡的“颜色”和“标签”，将度量区域的“当期值”字段拖至“标记”卡的“大小”，并更改标记类型为“圆”，创建气泡图，如图4-4-6所示。

(2) 将填充气泡图的“标记”由“圆”改为“文本”时，视图将由填充气泡图变为词云图，如图4-4-7所示。

省市	当期值	同期值	同比增长率
安徽	161,524	190,598	-15.25%
北京	432,870	510,787	-15.25%
福建	1,520,346	1,794,009	-15.25%
甘肃	1,543,096	1,820,853	-15.25%
河北	1,290,418	1,522,693	-15.25%
河南	2,713,999	2,890,263	-6.10%
黑龙江	1,247,043	1,471,510	-15.25%
湖北	267,645	315,821	-15.25%
湖南	446,277	526,607	-15.25%
吉林	78,188	92,262	-15.25%
江苏	486,299	573,833	-15.25%
江西	365,275	621,616	-41.24%
辽宁	2,051,475	2,253,281	-8.96%
内蒙古	350,225	356,837	-1.85%
宁夏	578,602	606,727	-4.64%
青海	583,163	601,482	-3.05%
山东	392,660	463,338	-15.25%
山西	1,284,315	1,492,302	-13.94%
上海	1,302,939	1,537,468	-15.25%
四川	2,161,384	2,267,139	-4.66%
天津	89,736	105,889	-15.25%
西藏	350,682	413,805	-15.25%
新疆	92,705	109,392	-15.25%
浙江	2,634,370	2,929,838	-10.08%
重庆	2,129,114	1,778,267	19.73%
总和	24,554,348	27,246,616	-9.88%

图 4-4-5　2014 年上半年用电量增长情况

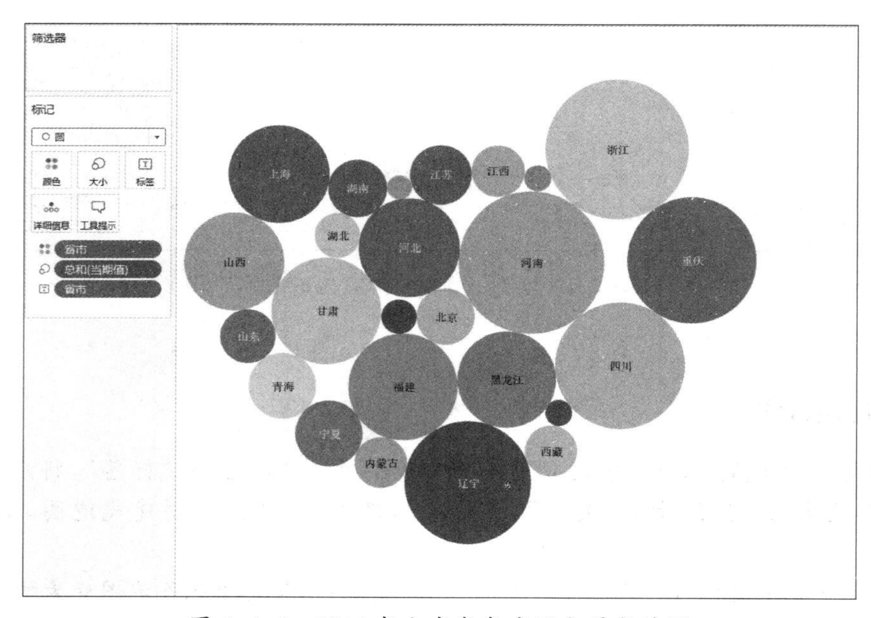

图 4-4-6　2014 年上半年各省用电量气泡图

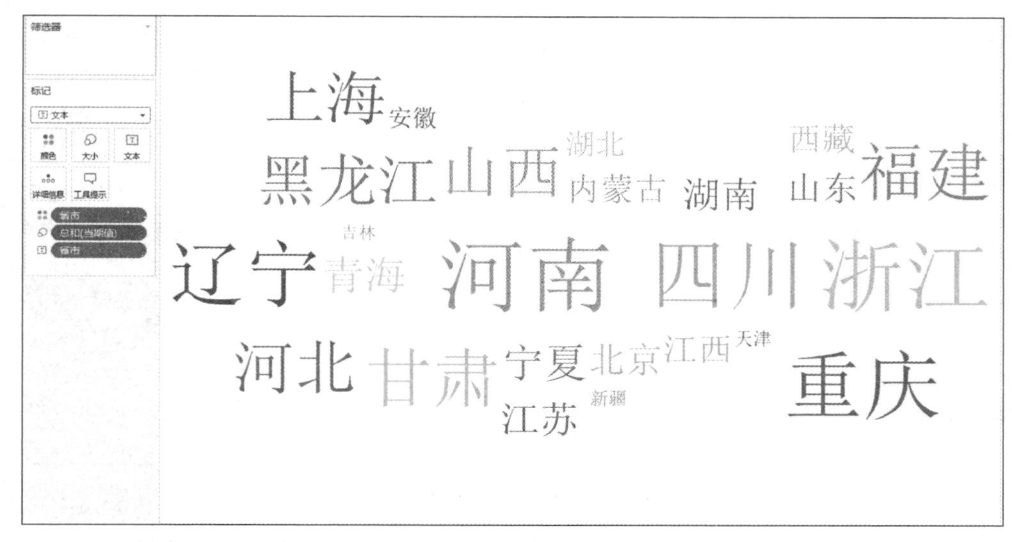

图 4-4-7　2014 年上半年各省用电量词云图

5. 创建 2014 年上半年用电量综合分析仪表板

（1）创建仪表板。

（2）将文本对象拖放至仪表板视图区，设置仪表板标题为“2014 年上半年用电量综合分析”，默认字体，字体大小为 14，字体格式加粗。生成的仪表板标题如图 4-4-8 所示。

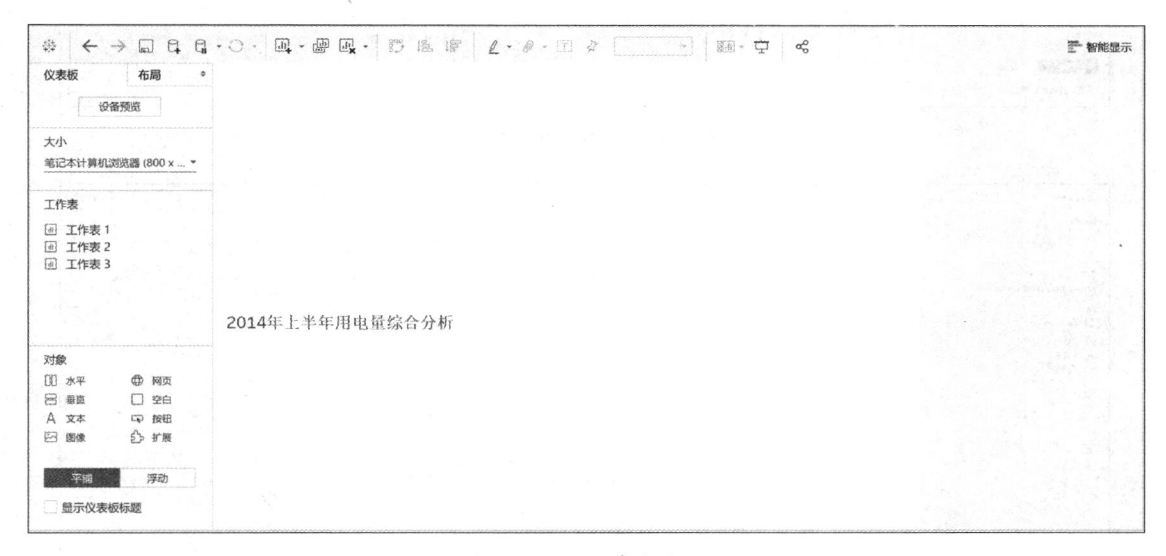

图 4-4-8　仪表板标题

（3）将对象的水平布局拖放至视图区后，调整水平布局区域高度，如图 4-4-9 所示。

（4）将工作表 3 拖放至视图区，如图 4-4-10 所示。

（5）将工作表 2 拖放至工作表 3 下方，然后在工作表 2 的右侧添加垂直布局，如图 4-4-11 所示。

图 4-4-9　添加水平布局

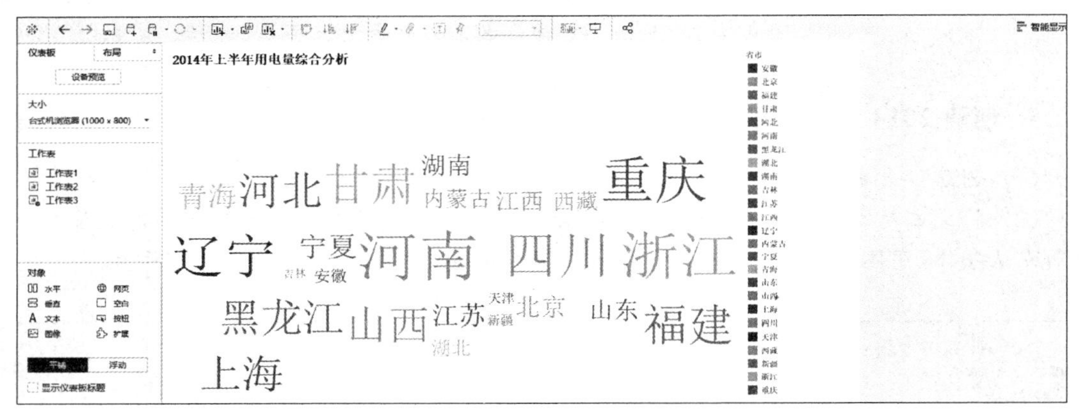

图 4-4-10　添加工作表 3

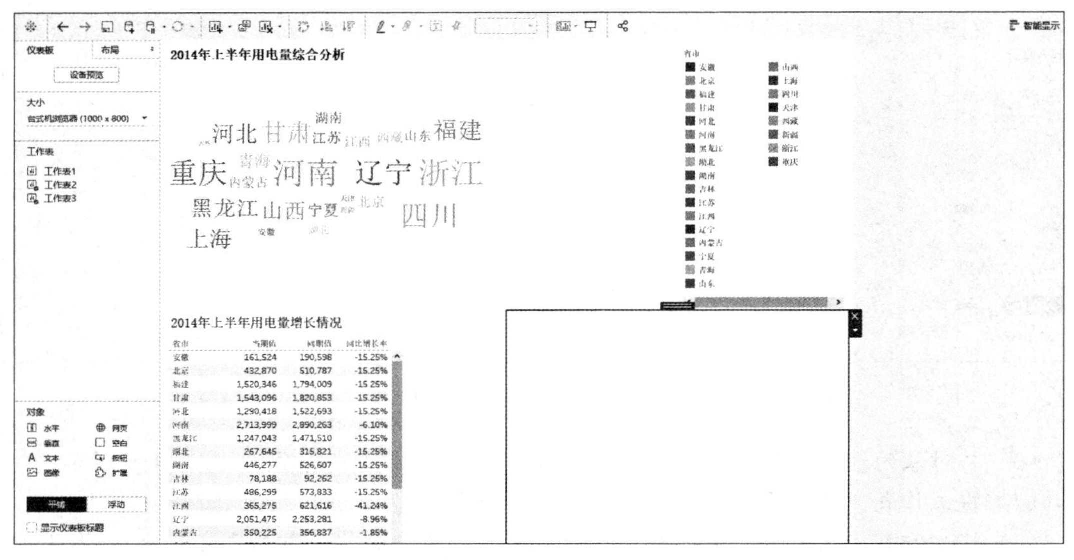

省市	当期值	同期值	同比增长率
安徽	161,524	190,598	-15.25%
北京	432,870	510,787	-15.25%
福建	1,520,346	1,794,009	-15.25%
甘肃	1,543,096	1,820,853	-15.25%
河北	1,290,418	1,522,693	-15.25%
河南	2,713,999	2,890,263	-6.10%
黑龙江	1,247,043	1,471,510	-15.25%
湖北	267,645	315,821	-15.25%
湖南	446,277	526,607	-15.25%
吉林	78,188	92,262	-15.25%
江苏	486,299	573,833	-15.25%
江西	365,275	621,616	-41.24%
辽宁	2,051,475	2,253,281	-8.96%
内蒙古	350,225	356,837	-1.85%

图 4-4-11　放置工作表 2 并添加垂直布局

(6) 将工作表1拖放至工作表2的右方,如图4-4-12所示。

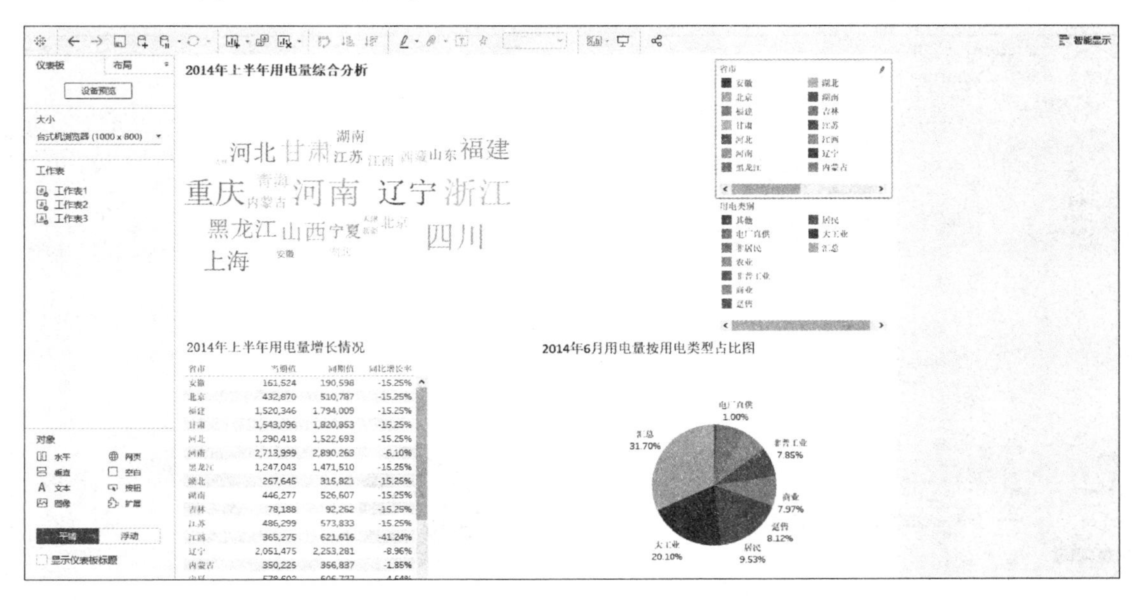

图4-4-12 放置工作表1

(7) 添加根据省市进行筛查的筛选器,将工作表2作为源工作表,目标工作表为全部的工作表,如图4-4-13所示。

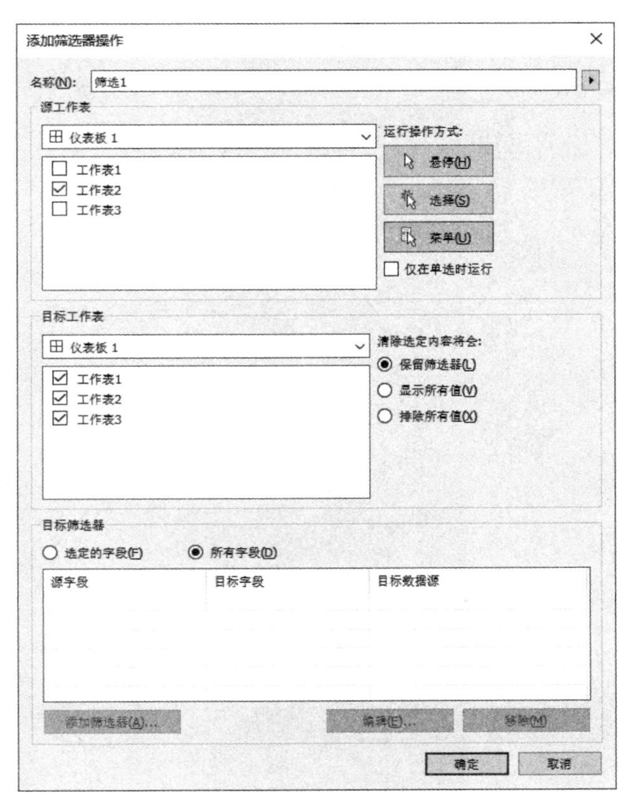

图4-4-13 添加筛选器

（8）根据工作表 2 的省市进行筛选后的效果如图 4-4-14 所示。

图 4-4-14　根据工作表 2 的筛选效果

6. 保存工作成果

本 章 小 结

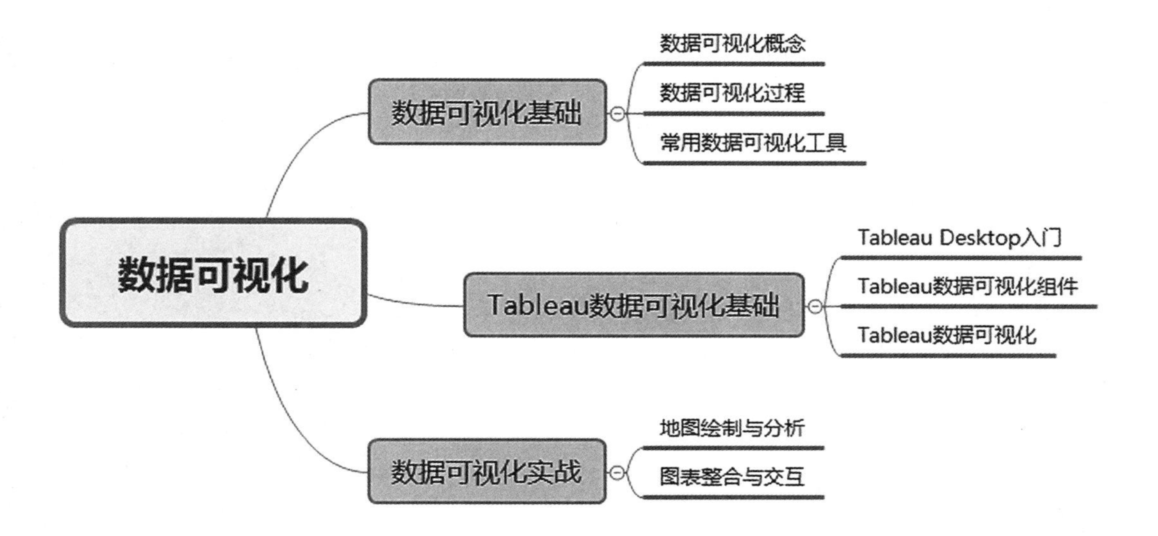
数据可视化
数据可视化基础
数据可视化概念
数据可视化过程
常用数据可视化工具
Tableau数据可视化基础
Tableau Desktop入门
Tableau数据可视化组件
Tableau数据可视化
数据可视化实战
地图绘制与分析
图表整合与交互

PART **05**

第 5 章　数据分析实战

<本章概要>

数据正在变得越来越常见,而数据分析的价值也越来越凸显。在大数据时代,人类获得数据的能力远远超过以往想象,如何运用先进的数据技术和模型,能否以合适的视角从不同维度解读和挖掘隐藏在数据背后的信息,帮助决策者获得可信决策依据已成为迫切需要。本章主要以实例分析为起点,介绍数据分析的基本流程与常用可视化图表,以及使用主流的数据可视化软件进行基础数据分析的基本方法。

<学习目标>

通过本章学习,要求达到以下目标:

1. 了解数据分析的流程和步骤。
2. 了解数据可视化技术及其实际应用。
3. 掌握 Excel、Access、Tableau 等数据处理常用软件的使用方法。
4. 熟练运用 Tableau 中的各种分析方法和可视化工具来分析具体问题。
5. 能够解决数据分析中的一般综合问题,培养分析问题和解决问题的能力。

5.1 成绩统计分析案例

5.1.1 背景介绍和提出问题

1. 背景介绍

在教育行业中，通常要对一个城市的教学水平、一类学校、某个专业或某门课程的教学效果进行评估或比较，通过数据分析促进教师在教学中进一步深化改革，不断提高教学质量。

在这个案例当中，我们将通过某高职院校连续三年的计算机等级考证成绩汇总，以及提取全市近年来的考证统计数据，了解学生的学习效果以及教学环节中的薄弱点，从而在教学中有的放矢地改进教学方法、调整教学侧重点。

2. 提出问题

随着信息化的发展，教学也在不断地改革，教学过程从以教师为中心转变成以学生为中心。改革要从学生的学情状况入手，这种分析体现在多维度地了解学生的学习特点。本节从以下几个方面入手，通过计算机等级考试三年的统考成绩进行数据可视化分析，期待找出答案，以便在后续的教学中因材施教。

（1）相同的老师为不同专业学生授课但效果是不同的，是否具有专业差别；

（2）对于男生和女生来说是否也存在着差别；

（3）优秀率体现了教学质量的同时也反映班级整体的学风；

（4）影响教学的因素除了任课教师和学生，还有学生的管理方面，比如缺考学生的数量等，在教学的同时要与那些专业的学管办取得联系，进行细化管理，保证教学效果。

接下来我们使用 Tableau 应用软件进行数据分析，以便高效、专业化地呈现数据可视化分析任务。

5.1.2 数据准备

首先明确实战案例要解决的问题，然后搜集某高职院校 15—17 级学生三年来的计算机等级考证的成绩，该成绩单为 Excel 工作表。由于时间上相隔两年，因此三年的成绩表结构上有着些许差别，但总体上结构基本相同。为了保护他人隐私，先要将数据中涉及私密的信息进行处理，但不会影响分析统计结果。将三年的数据统一结构后合成到一张工作表中，将市级等级考试成绩也以新的工作表导入到素材中，以便进行横向对比，更加突出体现教学中的差距。

5.1.3 数据分析

当前的实战案例来源于真实的教学进程，该校要求大一学年所有学生全员报考市级计算机等级考试一级，由于教学大纲有明确的要求，因此学生参加考证的数量几乎是全员覆盖，那么从考证成绩入手对学生学习效果的评估就有了较强的说服力。

计算机等级考以操作为主兼有理论。其内容的考核比例为 7∶3，是理实一体化的考试。由于各高校基础课时普遍在缩减，目前规定的课时比较有限，因此采取了信息化手段辅助课堂授课。几年来的教学改革通过连续三年的考证成绩进行分析，能够较为客观地观测教学效果。教学效果一定意义上也受非智力性因素的影响，比如学生管理、学生专业特点等，通过分析也可以促使学生管理方面的工作进一步加强。

数据分析过程如下：

（1）统计 15—17 三个年级的学生报考人数，知道学生的总人数，便于考量各院系的等第人数在整个院系所占的比例。

（2）通过三年来各学院的考证成绩平均分，以及分别统计实践与理论部分的平均分，监控各学院的教学管理情况及教学效果，观测是否存在专业差别。

（3）根据男女生在考证过程中成绩状况，分析教师在教学中是否需要针对不同性别采取个性化教学指导。

（4）分别对三个年级考证成绩按等第成绩进行分析（观测学生及格率、优秀率以及缺考率、不及格率），并与市级等级考试相关指标进行对比，通过横向比较找出该校大学计算机基础课教学中的问题，在后续的教学中大力改善。

5.1.4 数据可视化

微课视频

下面使用 Tableau 可视化工具软件实现成绩的可视化分析。

1. 连接数据源

（1）打开 Tableau 可视化工具软件，在窗口左侧的数据连接窗口中，单击“Microsoft Excel”选项，打开“配套资源\第 5 章\L5-1-1. xlsx”，如图 5-1-1 所示。

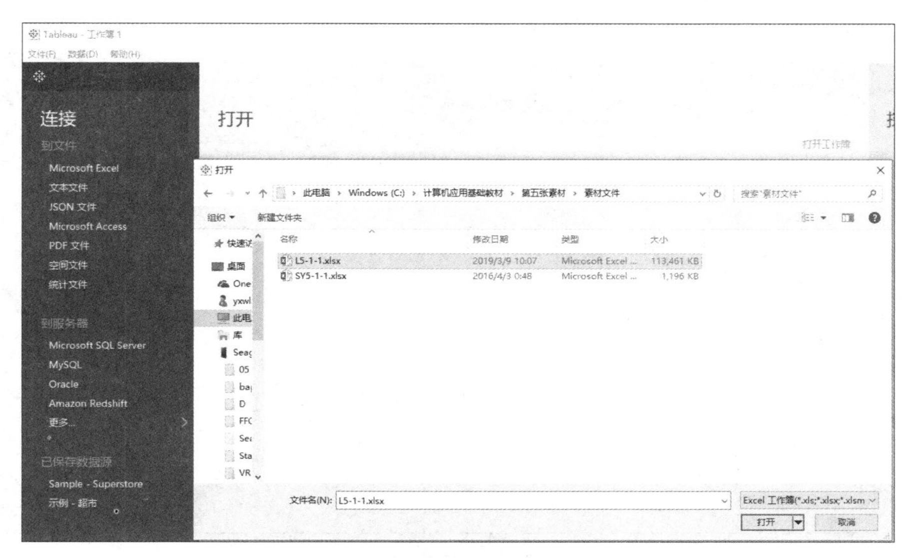

图 5-1-1 选择数据源类型

（2）连接选择好数据源并连接了 Excel 工作簿后，在当前 Excel 工作簿中存在三张工作表，双击“15—17 年学生成绩”工作表，同时选中窗口右上方的“实时”选项，如图 5-1-2 所示，数据源连接成功。

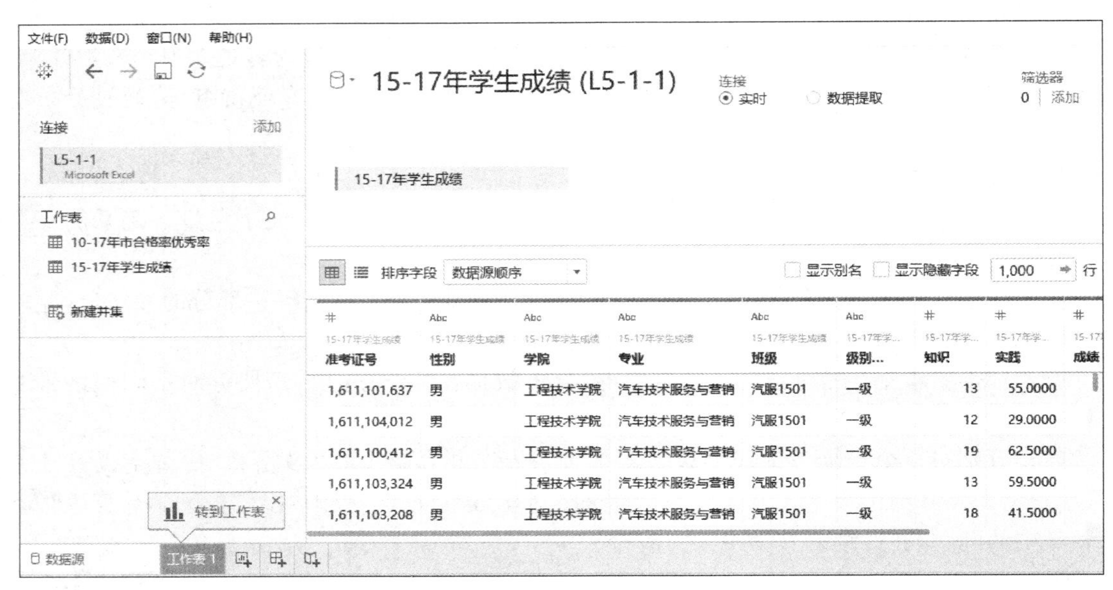

图 5-1-2　打开 excel 数据源

2. 可视化分析

（1）在数据可视化分析过程中各院系的规模不同，因此报考的人数也存在很大差别，报考人数的统计对后续的数据统计值具有衡量作用。点击当前窗口左下方数据源旁边的“工作表 1”按钮，建立第一个工作表。双击工作表标签将其名称更改为“15-17 各学院考证人数统计”，如图 5-1-3 所示。

图 5-1-3　新建工作表

整理窗口左侧的“维度”和“度量”。通常导入数据后数据表左侧会自动出现维度和度量两个区域，这是系统默认设置的。观察一下有没有放置不合适的字段，比如“准考证号”字段并不是数值型数据，因此把度量区域的“准考证号”拖到维度区域中，同时右击“准考证号”字段或点击“准考证号”右侧下拉式三角符号按钮，在弹出的菜单中选择“更改数据类型”选项，并在“字符串”选项上单击，将“准考证号”字段类型由“数字型”改为“字符”型，如图 5-1-4 所示。

接下来在“15—17 各学院考证人数统计”工作表中制作参加考证人数统计图表。具体步骤如下：

① 在维度或度量区域上空白的地方右击鼠标，在快捷菜单中选择“创建计算字段”选项，弹出菜单按如图 5-1-5 所示创建。

② 将维度区域中的“专业”拖到“学院”上，再将“班级”也拖到“学院”上“创建分层结构”，如图 5-1-6 所示。

图 5-1-4　调整维度和度量

图 5-1-5　创建计算字段

③ 对“15—17 级各学院考证人数统计” 工作表进行设计。在“标记”组中将形状设置为“圆”，将“年级”字段拖入到“标记”组的“大小”上，在“标记”组中单击 “年级”按钮右侧的倒三角形符号或右击，在弹出的下拉式菜单的“度量”子菜单中选择“计数”项，如图 5-1-7 所示。然后依次再将维度中的“年级”字段拖入到“标签”按钮上并设置度量为“计数”；将“学院”拖入到“标记”组中的“颜色”和“标签”按钮上。双击左上角工作表标题“15—17 各学院考证人数统计”，设置当前工作表标题为 “微软雅黑”，12 磅，右击标题，在弹出的快捷菜单中选择“设置标题格式”选项，设置标题阴影“灰色”。如图 5-1-8 所示。

④ 希望在圆形图示中显示学院名称和各学院报考的人数。单击如图 5-1-9 左侧所示“标记”组中的“标签”按钮，弹出“标签外观”设置窗口，勾选“允许标签覆盖其他标记”选项。再点击“标签外观”组中的“文本”选框后面的 ... 按钮，弹出编辑标签，在里面可以设置字体和大小，并在＜计数(年级)＞的两旁输入文字“人数：”、“人”，最后将两行文字全部选中，单击 B 加粗按钮，最后单击“应用”按钮所作修改生效。

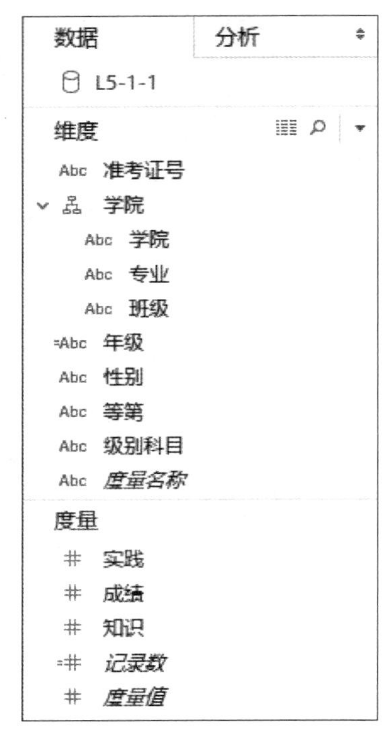

图 5-1-6　创建分层结构

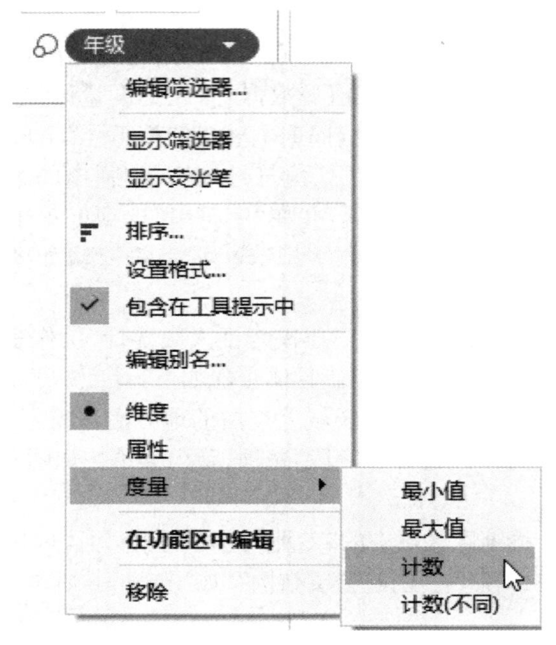

图 5-1-7　年级选项设置

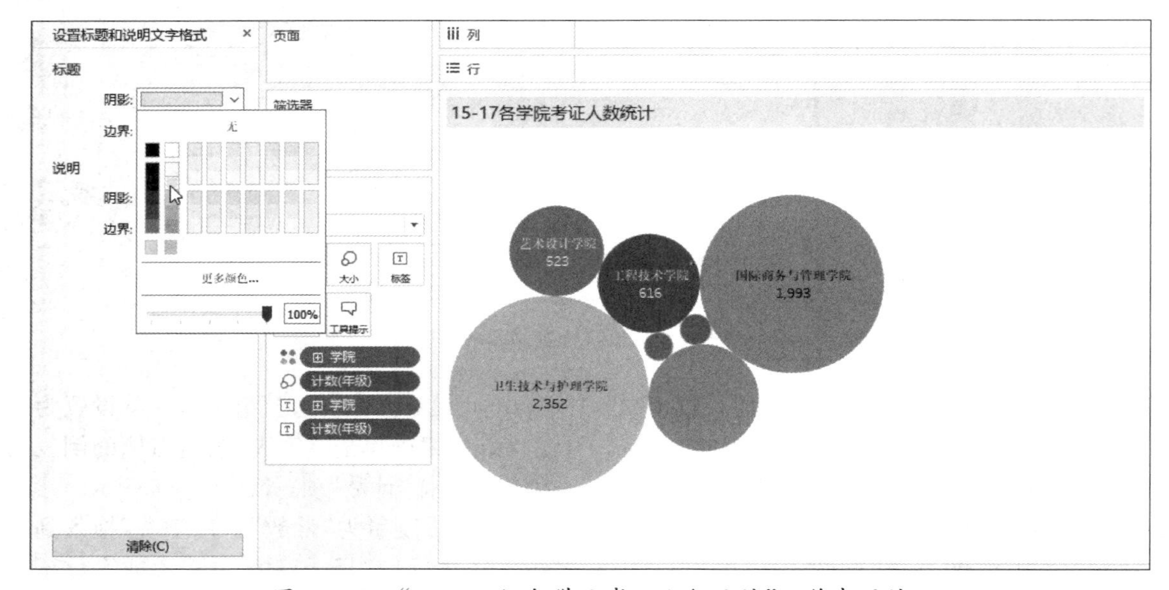

图 5-1-8　“15—17 级各学院考证人数统计”工作表设计

通过第一张表的建立，可以清晰的看到卫生技术与护理学院和国际商务与管理学院报考人数的基数最大，健身指导与管理与计算机应用技术两个系的学生最少，可以通过后续数据分析追踪这两个系的规模不大，是否是新建立的系别，或者存在其它的问题。同时也为后续等第人数的绝对值比较提供了依据。

(2) 第二张工作表如图 5-1-10 所示，各学院平均成绩对比。在数据对比过程中，平均值能比较客观衡量事物之间的差别，不受数据记录绝对数量的干扰，第二张表就是通过平均值对

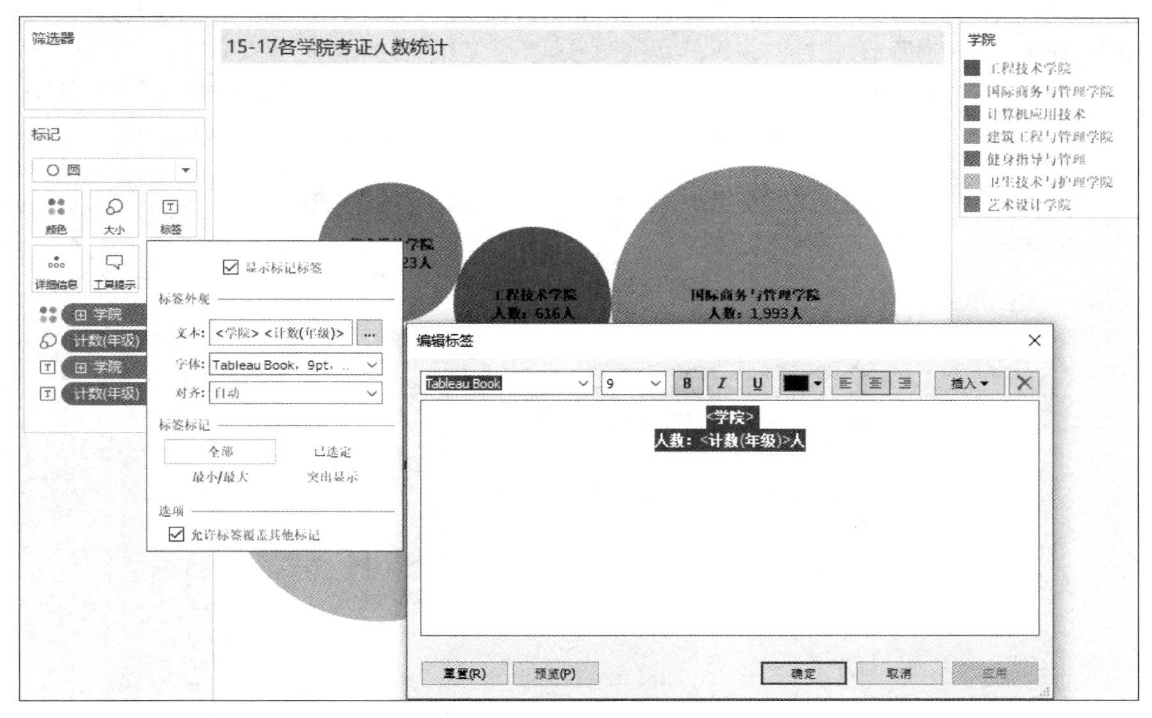

图 5-1-9　标签设置

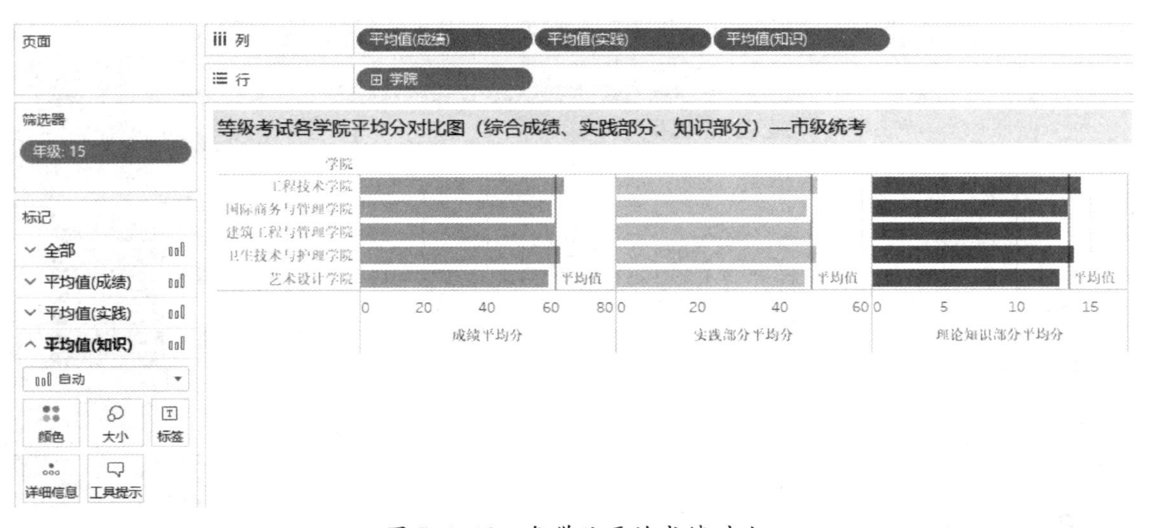

图 5-1-10　各学院平均成绩对比

比各学院的成绩差别，尤其在图表上添加了全校平均值参考线后，教学效果显露无疑。可以对授课老师的教学方法和学生管理工作进行反思。其方法如下：

① 点击窗口左下方的添加工作表按钮 ，将默认的工作表名称修改为“各学院平均成绩对比”。

② 在“标记”组中将标记图形保持“自动”，然后将维度区域中的“学院”分层结构拖入到“行”功能区，将度量区域中的“成绩”字段、“实践”字段、“知识”字段拖入到“列”功能区，同时单

击“列”功能区中的“成绩”、“实践”、“知识”右侧的三角式下拉按钮在“度量”值中设置为“平均值”。如图 5-1-11 所示。

③ 如图 5-1-12 所示，设置“标记”组中的颜色，鼠标分别单击“平均值(成绩)”、“平均值(实践)”、“平均值(知识)”选项，将其颜色设置为图 5-1-12 所示绿色、黄色和蓝色。

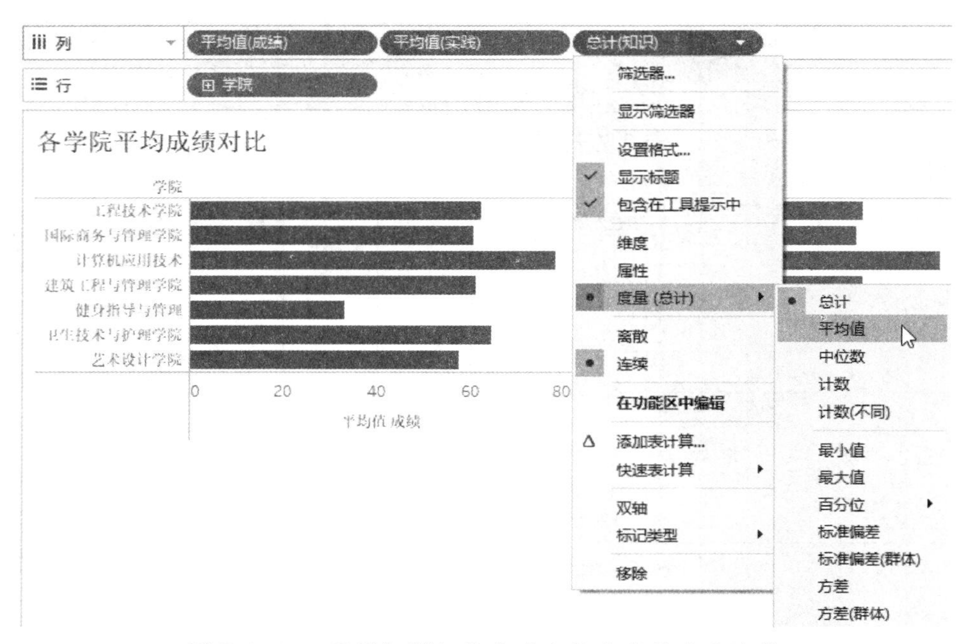

图 5-1-11　设置“列”标签中的字段度量值为平均值

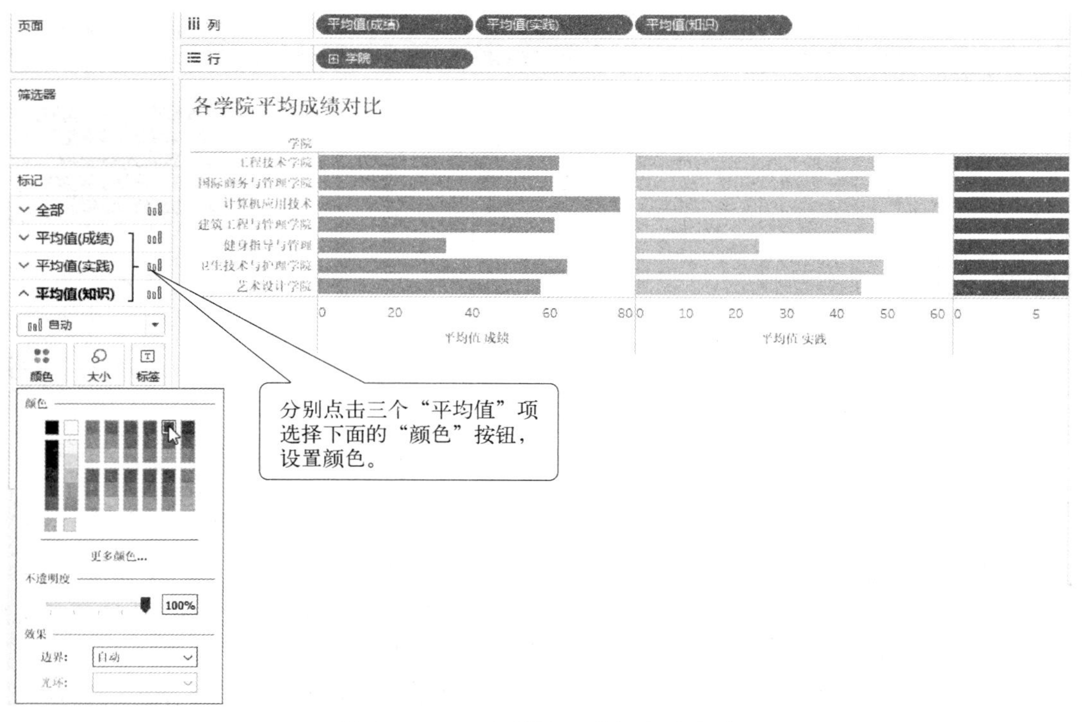

图 5-1-12　设置“标记”组中的颜色

④ 如图 5-1-13 所示，修改图表中水平轴的标签。双击水平轴标签，将“平均值 成绩”标签改为“成绩平均分”，将“平均值 实践”标签改为“实践部分平均分”，将“平均值 知识”标签改为“理论知识部分平均分”。

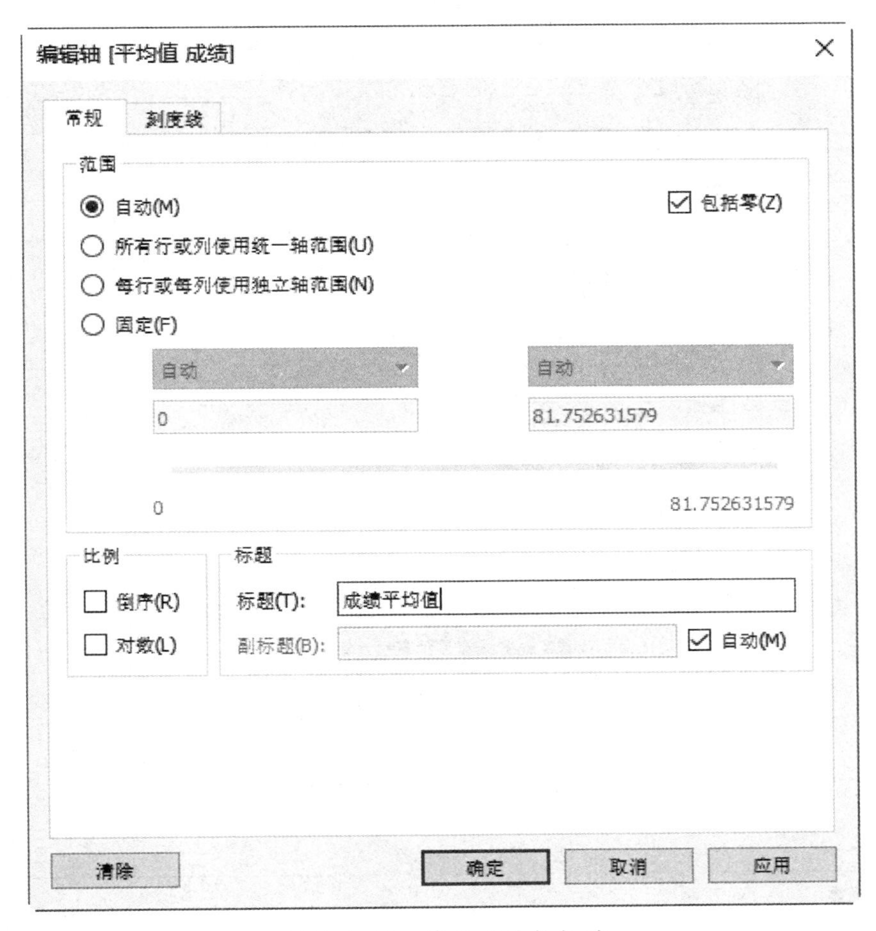

图 5-1-13　修改水平轴标签

⑤ 在水平刻度轴上右击鼠标，在弹出的快捷菜单中选择“添加参考线”，在如图 5-1-14 所示中选择“线”范围“每区”。

⑥ 双击如图 5-1-12 所示左上角“各学院平均成绩对比”位置，设置当前工作表标题为“等级考试各学院平均分对比图(综合成绩、实践部分、知识部分)——市级统考”，设置为“微软雅黑”，12 磅，右击标题，在弹出的快捷菜单中选择“设置标题格式”选项，设置标题阴影“灰色”。如图 5-1-15 所示。

⑦ 如图 5-1-16 所示，将“年级”字段拖入到“筛选器”功能区中，通过在筛选器的年级进行筛选，得出以下结论：

● 计算机应用技术专业、健身指导与管理专业是新增的专业，分别出现在 17 年和 16 年的成绩表中。

● 健身指导专业的学生在连续两年成绩统计中处于落后位置，看出学习过程中困难较大，在今后配备基础课教师时要让有经验、有耐心的教师承担该专业课程。

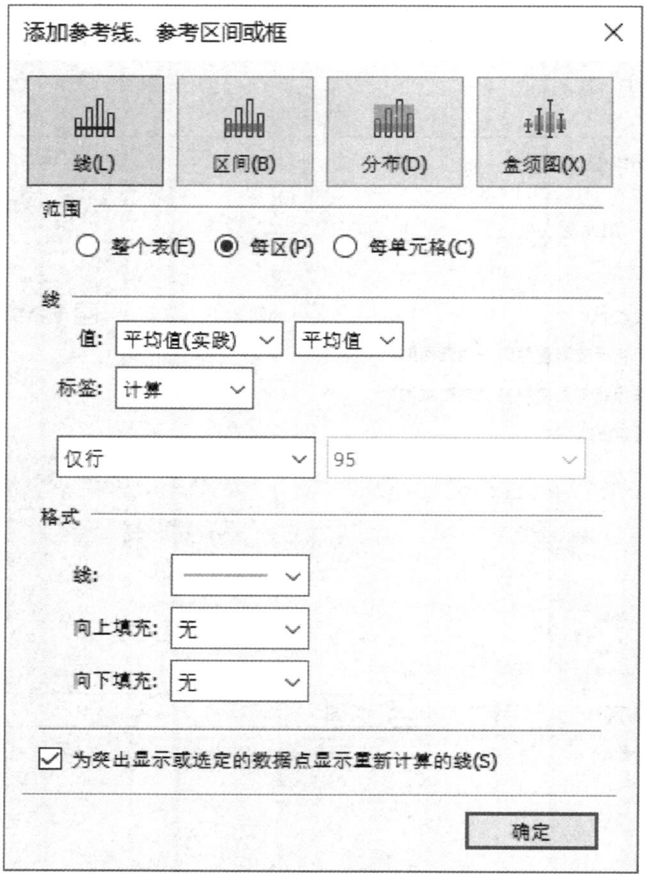

添加参考线、参考区间或框

线(L)　区间(B)　分布(D)　盒须图(X)

范围

○ 整个表(E)　◉ 每区(P)　○ 每单元格(C)

线

值：平均值(实践)　平均值

标签：计算

仅行　95

格式

线：

向上填充：无

向下填充：无

☑ 为突出显示或选定的数据点显示重新计算的线(S)

确定

图 5-1-14　添加平均值参考线

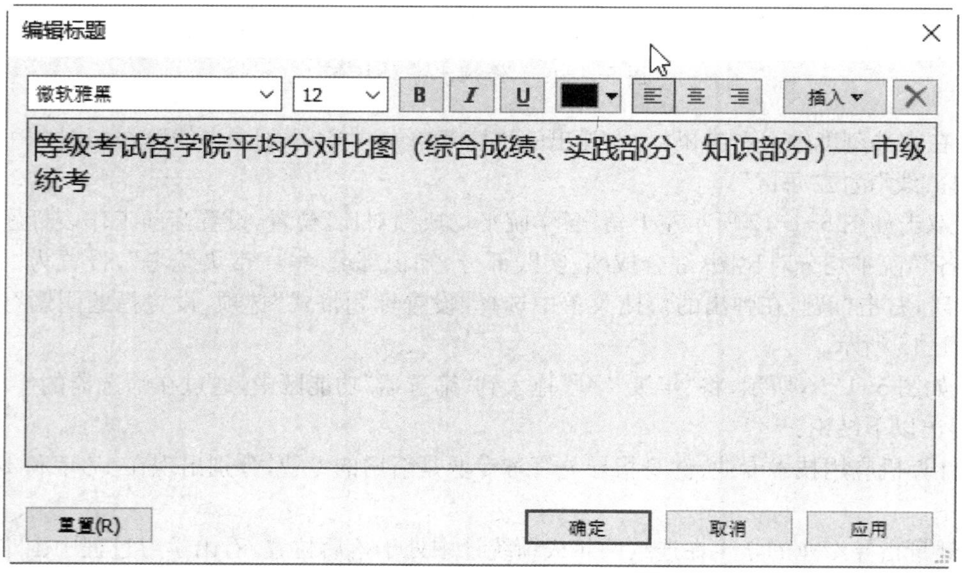

编辑标题

微软雅黑　12　B　I　U　插入

等级考试各学院平均分对比图（综合成绩、实践部分、知识部分）——市级统考

重置(R)　确定　取消　应用

图 5-1-15　设置工作表标题

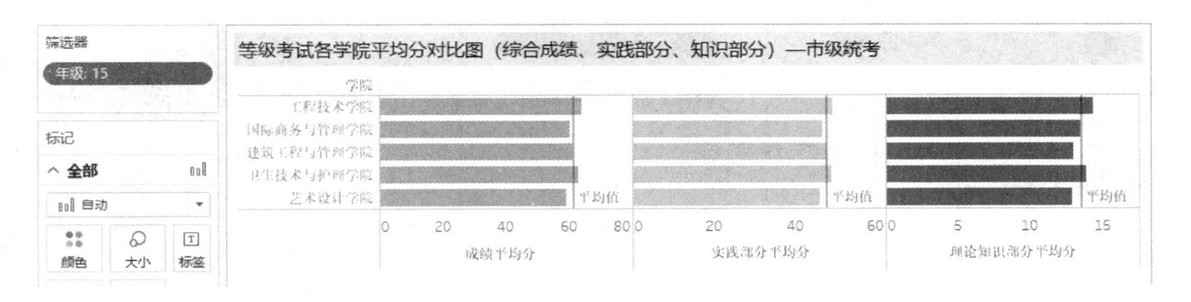

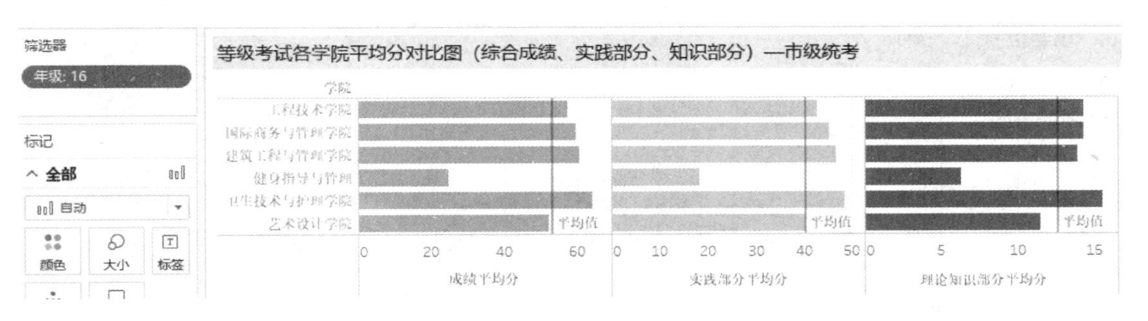

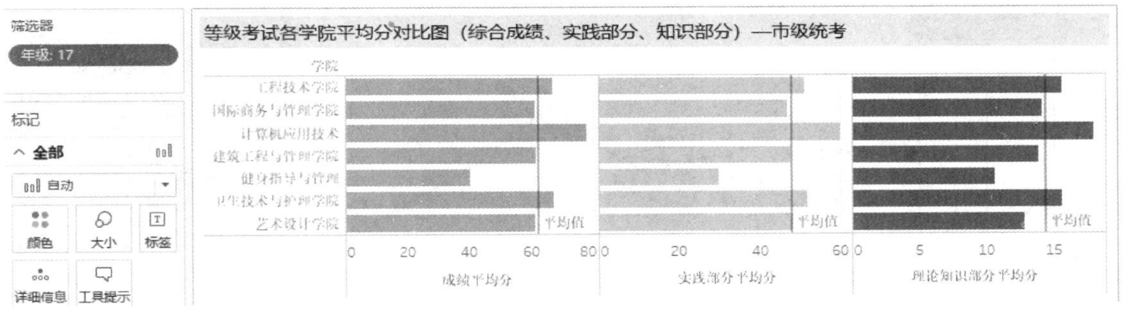

图 5-1-16　三年成绩对比

● 计算机应用技术专业出现在 17 年的考证中，虽然成绩较为突出，但只有一届学生还不足以说明问题，需继续观测跟踪今后数据态势。

● 从三年来的成绩对比中，护理学院的成绩较为稳定。

● 艺术设计学院处于平均值水平以下，通过实践与理论两部分平均成绩对比，该院学生对理论知识掌握不够好，督促任课老师在授课中采取灵活多变的手段增强学生理论知识的学习。

(3) 在课程评估过程中除了关注学生专业不同引起的学习效果的差异之外，还要关注学生的性别是否也会造成学生学习的差异。在第三张工作表中按性别进行数据分析，如图 5-1-17 所示。实现步骤如下：

① 新建工作表，将工作表标签名称修改为“各学院男女成绩对比”。双击工作表左上方的工作表标题，设置为“微软雅黑”，12 磅，右击标题，在弹出的快捷菜单中选择“设置标题格式”选项，设置标题阴影“灰色”。

② 在维度区域中将“学院”字段拖放到“列”标签功能区。

③ 将度量区域中的“成绩”、“实践”、“知识”三个字段拖入到“行”标签功能区中，并分别点击三个字段右侧的三角型下拉式按钮，设置其度量为“平均值”。

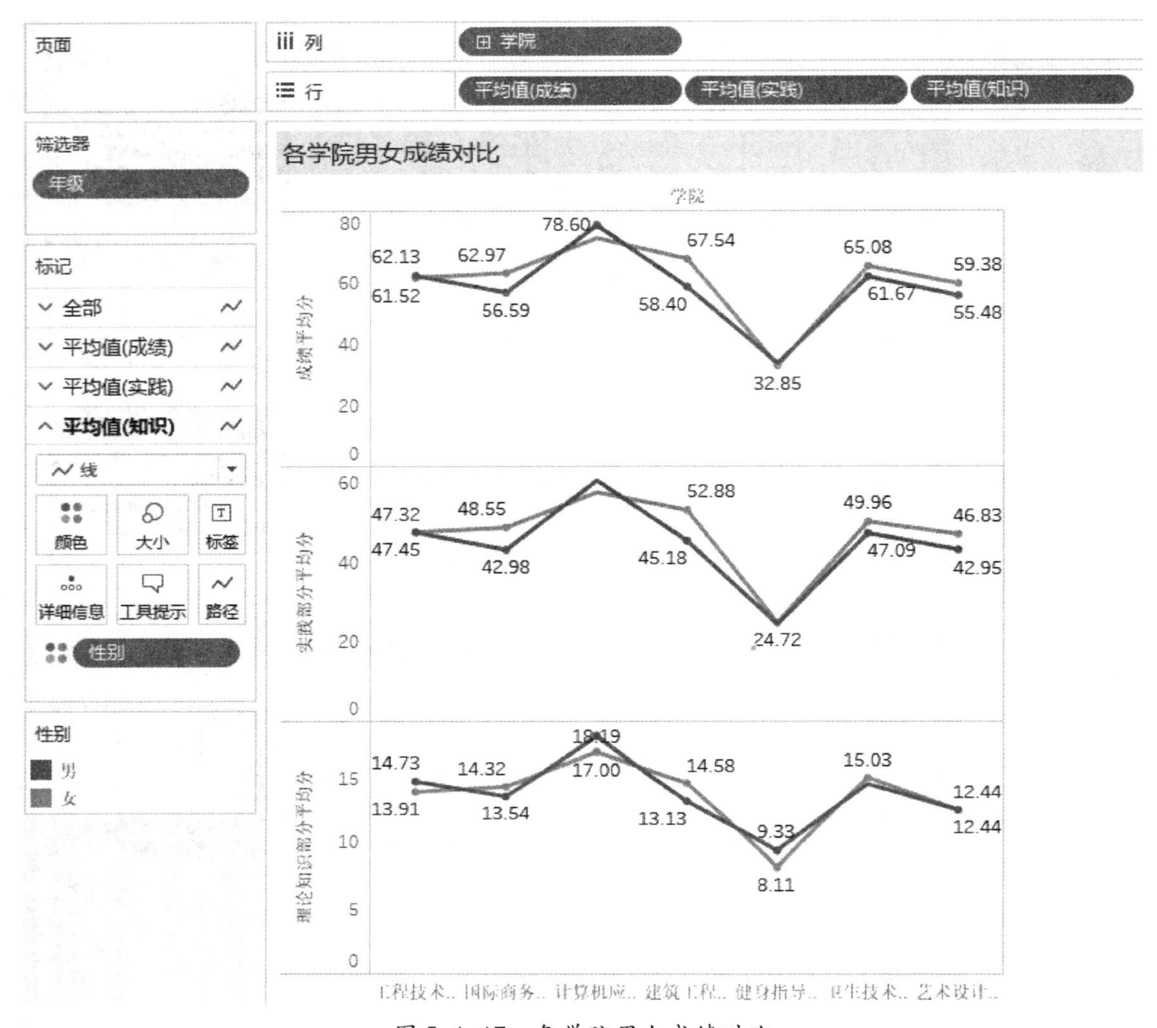

图 5-1-17　各学院男女成绩对比

④ 将“年级”字段拖入到筛选器中，勾选“15、16、17”，可以在图表区任意切换三个不同年级的数据。

⑤ 在“标记”组中，点击“全部”，将“维度”中的“性别”字段拖入到“标记”组下的“颜色”标签中，将形状修改为“ 线 ”。

⑥ 在“标记”组中，点击“全部”，然后在“标签”选项上单击，再弹出来的窗口选项中勾选“显示标记标签”。折线图上就会出现数字标签。

⑦ 按照图 5-17 所示分别修改相应垂直轴刻度标签。

结论：通过男女成绩的平均值对比，实践部分平均分以及理论知识部分平均分三个项目的对比，男女生成绩呈现交替式变化，其中成绩平均分差异在：0.61-9.14 分区间，实践部分平均分差异在 0.13-7.7 分区间，理论平均分差异在 0-1.45 区间，差异均未超过 10 分（一个分数段），所以未发现性别的明显优势。

（4）在数据分析中成绩也可以用等第进行衡量，比如及格、不及格、优秀以及缺考，这些值即可以反映考试中成绩的分布，也可以用来对学生管理进行评估。统计有两个方面：一方面是各等第的绝对人数，另一方面用各等第的占比情况可以更加客观的反映学生的成绩分布。建立一张新的工作表，如图 5-1-18 所示，在维度或度量区域的空白处右击选择“创建参数...”选项，然后如图 5-1-19 所示进行编辑参数，注意：数据类型一定要选择“整数”。

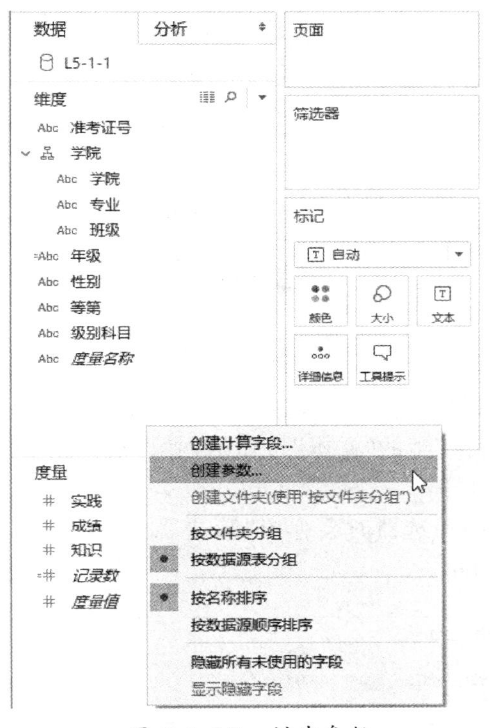

图 5-1-18　创建参数

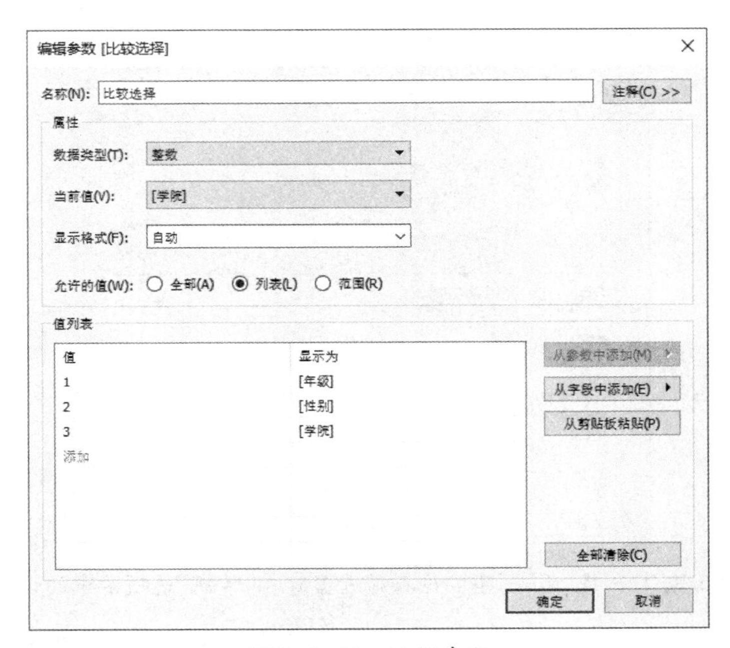

图 5-1-19　编辑参数

在维度或度量区域的空白处再右击鼠标，选择“创建计算字段”选项，“名称”处输入“比较”并且在内部录入一段代码然后点击确定，如图 5-1-20 所示。

图 5-1-20　创建计算字段

① 将“比较”字段拖动到“行”功能区，将“等第”字段拖动到“列”功能区。

② 将“等第”拖动到“标记”组的“文本”按钮上，并点击三角形的下拉式按钮，在“度量”中选择“计数”。

③ 将“比较”字段拖入到筛选器时会弹出“筛选器[比较]”窗口，在“常规”选项卡里选择“使用全部”，如图 5-1-21 所示。

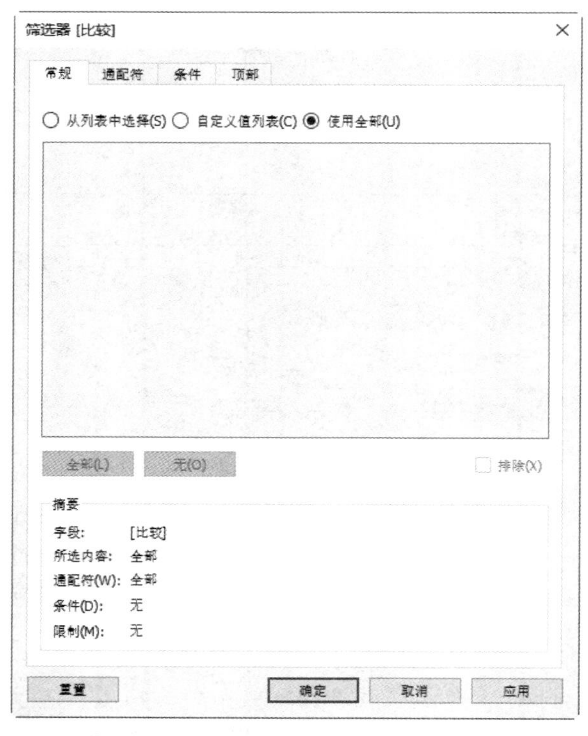

图 5-1-21　将“比较”字段拖入筛选器时在“常规”选项卡中的设置

④ 在“筛选器”功能区的“比较”字段右侧的三角下拉式按钮中点击“显示筛选器”。在窗体右侧的 “比较选择”窗口默认选项为“学院”，此时工作表中显示如图 5-1-22 所示。

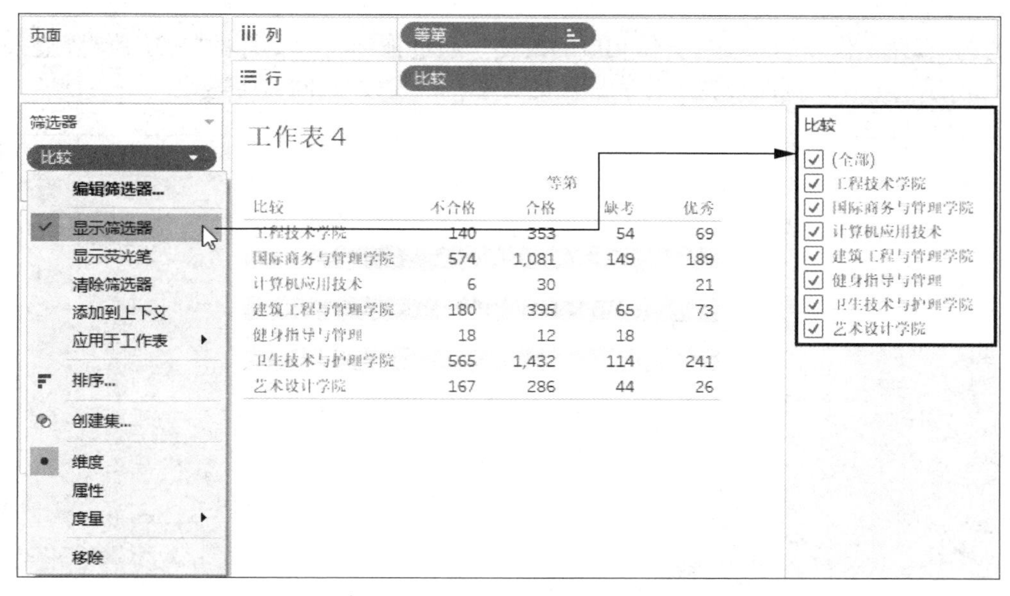

图 5-1-22　筛选器字段设置为“显示参数”后，“比较选择”默认为“学院”

⑤ 在参数区域的“比较选择”的字段选项上点击右侧的三角形下拉式按钮，在弹出的菜单上选择“显示参数控件”，则在数据表中会显示“比较选择”下拉式列表，如图 5-1-23 所示。

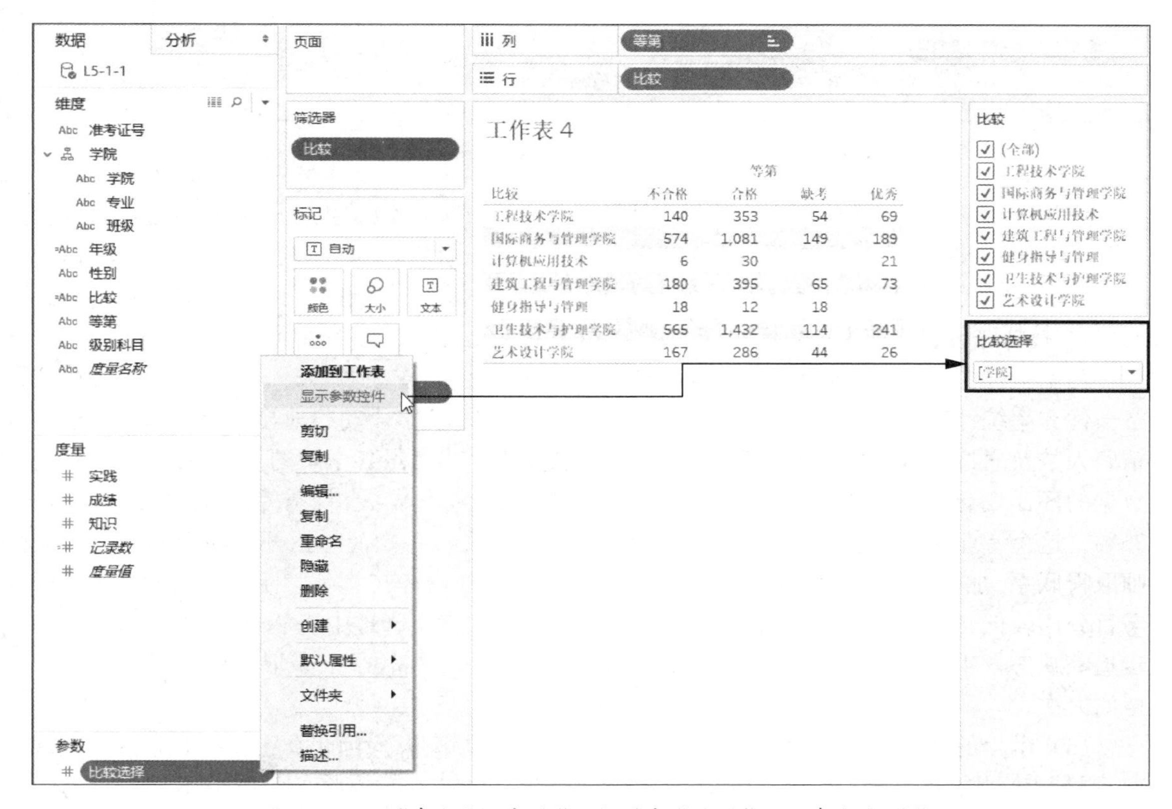

图 5-1-23　“参数”组中为“比较选择”设置“显示参数控件”

⑥ 当在右侧“比较选择”列表中分别选择“年级”或“性别”选项后，再在“比较”选项中勾选相应的选项，在工作表的图表区会做相应的改变。通过拖动将列坐标的“等第值”调整为如图5-1-24所示的顺序。同时设置工作表标签的文字与格式，样式同前所述。

图 5-1-24　15—17 级等级考试各等第人数综合统计

添加一张新的工作表，参照图5-1-24所示，建立“15—17级学生各等第合格与优秀率统计”工作表。步骤与“15—17级等级考试各等第人数综合统计”工作表完全相似。只是在“标记”组上选中“计数(等第)”选项，点击窗体最上方菜单栏中“分析”菜单，选择“百分比”选项中的“行”选项，并按样张设置当前工作表标题，再调整工作表中字段顺序，结果参照图5-1-25。

结论：通过“15—17级等级考试各等第人数综合统计”工作表和“15—17级学生各等第合格与优秀率统计”工作表，可以分别按“年级”、“性别”、“学院”字段动态地显示等级考试通过的精确人数及通过的百分比情况。观察缺考情况，从而进一步考量各学院的及格情况，以及各组数据的环比变化情况。其中：健身指导与管理专业缺考率较大，优秀率为0，合格率仅占25%。这个专业无论从教学上还是学生管理上都应该加强，并要及时招开座谈会与系主管老师取得联系，加强综合管理。卫生技术与护理学院和国际商务与管理学院人数最多，虽然缺考百分比较低，但绝对值仍然偏高，不合格人数也较多，在学生管理中仍然要引起重视，要进一步追踪缺考学生的状态，以及调研不合格学生的学情状况。在教学上采取有效手段减少不及格的人次。

(5) 学生的成绩的优劣也受题目难易程度的影响，要衡量学生的学习水平不能孤立地观察，要与市平均成绩做比较才能得到较为客观的评价。因此有必要将各学院的平均成绩与市平均成绩进行综合分析。新建工作表，工作表标签命名为“及格率和优秀率对比图”，并参照之

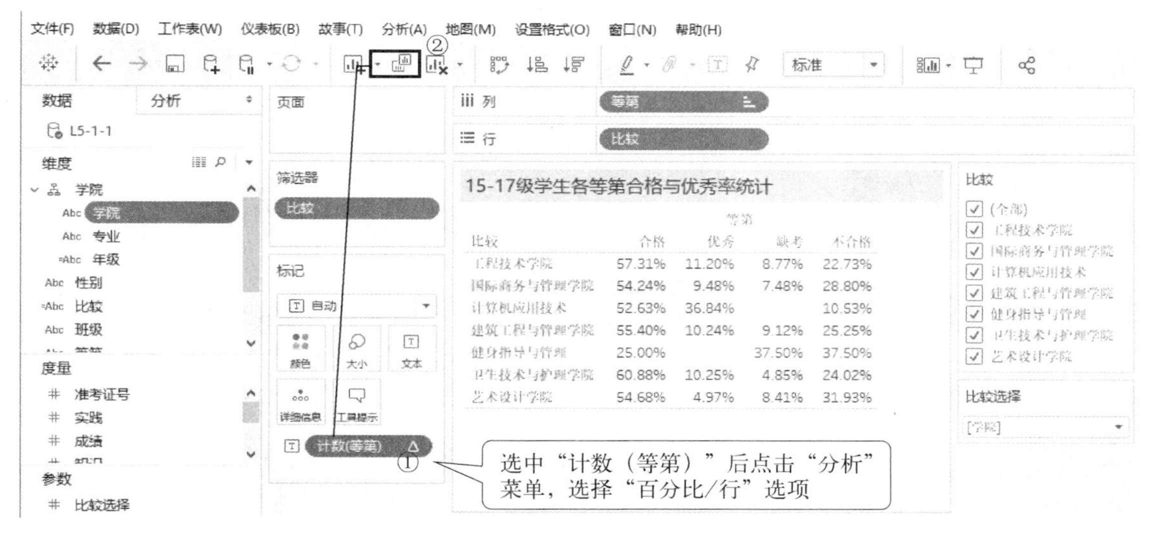

图 5-1-25　15—17 级学生各等第合格与优秀率统计

前工作表标签进行格式设置。定义计算字段：市合格率 =（及格人数 + 优秀人数）/（报名人数 - 缺考人数），而我们之前统计的项目是将合格人数和优秀人数分别进行统计，那么在与市级合格率对比时无法进行衡量。因此我们要将“合格”（及格人数 + 优秀人数）、“实考”（报名人数 - 缺考人数）、“优秀”、“优秀率”和“及格率”通过添加计算字段得到。

① 分别在度量区域右击“创建计算字段”，建立“及格”字段，如图 5-1-26 所示；建立“实考”字段，如图 5-1-27；建立“优秀”字段，如图 5-1-28。在新建字段上右击或点击三角形下拉式按钮，选择“更改数字类型”设置为“数字（整数）”。

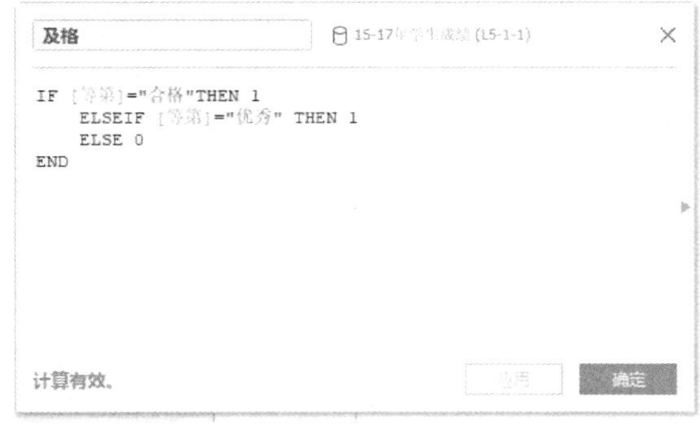

图 5-1-26　增加“及格”计算字段

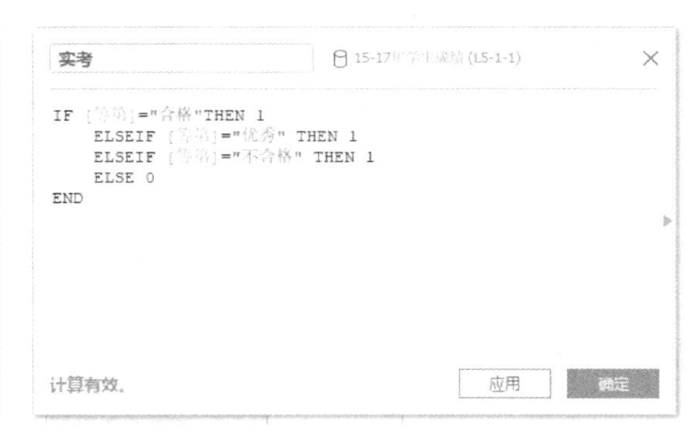

图 5-1-27　增加“实考”计算字段

② 分别在度量区域右击鼠标“创建计算字段”，建立“优秀率”字段，如图 5-1-29；建立“及格率”字段，如图 5-1-30。在新建字段上右击或点击三角形下拉式按钮，选择“更改数字类型”设置为“数字（十进制）”。

③ 制作“及格率”和“优秀率”对比图。在“参数”中的“比较选择”上右击或单击向下三角按钮选择“显示参数控件”。将“比较”字段拖入到“列”功能区，将“及格率”和“优秀率”拖入到“行”功能区，再将“比较”字段拖入到“筛选器”功能区，在弹出的“筛选器[比较]”窗口中勾选

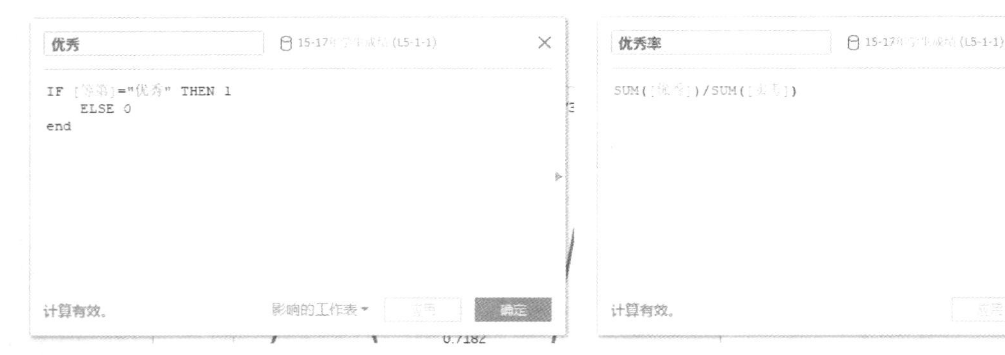

图 5-1-28　增加“优秀”计算字段　　　　图 5-1-29　增加“优秀率”计算字段

图 5-1-30　增加“及格率”计算字段

“使用全部”。在优秀率图表垂直刻度上右击，在弹出来的快捷菜单上选择“双轴”。然后在优秀纵轴上右击，在弹出的快捷菜单中选择“同步轴”。同时单击“标记”卡的“全部”选项，单击“标签”按钮，在弹出来的窗口中勾选“显示标记标签”；在工作表的图表区的折线图的任意折线上右击，在弹出的快捷菜单上选择“设置格式…”，然后在窗口左侧出现“设置字体格式”，在“字段”选项上点击下拉式按钮，选择“聚合(优秀率)”，然后在“区”选项卡中点击“数字”选项的下拉式按钮，选择“百分比”选项且设置小数位数为“1”；在“轴”选项卡中点击“数字”选项的下拉式按钮，选择“百分比”将其小数位数设置为“0”，相对应的坐标轴随即改变。在字段下拉式按钮中选择“聚合(合格率)”分别对“区”和“轴”选项卡中的“数字”选项进行设置，其方法同上。在标记卡分别选择“聚合(优秀率)”、“聚合(合格率)”然后单击“颜色”按钮选择“编辑颜色”分别为及格率和优秀率指定“绿色和红色”。如图 5-1-31 所示。

(6) 点击数据，建立数据源，连接到“配套资源/第五章/L5-1-1. xlsx”，将“10—17 年市合格率优秀率”工作表打开。建立新工作表，并重命名为“市合格率优秀率对比”。具体方法如下：

① 在“标记”组中将形状选取为“ 线 ”型，将“维度”区域中的“年份”拖入到列功能区，将“度量”中的“市合格率”、“本校合格率”、“市优秀率”和“本校优秀率”字段拖入到行功能区，并且在图表区“本校合格率”的纵坐标轴上右击，在弹出的快捷菜单上选择“双轴”。在双轴刻度上的右侧刻度上双击，打开“编辑轴”窗口，在“范围”选取“同步双轴”，点击关闭。“市优秀率”和“本校优秀率”操作相同，完成双轴设定。

② 在“标记”卡的“市合格率”和“市优秀率”选项上分别单击，在展开的工具的“形状”中选取“区域”，并自选一种颜色。

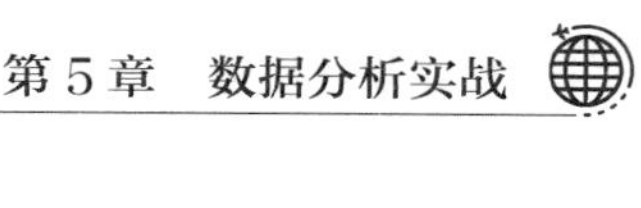

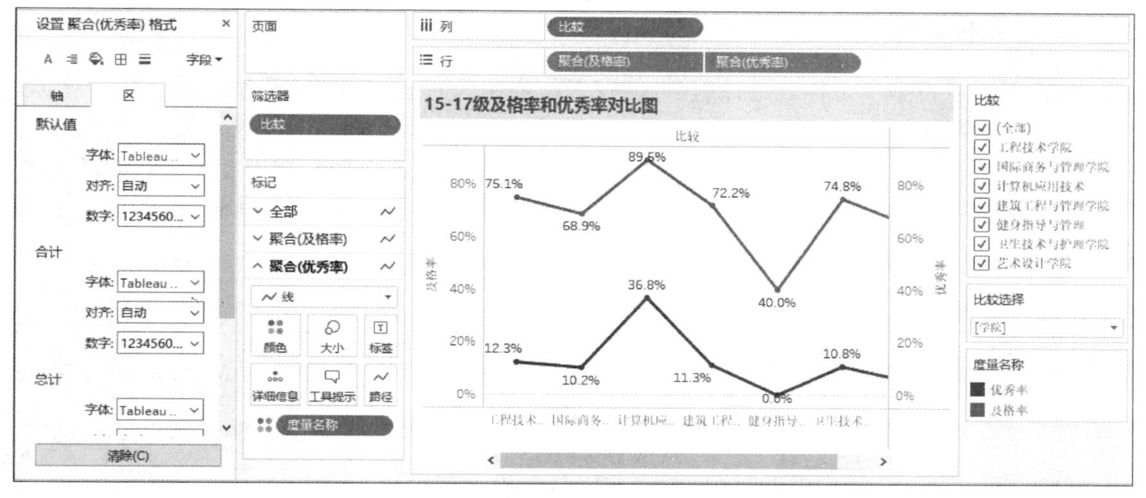

图 5-1-31 “及格率”和“优秀率”对比图

③ 设置图表标题，图表标题默认情况下自动选取该工作表名称，将工作表名称设置为“市合格率优秀率对比”，将图表标题设置为“微软雅黑”，12 磅，即可。如图 5-1-32 所示。

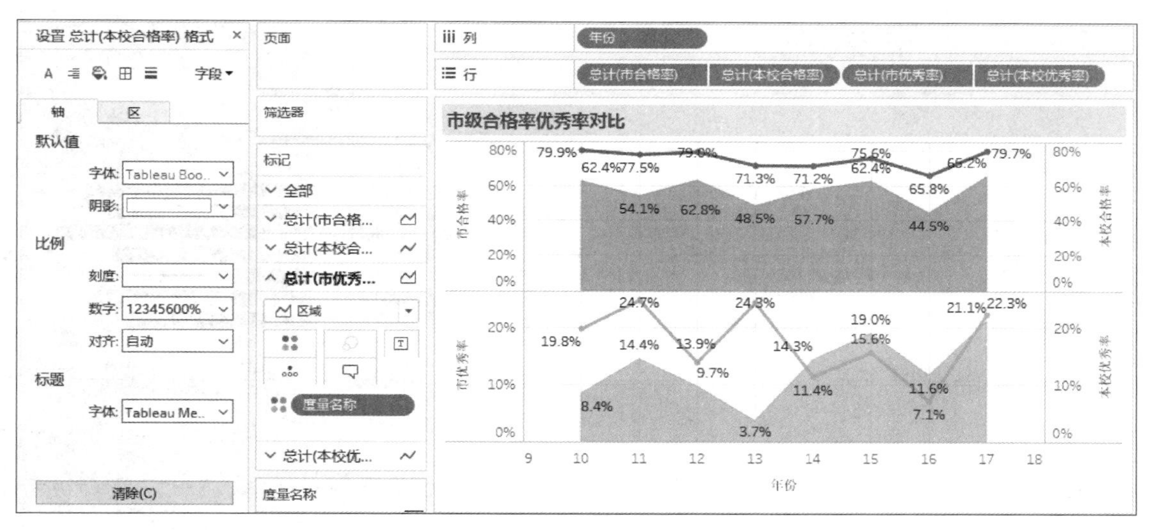

图 5-1-32 市级合格率优秀率对比

④ 单击“标记”卡的“全部”，然后点击“标签”按钮，在弹出的窗口中勾选“显示标记标签”，在图表中显示每个节点的数据信息，并设置图表标签数字百分比显示，保留一位小数。

结论：通过各学院的“合格率”、“优秀率”、“市合格率、市优秀率”和“本校总合格率、本校总优秀率”对比，使得数据的衡量更有科学依据，看出该校 15-17 级学生的计算机基础合格率整体高于市级统考合格率十个百分点以上，全校的计算机基础教学效果整体较好，但优秀率近两年来有所回落，文体类专业成绩还有很大的上升空间，在今后的教学中对于计算机应用基础课程还要加强课堂教学，课下在线辅导，以及反馈给相应的系别，对于学习态度要端正。

3. 建立仪表板

仪表板可以将多个工作表进行组合，但在工作表组合过程中，不但要考虑到色彩、结构搭配协调，在内容搭配上也要注意其内在的逻辑关系。本实例共建立了两个仪表板。

（1）仪表板 1 是由三张工作表组成的，这三张工作表分别是：15—17 级各学院考证人数统计、各学院平均成绩对比、各学院男女成绩对比。三张工作表既纵观了全局，也体现了个体信息的差异，如图 5-1-33 所示。

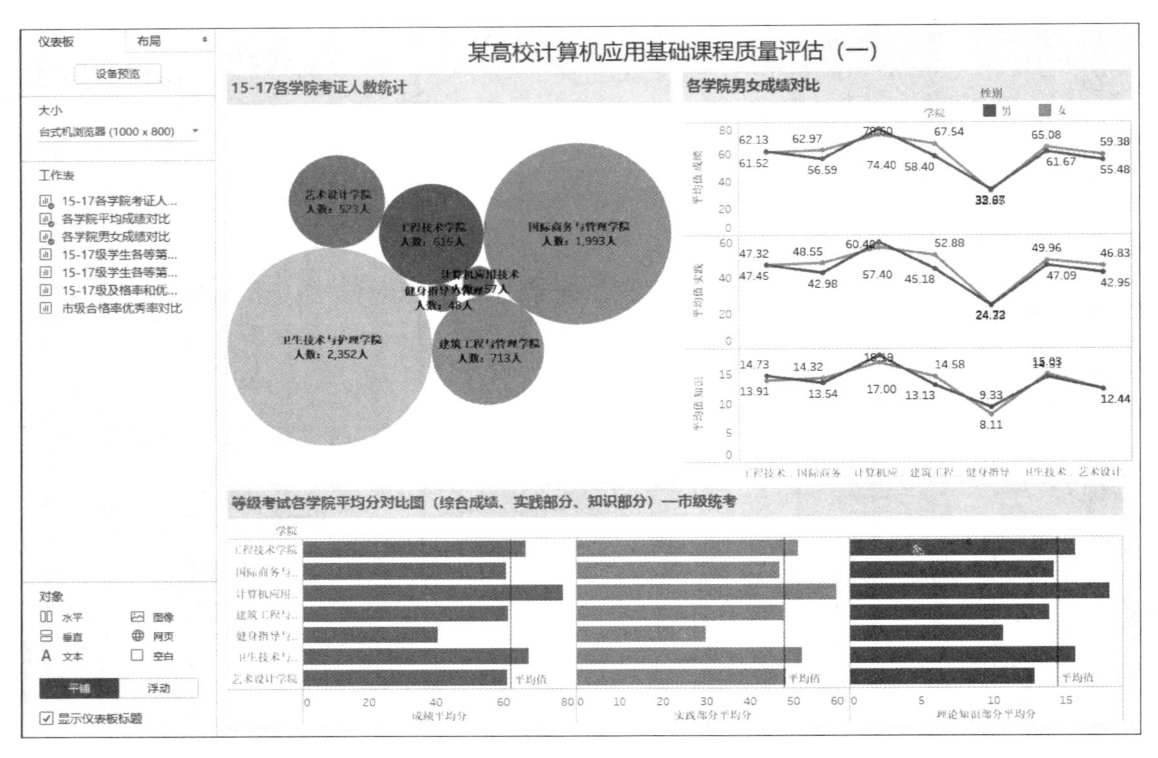

图 5-1-33　仪表板 1

（2）仪表板 2 是由四张工作表组成。分别是：市合格率优秀率对比图、15—17 级等级考试各等第人数综合统计、15—17 级学生考证通过率统计，以及“及格率”和“优秀率”对比图。这四张工作表：第一张让读者可以看到市平均成绩如何，第二、三两张图表通过“比较选择”可以动态地体现出“年级”、“性别”、“学院”三个不同视角下学生的成绩变化、报考人数的变化以及缺考情况，并且非常便于读者观察环比数据。最后一张图是反映全校及格率和优秀率的图表，可以与市合格率、优秀率进行对比，如图 5-1-34 所示。

5.1.5 习题与实践

1. 简答题

（1）例举 Tableau 的数据源类型。

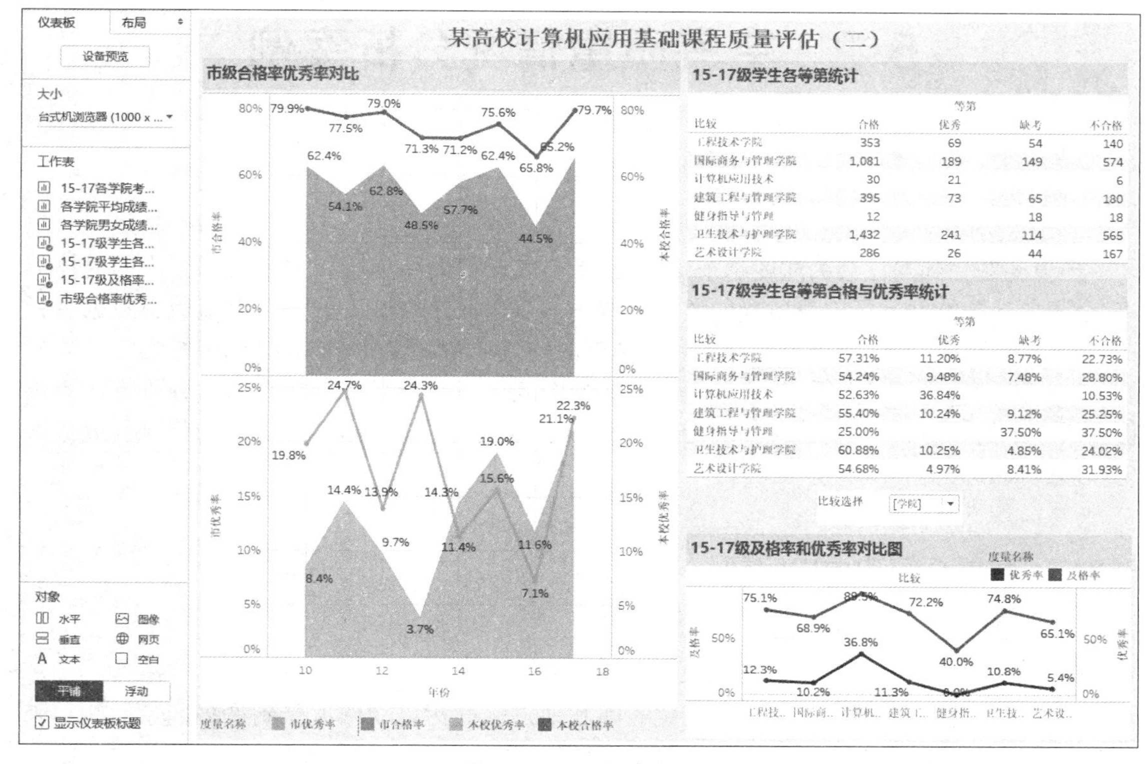

图 5-1-34 仪表板 2

（2）结合本节综合应用实例所学内容，初步体会和了解 Tableau 数据预测分析技巧，提高大数据可视化应用能力。

2. 实践题

以 Tableau 系统提供的“示例-超市”Excel 文件或“配套资源\第 5 章\SY5-1-1. xlsx”文件作为数据源，制作至少 4 张销售情况分析工作表（使用不同的统计方法，不可重复），并利用建立的工作表创建仪表板。

5.2 空气质量情况分析案例

环境问题受到的社会关注度越来越高，由于空气质量的好坏直接关系到每个人的身体健康，全国各地陆续开展了空气质量的监测工作。本节选取7个城市的空气质量历史数据进行探索性分析，了解2015年以来4年内各个城市的空气质量的变化情况，并挖掘影响空气质量的各种污染物质之间的关系，最终以多种形式的图表可视化地呈现分析结果。分析方法与过程遵循基本的数据分析流程，包括确定目的和思路、数据收集、数据预处理、数据分析、数据展现和形成报告。

5.2.1 背景介绍和提出问题

1. 背景介绍

空气污染是一个复杂的现象，在特定时间和地点空气污染物浓度受到许多因素影响。来自固定和流动污染源的人为污染物排放大小是影响空气质量的最主要因素之一，其中包括车辆、船舶、飞机的尾气、工业企业生产排放、居民生活和取暖、垃圾焚烧等。城市的发展密度和气象等也是影响空气质量的重要因素。

根据我国于2012年2月29日发布并于2016年1月1日实施的《环境空气质量标准》(GB3095-2012)，启用空气质量指数(AQI)作为衡量空气质量好坏的标准，它反映了空气污染的程度。AQI是以空气中污染物浓度的高低来判断的，参与空气质量评价的主要污染物为细颗粒物(PM2.5)、可吸入颗粒物(PM10)、二氧化硫(SO2)、二氧化氮(NO2)、一氧化碳(CO)以及臭氧(O3)六项。指数取值范围为0～500，根据对人体健康的影响情况分为六个级别，如表5-2-1所示。

表5-2-1 空气质量指数等级

AQI	等 级	类 别	对健康影响情况	注 意 事 项
0～50	一级	优	空气质量令人满意，基本无空气污染	可多参加户外活动
51～100	二级	良	空气质量可接受，但某些污染物可能对极少数异常敏感人群健康有较弱影响	可以正常进行室外活动
101～150	三级	轻度污染	易感人群症状有轻度加剧，健康人群出现刺激症状	敏感人群减少体力消耗的户外活动
151～200	四级	中度污染	进一步加剧易感人群症状，可能对健康人群心脏、呼吸系统有影响	对敏感人群影响较大

（续表）

AQI	等　级	类　别	对健康影响情况	注 意 事 项
201～300	五级	重度污染	心脏病和肺病患者症状显著加剧，运动耐受力降低，健康人群普遍出现症状	所有人适当减少户外活动
>300	六级	严重污染	健康人群运动耐受力降低，有明显强烈症状，提前出现某些疾病	尽量不要留在室外

2. 提出问题

国家环境监测总站每日发布实时空气质量状况，通过对不同时间、地点的大气情况的监测，积累了大量的空气质量相关数据。对一定时段内的数据进行统计分析，可以让数据告诉我们隐藏在它背后的很多有用信息。比如污染指数高的时候污染物中的主要成分是什么，根据这些信息，相关部门可以进一步查找其产生的原因，并给出相应的治理方案。

由于空气质量数据的数量非常庞大，本节的案例仅收集了具有代表性的 7 个城市的日报数据，时间跨度从 2015 年至 2018 年，包括每日的空气质量指数和各项污染物质浓度。7 个城市分别是北京、天津、石家庄、上海、广州、成都和西安。以下从几个角度来分析这些城市的数据，以期数据能清晰直观地作出答案。

① 找出哪个城市的空气质量相对更好，达标天数和污染天数所占比重各是多少。

② 各个城市的空气质量变化趋势，通过观察空气质量等级看空气污染情况是否得到改善。

③ 在不同的空气污染等级下，各个城市的主要污染物的组成成分是什么。

④ 结合天气状况，看看下雨和气温对空气质量有什么影响。

下面将应用有效的数据分析方法，从空气质量的历史数据中提炼出有价值的信息。数据分析离不开合适的分析工具，Tableau 作为高效且易用的分析软件，把分析过程和可视化呈现完美地融合在一起。本节案例涉及的数据分析和可视化展示都将在 Tableau 上完成。

5.2.2　数据准备

1. 数据获取

案例中使用的空气质量历史数据来自中国空气质量在线监测分析平台，气象数据来自天气后报网。采用每日日报数据作为分析对象，时间跨度为 2015 年 1 月 1 日至 2018 年 12 月 31 日，获取的原始数据保存在 Access 数据库中。打开“配套资源\第 5 章\AQI. accdb”文件，可以看到两张表，其中表“空气质量日报”中保存的是空气质量数据，共 10252 条，表“天气情况”中保存的是气象数据，共 10 224 条。

表“空气质量日报”的数据列为：编号、城市、日期、AQI、首要污染物、当天 AQI 排名、PM2・5（因数据库字段名禁止使用字符“. ”，命名为“PM2・5”）、PM10、SO2、NO2、CO、O3。每一行对应一天的数据，首要污染物是指引起当天空气污染的主要污染物成分，当天 AQI 排名记录的是该城市在全国所有监测城市中的空气质量指数排名，后六项记录的是该日污染物质的平均浓度。

表“天气情况”的数据列为：城市、日期、天气状况、最高气温、最低气温、风力风向。

2. 数据预处理

在进行数据分析处理之前，通常需要先行对收集数据做关于数据质量、数据相关度等方面的检查，处理异常值，或是根据分析目标和数据集的自身属性做数据变换，把这些可能影响分析结果的数据处理好，才能保证分析过程顺利有效。

由于案例的数据组成比较简单，来源数据相对完备，在对数据行整体检视后，仅发现了为数不多的小噪声。考虑到数量不多，且形式单一，所以数据预处理就在 Access 中实现。

（1）缺失值

在 Access 中显示表“空气质量日报”的数据，为字段 AQI 设置筛选器仅为空白，如图 5-2-1 所示，编号为 615 的北京 2016/9/6 日的数据缺失。对于残缺数据，可以选择直接删除这条数据、忽略或者用临近的值去补全。由于本案例统计的是一段时间内的数据特征，一天的数据对分析结果的影响预计不大，三种处理方式效果相仿，所以选择忽略它，缺失数据保持空值状态。

空气质量日报

编号	城市	日期	AQI	首要污染物	当天AQI排名	PM2.5	PM10	SO2	NO2	CO	O3
615	北京	2016/9/6									

图 5-2-1　空气质量日报的缺失值

（2）重复值

打开 Access 菜单“创建/查询向导”，打开“新建查询”对话框，选择“查找重复项查询向导”后确定，然后选择“表：空气质量日报”，下一步选择“城市”和“日期”作为重复值字段，下一步选择全部字段作为另外的查询字段，遵循向导完成设置后查看数据，可以查询表中所有重复项，如图 5-2-2 所示，共有 29 条数据重复。如果重复数据不多，可以在查询视图中直接选中重复行删除记录，如果重复数据较多时可以使用 SQL 删除。本例可执行如下 SQL 将重复数据删除。

```
DELETE FROM 空气质量日报
WHERE 空气质量日报.编号 In (
        SELECT A.编号
        FROM 空气质量日报 A,(SELECT MIN(编号) AS minid,城市,日期 FROM 空气质量日报 GROUP BY 城市,日期 HAVING COUNT(1)>1) B
        WHERE A.编号>B.minid AND A.城市=B.城市 AND A.日期=B.日期);
```

（3）数据转换及整合

表“天气情况”数据中的最高气温和最低气温的值是带单位（℃）保存的，字段类型为文本

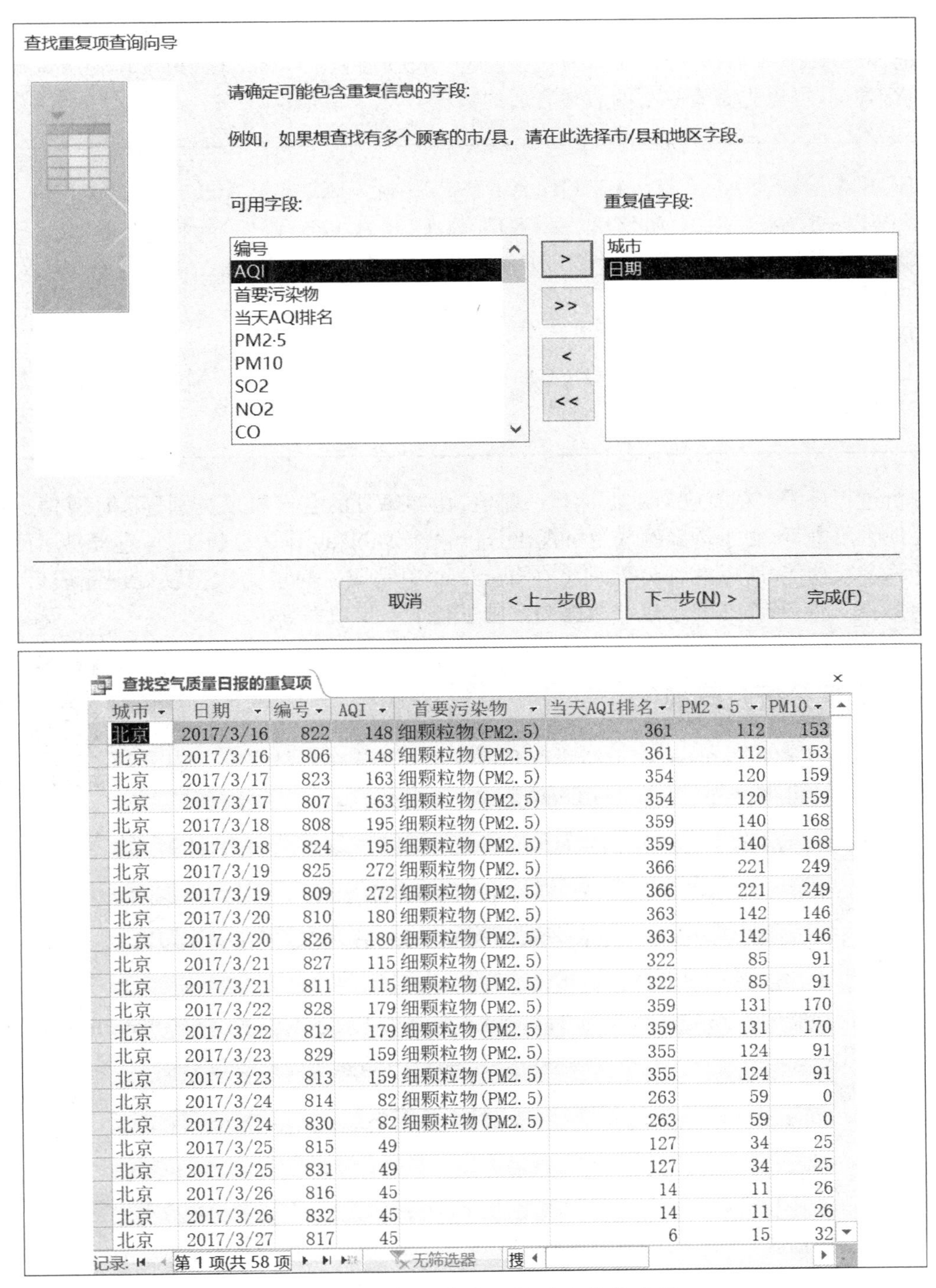

城市	日期	编号	AQI	首要污染物	当天AQI排名	PM2·5	PM10
北京	2017/3/16	822	148	细颗粒物(PM2.5)	361	112	153
北京	2017/3/16	806	148	细颗粒物(PM2.5)	361	112	153
北京	2017/3/17	823	163	细颗粒物(PM2.5)	354	120	159
北京	2017/3/17	807	163	细颗粒物(PM2.5)	354	120	159
北京	2017/3/18	808	195	细颗粒物(PM2.5)	359	140	168
北京	2017/3/18	824	195	细颗粒物(PM2.5)	359	140	168
北京	2017/3/19	825	272	细颗粒物(PM2.5)	366	221	249
北京	2017/3/19	809	272	细颗粒物(PM2.5)	366	221	249
北京	2017/3/20	810	180	细颗粒物(PM2.5)	363	142	146
北京	2017/3/20	826	180	细颗粒物(PM2.5)	363	142	146
北京	2017/3/21	827	115	细颗粒物(PM2.5)	322	85	91
北京	2017/3/21	811	115	细颗粒物(PM2.5)	322	85	91
北京	2017/3/22	828	179	细颗粒物(PM2.5)	359	131	170
北京	2017/3/22	812	179	细颗粒物(PM2.5)	359	131	170
北京	2017/3/23	829	159	细颗粒物(PM2.5)	355	124	91
北京	2017/3/23	813	159	细颗粒物(PM2.5)	355	124	91
北京	2017/3/24	814	82	细颗粒物(PM2.5)	263	59	0
北京	2017/3/24	830	82	细颗粒物(PM2.5)	263	59	0
北京	2017/3/25	815	49		127	34	25
北京	2017/3/25	831	49		127	34	25
北京	2017/3/26	816	45		14	11	26
北京	2017/3/26	832	45		14	11	26
北京	2017/3/27	817	45		6	15	32

图 5-2-2 空气质量日报的重复值查询

型，因为后续处理中需要计算每日的平均气温，所以气温值应改为数值型，单位默认为℃。

数据库里包含的两张表，在做数据分析时，需要按城市和日期两个字段将两表中的数据整合到一起。要求以空气质量日报为主表，抽出所有数据行，以及该行城市和日期在天气情况表中对应的天气信息。

利用 Access 创建查询的功能，从两表中抽取必要字段，一步完成上述数据转换及整合任务，查询 SQL 如下所示，为查询命名为“空气质量分析”，将在 Tableau 分析中作为源数据表使用。执行查询，可以先查看一下两表整合后的数据。

```
SELECT A. 城市, A. 日期, A. AQI, A. 首要污染物, A. 当天 AQI 排名,
   A. PM2·5, A. PM10, A. SO2, A. NO2, A. CO, A. O3, W. 天气状况,
   CInt(Replace(W. 最高气温,'℃','')) AS 最高气温,
   CInt(Replace(W. 最低气温,'℃','')) AS 最低气温
FROM 空气质量日报 AS A
   LEFT JOIN 天气情况 AS W ON (A. 城市 = W. 城市) AND (A. 日期 = W. 日期)
ORDER BY A. 城市, A. 日期;
```

分析过程还需要依据现有数据计算一些值，比如每日的空气质量类别等。计算值也可以在预处理阶段进行，由于本案例选用可视化分析软件 Tableau 作为分析工具，它提供了简洁完善的计算字段功能，所以这部分处理将在 Tableau 中完成。简单的数据预处理完成后，保存 Access 数据文件，接下来将以这些数据为基础进行下一步数据分析。

5.2.3 数据分析及可视化

微课视频

功能强大的软件 Tableau 把分析过程和可视化展现完美地结合在一起，后续的数据分析和可视化都将基于 Tableau 完成。

1. 自定义调色板

数据的可视化不可避免地需要用颜色来描述数据，软件内置的配色方案有时不符合展示要求，这时可以自定义配色方案。不同的空气质量等级已有业界公认的表示颜色，为使可视化图表专业化应为它定制专用配色调色板。

在资源管理器中找到“文档\我的 Tableau 存储库”目录下的配置文件“Preferences. tps”，用记事本打开，在<preferences>节内添加自定义的调色板配色，颜色依次为：绿、黄、橙、红、暗红、褐红，分别对应空气质量等级的 6 种颜色，如图 5-2-3 所示，调色板命名为“AQI Palette”。

2. 数据分析准备

（1）连接数据源

打开 Tableau 软件，连接数据源，选择类型为 Microsoft Access，打开预处理后保存的 Access 文件。在数据源的工作表窗格内将显示数据库包含的所有表名，双击表“空气质量分析”打开分析对象，数据将显示在数据预览窗格内，如图 5-2-4 所示。

单击“日期”左上角的数据类型图标，将“日期和时间”更改为“日期”型。单击“PM2·5”右上角三角形按钮，通过快捷菜单将它重命名为“PM2. 5”。

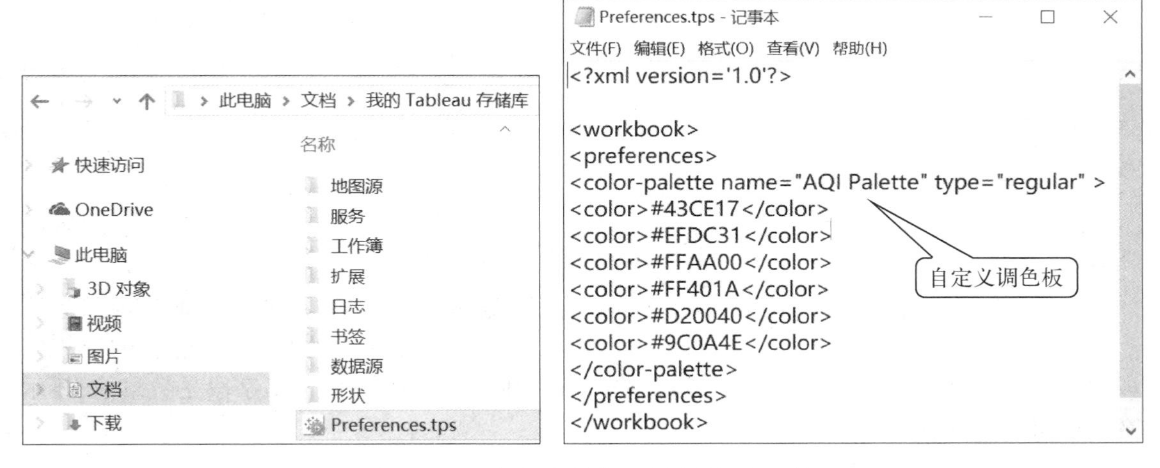

图 5-2-3　自定义调色板“AQI Palette”

图 5-2-4　预览数据源

为了提高性能和利用原始数据源没有或不支持的 Tableau 功能，本案例必须创建数据提取，否则某些示例功能将无法使用。单击画布上方的“数据提取”单选按钮，提取所有数据行，按提示保存成 hyper 格式文件。

(2) 计算字段

进入 Tableau 的工作表工作区，为分析添加必要的计算字段。这里创建的计算字段是多个视图共同使用的，仅供一个视图单独使用的计算字段将在后面的可视化分析过程中使用时创建。

① 创建“空气质量等级”计算字段。样本数据中未提供空气质量等级和类别，它对一个城市来说在一段时间内有统计意义，根据 AQI 来计算相应的等级和类别。在度量区域的“AQI”字段上单击右上角的三角形按钮，或右击字段，在弹出菜单中选择“创建/计算字段”，在弹出的

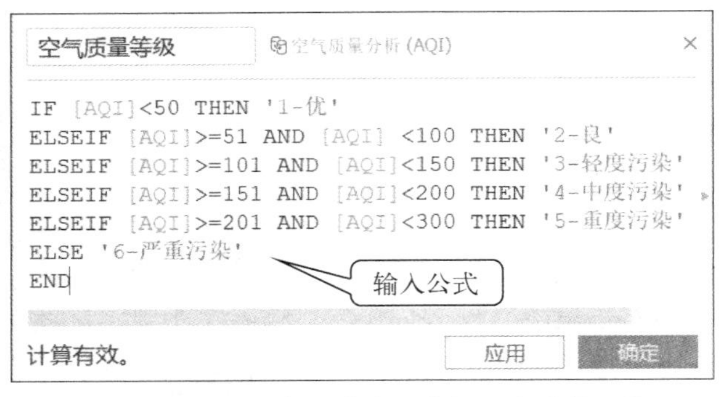

图 5-2-5　创建计算字段“空气质量等级”

对话框中输入计算公式，如图 5-2-5，单击“应用”按钮，这样 Tableau 会对每一条记录按照公式进行计算，生成一个新的字段“空气质量等级”。新字段显示在数据窗格的“维度”区域中。

② 创建“平均气温”计算字段

分析气温对污染物质浓度的影响时，使用日平均温度来衡量，为“最高气温”和“最低气温”的平均值。依照上述创建计算字段的步骤，创建新的计算字段“平均气温”，公式为“ROUND(([最高气温]+[最低气温])/2,0)”。新字段是数量值，显示在数据窗格的“度量”区域中。

3. 空气质量变化趋势分析

(1) 比较不同城市间的空气质量状况

数据字段“当天 AQI 排名”标明了该城市的质量状况在所有监测城市中的排名位置，通过跟踪它在时间序列上的走势，可以比较各个城市的空气质量优劣情况。在工作表工作区把当前工作表的名称改为“AQI 全国排名”，然后按如下步骤操作：

① 将维度“日期”拖曳至列功能区，并右击日期将其级别设置为连续型“季度”。

② 将度量“当天 AQI 排名”拖曳至行功能区，并通过右击将其度量(总和)改为平均值。

③ 将“城市”拖曳至“标记”卡的颜色上。

最终结果如图 5-2-6 所示，可以看到石家庄的空气质量相对最差，广州最好。

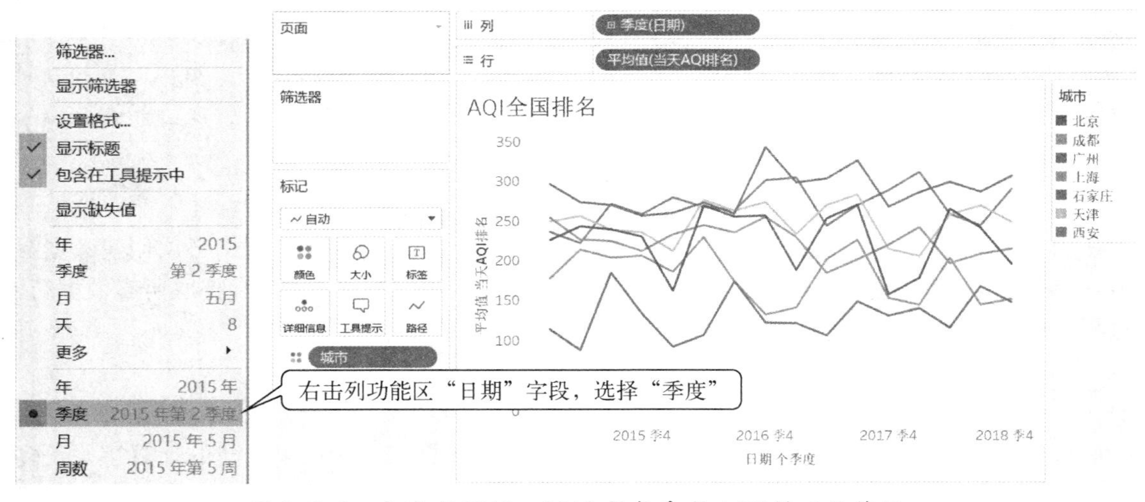

图 5-2-6　各城市 2015—2018 年每季度 AQI 排名趋势图

(2) 对比各个城市的空气质量等级状况及变化趋势

根据计算字段“空气质量等级”来统计 6 个空气质量类别的总天数在每年中所占比例，并

跟踪逐年变化趋势。新建一个工作表，更名为“空气质量变化趋势”，然后按如下步骤操作：

① 将计算字段“空气质量等级”拖曳至列功能区，并通过右键菜单选择“度量/计数”。

② 将“城市”和“日期”依次拖曳至行功能区。

③ 将“空气质量等级”拖曳至“标记”卡的颜色上，如图 5-2-7 所示，单击“标记类型”下拉列表，从中选择“区域”选项。单击“颜色”标签打开编辑框，单击“编辑颜色...”按钮打开“编辑颜色”对话框，单击“选择调色板”下拉列表，从中选择自定义的“AQI Palette”调色板，然后单击“分配调色板”按钮，确定后观察图表的配色变化。

④ 将“空气质量等级”拖曳至“标记”卡的标签上，并通过右键菜单选择“度量/计数”；同样在右键菜单中通过“添加表计算...”命令设置计算类型为“合计百分比”，计算依据的特定维度选项只选中“空气质量等级”，如图 5-2-8 所示。然后为计算后的数据设定显示格式，通过右键菜单的“设置格式...”命令把数字以“百分比”显示，小数位数为“1”位。

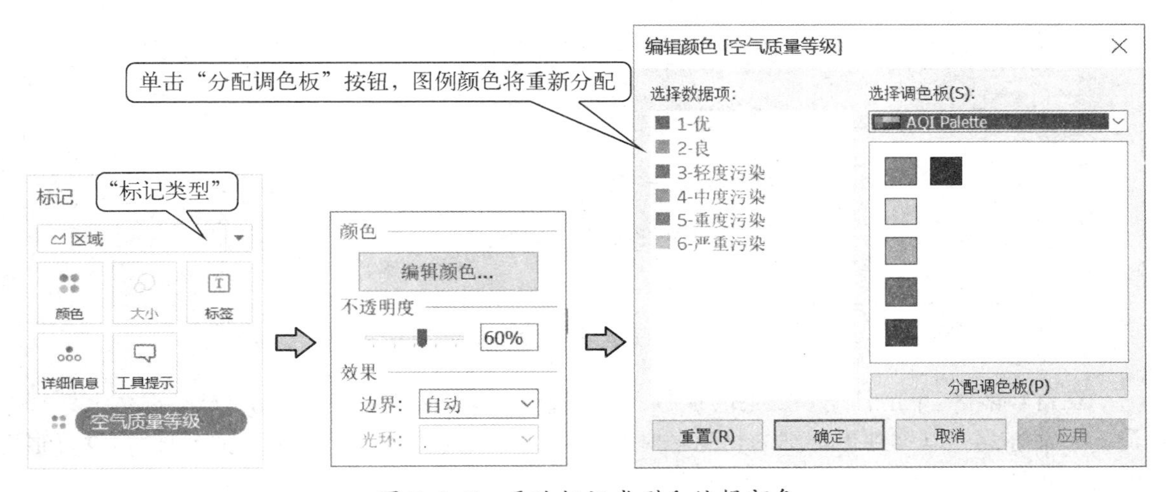

图 5-2-7　更改标记类型和编辑颜色

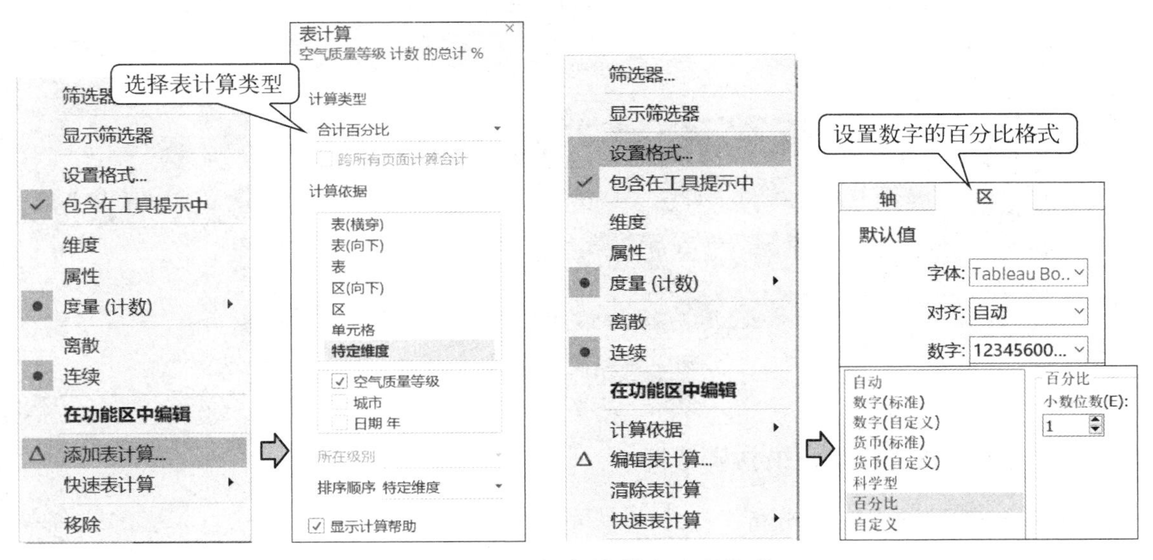

图 5-2-8　添加表计算和设置格式

结果如图 5-2-9，可以看到近两年随环境治理意识和力度的增强，空气质量的优良率大幅增加，尤其是北京、上海和成都。而污染问题备受关注的京津冀地区各城市的重度污染也都有显著改善。

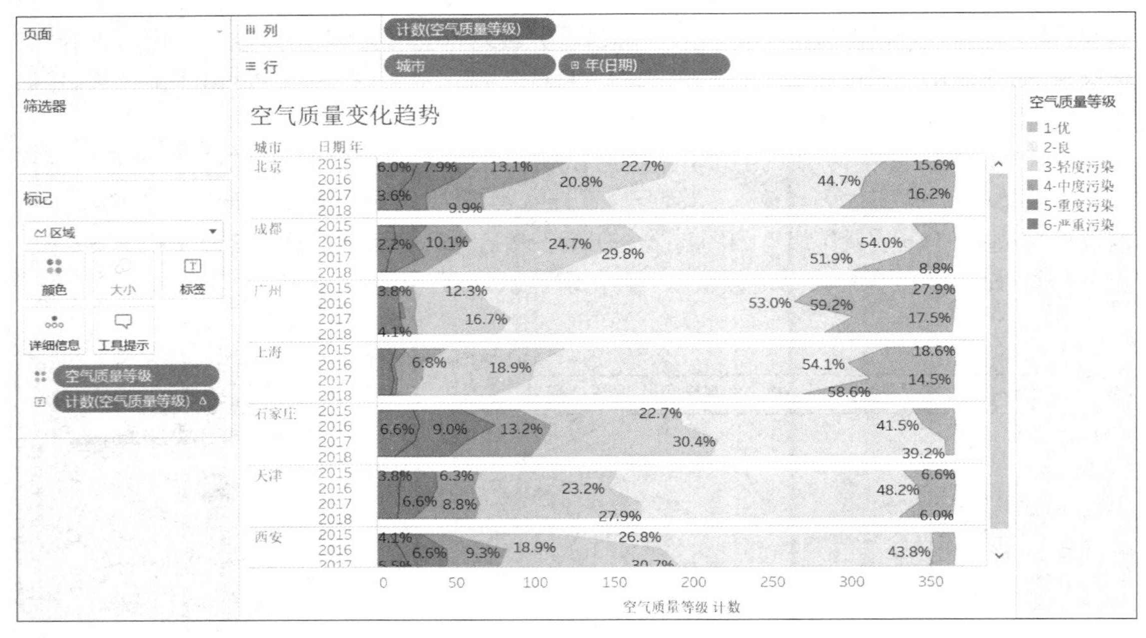

图 5-2-9　空气质量等级逐年变化趋势

在行功能区，单击日期字段上的加号（+）进行下钻查询，或单击减号（-）进行上钻查询。下钻查询可以看到更详细的信息，如图 5-2-10，例如将北京 2015 年下钻至月后，可以很清晰地看到一年之中第 4 季度污染最严重。

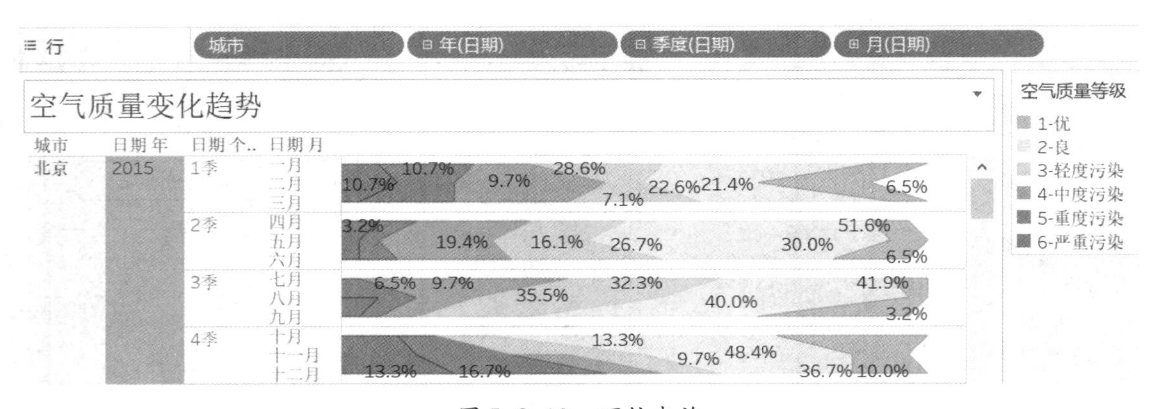

图 5-2-10　下钻查询

4. 空气污染统计及污染物质分析

（1）空气质量类别占比分析

对空气质量的各个等级进行统计，分析各自所占比例，可以按年度或城市分别查询。新建

工作表，更名为“空气质量饼图”，然后按如下步骤操作：

① 单击“标记”卡上“标记类型”下拉列表，从中选择“饼图”选项。

② 将“视图”改为适应“整个视图”。

③ 将“空气质量等级”拖曳至“标记”卡的颜色上。

④ 将“空气质量等级”拖曳至“标记”卡的角度上，并通过右键菜单选择“度量/计数”。

⑤ 将“空气质量等级”拖曳至“标记”卡的标签上，并通过右键菜单选择“度量/计数”。通过右键菜单选择“快速表计算/合计百分比”命令来计算百分比，再次通过右键菜单选择“设置格式...”命令，数字以“百分比”显示，小数位数改为“1”位。

⑥ 为视图添加筛选器，把字段“城市”拖曳至“筛选器”功能区中，并选择“使用全部”城市。再把字段“日期”拖曳至“筛选器”功能区中，在弹出的筛选器字段对话框选择“年”，下一步选择“使用全部”单选按钮。对添加的筛选器可以通过右键菜单选中“显示筛选器”命令，使其显示在右侧窗格中供筛选查询。

完成的效果如图 5-2-11 所示，可以按需选择城市和年度查询各种空气质量类别所占比例。

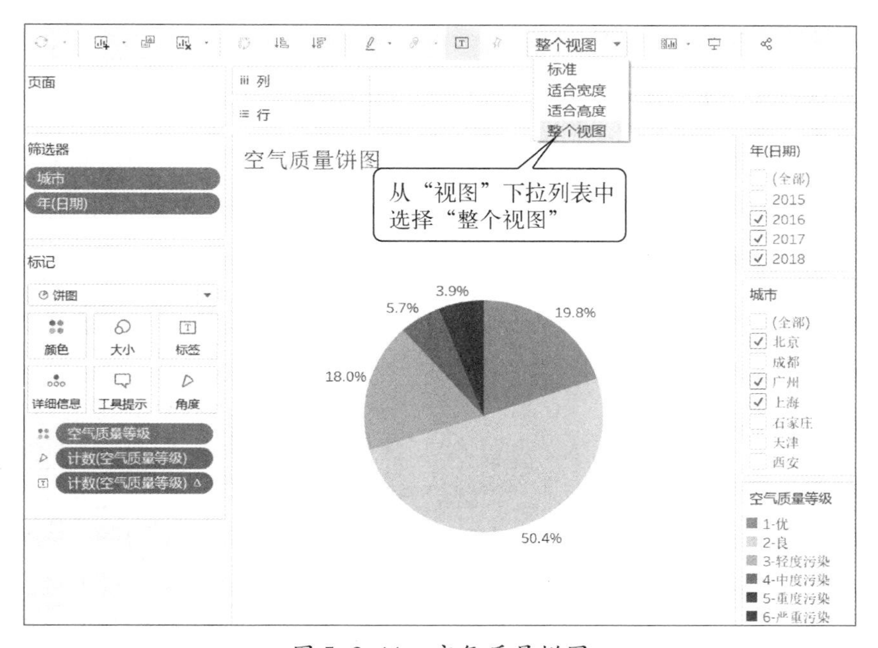

图 5-2-11　空气质量饼图

(2) 首要污染物组成分析

当 AQI 大于 50 时说明空气有污染，要想知道某城市在某段时间内的空气污染主要是由哪几种物质造成的，在拟定治理方案时可以分析原因对症下药。新建工作表，更名为“首要污染物”。

① 创建参数 TopN，调节参数用以动态统计引发污染的前 N 种首要污染物。右击数据窗格的任意空白处，在弹出菜单中选择“创建参数…”命令，在“创建参数”对话框中修改名称、数据类型和值范围，其中值范围选“最大值”和“最小值”复选框，具体设定值如图 5-2-12。创建好的参数将出现在数据窗格的最下方。此时可以通过参数“TopN”的右侧下拉菜单选择“显示参数控件”。

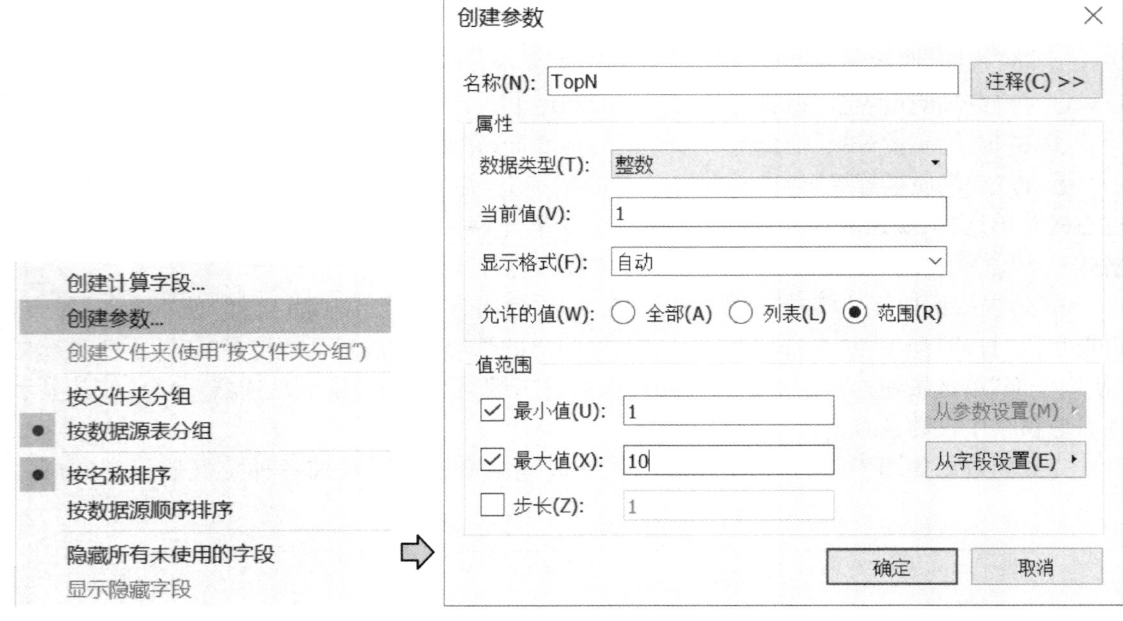

图 5-2-12　创建参数 TopN

② 创建集，根据参数 TopN 决定将要统计的数据对象的范围，范围内的数据放入集内。如图 5-2-13 所示，右击维度字段“首要污染物”，选择“创建/集 . . . ”命令，在“创建集”对话框中，输入名称“首要污染物 TopN”，并在“常规”选项卡中选择“使用全部”单选按钮。单击“顶部”选项卡进行设置，选择“按字段”、“顶部”、“TopN”选项，以及依据“首要污染物”、“计数”选项，然后单击“确定”按钮，即可创建“首要污染物”出现天数由高到低排名前 TopN 的集。

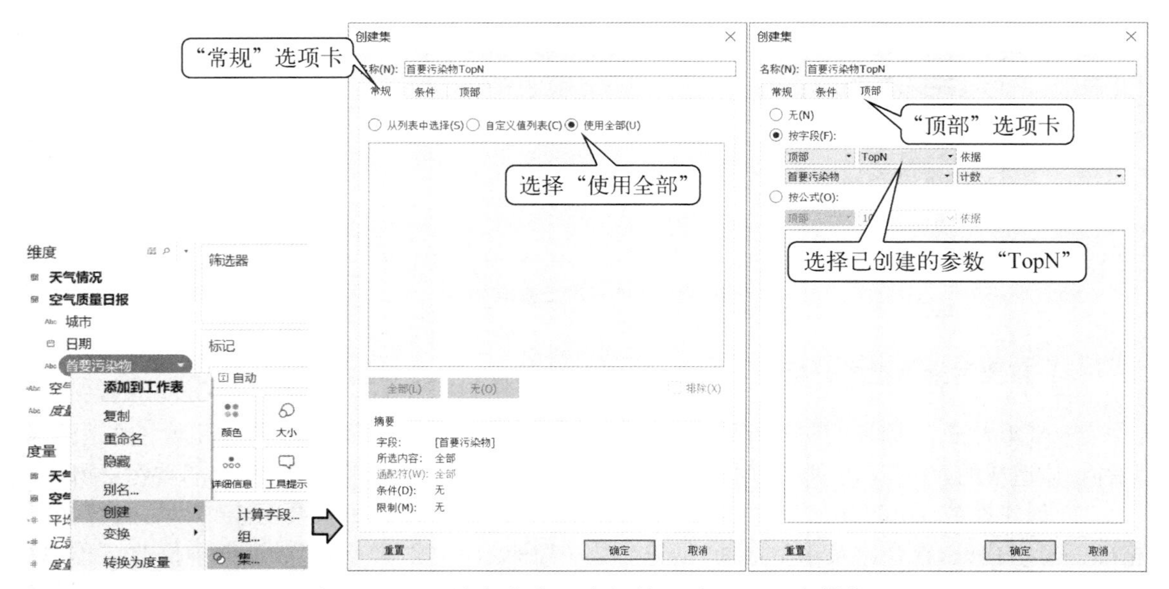

图 5-2-13　创建首要污染物排名前 TopN 计算集

③ 将“城市”、“首要污染物”依次拖曳至行功能区。

④ 将“日期”、“首要污染物”依次拖曳至列功能区。并对“首要污染物”通过右侧下拉菜单选择“度量/计数”。

⑤ 将“首要污染物”拖曳至“标记”卡的“颜色”上，并通过右侧下拉菜单选择“度量/计数”。

⑥ 将数据窗格“集”区域下的“首要污染物 TopN” 拖曳至“筛选器”功能区中。

此时可以改变工作区右侧的参数“TopN”滑块的值，视图随参数动态显示污染严重的前几种污染物质。还可以为视图添加城市、日期和空气质量等级等筛选项，看看在不同条件下的结果。

如图 5-2-14 所示，在视图中按 2018 年的污染物降序排列，京津冀的污染源中 PM2. 5 比重最大，治理后有所改善，而广州的主要污染源是二氧化氮和臭氧，且臭氧污染逐年攀升，背后原因值得分析。

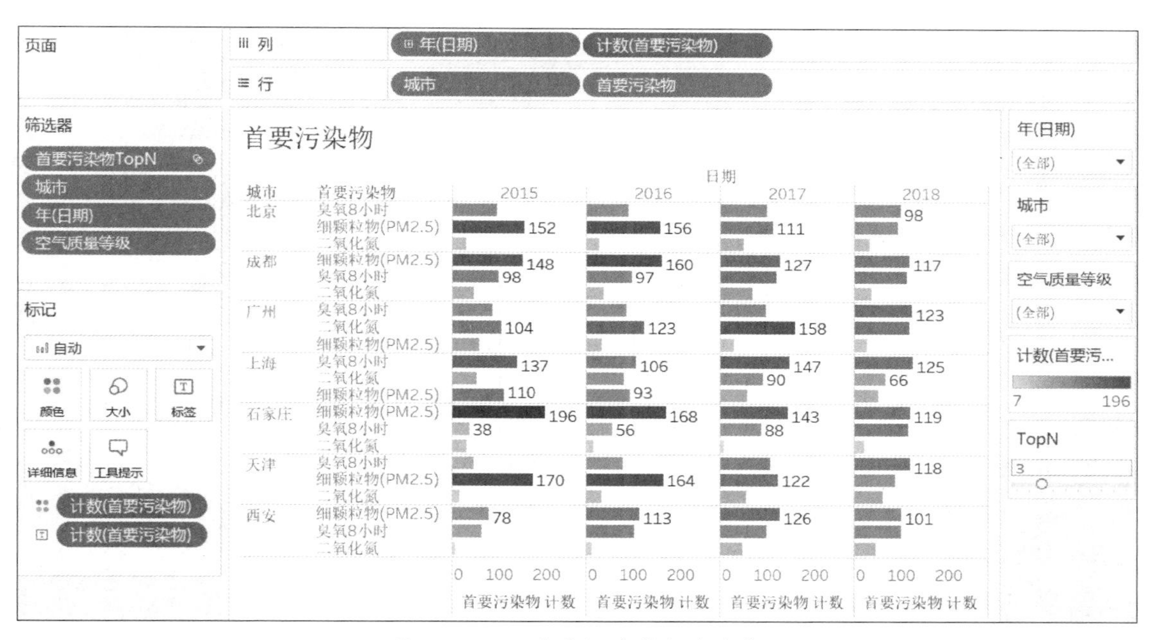

图 5-2-14　首要污染物组成分析

(3) 空气污染率统计分析

根据设定的空气质量等级参数动态统计不同污染程度下的总污染天数以及相应的污染率。新建工作表，更名为“空气污染率统计”，然后按如下步骤操作。

① 创建参数，根据不同空气质量等级可以调节设定污染程度。在数据窗格中右击维度字段“空气质量等级”，在弹出菜单中选择“创建/参数 . . . ”命令，打开“创建参数”对话框，修改名称为“污染程度设定”，下方的值列表中显示参数的所有取值。光标悬停在值列表的第一行“1 -优”上，通过右端的删除按钮 ☒ 删除这一行，创建参数如图 5-1-15。

② 创建集，当选定污染程度参数后，把等级大于它的所有污染日作为统计对象数据。由维度“空气质量等级”创建集，名称为“符合指定污染程度”，并在“常规”选项卡中选择“从列表中选择”单选按钮，项目全选。单击“条件”选项卡进行设置，选择“按公式”单选按钮，输入公式，如图 5-2-16 所示。确定后即可创建“空气质量等级”大于等于参数指定的污染程度的数据集。

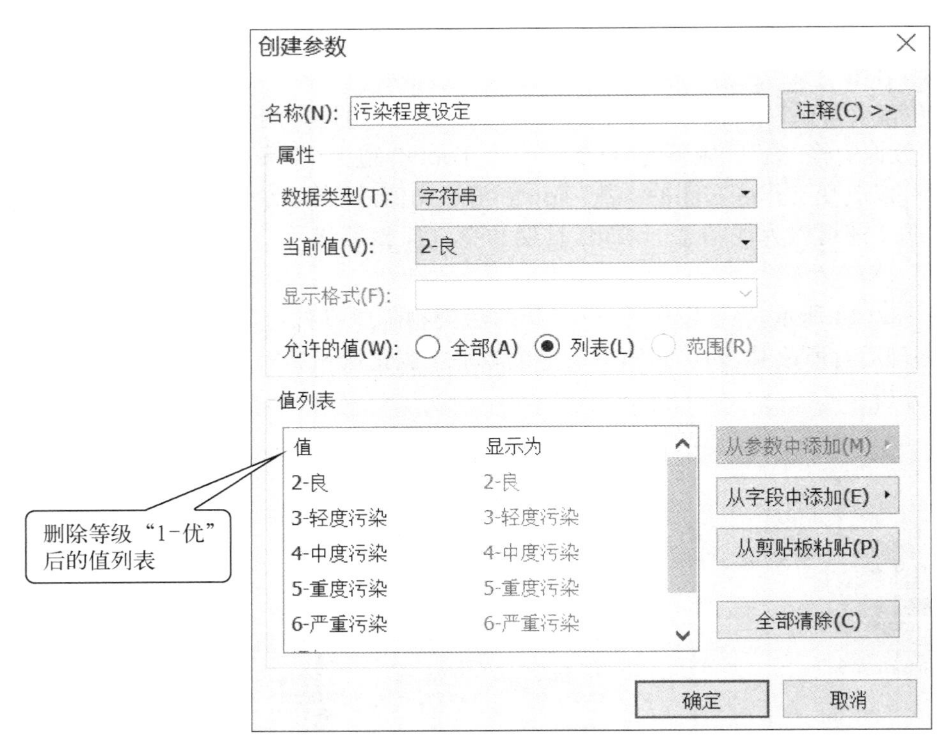

图 5-2-15 创建参数“污染程度设定”

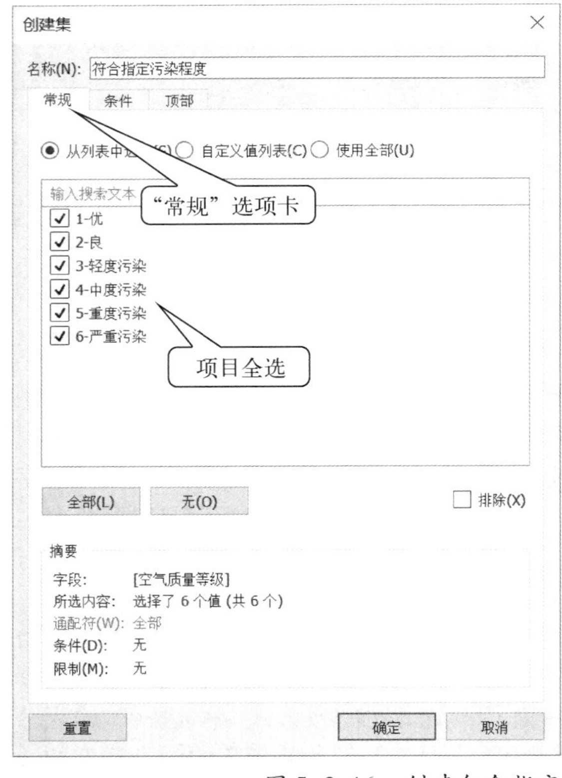

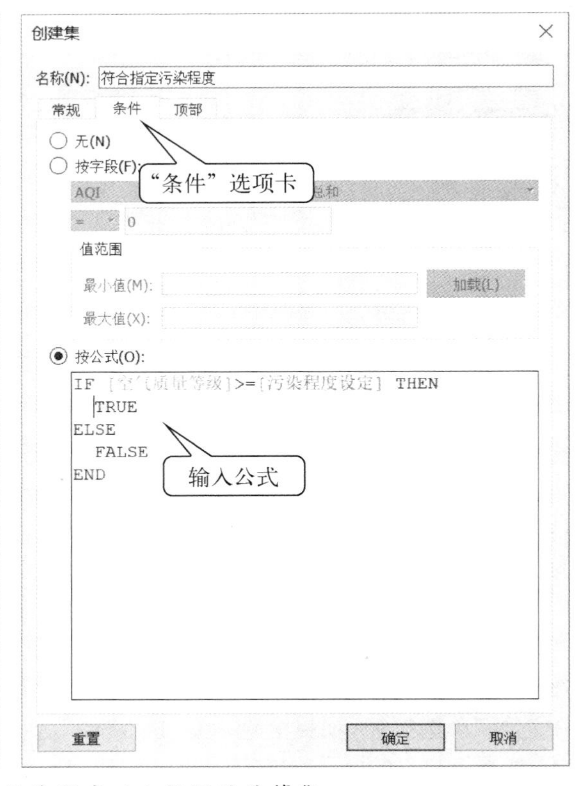

图 5-2-16 创建包含指定污染程度以上数据的计算集

③ 污染统计用计算字段。如图 5-2-17 所示，创建计算字段“计入污染天数”，用以计算符合指定条件的污染天数，创建计算字段“污染率”，用以计算污染天数占总天数的比例。

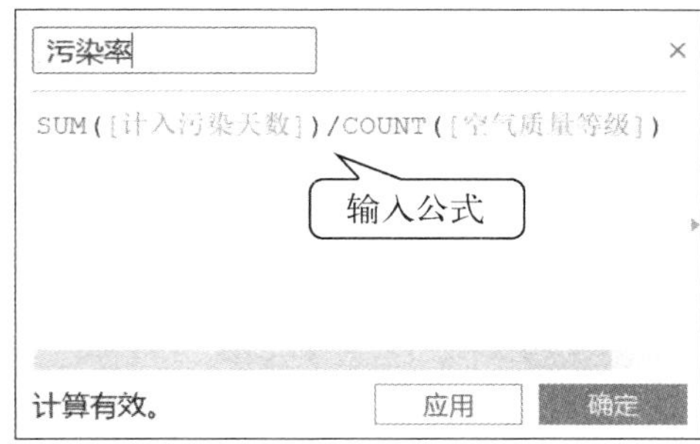

图 5-2-17　创建污染统计用计算字段

④ 将“城市”拖曳至列功能区。把“日期”拖曳至行功能区，并通过右键菜单更改为离散型“年”。

⑤ 将“计入污染天数”拖曳至“标记”卡的“颜色”上，编辑颜色，设定为自定义的连续褐色。

⑥ 将“污染率”拖曳至“标记”卡的标签上，设置格式为百分比。

⑦ 单击“标记”卡上的“标记类型”下拉列表，从列表中选择“方形”。

⑧ 通过参数“污染程度设定”的右键菜单选中“显示参数控件”命令。将“城市”和“日期”添加为筛选器。

⑨ 更改视图标题，如图 5-2-18，双击标题打开编辑标题对话框，在“<工作表名称>”后面追加“【<参数．污染程度设定>】以上”，并把追加字体大小设为“12”。

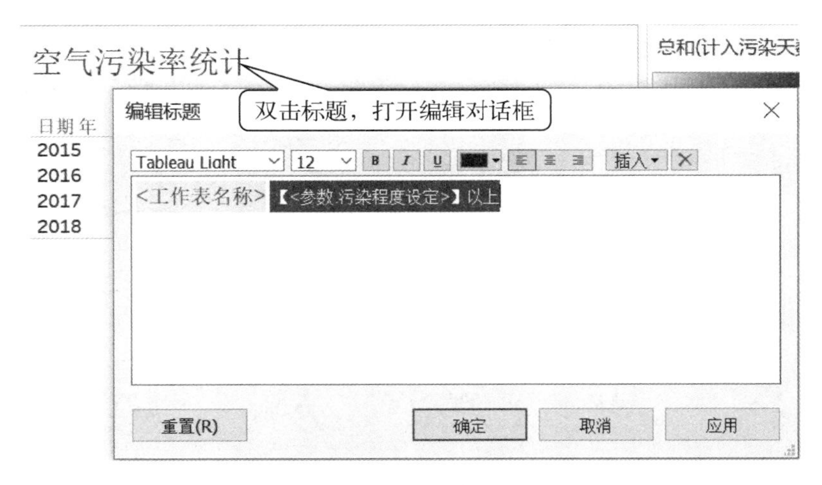

图 5-2-18　编辑标题

如图 5-2-19 所示，对比一下“重度污染”以上各个城市的数据，可以看到北京由 2015 年的 17.26%降到了 2018 年的 8.79%，其他污染相对严重的城市四年来的改善力度也明显可见。

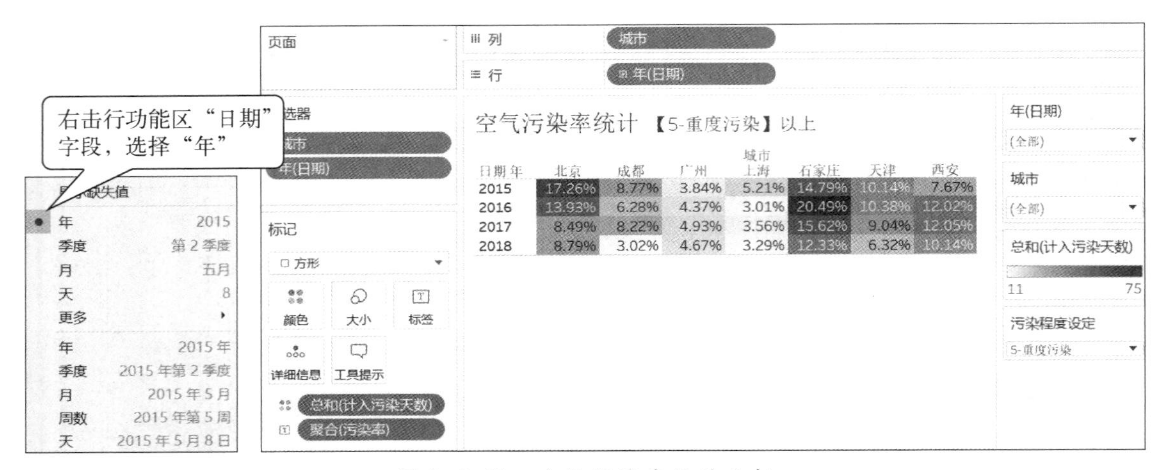

图 5-2-19 空气污染率统计分析

5. 天气情况对空气质量的影响

（1）污染物质浓度和气温

在此看一看气温随时间变化时对污染物质浓度会有什么影响。新建工作表，按如下步骤操作。

① 将“日期”拖曳至列功能区，并通过右键菜单更改为连续型“周数”。

② 将“PM10”、“PM2. 5”、“NO2”、“O3”、“SO2”依次拖曳至行功能区，并将“度量”调整为“平均值”。

③ 将“平均气温”拖曳至“标记”卡“全部”下的“颜色”上，通过编辑颜色把色板设为“自动”，并将“度量”调整为“平均值”。此时颜色深浅的变化表明日平均气温的变化。

④ 将“城市”添加为筛选器并显示，使能查看各个城市的污染物质浓度和气温的关系。

如图 5-2-20 所示，以北京为例，O3 浓度在高温天气下会上升到较高水平，尤其是在接近

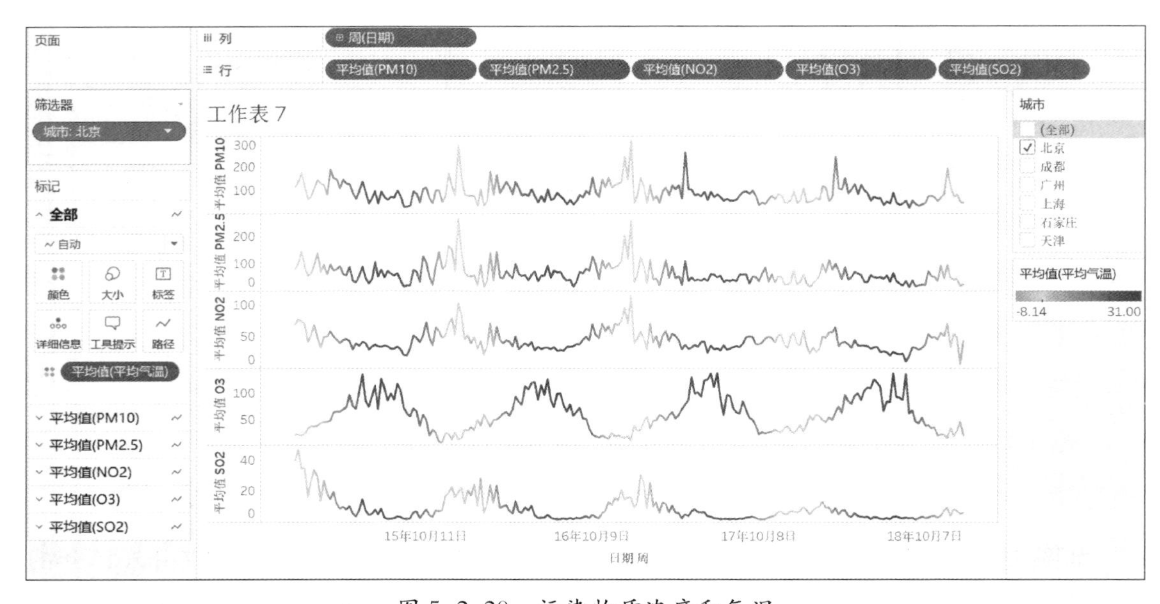

图 5-2-20 污染物质浓度和气温

30℃左右的时候，而其他物质则没有这么显著。可以看看其他城市的情况，基本趋势是一致的。因此，在高温天气下应特别注意高浓度臭氧污染问题。广州的臭氧污染相对多一些，和气温应有一定关系。

（2）污染物质浓度和下雨

① 创建下雨集，从简考虑，这里不计雨量大小，只要下雨就放入集内。由维度“天气状况”创建集，名称为“有雨”，并在“常规”选项卡中选择“自定义值列表”，在“条件”选项卡中选择“按公式”，公式输入为“CONTAINS([天气状况],"雨")”，确定后即创建了下雨数据集。

② 污染物质浓度(有雨/无雨)盒须图。盒须图可以表示数据的分布情况，这里通过盒须图来查看下雨和不下雨时污染物质浓度分别是如何分布的。新建工作表，将“PM2.5”拖曳至行功能区，将集“有雨”拖曳至列功能区。然后通过菜单取消“分析/聚合度量”选项来解聚数据，即该选项为选中时单击一次将其取消选中，如图 5-2-21 所示。打开“智能显示”侧边栏，单击“盒须图”图标，视图将以盒须图显示 PM2.5 在有雨和无雨时的浓度分布，标签“内”表示有雨，“外”表示无雨。

以同样方式，可以创建 NO2、SO2 和 O3 的浓度盒须图，结果如图 5-2-22 所示，这是除西安以外 6 个城市的总浓度分布情况。可以看到下雨天 PM2.5、NO2 与 SO2 的浓度都有所降低，这也印证了大家的感受，下雨时空气质量更好一些。还可以为每个视图添加筛选器，查看各城市有什么不同。

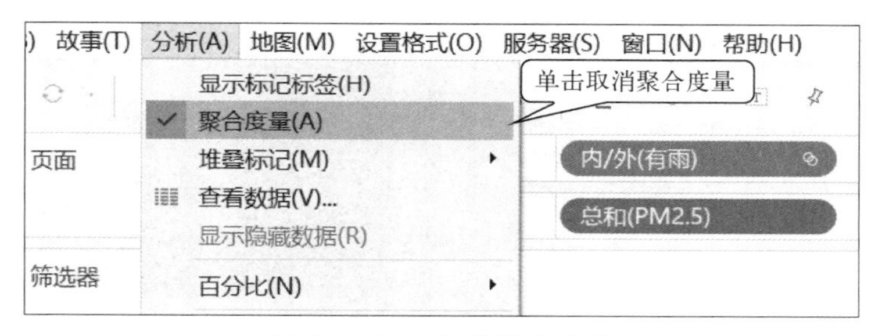

图 5-2-21　取消聚合度量

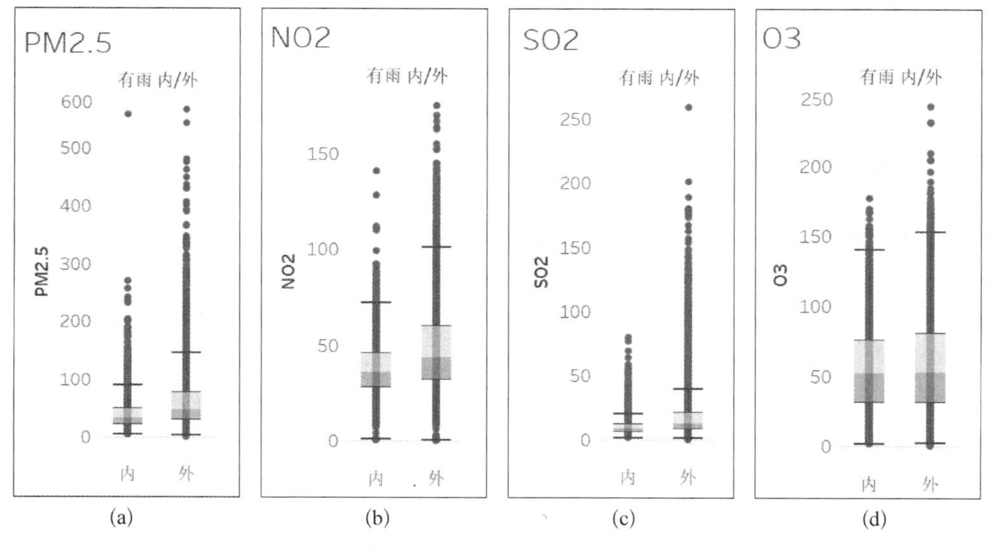

图 5-2-22　污染物质浓度(内/外：有雨/无雨)盒须图

(3) AQI 和气温、晴雨

每日 AQI 关于日平均气温和是否晴雨的散点图能直观地描画三者的分布情况，可以在一定程度上反映天气状况和 AQI 之间的关系。新建散点图工作表。

① 将“平均气温”拖曳至列功能区。

② 将“AQI”拖曳至行功能区，并单击菜单栏的“分析”菜单，取消选中“聚合度量”选项。

③ 将计算集“有雨”拖曳至“标记”卡的“颜色”上。将“城市”添加为筛选器。

④ 右击 AQI 轴为其“添加参考线”，如图 5-2-23(a)，范围选“整个表”，值选“平均值”。

如图 5-2-23(b)，从总体分布情况来看，下雨天多发生在气温较高区段，在低温区段重度污染以上发生的频率更高一些，而下雨天的空气质量指数多集中在平均值下方，优良居多。按城市查看，广州的 AQI 平均值最低，但与其他各城市不同的是它的污染情况更易发生在气温较高的天气。

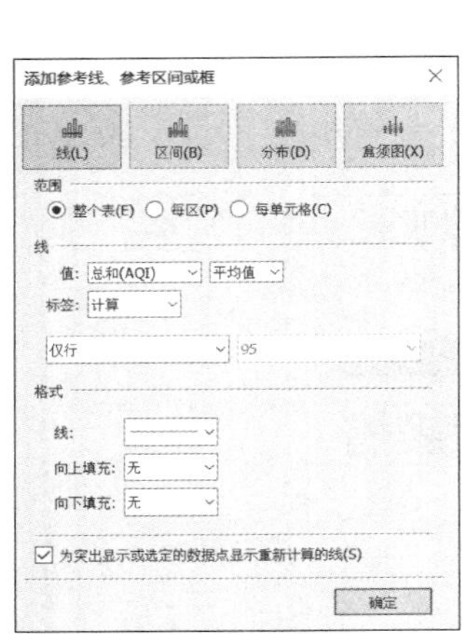

(a) 添加参考线

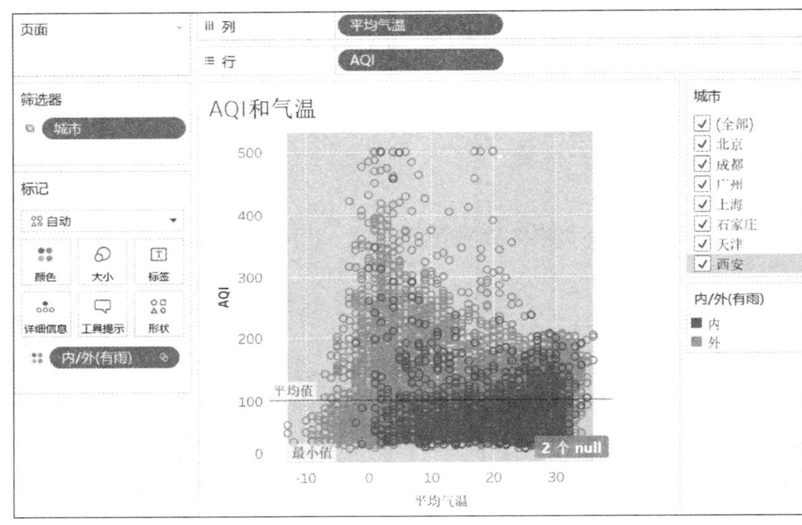

(b) 散点图

图 5-2-23 AQI 和气温、晴雨

微课视频

5.2.4 分析图表整合与互动

Tableau 的仪表板可以把多张工作表和支持信息集合在一起显示，便于同时比较和监测各种数据，并可添加筛选器、突出显示等操作，实现工作表之间层层下钻，进行更丰富、更具交互性的成果展示。下面将以前文关于空气污染统计及污染物质分析得到的三张工作表为例，做一个简单整合，并演示灵活实用的互动功能。

① 新建仪表板，命名为“空气污染情况分析”。可以在左侧仪表板窗格调整合适的大小，显示仪表板标题，居中对齐。

② 将工作表“空气污染率统计”、“空气质量饼图”和“首要污染物”依次拖曳至视图区，并移除右侧容器中不需要的筛选器或图例。调整布局，取消显示饼图的标题，完成如图 5-2-25 所示。

③ 添加表间筛选。从菜单栏选择"仪表板/操作..."命令，在对话框中单击"添加操作"按钮，选择"筛选器..."命令，打开"添加筛选器操作"对话框，源工作表栏只选"空气污染率统计"，运行操作方式为"选择"，目标工作表要全选，清除选定内容将会"显示所有值"。同样步骤，添加"筛选 2"，源工作表只选"空气质量饼图"，运行操作方式为"选择"，目标工作表选"空气质量饼图"和"首要污染物"，清除选定内容将会"显示所有值"。如图 5-2-24 所示。

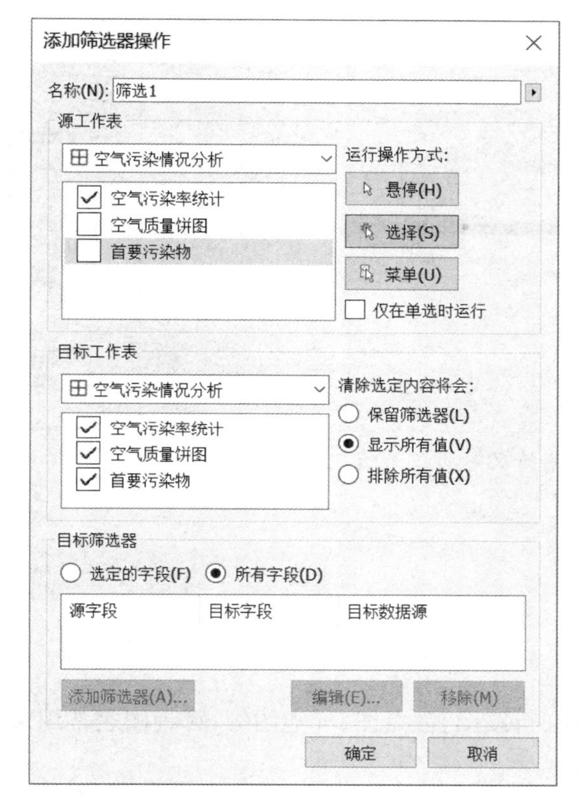

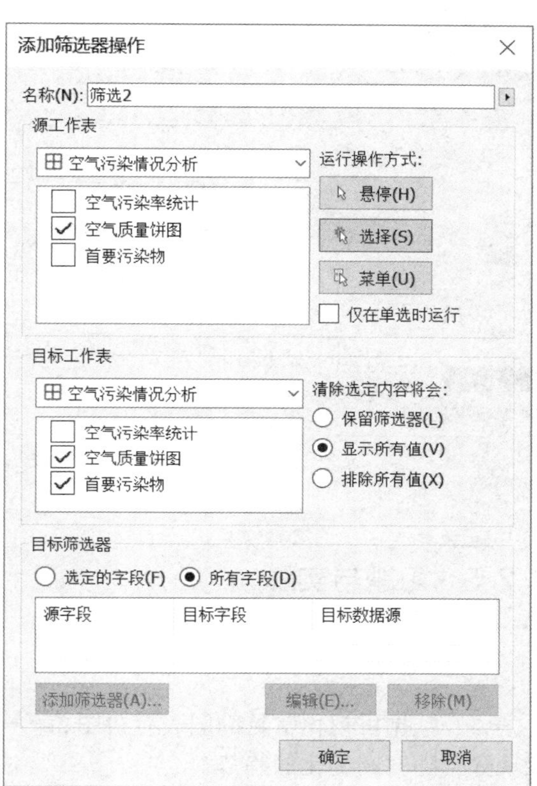

图 5-2-24　为仪表板添加筛选器操作

仪表板完成后，可以修改参数以查询统计结果，当用鼠标选择源工作表中的数据块时，目标工作表中数据会自动重新查询，体验一下三个工作表是如何协同工作的。图 5-2-25 在源工作表选中了北京、石家庄和天津三列，空气质量饼图和首要污染物的数据则会刷新显示；当选中饼图中的重度污染和严重污染两块扇区后，首要污染物视图会重新加载等级在指定污染程度以上的主要污染源。

同样，对天气情况和空气质量图表也可以做整合和互动，这里不再赘述。

针对分析目标完成数据分析后，整理结果最终形成分析报告，从而完成数据分析处理流程中的最后一步。

数据分析的难点一是在于寻找分析目标，也就是分析时要解决的问题；二是结合目标确定合适的技术方法，然后验证技术路线的有效性，而实践是学习它的最佳途径。总之，数据分析是基于现有的业务知识和统计学基本思想，通过合适的分析工具对数据进行调取、处理与分析，达到对现有问题或主题的探索与剖析，最终实现业务问题的解决或优化。

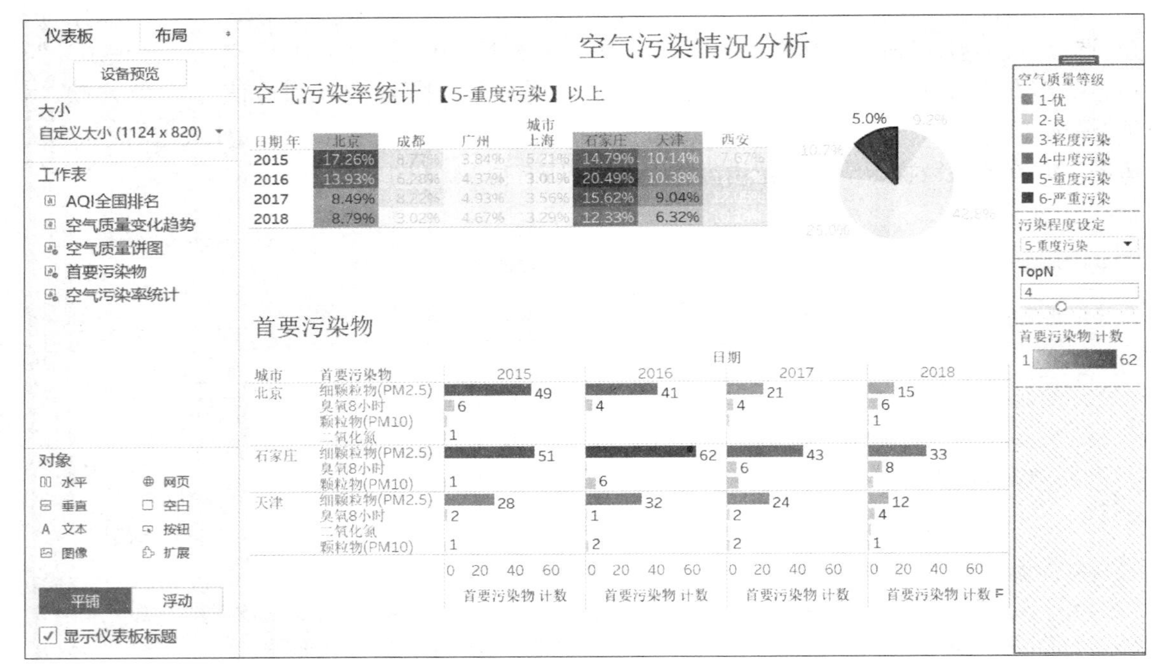

图 5-2-25 空气污染情况分析仪表板

5.2.5 习题与实践

1. 简答题

（1）数据可视化常见的图表有饼图、直方图、折线图、散点图、气泡图等，哪种图表常用来表现数据随时间变化的趋势？

（2）数据分析的基本流程是什么？数据预处理、数据获取、可视化中哪一步是需要在数据分析之前完成的？

（3）Tableau 仅是一款数据的可视化展现工具，没有数据分析功能，这个说法正确吗？

（4）Excel 也具备数据可视化的功能，Tableau 与它相比有哪些不同和特点？

2. 实践题

以“配套资源\第 5 章\网站客户数据 . xlsx”文件作为数据源，用 Tableau 进行分析并可视化，按下列要求完成，结果如图 5-2-26 网站客户分析样张所示。

分析要求：

（1）对网站客户数据进行分析，分别创建“访问量序列分析”、“转化率散点图”和“分省销售树图”三张视图，并整合在仪表板中显示。

（2）“访问量序列分析”图表以条形图统计显示每日的合计访问量，并且每日访问量按不同“媒介”区分颜色显示。

（3）创建“转化率散点图”，查看不同访问量下目标完成的分布情况。横轴是“访问量”总和，纵轴是“目标完成”总和。不同“媒介”以不同颜色显示，当鼠标悬停时在详细信息中显示

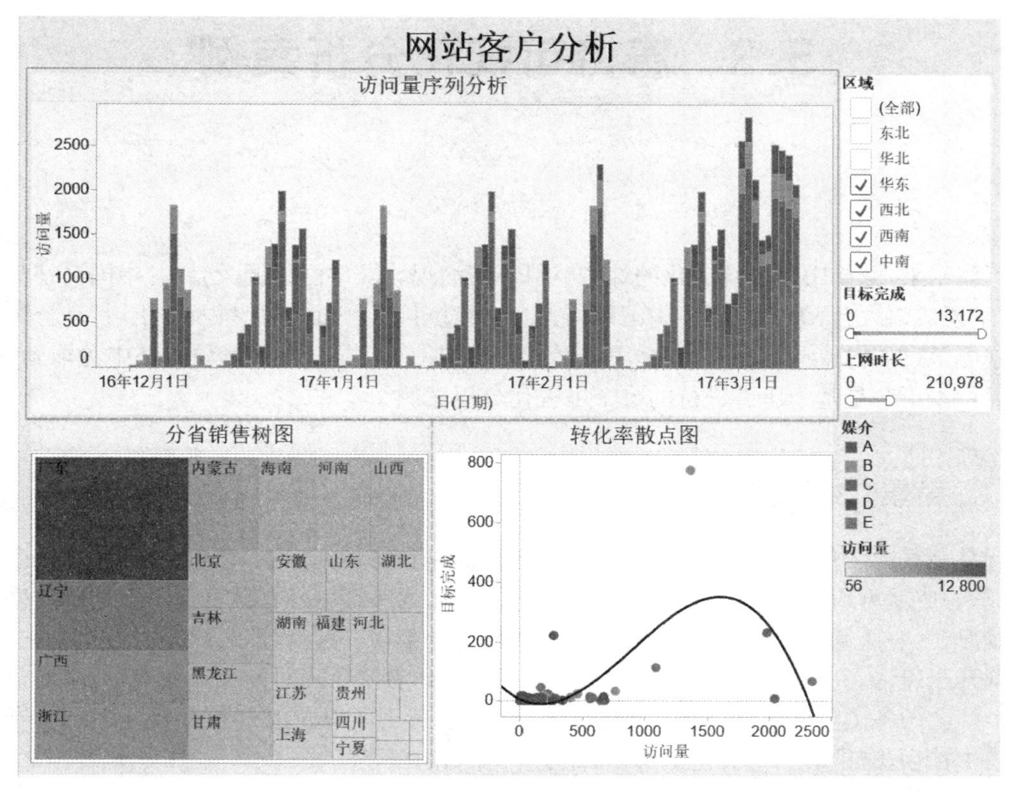

图 5-2-26 网站客户分析 仪表板样张

"来源"、"类型"和"转化率"。可以通过筛选器:"区域"、"上网时长"和"目标完成"来筛选查看数据分布。为图表添加趋势线,模型为"多项式",参数为"3"。

> **提示**:① 创建计算字段"转化率",公式为"SUM([目标完成])/SUM([访问量])",它表明了下单量在网站访问量中所占的比率。
>
> ② 从菜单栏选择"分析/趋势线/显示趋势线"命令,可添加趋势线。编辑趋势线可更改模型和参数。

(4) 创建"分省销售树图",根据不同"省级"分类统计"访问量",树图按访问量总和的大小分省显示,同时用颜色的深浅表示各省访问量总和,并显示省名称。

(5) 创建仪表板"网站客户分析",如样张布局。居中显示仪表板标题,设置浅蓝色为仪表板底色。当选中"访问量序列分析"图表中的色块时,"转化率散点图"图表会自动突出显示相应的数据点,使反之亦然,选中"转化率散点图"的数据时突出显示"访问量序列分析"中的相应数据。

> **提示**:从菜单栏选择"仪表板/操作..."命令,可为仪表板添加突出显示操作,按需设定源和目标工作表。

5.3 唐诗可视化分析案例

近些年来，弘扬中华传统文化的综艺节目不断涌现，如《中国诗词大会》、《中国汉字听写大会》、《中国成语大会》等，尤其是《中国诗词大会》通过对诗词知识的比拼及赏析，带动全民重温那些曾经学过的古诗词，享受诗词之美，感受诗词之趣。从古人的智慧和情怀中汲取营养，涵养心灵。本小节是基于唐诗进行的一个可视化分析案例。

5.3.1 背景介绍和提出问题

诗歌是我国文化宝库中的一朵瑰丽的奇葩，而诗歌发展到唐朝，已经达到了登峰造极之势，诗歌的成就可谓“前无古人，后无来者”。洋洋洒洒的一部《全唐诗》就记录了这样的盛极一时的概况。《全唐诗》是清康熙年间编校的一本唐诗合集，收录诗作四万八千九百余首。

翻开全唐诗，一种文化的气息扑面而来。里面的作者除了当时的文人墨客，几乎涵盖了当时整个社会的各个阶层的人。有凡夫俗子和走卒，也有工匠以及混迹在卖笑场中的女子。这样的一个社会、这样的一个文化氛围，怎么能不令人向往呢？

作为现代人，最重要的是要了解唐诗、读懂唐诗，是否可以从数据分析的角度“探索”《全唐诗》，结合数据之美和诗歌之雅，用跨界思维去发现一些有趣的东西。比如，借助数据分析工具去研究：

（1）全唐诗中收录的哪位诗人的诗最多？杜甫、白居易还是李白？

（2）古人作诗时喜欢用哪些汉字？《全唐诗》中出现频率较高的字是哪些？

（3）诗人最喜欢描写哪个季节？

（4）随意输入一段内容，可否快速找到含有该内容的古诗？

下面将应用有效的数据分析方法，对《全唐诗》进行文本数据分析，去寻找上面问题的答案。本节案例涉及的数据分析和可视化展示都是基于 Tableau 进行的。

5.3.2 数据准备

从 https://www.gushiwen.org/gushi/quantang.aspx 网站爬取了《全唐诗》900 卷共 42 986 首古诗，存放在 Excel 文件中。数据源文件请参考“配套资源\第 5 章\全唐诗.xlsx”。由于后面希望对古诗中的常用字进行分析，所以采用逐字切分的处理方式对古诗内容做了一个字频分析，分析结果保存在“配套资源\第 5 章\字频统计-全唐诗.csv”中。

从“全唐诗.xlsx”文件可以看出该数据中包含了以下信息内容：id（编号），volume（第几卷），sequence（所在卷的第几篇），title（古诗标题），author（古诗作者），text（古诗内容）。该文件共 42 986 条数据对应 42 986 首古诗。

从“字频统计-全唐诗.csv”文件中可以看出该数据中包含了：number（编号），word（字），frequency（字频），frequency 中存放的是汉字在全唐诗中出现的总次数，该文件共有 7 520 条数据，也就是说全唐诗中共使用了 7 520 个汉字。

万事俱备，接下来可以进行唐诗探秘之旅了。

微课视频

5.3.3　数据分析及可视化

1. 连接数据源

打开 Tableau 软件，连接数据源。由于本案例用到的数据源文件是 Excel 文件，所以选择类型为“Microsoft Excel”，打开存放全唐诗的 Excel 文件，如图 5-3-1 所示。由于本案例中还用到了字频分析文件，所以要添加数据源。点击“数据”菜单，执行“新建数据源”命令，选择“文本文件”，打开存放字频分析结果的文件，如图 5-3-2 所示。

poem (全唐诗)　　连接 ⊙ 实时　数据提取　　筛选器 0 添加

poem

排序字段 数据源顺序　　显示别名　显示隐藏字段 1,000 行

poem id	poem volume	poem sequence	poem title	poem author	poem text
1	1	1	帝京篇十首	李世民	秦川雄帝宅，...
2	1	2	饮马长城窟行	李世民	塞外悲风切，...
3	1	3	执契静三边	李世民	执契静三边，...
4	1	4	正日临朝	李世民	条风开献节，...
5	1	5	幸武功庆善宫	李世民	寿丘惟旧迹，...
6	1	6	重幸武功	李世民	代马依朔吹，...
7	1	7	经破薛举战地	李世民	昔年怀壮气，...
8	1	8	过旧宅二首	李世民	新丰停翠辇，...
9	1	9	还陕述怀	李世民	慨然抚长剑，...
10	1	10	入潼关	李世民	崤函称地险，...

图 5-3-1　全唐诗数据源

对于 csv 数据源，为了增强后面操作的可读性，对字段重新命名。右击列名，在弹出窗口中选择“重命名”，把 number 列修改为“编号”，word 列修改为“字”，frequency 列修改为“字频”。

2. 谁的诗收录的最多

考虑前面提出的第一个问题，全唐诗中收录的哪位诗人的诗最多？杜甫、白居易还是李白？进入 Tableau 的工作表工作区，把工作表名称更改为“谁的诗最多”，在数据源区域点击“poem(全唐诗)”，使之成为当前数据源。然后进行以下操作：

① 将维度中的“author”拖拽至列功能区。

图 5-3-2　字频分析数据源

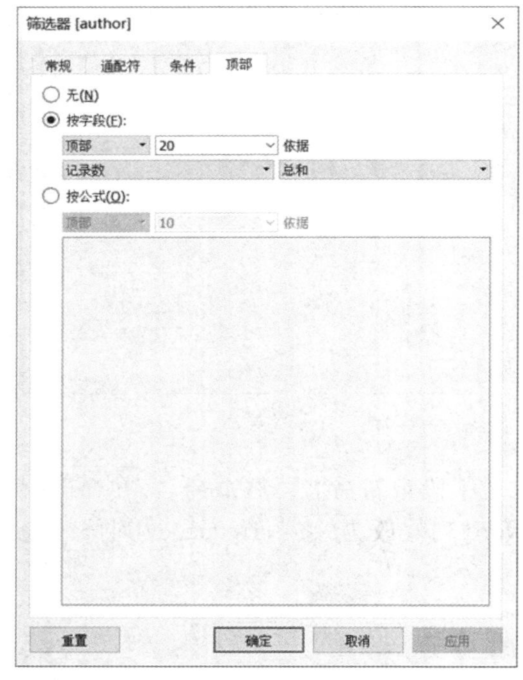

图 5-3-3　author 筛选器

② 将度量中的“记录数”拖拽至行功能区。

③ 选中列功能区的“author”右击选择“筛选器”，在“筛选器”的“顶部”选项卡，选择“按字段”根据“记录数”总和的顶部“20”，如图 5-3-3 所示。

④ 把维度中的“author”拖拽到“标记”卡的“颜色”上。

⑤ 把“author”和“记录数”分别拖拽到“标记”卡的“标签”上。

⑥ 点击菜单栏中的降序排序按钮，使数据按照从高到低排序。

完成的效果如图 5-3-4 所示，由于系统环境不同，生成的柱形图中的颜色可能会有所不同，也可以通过“标记”卡中的“颜色\编辑颜色”命令，修改调色板，改成自己喜欢的颜色。通过柱形图可以看出，《全唐诗》中收录的诗集最多的前三名分别是白居易、杜甫和李白。

3. 古人喜欢用哪些字作诗

接下来考虑前面提出的第二个问题，古人作诗时喜欢用哪些汉字？全唐诗中出现频率较

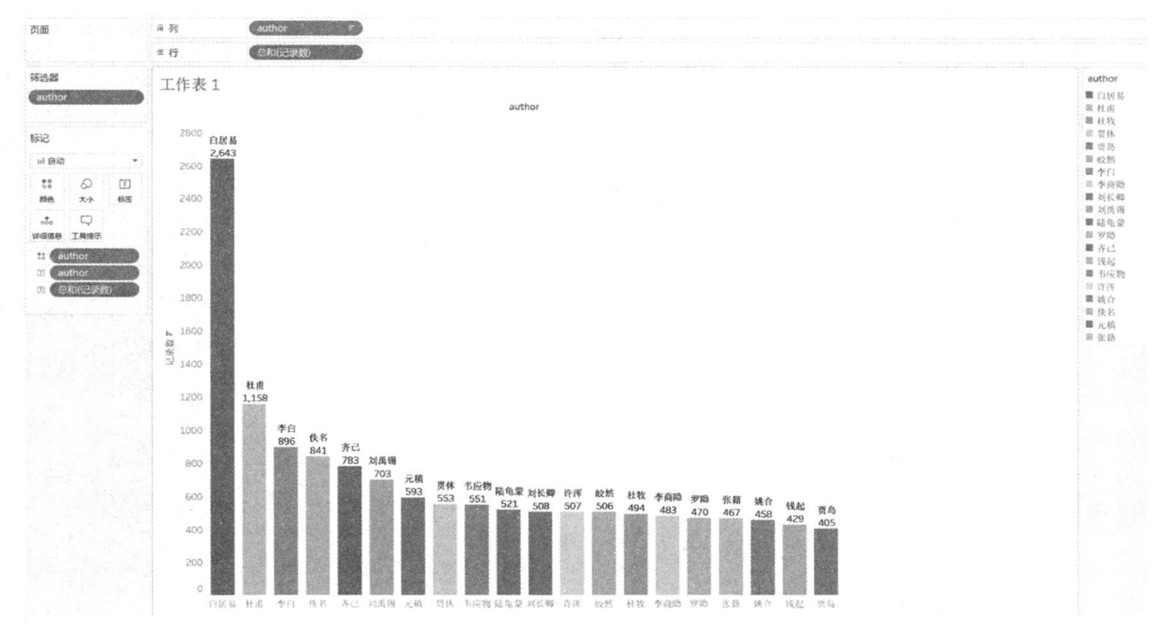

图 5-3-4　谁的诗最多

高的字是哪些？打开“字频统计-全唐诗 . csv”文件，可以清楚地看到文件中已经对汉字的出现频率高低进行了排名，“number”列记录的就是排名情况。很容易看出排名前十的汉字分别是：不、人、山、风、无、一、日、云、有、何。在一些分析中，有时希望只了解出现频率较高的前 50 个汉字，有时希望了解出现频率较高的前 150 个汉字，为了对这些排名前 N 名的汉字有一个更直观的认识，下面用 Tableau 来做一个词云图把该内容可视化显示。

进入 Tableau 的工作表工作区，新建工作表并把工作表名称更改为“词云图”，在数据源区域点击“字频统计-全唐诗”，使之成为当前数据源。然后进行以下操作：

① 创建参数 topN，调节用以动态显示的汉字个数。右击数据窗格的任意空白处，在弹出菜单中选择“创建参数…”命令，在“创建参数”对话框中修改名称、数据类型和值范围，其中值范围选“最大值”和“最小值”复选框，具体设定值如图 5-3-5 所示。创建好的参数将出现在数据窗格的最下方。选中参数“topN”，右击，在弹出窗口中选择“显示参数控件”，该控件就被显示在窗口。右击参数控件右边的倒三角符号，可以更改该参数的显示格式，如图 5-3-6 所示。

② 将维度中的“字”拖拽至筛选器窗口。选择“筛选器”的“顶部”选项卡，选择“按字段”中的依据“字频”、“总和”、“顶部”、“topN”，如图 5-3-7 所示。

③ 把维度中的“字”拖拽到“标记”卡的“颜色”上。

④ 把维度中的“字”拖拽到“标记”卡的“标签”上。

⑤ 把度量中的“字频”拖拽到“标记”卡的“大小”上。

⑥ 把标记中的“自动”更改为“文本”。

完成的效果如图 5-3-8 所示，由于系统环境不同，生成的词云图中的文字的颜色可能会有所不同，也可以通过“标记”卡中的“颜色\编辑颜色”命令，修改调色板，改成自己喜欢的颜色。拖动参数滑块，可以动态调节显示的汉字个数。图 5-3-9 为全唐诗中的前 50 个高频字的词云图。

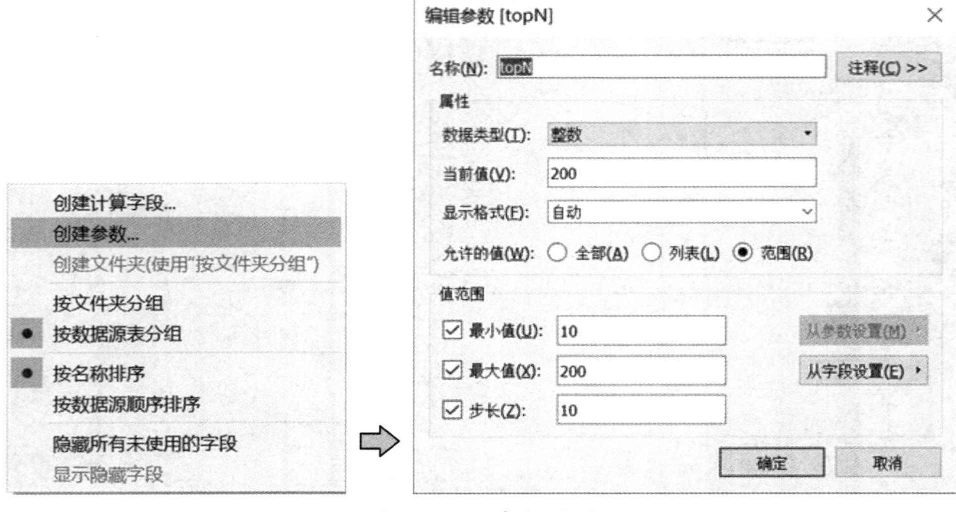

图 5-3-5　参数设置

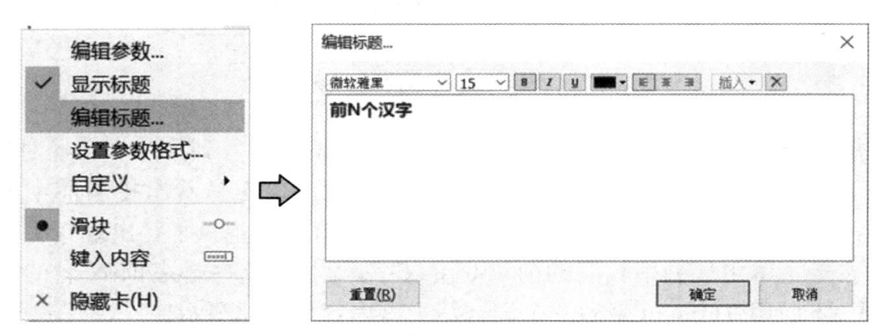

图 5-3-6　参数标题格式设置

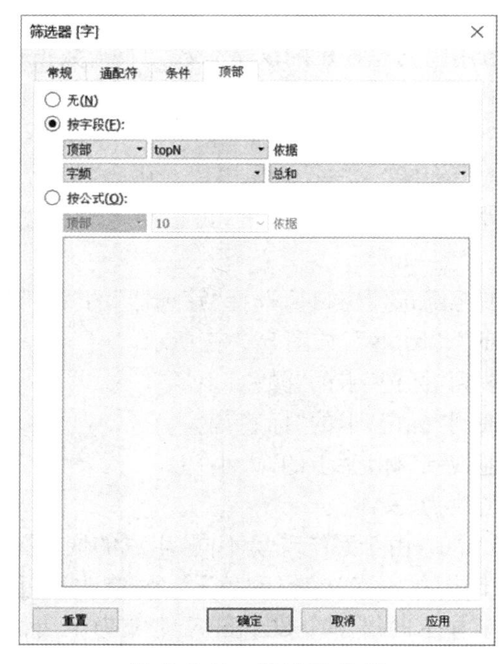

图 5-3-7　筛选器设置

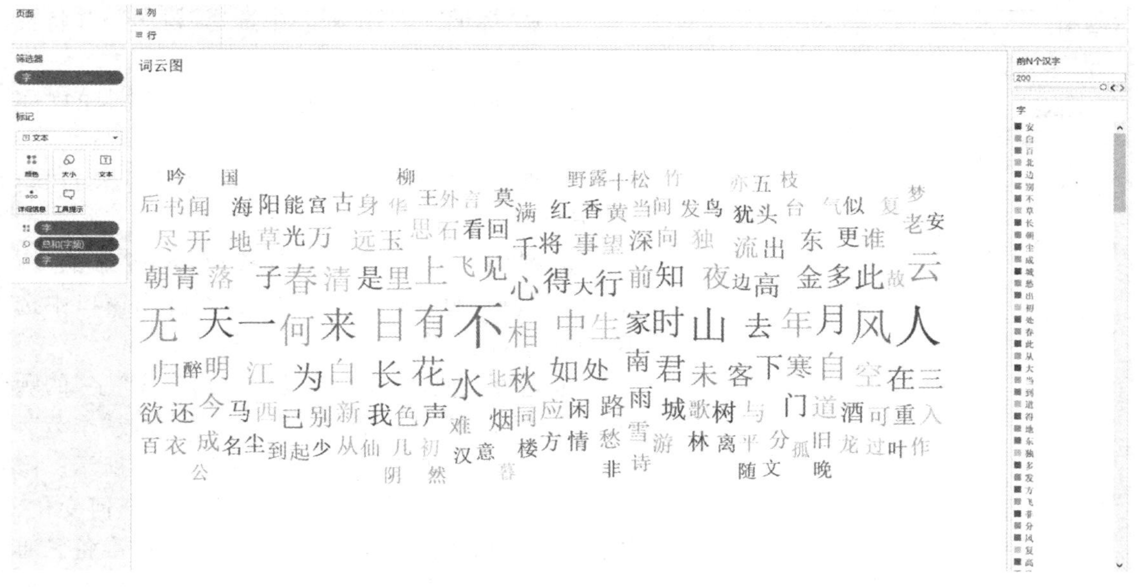

图 5-3-8　词云图

图 5-3-9　前 50 个高频字的词云图

4. 描写最多的季节是哪个

考虑前面提出的第三个问题，春、夏、秋、冬四季中诗人最喜欢描写哪个季节？新建工作表并把工作表名称更改为“最爱哪个季节”。在数据源区域点击“字频统计-全唐诗”，使之成为当前数据源。然后进行以下操作：

① 将维度中的“字”拖拽至筛选器功能区。选择“筛选器”的“条件”选项卡，选择“按公式”，在公式区域输入：[字] = "春" or [字] = "夏" or [字] = "秋" or [字] = "冬"，如图 5-3-10 所示。

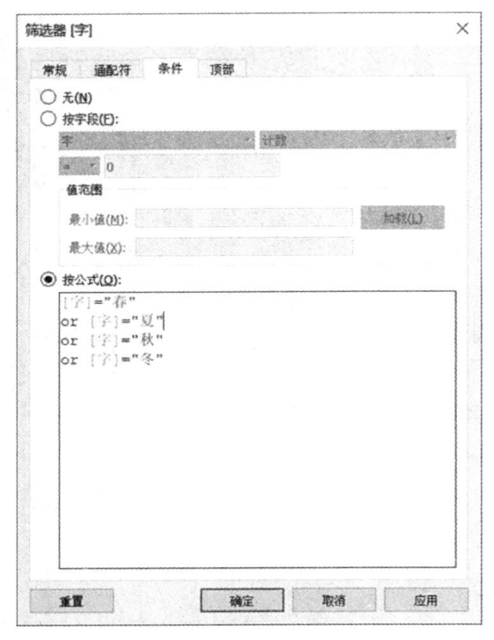

图 5-3-10　公式筛选器

② 从“标记”卡下拉列表中选择“饼图”，并将视图改为“整个视图”。

③ 将维度中的“字”拖拽到“标记”卡的“颜色”上。

④ 把度量中的“字频”拖拽到“标记”卡的“角度”上。

⑤ 把“字”和“字频”分别拖拽到“标记”卡的“标签”上。选择“总和(字频)”，右击，在弹出窗口中选择“快速表计算/合计百分比”命令。

⑥ 通过拖拽，修改右上角图例窗口中“字”的顺序为“春夏秋冬”，并把标题中的“字”修改成“季节”，格式也作了相应的修改，操作如图 5-3-11 所示。修改后在工作表中并没有发现显示格式有任何变化，该操作是为后面仪表板中的显示设置做好准备。通过“标记”卡中的“颜色\编辑颜色”命令，修改调色板，完成的效果如图 5-3-12 所示。

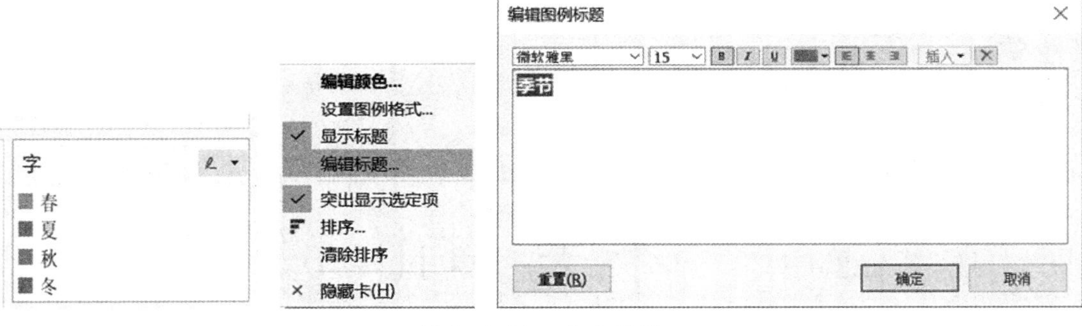

图 5-3-11　格式设置

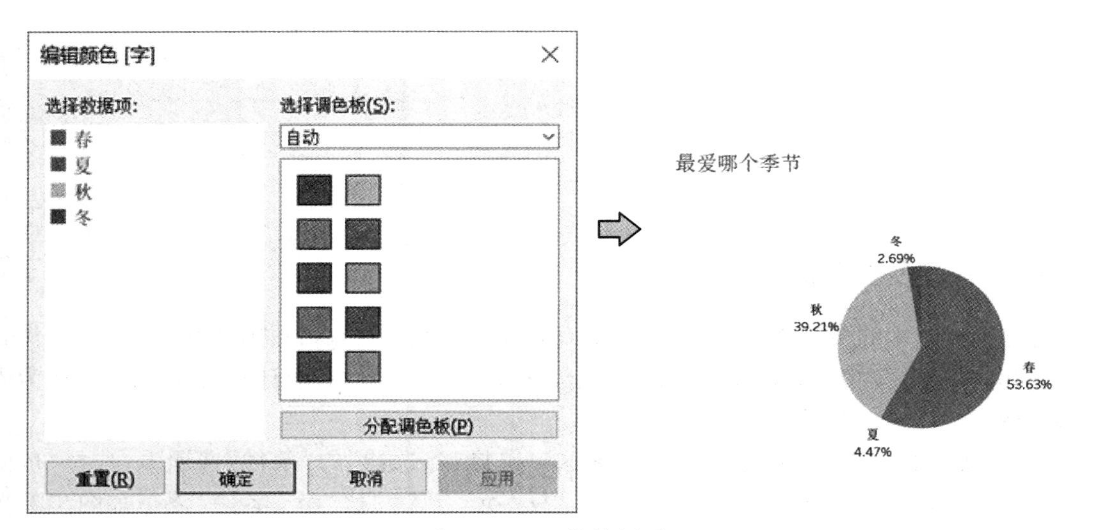

图 5-3-12　季节饼图

通过分析发现古人独爱春，在四个季节的描写中，对春的描写占比超过 50%，对四个季节的描写排名分别为：春、秋、夏、冬。

5. 诗歌搜索

现在考虑前面提出的第四个问题：随意输入一段内容，可否快速找到含有该内容的古诗？也就是说能否制作一个简单的诗歌搜索系统，希望该系统的实现功能如下：输入一个关键词，检索出包含这个关键词的所有古诗。

新建工作表并把工作表名称更改为“古诗查询”。在数据源区域点击“poem(全唐诗)”，使之成为当前数据源。然后进行以下操作：

① 创建计算字段和参数。创建计算字段“title&text”，如图 5-3-13 所示，用以作为检索条件的检索域。创建参数“查询内容”，如图 5-3-14 所示，用以存储输入的待查询内容。右击参数“查询内容”在弹出窗口中选择“显示参数控件”。

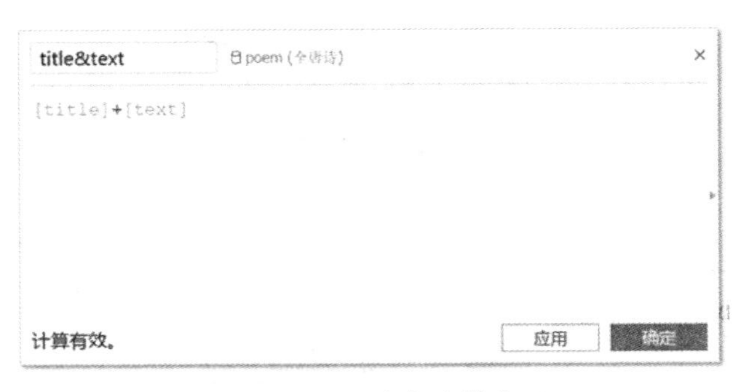

图 5-3-13　创建计算字段

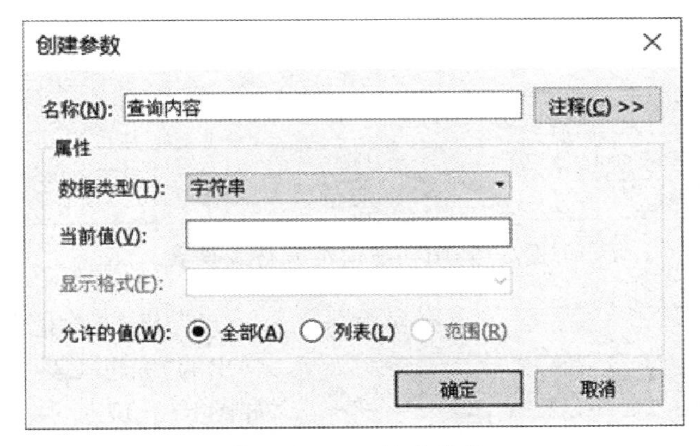

图 5-3-14　创建参数

② 将维度中的“title&text”拖拽至筛选器窗口。选择“筛选器”的“常规”选项卡中的“自定义值列表”，然后选择“条件”选项卡中的“按公式”，在公式区域输入：CONTAINS([title&text],[查询内容])，如图 5-1-15 所示。

③ 分别将维度中“title”、“author”、“text”拖拽到“标记”卡的“文本”上。

④ 分别将维度中“title”、“author”、“text”拖拽到“标记”卡的“详细信息”上。

⑤ 点击“标记”卡的“文本”，在弹出窗口中选择“…”，在“编辑标签”窗口中对查询结果进行格式设置，如图 5-3-16 所示，可以设置成任意自己喜欢的字体和颜色。

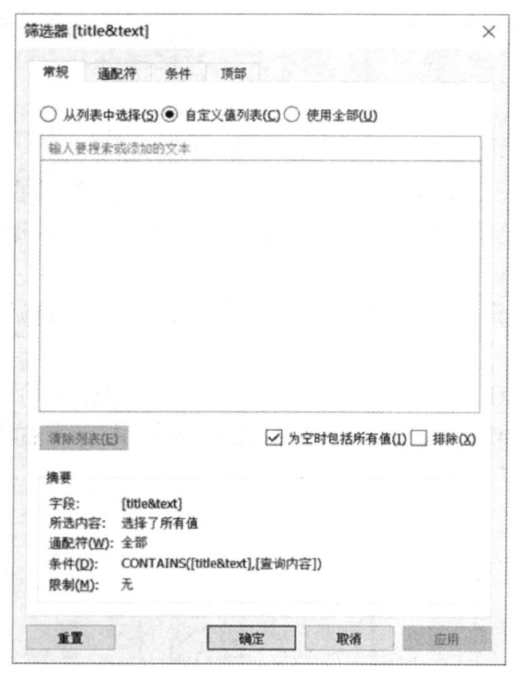

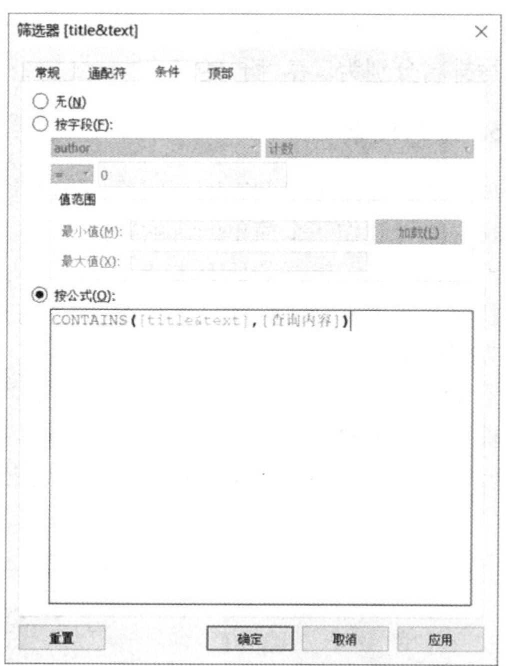

图 5-3-15　筛选器设置

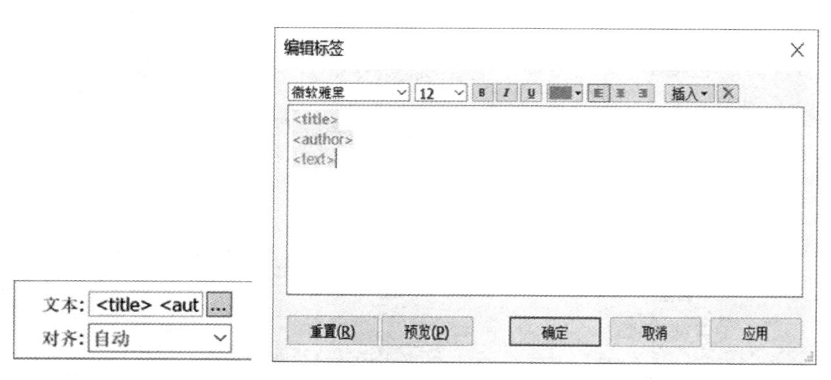

图 5-3-16　查询结果格式设置

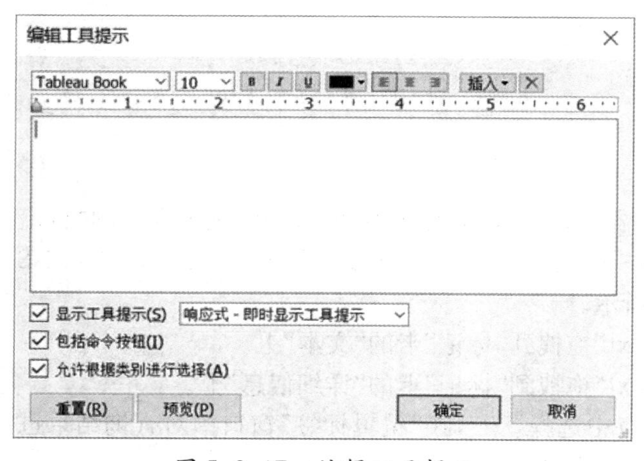

图 5-3-17　编辑工具提示

⑥ 点击“标记”卡的“工具提示”，在弹出的“编辑工具提示”窗口修改设置，如图 5-3-17 所示。

来验证一下该诗歌搜索系统是否可行，在查询内容中输入“静夜思”，查询结果如图 5-3-18 所示。完美实现了我们的初衷。

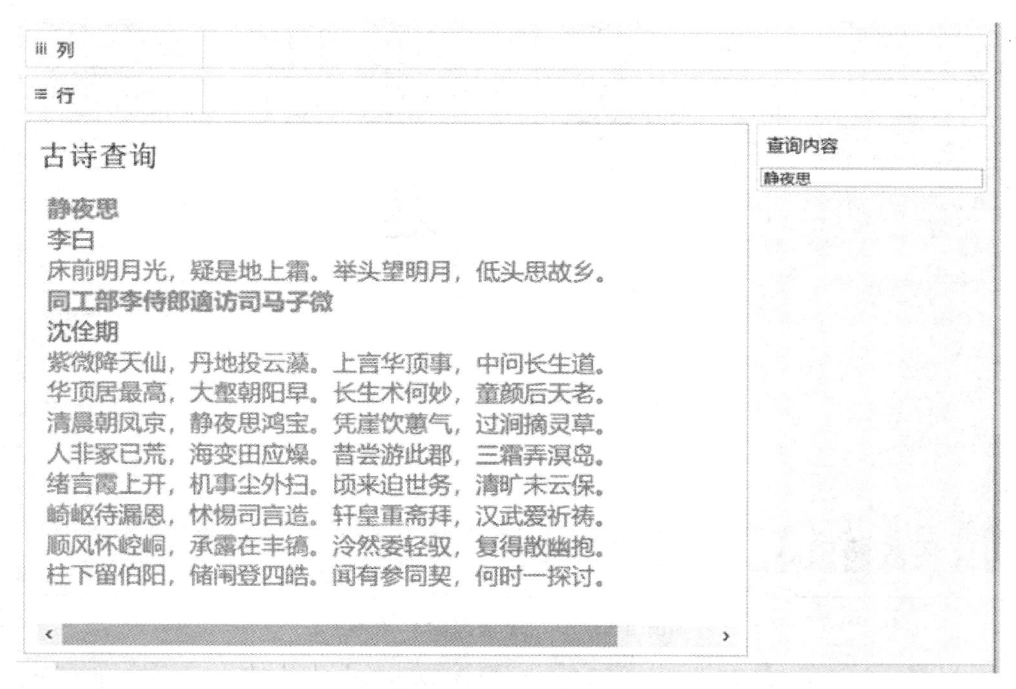

图 5-3-18　查询结果

5.3.4　分析图表整合

完成了《全唐诗》的探索之后，希望把所有的结果整合起来。可以使用 Tableau 的仪表板来完成此项工作。

① 新建仪表板，命名为“《全唐诗》探索”。在左侧仪表板窗格调整合适的大小，在本案例中设为“自动”。

② 将工作表“谁的诗最多”、“词云图”、“最爱哪个季节”和“古诗查询”依次拖拽至视图区，并移除右侧容器中不需要的图例，同时隐藏不需要的字段，调整布局。

③ 为了使读者更容易理解仪表板中各部分的功能，设置各工作表标题的字体为“微软雅黑”、“15 号”、“绿色”、“加粗”显示。对各部分内容的格式可以根据喜好任意设置。

整个仪表盘完成后的效果如图 5-3-19 所示。

5.3.5　习题与实践

1. 简答题

（1）Tableau 使用文本文件作为数据源时，哪些类型的文本文件可以作为数据源？

（2）使用 Tableau 对数据进行可视化的时候，若选择制作“饼图”显示分析结果，那么制作“饼图”的一般步骤是怎样的？

（3）对于生成的词云图，可以修改哪些设置，使之变成气泡图和树状图？

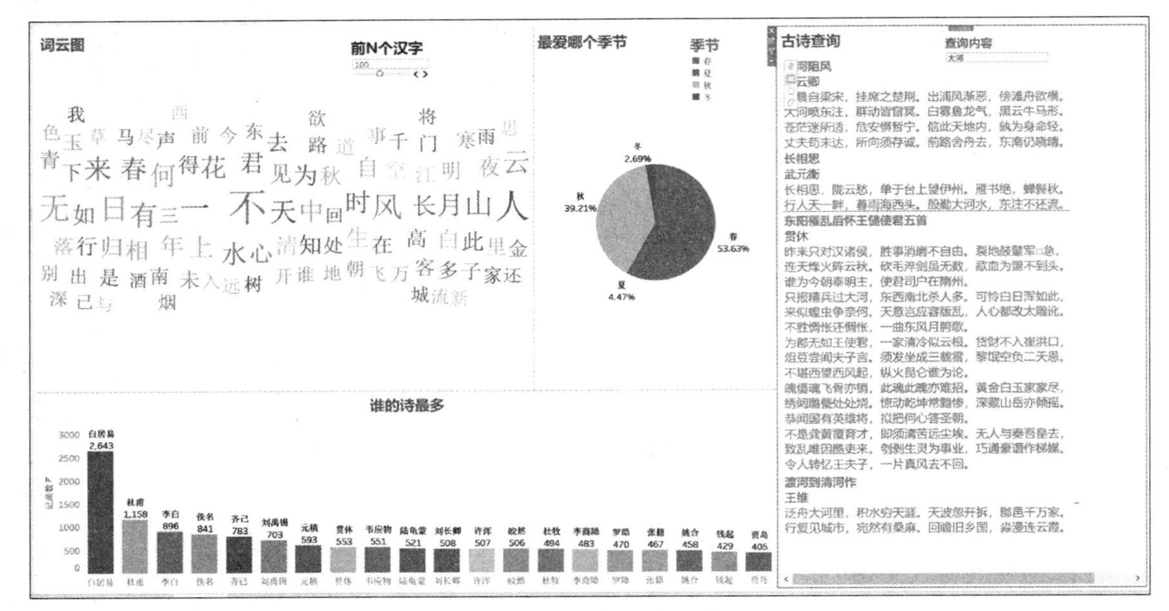

图 5-3-19　唐诗探索仪表板

（4）对于本案例中的唐诗探索，你还希望能获得哪些信息，自己动手尝试一下看能否得到想要的结果？

2. 实践题

（1）代表大唐气象的唐诗是以积极昂扬的“喜”、“欢”、“乐”情绪为主，还是以消极低沉的“怒”、“哀”、“悲”这样的情绪为主呢？请使用案例中的数据源，进行可视化分析，比较《全唐诗》中喜、怒、哀、乐、悲、欢、离、合几种情感的占比。